ALLAHS TÄUSCHUNG

Ein Buch von dem Muslime nicht wollen, dass du es liest

ISBN:1-943375-04-6
ISBN-13:978-1-943375-04-2

Allahs Täuschung

Christian Prince

Der Koran
„Dazu täuschten sie, und auch Allah täuschte. Allah ist der beste Täuscher von allen."
Sure 3:54

Die Bibel
„Denn viele Verführer sind in die Welt hineingekommen, die nicht bekennen, dass Jesus Christus im Fleisch gekommen ist – das ist der Verführer und der Antichrist."
2. Johannes 1:7

Die Bibel
Warnung vor falschen Propheten „Hütet euch aber vor den falschen Propheten, die in Schafskleidern zu euch kommen, inwendig aber reißende Wölfe sind!"
Matthäus 7:15

Dieses Buch macht zwei Dinge.
Zum einen zeigt es dir, was du definitiv über den Islam wissen musst.
Zum anderen entlarvt es die „Wunder" des Koran.

EINLEITUNG

Die Muslime geben weltweit Milliarden von Dollar aus, hauptsächlich in den Ländern der westlichen Welt, mit dem Versuch, den Islam im Rahmen einer umfassenden globalen Islamisierungskampagne zu verbreiten. Da der Islam militärische Macht anstrebt, ist der Westen das klare Hauptaugenmerk der Muslime. Und so sieht der Plan der Muslime aus: Wenn sie Kenia, Angola oder irgendein anderes armes Land übernehmen, was würde dies dem Islam einbringen? Kurz gesagt: Gar nichts. Doch sollten die Muslime Amerika und andere westliche Länder übernehmen, wer würde es dann noch wagen NEIN zum Islam zu sagen?!

Deswegen sehen wir so viele Muslime, die alle Hände voll damit zu tun haben, ihr Ölgeld in Milliardenhöhe in die USA zu pumpen. Das Geld geht nicht nach Darfur, eine Islamische Region, in der Millionen von Menschen den Hungertod sterben! Die Muslime haben das nötige Geld für den Bau einer Moschee beim Ground Zero – satte $100,000,000.00 – aber können nicht einen Cent für die rund 9 Millionen muslimische Ägypter erübrigen, die auf ihren Friedhöfen schlafen müssen!

„Amerika wird niemals von Außen zerstört werden. Sollten unsere Freiheiten schwinden und verloren gehen, dann weil wir uns selbst zerstört haben.“ – Abraham Lincoln

Wie auch immer, dieses Buch handelt nicht vom Plan der Muslime. Es ist eine ausführliche Studie über die Täuschung des Islam sowie all derer, die hinter ihr stecken und versuchen, den Westen mit den sogenannten Wundern des Koran zum Narren zu halten.

Johannes 8:44 Ihr habt den Teufel zum Vater, und was euer Vater begehrt, wollt ihr tun! Der war ein Menschenmörder von Anfang an und steht nicht in der Wahrheit, denn Wahrheit ist nicht in ihm. Wenn er die Lüge redet, so redet er aus seinem Eigenen, denn er ist ein Lügner und der Vater derselben.

Außerdem möchte ich dir liebend gerne die Wahrheit mitteilen. Dann wie der Herr sagte:

Johannes 8:32 Und ihr werdet die Wahrheit erkennen, und die Wahrheit wird euch frei machen!

Vergiss nicht, dass Christus uns lehrte zu lieben und nicht zu hassen. Aus diesem Grund sollten wir die Muslime nicht hassen, dafür aber den Hass des Islam.

Bitte lies und mach dir dabei Notizen. Nachdem du gelernt hast, solltest du das Gelernte weitergeben.

Matthäus 10:8 Heilt Kranke, reinigt Aussätzige, weckt Tote auf, treibt Dämonen aus! Umsonst habt ihr es empfangen, umsonst gebt es!

Lass uns die Krankheit behandeln, die von der Täuschung verursacht wird, und tun was der Herr uns aufgetragen hat zu tun.

Christian Prince

INHALTSVERZEICHNIS

ALLAHS WORTE

„Wollen sie denn nicht über den Koran nachsinnen? Wäre er von einem andern als Allah, sie würden gewiss manchen Widerspruch darin finden." (Koran Sure 4:82)

Dies ist ein wichtiger Vers, der uns als Maßstab bei unsere Untersuchung des Koran dienen wird. Solange Allah selbst diesen Grundsatz der Untersuchung festgelegt hat – ob der Koran nun ein Buch Gottes ist oder nicht – müssen Muslime Allahs Grundsatz und die dazugehörige Vorgehensweise der Untersuchung akzeptieren! Wenn wir Widersprüche im Koran finden, dann kann dieser laut dem Vers nicht vom wahrhaftigen Gott sein.

Werfen wir einen Blick auf die Behauptungen der Muslime und enthüllen dabei die Widersprüche des Koran. Gleichzeitig enthüllen wir die falschen Behauptungen der Muslime im Bezug auf ihre sogenannten wissenschaftlichen Wunder.

ANTWORT AN HARUN YAHYA

Auf Harun Yahyas Websites (http//miraclesofthequran.com und www.harunyahya.com) hat Herr Harun mehrere Behauptungen über den Koran aufgestellt. Ich werde den Lesern von *Allahs Täuschung* zeigen, wie falsch jede einzelne dieser Behauptungen ist, und dass Herr Harun diese falschen Behauptungen aufgestellt hat, um die Leute mit Absicht in die Irre zu führen. Die nachfolgenden Punkte sind einige seiner Behauptungen von seinen Websites. Noch dazu werde ich in diesem Buch die wahren Bedeutungen der jeweiligen Verse im Koran bloßstellen, mit denen Herr Yahya seine Leserschaft täuschen will. Ich werde jede seiner Behauptungen im Bezug auf die Astronomie in einen Abschnitt packen, da all diese Behauptungen miteinander zusammenhängen. Bevor ich damit anfange, muss ich dir erst einmal noch etwas über den Islam und Mohammed mitteilen.

Der Islam ist ein Establishment, basierend auf drei wichtigen Namen:

1. Allah. Er ist der Islamische Gott und er hat neunundneunzig Namen.
2. Engel Dschibrīl (Gabriel), von dem die Muslime behaupten, er sei der Heilige Geist (auch wenn nirgends im Koran eine derartige Behauptung zu finden ist).
3. Mohammed, der Prophet des Islam. Er ist das Siegel der Propheten Allahs. Es soll es insgesamt 124.000 von diesen Propheten geben.

ZUSAMMENFASSUNG DER ISLAMISCHEN RELIGION

- Allah ist der Gott der zwei Welten, und der Gott Menschen und der Dschinn. Doch aus irgendeinem Grund hat Allah hier die Engel vergessen. Das liegt wohl vermutlich daran, dass die Engel aus keiner der beiden Welten stammen!
- Allah hat 124.000 muslimische Propheten gesandt. (Buch von Tu'afat Al-'Abib 'Ala Shar'h Al-'Kathib, Seiten 431 und 432)
- Muslime sind Heuchler. (Koran Sure 4:142)
- Jedes von Allahs Büchern wurde verfälscht, mit Ausnahme des Korans. (Koran Sure 4:46)
- Mohammed ist der letzte Prophet. (Koran Sure 33:40)
- Nicht-muslimische Gefangene sollen enthauptet werden. (Koran Sure 8:67; Sure 47:4)
- Allah hat keine Söhne. (Koran Sure 53:27)
- Engel können im Islam nicht mit weiblichen Namen benannt werden; so etwas machen nur Nicht-Muslime. (Koran Sura 53:27)
- Allah hatte offiziell keine feste Freundin (bis Mohammed schließlich auf Erden wandelte). (Koran Sure 6:101; Sure 72:3)
- Allah hat nur ein Bein (genauer gesagt ein Schienbein). (Koran Sure 68:42)
- Allahs Hände ragen beide aus seiner rechten Körperhälfte (Allah besitzt keine linke Hand). (Koran Sure 49:1) ANMERKUNG: Der Islamischen Lehre zufolge ist die linke Hand „die schmutzige" (da mit ihr z.B. der Hintern abgewischt wird). Satan hat eine linke Hand und benutzt sie auch entsprechend (Sahih Muslim, Buch 023, Hadith 5007). Allah kann keine schmutzige Hand haben; demnach muss Allah zwei rechte (nicht schmutzige) Hände haben.
- Allah hat ein Gesicht. (Koran Sure 55:27)
- Allah gefällt es nicht, weibliche Kinder zu haben. (Koran Sure 53:21-22)
- Allah weiß alles, solange man ihm keine Fragen stellt und keinem Menschen ist es erlaubt, ihm Fragen zu stellen. (Koran Sure 5:101-102)
- Muslime dürfen nicht mit Ungläubigen (Nicht-Muslimen) befreundet sein. (Koran Sure 3:28; Sure 5:51, 57, 81)
- Satan ist der Freund aller Ungläubigen (Nicht-Muslime). (Koran Sure 7,27,30)
- Ungläubige sind einander Freund, aber nicht die Freunde der Muslime. (Koran Sure 8:73)

- Muslime dürfen noch nicht einmal mit Mitgliedern ihrer eigenen Familie befreundet sein, sofern diese Ungläubige (Nicht-Muslime) sind. (Koran Sure 9:23)
- Allah schickte jeder Nation einen Propheten, und doch können Muslime nicht einmal den Namen eines einzigen Propheten aus Ländern wie China, Indian, Japan und vielen anderen Ländern nennen. (Koran Sure 10:47; Sure 16:36, 84, 89; Sure 23:44)
- Allah schickte jeder Nation einen Propheten, der die Sprache der jeweiligen Nation sprach. (Koran Sure 14:4). Da frage ich mich: Was steht im Buch des russischen Propheten Allahs?
- Der Koran ist das Heilige Buch der Muslime. Er enthält zwei Arten von Geboten: Die einen sind gültig und sollen auch praktiziert werden, die anderen sind abrogiert. „Abrogiert" bedeutet, dass die entsprechenden Verse entweder fehlen oder gar noch im Koran stehen, es Muslimen aber nicht gestattet ist, das darin Stehende weiterhin zu praktizieren. (Koran Sure 2:106
- Allah wird alle satanischen Verse aus dem Koran abrogieren. (Koran Sure 22:52)
- Die Kaaba dient einzig und allein dem Zweck, die Muslime anhand der Richtung, in der sie beten, von den Nicht-Muslimen zu unterscheiden (Koran Sure 2:143). Was bedeutet, dass die Kaaba – anders als wie in Koran Sure 5:97 zu lesen ist – kein heiliges, unverletzliches Haus ist.
- Die Toten haben einen niederen Rang/geringeren Wert als die Lebenden. (Koran Sure 33:22) Daraus schließen wir, dass Mohammed nicht auf einer Ebene mit Jesus steht! Jesus lebt, während Mohammed tot ist!
- Diejenigen, die für den Willen Allahs sterben, sind lebendig. (Koran Sure 2:154)
- Allah ist der beste Täuscher (Koran Sure 3:53; Sure 7:99; Sure 8:30; Sure 10:21; Sure 27:50)
- Alles gebührt Allah, und er ist der Meister der Täuschung. (Koran Sure 13:43)
- Es gibt keine Rechtleitung für all jene, die Allah irregehen lässt. (Koran Sure 4:143; Sure 6:39, 125; Sure 7:178, 186; Sure 13:27, Sure 16:37, 93)
- Allah kann all jene täuschen und in die Irre führen, die er bereits Rechtgeleitet hat! (Koran Sure 9:115; siehe Tafsīr al-Dschalālain, Übersetzung von Feras 'Hamza, und Tafsir Ibn Kathir, Band 2, Seite 395 (Arabisch))
- Allah wird den Ungläubigen zu Gräueltaten anspornen und ihnen diese als wohlgefällig erscheinen lassen, um so sie noch weiter in ihr verderben zu führen! (Koran Sure 6:137)
- Frauen werden von Allah anders betrachtet als Männer. (Koran Sure 3:36)

- Muslimische Männer dürfen ihre Ehefrauen schlagen. (Koran Sure 4:34; 38:44)
- Muslimische Männer können mit bis zu vier Frauen gleichzeitig verheiratet sein und dürfen auch im Rahmen der Ehe außerehelichen Geschlechtsverkehr mit einer unbegrenzten Zahl von Sklavinnen haben. (Koran Sure 4:3)
- Muslimische Männer dürfen verheiratete Sklavinnen vergewaltigen. (Koran Sure 4:24)
- Muslimische Männer dürfen ihre Ehefrauen jederzeit, überall und unter allen erdenklichen Umständen vergewaltigen und gewaltsam in ihr Bett zwängen. (Koran Sure 2:223)

WER IST ALLAH?

Wenn wir Muslime fragen wer Allah ist, dann werden sie uns sagen, dass er ihr Gott, der Schöpfer, der Allwissende ist. Ihre Antwort unterscheidet sich nicht allzu sehr von der Antwort die uns auch sonst jede Person über ihren Gott nennt, aber wenn es um die Gottheit Allah geht, gibt es so manche Probleme. Und auf diese werden wir eingehen.

Um Allahs Person verstehen zu können, müssen wir zuerst die Bedeutung seines Namens kennen. Muslime möchten uns glauben lassen, dass es sich bei Allah um den Gott des Christentums und der Gefolgschaft Mose handelt. Sehe gehen sogar so weit, dass sie uns weismachen wollen, dass es sich bei *Allah* um ein aramäisches Wort handelt und Jesus es verwendete als er Aramäisch sprach. Wie wahr ist diese Behauptung?

Als der Film „Die Passion Christi" im Jahr 2004 rauskam, suchten diverse Muslime Ausschnitte aus dem Film heraus, in denen Jesus in aramäischer Sprache den Namen Gottes aussprach. Dann erstellten sie mit diesen Filmausschnitten eigene Videos mit dem Ziel ihre Behauptung, der Name *Allah* sei in der Tat aramäisch, zu beweisen. Das aramäische Wort, auf das sie sich hierbei beriefen, ist *Elah*. Mit ***El*** und nicht mit ***Al*** wie Allah.

Werfen wir hierzu einen kurzen Blick auf Koran Sure 4:125:

وَمَنْ أَحْسَنُ دِينًا مِّمَّنْ أَسْلَمَ وَجْهَهُ لِلَّهِ وَهُوَ مُحْسِنٌ وَاتَّبَعَ مِلَّةَ إِبْرَاهِيمَ حَنِيفًا ۗ وَاتَّخَذَ اللَّهُ إِبْرَاهِيمَ خَلِيلًا

In Sure 4:125 kommen zwei Wörter vor, die für Allah stehen. Jedoch haben sie nicht dieselbe Bedeutung.

Falls du kein Arabisch sprichst, wird dir abgesehen von zwei Buchstaben kein großer Unterschied zwischen diesen beiden Wörtern auffallen. Tatsächlich jedoch unterscheidet die beiden Wörter noch etwas anderes von einander.
Das erste Wort lautet لله **(Lillah)** und das zweite Wort ist الله **(Allah).** ***Al*** ist Arabisch für „der". Wenn wir also das ***Al*** von ***Allah*** und das ***Lil*** von ***Lillah*** wegnehmen, dann haben wir ***Lah*** (Gott), ein Wort, dass in beiden Begriffen vorkommt.

Fakt ist: **Lah** ist der Name des altägyptischen Mondgottes, und er ist eine Gottheit, die von den Arabern verehrt wurde. Ins Deutsche lässt sich das arabische ***Lillah*** als ***Gebührt Gott/*****Lah** übersetzten. Und ***Allah*** bedeutet in der deutschen Sprache ***Der Gott/Lah.***

لله = **Lil Lah** = ***Gebührt*** **Lah**	الله = **Al Lah** = ***Der*** **Lah**

Du siehst anhand der Illustration oben: Die Worte Lillah und Allah – auch wenn sie im arabischen als jeweils ein Wort geschrieben werden – sind keine zusammenhängen Namen. ***Lil*** und ***Al*** hängen nicht mit ***Lah*** zusammen. *Lillah* und *Allah* sind werden aus jeweils zwei Worten zusammengesetzt. Nochmal: *Lillah* heißt *Gebührt Gott*, und *Allah* ist *Der Gott.*

Al steht in der arabischen Sprache immer für *„der"* und wird stets an Namen gehängt, die nur auf Gott zutreffen. Das ist der Grund, weshalb auch jeder der 99 Namen Allahs mit *Al*, also *„der"*, anfängt. Merke dir: Das *Al* selbst ist nie ein eigentlicher Teil des Namen. Es ist lediglich ein linguistisches Mittel, mit dem distinktiv auf die Einzigartigkeit des Namens hingewiesen wird; Nur Gott, oder in diesem Fall Lah, kann hier diese Distinktion zuteilwerden, da sie sich auf ihn in seiner Einzigartigkeit bezieht. Deshalb können wir zum Beispiel nicht „Der Mohammed" sagen, denn Mohammed ist ein gewöhnlicher Name für VIELE Menschen. Beachte bitte auch, wie sehr die Namen der Göttinnen al-Lāt und al-'Uzzā dem Namen Allah ähneln. Sie fangen deshalb mit ***Al*** an, weil sie Gottheiten (einzigartig) sind.

Es ist interessant anzumerken, dass der Messias im Koran al-Masih genannt wird. Das heißt, dass er der einzige Messias auf der Welt, einzigartig ist. Er ist der einzige Mensch im Koran, an dessen Namen ***Al*** – also *„der"* – gehängt wird.

WAS ALLAH VON SICH SELBST SAGT

Allah will Söhne, KEINE Töchter. So steht in Koran Sure 53:19-22:

19 أَفَرَأَيْتُمُ اللَّاتَ وَالْعُزَّىٰ 19
وَمَنَاةَ الثَّالِثَةَ الْأُخْرَىٰ 20
أَلَكُمُ الذَّكَرُ وَلَهُ الْأُنثَىٰ 21
تِلْكَ إِذًا قِسْمَةٌ ضِيزَىٰ 22

19 Habt ihr al-Lāt und al-'Uzzā gesehen,
20 Und Manāt, die dritte?
21 Wie sollten euch die Knaben sein und Allah die Mädchen?!
22 Das ist wahrhaftig eine ungerechte Verteilung.

Nie zuvor habe ich von einem Gott gehört, der etwas derartiges sagt. Erstens meint Allah, es sei unfair, dass er Töchter (al-Lāt, al-'Uzzā und Manāt) anstelle von Söhnen hat. Zweitens findet er es unfair, dass die Araber Söhne bekommen während er bloß Töchter kriegt („Euch die Knaben und mir die Mädchen"). Denk mal darüber nach. Allah beschwert sich darüber, dass die Araber gesegneter sind als er, nämlich mit Söhnen, während er bloß Töchter hat. Ist Allah nicht der Schöpfer? Wie so schenkt er sich nicht einfach selbst Söhne? Koran Sure 6:101 gibt uns eine Erklärung:

بَدِيعُ السَّمَاوَاتِ وَالْأَرْضِ ۖ أَنَّىٰ يَكُونُ لَهُ وَلَدٌ وَلَمْ تَكُن لَّهُ صَاحِبَةٌ ۖ وَخَلَقَ كُلَّ شَيْءٍ ۖ وَهُوَ بِكُلِّ شَيْءٍ عَلِيمٌ

Der Schöpfer der Himmel und der Erde! Wie sollte er einen Sohn haben, wo er keine Gefährtin hat und wo er alles erschuf und alle Dinge weiß?

Koran Sure 6:101 handelt von der Frage, wie Allah einen Sohn haben kann, obwohl er niemals eine Freundin hatte! Allah kann keine Söhne haben. Wie soll er denn auch, wenn er noch keine Freundin hatte?

Solange dies die Antwort ist, die Muslime Christen auf die Frage geben, weshalb Gott laut ihnen keinen Sohn haben kann, zeigt das nur, dass Allah eine sehr falsche Vorstellung vom christlichen Glauben hat. Kein Christ glaubt, dass Marie, die Mutter Christi, Gottes feste Freundin war.

Dieses vollkommen falsche Vorstellung beweist mir, dass Allah nicht der Gott der gleiche Gott wie der der Christen sein kann; nicht bloß weil Allah nicht weiß, woran Christen glauben, sondern auch weil er meint, dass er wie jeder andere Mann zu sein. Allah meint, dass er keine Kinder haben kann, sofern er keine Frau hat, mit der er Sex haben und sich fortpflanzen kann. Allein das sagt mir das derjenige, der Koran Sura 6:101 verfasst hat, von und mit der Mentalität einen Mannes sprach, und nicht mit der Mentalität Gottes. Eines Mannes, der davon überzeugt ist, dass wenn er keine Frau hat, er auch keine Kinder haben kann. Er versuchte für Gott zu sprechen, doch er sprach lediglich im Rahmen seiner eigenen menschlichen Grenzen.

WER IST DER HEILIGE GEIST IM ISLAM? WER SPRACH ZU MARIA?

Wie ich dir schon anhand von Koran Sura 6:101 gezeigt habe (vereinfacht ausgedrückt):

Er hat die Himmel und der Erde erschaffen. Wie kann das sein? Er kann nicht einmal einen Sohn haben, weil ihm dazu eine Freundin zum schwängern fehlt. Ach ja: Und er hat alles erschaffen, und hat über alle Dinge, die es gibt, den vollen Durchblick.

Allah kann ohne eine Frau, mit der er Sex haben würde, keine Kinder haben. Und doch sagt uns der Koran zugleich, das Maria eine Jungfrau war, als sie Jesus (oder ʿIsa, wie er im Koran genannt wird) empfing. Koran Sure 3:47 berichtet:

قَالَتْ رَبِّ أَنَّىٰ يَكُونُ لِي وَلَدٌ وَلَمْ يَمْسَسْنِي بَشَرٌ ۖ قَالَ كَذَٰلِكِ اللَّهُ يَخْلُقُ مَا يَشَاءُ ۚ إِذَا قَضَىٰ أَمْرًا فَإِنَّمَا يَقُولُ لَهُ كُن فَيَكُونُ

Sie (Maria) sprach: „Mein Gott, wie soll mir ein Sohn werden, wo mich kein Mann berührt hat?“ Er sprach: „Auf diese Weise erschafft Allah. Er spricht ‘Sei‘ und es wird sein.“

Im Bezug auf diesen Vers werden Muslime dir sagen, dass hier der Engel Gabriel, oder Dschibrīl, zu Maria sprach. (Bedenke, dass wir hier nicht von derselben Geschichte, wie sie in der Bibel steht, sprechen. Wir behandeln hier der Geschichte aus dem Koran. Bringt also nichts durcheinander und vermischt sie nicht mitei-

nander.) Muslime werden dir auch sagen, dass Maria tatsächlich mit dem Heiligen Geist sprach, der ihr in der Gestalt des Engels Dschibrīl erschien. Was sie dir nicht sagen werden ist, dass der Koran an keiner Stelle Engel Dschibrīl als denjenigen nennt, der zu Maria sprach.
Sehen wir uns Vers 47 ganz genau an.

قَالَتْ رَبِّ أَنَّىٰ يَكُونُ لِي وَلَدٌ وَلَمْ يَمْسَسْنِي بَشَرٌ ۖ قَالَ كَذَٰلِكِ اللَّهُ يَخْلُقُ مَا يَشَاءُ ۚ إِذَا قَضَىٰ أَمْرًا فَإِنَّمَا يَقُولُ لَهُ كُن فَيَكُونُ

Sie (Maria) sprach: „Mein Gott, wie soll mir ein Sohn werden, wo mich kein Mann berührt hat?" Er sprach: „Auf diese Weise erschafft Allah. Er spricht 'Sei' und es wird sein."

Dieser Vers liefert uns einen weiteren Beweis dafür, dass der Koran von Menschen gemacht wurde. Beachte folgendes:

- Maria sprach den Heiligen Geist (der als Mensch erschien, siehe Koran Sure 19:17) als „Mein Gott" (قَالَتْ رَبِّ) an, er aber sagte ihr, dass er sei nur ein Gesandter und nicht Gott ist (siehe Koran Sure 19:19).
- Als Maria den Heiligen Geist in Koran Sure 3:47 „Mein Gott" nannte und annahm, dass er Allah ist, wieso spricht dieser daraufhin von sich selbst in der dritten Person? Will heißen: Wieso antwortete er Maria mit „Auf diese Weise erschafft Allah" anstatt ihr mit „Auf diese Weise erschaffe *ICH*" zu antworten?
- Hatte sich Maria geirrt, als sie den Heiligen Geist mit „Mein Gott" ansprach, oder war er tatsächlich Allah? So oder so, an keiner Stelle im Koran steht geschrieben, dass die Person, zu der Maria sprach, der Engel Dschibrīl (Gabriel) war, und an keiner Stelle im Koran steht geschrieben, dass der Engel Dschibrīl der Heilige Geist ist.

In Koran Sure 3:45 lesen wir:

Und erinnere dich als die Engel sprachen: „O Maria! Siehe! Allah gibt dir diese frohe Kunde eines Wortes von ihm. Sein Name ist der Christus, Jesus, Sohn der Maria, herrlich in dieser Welt und in der hiernach, und näher ist er zu Allah."

Beachte, dass hier „Engel sprachen" steht. Doch in Koran Sure 19:17 lesen wir, das Maria <u>ein Geist als gewöhnlicher Menschen erschien</u>! Demnach handelt es sich hierbei um einen klaren Fehler. Denn wenn der Engel EIN Engel ist, UND

ER der Heilige Geist ist, UND ER der Überbringer der Nachricht ist, UND ER von sich als einzelne Person sprach, wie kann es dann sein, dass in Koran Sure 3:45 ALLE Engel sprachen? Ist etwa jeder von ihnen der Heilige Geist?

Das würde bedeuten, dass der Heilige Geist aus vielen heiligen **Geistern** besteht. Jedoch widerspricht dies einer anderen Geschichte der Mariä Verkündigung, die wir in Koran Sure 19:16-21 finden. Siehe Koran Sure 19:17:

فَاتَّخَذَتْ مِن دُونِهِمْ حِجَابًا فَأَرْسَلْنَا إِلَيْهَا رُوحَنَا فَتَمَثَّلَ لَهَا بَشَرًا سَوِيًّا

So verbarg sie (Maria) sich vor ihnen in einem Schleier. Und so schickten wir einen unserer Geister zu ihr, und er erschien ihr als ein gewöhnlicher Mensch.

Wie wir sehen ist von EINEM Geist die Rede, der zu EINEM Menschen wurde. Zudem Behaupten Muslime, dass mit dem Heiligen Geist EINE Person gemeint wird, und laut den Muslimen ist diese Person der Engel Dschibrīl.

Die meisten Muslime übersetzten das arabische Wort für „Geist" mit „Engel". Das ist natürlich eine offensichtliche Falschübersetzung. Beachte, dass der Heilie ge Geist von Maria *Gott* genannt wird. Zur gleichen Zeit aber spricht der Heilige Geist von sich als Gesandter Gottes. Der Heilige Geist sagt in Koran Sure 19:19:

Ich bin nur ein Gesandter deines Herrn, der dir sein Geschenk, einen heiligen Sohn, verkündet.

Warum kann der Heilige Geist im Koran gar nicht der Engel Dschibrīl sein? Um das herauszufinden lesen wir Koran Sure 16:2:

Er sendet die Engel hernieder mit Ruh (Geist) seines Gebotes, zu wem er will von seinen Sklaven, und sagt: „Niemandem außer mir steht es zu angebetet zu werden, drum schützt euch vor mir."

- Allah sendet Engel, MIT dem Heiligen Geist. Das bedeutet, dass der Heilige Geist kein Engel sein kann bzw. mehrere Engel sein können.
- Muslime versuchen, das Wort الروح (Ruh) als „Offenbarung" zu übersetzen. Das ist eine Lüge und eine Schande.
- Die folgende Übersetzung von Mohammed Pickthall (aus dem Englischen übersetzt von John Doe) zeigt uns die Wahrheit über Koran Sure 16:2

Mit dem Ruh (Geist) seines Gebotes sendet er die Engel hernieder, zu welchem von seinen Leibeigenen er will, und sagt: „Warnt die Menschheit, dass es keinen Allah gibt außer mir, und haltet ihr eure Pflicht mir gegenüber aufrecht."

Es gibt weitere Hinweise in Koran Sure 26:192-193:

192 Fürwahr ist dies das Wort vom Herrn der zwei Welten (Gemeint sind hier die Welt der Menschen und die Welt der Dschinn).
193 In ihm ist und kam hernieder der Geist, der die Treue hütet.

Und wieder sagt Allah nicht, dass das Wort mit Dschibrīl hernieder gesendet wurde. Steht da einfach nur so „Geist"? Wieso sagt Allah uns hier nicht klipp und klar, dass damit welcher Engel auch immer gemeint ist?

In Koran Sure 70:4 steht:

Die Engel und der Geist steigen auf zu ihm (Allah) in einem Tage, was fünfzigtausend eurer Jahre entspricht.

Wenn die Engel der Geist sind, wieso sagt Allah dann, dass die **Engel UND der Geist** zu ihm aufsteigen?
Koran Sure 78:83 sagt:

An jenem Tag (dem Jüngsten Tag), da der Geist und die Engel jeweils in Reihen stehen, da wird niemand von ihnen sprechen dürfen, außer der, dem Allah der Gnadenreichste es befiehlt, und dieser wird nur das Rechte sagen.

Schon wieder: Allah sagt, dass der Geist und die Engel jeweils – also als separate Wesen – in Reihen stehen werden. Das beweist, dass Muslime ziemlich verwirrt sind. Ich mache ihnen da keinen Vorwurf. Wenn ihr Prophet der letzte ist, der eine Antwort hat, weshalb sollten sie dann eine haben?

Warum sagt Allah im Koran anstelle dieses verwirrenden Durcheinanders nicht einfach klar und deutlich, dass der Gesandte, der zu Maria geschickt wurde, ein Engel namens Dschibrīl war? Die Bibel zum Beispiel bestätigt völlig klar und deutlich, das er der Engel Gabriel war, wie wir in Lukas 1:19 lesen können:

Und der Engel antwortete und sprach zu ihm: Ich bin Gabriel, der vor Gott steht, und bin gesandt, zu dir zu reden und dir diese frohe Botschaft zu bringen.

Es ist schon lustig, wie viele Verse es im Koran gibt, in denen behauptet wird, dass es sich bei ihm um ein sehr klares und deutlich verständliches Buch handelt. Verse wie Koran Sure 7:52:

Fürwahr haben wir ihnen ein Buch gebracht, basierend auf Weisheit die wir ihnen in klaren Details erklärten, als einen Leitfaden und eine Barmherzigkeit für die Leute, die da glauben.

Gleichzeitig bestätigt Koran Sure 3:7 ganz klar, dass der Koran aus zwei Teilen besteht. Der erste Teil ist für uns klar zu deuten, und der zweite Teil ist nicht nur äußerst vage, sondern auch in seiner Deutung – wie explizit darauf hingewiesen wird – einzig und allein Allah bekannt; „Und niemand weiß ihre Deutung, außer Allah."

WER WAR MOHAMMED? SEIN RICHTIGER NAME: قثم (QATHEM) WANN WURDE ER GEBOREN?

Die folgende Tabelle liefert alle grundlegenden Informationen zu Mohammed

Vorname (richtiger Name)	Qathem
Nachname	Sohn von Hunden (Ibn Kilāb) (Im Ernst, kein Scherz)
Dynastie – Urgroßvater	Qusaiy Ibn Kilāb (Qusaiy, Sohn von Hunden
Auch bekannt als	Mohammed und Achmed
Biologischer Vater	Unbekannt
Ernannter Vater	ʿAbdAllāh
Mutter	Āmina
Geboren	570
Gestorben	632 (Wurde von einer Jüdin vergiftet)
Anzahl bekannter Ehefrauen	13
Dienerinnen (Konkubinen)	Mehr als man zählen kann
Sexuelle Stärke	Die Kraft von 40 Männern (Mohammeds eigene Angabe)
Besonderes Talent	Märchen

Mohammed wurde im Jahr 570 geboren, vier Jahre, nachdem sein Vater, 'AbdAllāh, starb! Sicher sagen jetzt einige: „Wie kann ein Kind vier (4) Jahre nach dem Tod seines Vaters geboren werden?" Die Antwort ist simpel: 'AbdAllāh wurde Mohammeds Vater genannt. Er war aber nicht sein Vater.

Vor dem Islam gab es eine Form der Ehe namens *Zawaj Al Rahe 't*, was „Gruppenehe" heißt. Und so funktionierte diese Ehe: Die Frau schläft mit einer Vielzahl von Männern, sieben, zehn, oder mehr. Die Zahl bedeutet nicht viel. Bezeichnet werden diese Männer alle als *Raht* oder Gruppen. Man könnte es auch gar nicht erst als Ehe bezeichnen. Es war vielmehr eine Sexualpraktik, die von der Gesellschaft akzeptiert wurde. Wurde sie schwanger, ernannte die Frau, nachdem ihr Kind geboren wurde, beliebig einen der Männer zum Vater des Kindes.

Der richtige Name von Mohammeds ernanntem Vater war niemals 'AbdAllāh. Sein richtiger Name war Abd al-Lāt, was „Sklave al-Lāt's" bedeutet (al-Lāt ist eine der drei Töchter der heidnischen Gottheit Allah). Muslime verwenden den Namen 'AbdAllāh nur deshalb, weil der tatsächliche Name seines Vaters eine Beleidigung gegenüber Allah darstellt.

Ich könnte in großem Detail auf Mohammeds Kindheit eingehen, aber das ist nicht Sinn und Zweck dieses Buchs, wenngleich ich ein paar kurze Referenzen nennen, um das, was ich über Mohammeds Geburt erzähle, zu stützen.

Mohammeds Mutter hatte mehrere Kinder, nicht bloß Mohammed. Wenn er erste und ein und einzige Mann, den sie je hatte Mohammeds Vater war, wie kann es dann sein, dass sie so viele Kinder hat? Im Buch Al-Khasa 's Al-Kubra, Band 1 von Imam Al Suyuti sagt Mohammeds Mutter auf den Seiten 132, 133, 134, und 135 folgendes:

قالت حملت به فما حملت قط أخف منه فأريت في النوم حين حملت به أنه خرج مني نور

Ich war schwanger mit ihm, und es war die leichteste von allen meinen Schwangerschaften.

Niemand spricht von seinen Geschwistern. Wie kann er Geschwister haben, wenn Muslime behaupten, dass Mohammed seinen Vater niemals im Leben gesehen hat und seine Mutter mit ihm nur sehr kurz verheiratet war. Man füge hinzu, dass Mohammeds Vater wenige Monate (Muslime behaupten dies), nachdem er sie zur Frau nahm, starb. Die einzige Möglichkeit, die hier besteht ist, dass seine Mutter andere Männer, oder zumindest einen anderen Mann hatte.

Wir können dazu viele Geschichten erzählen, aber ich werde versuchen, die Dinge nicht allzu kompliziert zu machen. In dem nachfolgenden Hadith werde ich glasklar beweisen, dass der Mohammeds (angeblicher) Vater, ʿAbdAllāh, niemals Mohammeds (Qathems) Mutter geheiratet hat. Ich werde die Geschichte so zeigen, wie sie im Arabischen erzählt wird, und sie korrekt wiedergeben, damit die Muslime nicht sagen können (und das werden sie): „Auf keinen Fall lässt sich so etwas in unseren Büchern finden!" Nicht nur das: Dazu gebe ich euch einen Link zur größten Website für Islamische Bücher im gesamten Internet.

Das Buch von Al Sirah Al Halabia (ein anderer Name für das Buch von Insan Al-Uneon Fe Serat Al Maʿmum), Band 1, Seite 128:

السيرة الحلبية (إنسان العيون في سيرة الأمين المأمون)علي بن برهان الدين الحلبي وفي الإمتاع: لما مات قثم بن عبد المطلب قبل مولد رسول الله صلى الله عليه وسلم بثلاث سنين وهو ابن تسع سنين وجد عليه وجداً شديداً، فلما ولد رسول الله صلى الله عليه وسلم سماه قثم حتى أخبرته أمه آمنة أنها أمرت في منامها أن تسميه محمداً، فسماه محمد

Nach dem Tod von Qathem Ibn ʿAbd al-Muttalib (Mohammeds Onkel) im Alter von neun Jahren, drei Jahre vor der Geburt Mohammeds, war sein Vater ʿAbd al-Muttalib von so viel Trauer erfüllt, dass er dem Propheten, als dieser geboren wurde, den Namen „Qathem" gab.

Website für Hadithe aus islamischen Büchern:
http://library.islamweb.net/hadith/display_hbook.php?bk_no=334&pid=156549

الطبقات الكبرى من 4 حتى 11 الجزء الأول وحدثنا عبيد الله بن محمد بن صفوان عن أبيه وحدثنا إسحاق بن عبيد الله عن سعيد بن محمد بن جبير بن مطعم قالوا جميعا هي قتيلة بنت نوفل أخت ورقة بن نوفل وكانت تنظر وتعتاف فمر بها عبد الله بن عبد المطلب فدعته يستبضع منها ولزمت طرف ثوبه فأبى وقال حتى آتيك وخرج سريعا حتى دخل على آمنة بنت وهب فوقع عليها فحملت برسول الله صلى الله عليه وسلم ثم رجع عبد الله بن عبد المطلب إلى المرأة فوجدها تنظره فقال هل لك في الذي عرضت علي فقالت لا مررت وفي وجهك نور ساطع ثم رجعت وليس فيه ذلك النور

Auszug aus der Hadithübersetzung aus dem Buch von Al-Tabaqat Al-Kubra, 1. Auflage, 1968, Band 1, auf Seite 95 und 96:

Obed Allah berichtete uns, (...) es war Waraqa Ibn Naufals Schwester, die sich auf der Straße nach Männern umsah. Während sie sich umsah, gefiel ihr nicht ein einziger, bis ʿAbdAllāh an ihr vorbeilief. Sie griff ihn an seiner Kleidung und sprach: „Wie gedenkst du über meine Güter? Nimm dir von mir, was du brauchst." Er sprach: „Jetzt nicht. Wenn ich zurück bin!" Er entfernte sich schnell von ihr und ging zu Āmina Bint Wahb (Mohammeds Mutter) und hatte Sex mit ihr. Auf seinem Rückweg danach traf er erneut auf Waraqa Ibn Naufals Schwester und sprach zu ihr: „Möchtest du noch immer mit mir schlafen?" Sie sprach: „Nein! Als du an mir vorbeiliefst, bevor du von mir fort warst, sah ich ein glänzendes Gesicht. Doch nun hast du diesen Glanz in deinem Gesicht verloren.“ (Vermutlich war er vom Sex erschöpft.)

Die gleiche Geschichte finden wir in einem Buch mit dem Titel *„Alsyrah Al-Nbwyah Le-Ibn-Hisham“* (Arabisch), Auflage 2.02, Band 2, Seite 292, von Autor Ibn-Hisham Al-‘Ansaary/‘Abd Allah Bin Yusuf:

السيرة النبوية، الإصدار 2.02 - لابن هشام المجلد الأول >> ذكر المرأة المتعرضة لنكاح عبدالله بن عبدالمطلب >> عبدالله يرفضها قال ابن إسحاق : ثم انصرف عبدالمطلب آخذا بيد عبدالله ، فمر به - فيما يزعمون - على امرأة من بني أسد بن عبدالعزى بن قصي بن كلاب بن مرة بن كعب بن لؤي بن غالب (1/ 292) بن فهر ، وهي أخت ورقة بن نوفل بن أسد بن عبدالعزى ، وهي عند الكعبة ؛ فقالت له حين نظرت إلى وجهه : أين تذهب يا عبدالله ؟ قال : مع أبي ، قالت : لك مثل الإبل التي نحرت عنك ، وقع علي الآن ، قال : أنا مع أبي ، ولا أستطيع خلافه ، ولا فراقه

Die Übersetzung des oben gezeigten Hadith aus dem zuletzt genannten Buch, im „Kapitel der Frauen, die sich ‘AbdAllāh Ibn ‘Abd al-Muttalib für Nikkah (Sex) anboten“:

Ibn Ishaq sprach: „Draufhin ging Abd al-Muttalib (Mohammeds Großvater) und er nahm ‘AbdAllāh mit sich, zu selben Zeit kreuzten sie den Weg einer Frau, sie ist aus der Familie von Assad Sohn von ‘Uza Son von ‘Qusal Son von Hunden (von Hunden war der Name von Mohammeds anderem Großvater) Sohn von Murah Sohn von Ka‘eb Sohn von Lu‘e Sohn von Galeb Sohn von Faher.“ Sie sprach, als sie sein Gesicht sah: „Wohin gehst du, ‘AbdAllāh?“ Er sagte „Ich gehe mit meinem Vater“, woraufhin sie sagte „Ich gebe dir die gleiche Zahl an Kamelen, die auch am Opfertag dargebracht wurde (100 Kamele), wenn du mit mir schläfst.“ Er sagte: „Ich kann jetzt nicht, ich bin bei meinem Vater. Ich kann nicht von ihm ablassen.“

Diese Geschichte verrät uns, dass die Frauen in der damaligen Zeit volle Kontrolle über ihr Leben hatten. Sie schliefen mit wem sie wollten und boten sich jedem Mann ihrer Wahl an. Ist dir aufgefallen, dass Mohammeds angeblicher Vater in der ersten Version der Geschichte das Angebot der Frau nicht ablehnen wollte, es aber vorerst musste, weil er ein Rendezvous mit Mohammeds (Qathems) Mutter hatte? Er wollte Sex mit Waraqa Ibn Naufals Schwester haben, doch dann, als er zu ihr zurückkam, hatte sie es sich dann anders überlegt. Was sagt uns das?

Das sagt uns, dass die Werte der Ehe in dieser Zeit keinerlei Bedeutung hatten. Wie ich bereits erwähnt und bewiesen habe, praktizierte Mohammeds Vater diese Art einer offenen, sexuellen Beziehung. Ich frage mich, wie das Verhältnis zwischen Waraqa Ibn Naufal und Mohammeds Mutter vor Mohammeds Geburt wohl ausgesehen hat. Ich wäre gar nicht überrascht, wenn Waraqa Ibn Naufal Mohammeds leiblicher Vater wäre. Ich denke nicht, dass diese Geschichte durch Nichts zustande kam. In jenen Tagen boten Araber anderen Männern ihre Schwestern oder gar Töchter an, wenn sie etwas haben wollten. Vielleicht versuchte Waraqa Ibn Naufal, Mohammeds Vater davon abzuhalten, Sex mit Āmina zu haben, weil er sie unbedingt für sich haben wollte! Möglicherweise schickte er seine Schwester auf diese heikle Mission!Wäre sie ein Erfolg gewesen, dann wäre er (Mohammeds Vater) an Waraqa Ibn Naufals Schwester anstelle von Āmina hängen geblieben.

Auf derselben Seite wie den letzten Hadith finden wir folgendes: Fatima Bint Mur gehörte zu den allerschönsten Frauen und war die edelste der Ehrbaren. Sie las Bücher und war gebildet. Jeder junge Mann vom Stamm der Quraisch sprach von ihr. Der Geschichte nach sah sie das Licht des Prophetentums in seinem Gesicht. Sie bat Mohammeds Vater um Sex mit ihr und war gewillt, ihm einen Preis von 100 Kamelen zu zahlen.

Was für ein anständiger Mann muss Mohammeds Vater gewesen sein, wenn Frauen gewillt waren, ihn für Sex zu bezahlen. Ich rede hier nicht von anständigem Verhalten, sondern von anständigem Aussehen! Was ich meine ist, dass kein ehrenhafter Mann von einer Frau zur Nächsten hüpfen oder sich gar wie eine Prostituierte für Sex bezahlen lassen würde. Heutzutage würde man ihn einen Gigolo nennen.

Ich hebe diese Geschichte hervor, um euch ein wenig Hintergrundwissen über das tägliche Leben des arabischen Stammes der Quraisch zu jener Zeit zu geben. Ich möchte machen, dass wenn Muslime davon sprechen, Mohammeds Sippe sei eine ehrbare Familie gewesen, dies nicht der Realität entspricht. Vergesst nicht, dass Mohammeds Eltern an der Spitze des Ganzen standen, und sie beide Heiden waren und auch als solche starben. Und wenn wir uns wieder den Koran ansehen, stellen wir fest, dass Allah die Heiden in Koran Sure 9:28 als unrein bezeichnete: *„O ihr, die ihr glaubt! Wahrlich, die Heiden sind unrein. Drum lasst sie nach diesem ihrem Jahr nicht zur Heiligen Moschee kommen! Und falls ihr Armut befürchtet, so wird euch Allah gewiss aus Seiner Fülle reich machen, wenn er will. Allah ist allwissend, allweise.“* (Übersetzung von Yusuf Ali, aus dem Englischen übersetzt von John Doe)

Laut dem Buch von Al-Rahi'q Ma'khtom, auf Seite 45, wurden Mohammed und sein Onkel Hamza von derselben Frau gestillt. Hamza wurde von zwei verschiedenen Frauen gestillt. Später stillten dieser beiden Frauen auch Mohammed. Die

Namen der zwei Frauen waren Thaubia und ʻHalima Al-Sadia.

وكان عمه حمزة بن عبد المطلب مسترضعًا في بني سعد بن بكر، فأرضعت أمه رسول الله صلى الله عليه وسلم يومًا وهو عند أمه حليمة،فكان حمزة رضيع رسول الله صلى الله عليه وسلم من جهتين، من جهة ثويبة ومن جهة السعدية. الرحيق المختوم ص 45 صفي الرحمن المباركفوري

Übersetzung:

Und sein Onkel Hamza war jemand, der von einer Frau aus der Familie von Bany Saʻed Sohn von Baker gestillt wurde, und seine (Hamzas) Mutter stillte Mohammed, während er an ʻHalimas Brust saugte. Demzufolge stillten beide Frauen gemeinsam sowohl Hamza als auch Mohammed.

Nach dieser kurzen Einführung in Mohammeds Leben wird es Zeit, diesen Mann näher zu beleuchten, um so herauszufinden, wer er war. Nicht als Name, sondern als Person und als Mensch. Mohammed machte seine eigenen Erfahrungen als Mensch. In seinen jungen Jahren, bevor ihm der Wohlstand in die Hände fiel, hatte er es nicht leicht.

Erinnern wir uns an die erste Geschichte, in der sich Waraqas Schwester, die auf den Namen Qatilah Bin Naufal hörte, ʻAbdAllāh anbot, um ihn daran zu hindern, Sex mit Āmina zu haben, er dann aber erstmal Sex mit Āmina hatte. Daraufhin wollte Waraqas Schwester ihn nicht mehr. Wenn wir diese Geschichte mit anderen in Verbindung bringen, stellen wir fest, dass Waraqa Ibn Naufal mit jeder Stufe von Mohammeds Leben zu tun hat. Im selben Buch (Buch von Al-Tabaqat Al-Kubra, 1. Auflage, 1968, Band 1, auf Seite 95) steht über Mohammed:

تزوج عبد المطلب بن هاشم وتزوج عبد الله بن عبد المطلب في مجلس واحد فولدت هالة بنت وهيب لعبد المطلب حمزة بن عبد المطلب فكان حمزة عم رسول الله صلى الله عليه وسلم في النسب وأخاه من الرضاعة قال أخبرنا هشام بن محمد بن السائب الكلبي عن أبيه وعن أبي الفياض الخثعمي قالا لما تزوج عبد الله بن عبد المطلب آمنة بنت وهب أقام عندها ثلاثا وكانت تلك السنة عندهم إذا دخل الرجل على امرأته في أهلها.

ʻAbd al-Muttalib Ibn Hashem und sein Sohn ʻAbdallāh heirateten am gleichen Tag, und so gebar Halah Tochter von Waheb Hamza, der Mohammeds Onkel und sein Bruder durch die Aufnahme der Muttermilch wurde (Muslime glauben, dass wenn zwei Personen an derselben Brust saugen, sie dadurch Geschwister werden). Und von Ibn Ishaq wurde uns berichtet, dass Mohammeds Vater, als er Āmina (Mohammeds Mutter) heiratete, er drei Nächte mit ihr verbrachte, wie es zu dieser Zeit Brauch war.

Wenn wir auf der gleichen Seite weitermachen, erfahren wir, dass Mohammeds Großvater und dessen Sohn Sex mit zwei Schwestern, Halah und Āmina, hatten.Technisch gesprochen ist Mohammeds Tante die Frau seines Großvaters, die Ehefrau. Obendrein heißt es, dass Halah Hamza (Mohammeds Onkel) zur Welt brachte. Sowohl Mohammed als auch Hamza wurden von Hamzas Mutter gestillt. Dies machte Hamza, den Onkel Mohammeds, zusätzlich zu Mohammeds Bruder (dadurch, dass beide dieselbe Muttermilch aufnahmen), allerdings über denselben Zeitraum (dasselbe Jahr). Dazu kommt, dass Mohammeds Vater nur drei Tage lang mit Mohammeds Mutter schlief! Und dazu BESUCHTE er sie in IHREM Haus! Wie kann sie seine Ehefrau sein? Warum nahm er seine Ehefrau, wenn sie doch miteinander verheiratet waren, nicht zu sich, in sein Haus?! Das heißt: Mohammeds Mutter ist niemals in ʿAbdAllāhs Haus eingezogen!Im Buch von Ibn Kathir, Band 1, sagt Ibn Hisham auf Seite 255, dass Mohammed 14 oder 15 Jahre alt war, als sich die Schlacht von Al-Fajar zutrug.

السيرة النبوية الأبن كثير حرب الفجار وقال ابن هشام: فلما بلغ رسول الله صلى الله عليه وسلم **255/1**
أربع عشرة سنة - أو خمس عشرة سنة

Wir finden dieselbe Geschichte im Buch von Al-Sira Al-Naboiah, von Dr. Muhammad Amed Mahmoud Hasbalah (das ist sein vollständiger Name) und Dr. Muhammad Abdu Alqader Al-ʿKatheb. Beide sind Professoren für islamische Geschichte und Zivilisation an der al-Azhar-Universität (die von Osama Bin Laden, az-Zawahiri und allen anderen Muslimen am höchsten akzeptierte Universität).

Beide sagen in ihren Büchern, dass die Schlacht von Al-Fajar 12 Jahre nach dem Tod von ʿAbd al-Muttalib – Hamzas Vater – begann, und dass Hamza zu diesem Zeitpunkt 22 Jahre alt war! Beide Doktoren sind sich in diesem (ihrem) Buch einig, dass Mohammed in der Zeit, als die Schlacht um Al-Fajar begann, 15 Jahre alt war. Unten befindet sich ein Link zu ihrem Buch. Ich weiß, dass die Muslime das nicht glauben werden. Sagen wir, dass 99% der Muslime keine Bücher lesen. Woher sollten sie das schon wissen?

Folge diesen Link und sieh selbst: http://www.alsiraj.net/sira/html/page08.html, حرب الفجار Wenn Hamza zum Zeitpunkt dieser Schlacht 22 war und Mohammed 15, bedeutet das diesen zwei Gelehrten nach, dass Hamza sieben Jahre älter ist als Mohammed. Doch Hamza wurde in demselben Jahr geboren, in dem Mohammeds Vater starb! Das würde bedeuten, dass Mohammed sieben Jahre nach dem Tod seines Vaters geboren wurde!

من كتاب السيرة النبوية بقلم الدكتورمحمد أحمد محمود حسب الله أستاذ التاريخ و الحضارة الاسلامية
بجامعة الأزهر و الدكتور محمد محمد عبد القادر الخطيب أستاذ التاريخ و الحضارة الاسلامية بجامعة

الأزهر شهد حمزة حرب الفجار الثاني، وكانت بعد عام الفيل بعشرين سنة، وبعد موت أبيه عبد المطلب باثنتي عشرة سنة، ولم يكن في أيام العرب أشهر منه ولا أعظم، وتعد „ حرب الفجار" أول تدريب عملي بالنسبة لحمزة رضي الله عنه مارس فيها التدريب العملي على استخدام السلاح وعاش ،في جو المعركة والحرب الحقيقية، وكان عمره آنذاك نحو اثنتين وعشرين سنة

Im Buch von Sira Ibn Kathir, Band 1, wird auf Seite 263 gesagt: *Als Mohammed Khadija heiraten wollte, sprach er mit seinem Onkel über sie, und Hamza wandte sich an Khadija und bat für Mohammed um ihre Hand.*

أبن كثير السيرة الجزء الأول 263 فخرج معه عمه حمزة حتى دخل على خويلد بن أسد فخطبها إليه، .فتزوجها عليه الصلاة والسلام

In der Arabischen Tradition – und ich kenne unsere Traditionen sehr gut – fragt man niemals einen Gleichaltrigen, ob er stellvertretend für dich jemandem einen Heiratsantrag macht. Ein solcher Antrag hat keinerlei Gültigkeit. Aber in diesem Fall füllt Hamza die Rolle auf zweierlei Weisen perfekt aus: Er ist Mohammeds Onkel UND ist älter als er.

Wenn wir jetzt im Buch von Da'ert Al-Ma-Ma'aref Al-Islamyiah, Band 29, auf Seite 9112 (9112 دائرة المعارف الإسلامية ج 29 ص) lesen, finden wir heraus, dass Mohammed im Jahr 570 n. Chr. Geboren wurde. Und die Schlacht von 'Ohod fand im Jahr 625, womit alle islamischen Bücher übereinstimmen. Wenn wir also das Jahr 625 (Schlacht von 'Ohod) nehmen und mit dem Jahr 570 (Mohammeds Geburtsjahr) subtrahieren, erhalten wir so die Zahl des Jahres 55 (Mohammeds Alter bei der Schlacht von 'Ohod, 625-570=55).

Im Buch Al-Tabaqat Al-Kubra, Band 3, Seite 29/118, hielt Hamza die Flagge beim Angriff auf die Kinder von Qanika'a (der jüdische Stamm, der von Mohammed vollständig dezimiert wurde) und als er starb, war er zu dem Zeitpunkt 59 Jahre alt. Hamza war 4 Jahre älter als der Prophet.

وحمل حمزة لواء رسول الله صلى الله عليه وسلم في غزوة بني قينقاع ولم يكن الرايات يومئذ وقتل رحمه الله يوم أحد على رأس اثنين وثلاثين شهرا من الهجرة وهو يومئذ بن تسع وخمسين سنة كان أسن من رسول الله صلى الله عليه وسلم بأربع سنين لكتاب : سبل الهدى والرشاد، في سيرة خير العباد، 118/3

Buch Sabil Al-Huda Wa Al-Rashad, Band 11, Seite 82 und 83:

إذا كان أسن من رسول الله صلى الله عليه وسلم بأربع سنين، كيف يصح أن تكون ثويبة أرضعتهما ،معا، والحديث صحيح فهو مقدم على غيره إلا أن تكون أرضعتهما في زمانين

Sollte Hamza vier Jahre älter gewesen sein als der Gesandte Allahs, wie konnte er dann von derselben Frau gestillt worden sein? Die Antwort lautet: Der Hadith ist korrekt, und er wird gegenüber anderen Hadithen bevorzugt, da diese Frau beide von ihnen zuunterschiedlichen Zeitpunkten stillte.

Al-Mustadark Fe Al-Sahih, Band 3, Seite 212, Hadith 4873:

المستدرك [جزء 3 - صفحة 212] حديث رقم 4873 حمزة بن عبد المطلب كانت له كنيتان أبو يعلي و أبو عمارة لابنيه يعلي و عمارة أسلم حمزة في السنة السادسة من النبوة و كان أسن من رسول الله صلى الله عليه و سلم بأربع سنين و قتل يوم السبت في المغزى بأحد لسبع خلون من شوال سنة ثلاث من الهجرة

Hamza hatte zwei Namen, Abu-'All und 'Emarah. Er wurde sechs Jahre nach dem Beginn des Islam Muslim, und war vier Jahre älter als Mohammed. Er wurde in der Schlacht von 'Ohod getötet, am siebten Samstag des Monats Schawwal (der zehnte Monat im islamischen Mondkalender).
Buch von Al-Tabaqat Al-Kubra, 1. Auflage, 1968, Band 3, Seite 103:

وقتل، رحمه الله، يوم أحد على رأس اثنين وثلاثين شهرا من الهجرة وهو يومئذ بن تسع وخمسين سنة، كان أسن من رسول الله، صلى الله عليه وسلم، بأربع سنين „

Hamza, möge Allah ihm gnädig sein, der von jemandem namens Wahshy getötet wurde, war neunundfünfzig Jahre alt und vier Jahre älter als der Prophet.Was erfahren wir von all diesen Geschichten?

Wenn Mohammeds Großvater und Mohammeds Vater im selben Zeitraum mit denselben beiden Schwestern schliefen, und Mohammeds Vater Āmina ein paar Tage danach wegstarb, (oder ein paar Monate danach, des Argumentes der Muslime zuliebe, auch wenn das nichts ändert):

- Dann hatten Mohammeds Großvater und dessen Sohn, 'AbdAllāh, beide Schwestern am selben Tag.
- Dann wurde Hamza im selben Zeitraum geboren, in dem auch Mohammeds Vater starb.
- Dann ist Hamza älter als Mohammed (Muslimische Gelehrte sind sich nicht einig, ob es vier oder sieben Jahre sind).
- Dann wurde Hamza im Alter von 59 Jahren bei der Schlacht von 'Ohod getötet. Mohammed war zu diesem Zeitpunkt 55 Jahre alt.
- Dann kann Mohammed nicht der Sohn des Mannes sein, der von den Muslimen Abdallāh genannt wird, wie wir in Íbn Kathirs Buch von Al-Bidayah & Al-Nihayiah, Band 2, auf Seite 316 lesen können. Der Stamm der Banū n-Nadīr fragte nach Mohammed, als er noch ein Kind war, mit der Begründung, dass er ein Kind des Stammes der Banū n-Nadīr sei. Es ist so eindeutig, dass er keinen Vater hatte.

(316 البداية والنهاية لابن كثير باب تزويج عبد المطلب أبنه عبد الله ج2ص)
بلغ النبي أن رجالاً من كندة يزعمون أنهم منه وأنه منهم ... فقال: إنا لن ننتفي من آبائنا، نحن بنو„
النضر بن كنانة

Um diese offensichtliche Diskrepanz zu vertuschen, erzählte Mohammed, dass eine Frau über einen Zeitraum von mehreren Jahren hinweg mit demselben Kind schwanger sein kann. So wurde sein Großvater davon überzeugt, dass Mohammed sein Enkel ist, obwohl ihn seine Mutter mehrere Jahre nach ʿAbdAllāhs Tod zur Welt brachte.

MOHAMMED WAR EIN ADOPTIVKIND

Um die Nachforschungen bezüglich Mohammeds Ahnenschaft zu einem Ende zu bringen, lies mit mir Sahih Al-Bukhari, Buch 40, Hadith 563. Dieser wichtige Hadith zeigt, dass Mohammed nicht mehr als ein Sklave der Familie war, bei der er aufwuchs:

Als ich diesen unschönen Anblick sah, ging ich zum Gesandten Allahs und erzählte ihm die Geschichte. Der Prophet kam zu mir, in Begleitung von Zaid Ibn Harith, welcher sich anschließend zu ihm gesellte, und auch ich begab mich in ihre Gesellschaft. Der Gesandte ging zu Hamza (Mohammeds Onkel), und sprach in grobem Ton zu ihm. Hamza blickte auf den Gesandten und sprach: „Bist du denn nicht mehr als ein Sklave meiner Vorväter?“ Der Gesandte zog sich zurück und verschwand. Dieser Vorfall ereignete sich vor dem Erlass des Alkoholverbots.

وقتل، رحمه الله، يوم أحد على رأس اثنين وثلاثين شهرا من الهجرة وهو يومئذ بن تسع وخمسين سنة،
„ ،كان أسن من رسول الله، صلى الله عليه وسلم، بأربع سنين

Hamza, möge Allah ihm gnädig sein, der von jemandem namens Wahshy getötet wurde, war neunundfünfzig Jahre alt und vier Jahre älter als der Prophet.

Was erfahren wir von all diesen Geschichten?

Wenn Mohammeds Großvater und Mohammeds Vater im selben Zeitraum mit denselben beiden Schwestern schliefen, und Mohammeds Vater Āmina ein paar Tage danach wegstarb, (oder ein paar Monate danach, des Argumentes der Muslime zuliebe, auch wenn das nichts ändert):

- Dann hatten Mohammeds Großvater und dessen Sohn, ʿAbdAllāh, beide Schwestern am selben Tag.
- Dann wurde Hamza im selben Zeitraum geboren, in dem auch Mohammeds Vater starb.
- Dann ist Hamza älter als Mohammed (Muslimische Gelehrte sind sich nicht

einig, ob es vier oder sieben Jahre sind).

- Dann wurde Hamza im Alter von 59 Jahren bei der Schlacht von 'Ohod getötet. Mohammed war zu diesem Zeitpunkt 55 Jahre alt.
- Dann kann Mohammed nicht der Sohn des Mannes sein, der von den Muslimen Abdallāh genannt wird, wie wir in Ībn Kathirs Buch von Al-Bidayah & Al-Nihayiah, Band 2, auf Seite 316 lesen können. Der Stamm der Banū n-Nadīr fragte nach Mohammed, als er noch ein Kind war, mit der Begründung, dass er ein Kind des Stammes der Banū n-Nadīr sei. Es ist so eindeutig, dass er keinen Vater hatte.

316 البداية والنهاية لابن كثير باب تزويج عبد المطلب أبنه عبد الله ج2ص)
بلغ النبي أن رجالاً من كندة يزعمون أنهم منه وأنه منهم ... فقال: إنا لن ننتفي من آبائنا، نحن بنو„
النضر بن كنانة

Um diese offensichtliche Diskrepanz zu vertuschen, erzählte Mohammed, dass eine Frau über einen Zeitraum von mehreren Jahren hinweg mit demselben Kind schwanger sein kann. So wurde sein Großvater davon überzeugt, dass Mohammed sein Enkel ist, obwohl ihn seine Mutter mehrere Jahre nach 'AbdAllāhs Tod zur Welt brachte.

Wieso würde Mohammeds Onkel so eine Lüge aussprechen, es sei denn sie ist wahr? Und: Wieso zog sich Mohammed gleich danach zurück, ohne auch nur ein Wort dazu zu äußern? Hamzas Worte bestätigten eine Tatsache, auf die Mohammed nicht antworten konnte und die sich nicht abstreiten ließ.

Am meisten Sorge bereitete es Mohammed, dass wenn er noch mehr geredet hätte, Hamza noch mehr Dinge sagen würde, die er nicht hören wollte. Es ist offensichtlich, dass Mohammed von Hamza, der immerhin sein Onkel sein soll, nicht erwartet hat, dass er so etwas überhaupt sagen würde. Das alles führt uns zu einem Punkt: Mohammed ist der Sohn eines unbekannten Vaters.

Als diese Familie Mohammed ihm bei sich aufnahm – ihn adoptierte – nannten sie ihn Qathem. Sie benannten ihn nach einem ihrer Söhne, der zuvor verstarb.

WER SAGTE MOHAMMED, DASS ER EIN PROPHET WAR?

Die ersten Worte, von denen Mohammed behauptete, sie von seinem Gott durch den Engel Dschibrīl überbracht bekommen zu haben, sind in Koran Sure 9:61 dokumentiert. *Dschibrīl sprach zu Mohammed: „Lies!" Mohammed antwortete: „Was soll ich lesen?" Muslime sagen, er antwortete mit „Ich kann nicht lesen."* Sahih Al-Bukhari, Buch 1, Hadith 3, gibt folgendes an (siehe auch Koran Sure 96:1-3):

Der Engel kam zu mir und sprach zu mir: „Iqra'a (Lies)!" Ich sprach zu ihm: „Ich kann nicht lesen." Er würgte mich und erneut sprach er: „Lies!" Und dann würgte er mich erneut, und er sprach: „Lies!" Ich sprach: „Ich kann nicht lesen." Dann würgte er mich zum dritten Male und sprach: „Lies, im Namen deines Herrn!"

Nun, diese Geschichte ergibt in keinster Weise irgendeinen Sinn. Denken wir mal darüber nach. Der Engel sagte „Lies". Müsste ich dir nicht erst einmal ein Stück Papier, ein Buch oder ähnliches zu lesen geben, bevor ich ich dich darum bitte, irgendetwas abzulesen? Um diesen Knackpunkt zu vertuschen, behaupten die Muslime, dass mit „lies" eigentlich „rezitiere" gemeint ist. Wenn damit aber „rezitiere" gemeint ist, warum sagte Mohammed stattdessen nicht „Ich kann nicht rezitieren"? Fünfjährige Kinder können Dinge auswendig aufsagen, sprich rezitieren. Hier ist von lesen die Rede, weil das arabische Wort hier eindeutig „Lies" heißt. Solche Kleinigkeiten allein zeigen, wie falsch der Islam schon am Anfang seiner Geschichte ist.

Wenn Mohammed nicht lesen kann und er ein Analphabet ist, wieso verwendet der Engel das unangebrachte Wort „Lies"?

Wenn Gott einem Menschen befiehlt zu lesen, und er ein Analphabet ist, sollte er dann nicht durch ein Wunder Gottes dazu fähig sein, zu lesen?

Um die Sache näher ins Licht zu rücken, stellen wir uns jetzt mal vor, Jesus hätte zum blinden Bartimäus „Sehe" gesagt, und der blinde Bartimäus hätte mit „Ich kann nicht sehen" geantwortet, woraufhin Jesus ein zweites Mal „Sehe" sagt. Der blinde Bartimäus antwortet daraufhin erneut mit „Ich kann nicht sehen" und Jesus spricht zum dritten Mal „Sehe". Und dann antwortet der blinde Bartimäus zum dritten Mal: „Ich kann nicht sehen!"Das muss ein Witz sein! Was bringt es zu erzählen, dass es auch nach dem dritten Mal nicht geklappt hat? Mohammed konnte immer noch nicht lesen!

1. Wenn „Rezitiere" gemeint ist, wieso verwendet der Engel das Wort „Iqara'a", was „lies" heißt? Bedenke: Es ist nicht der Engel, der sich das Wort ausgesucht hat, sondern Allah. Demnach hat Allah das falsche Wort gewählt und Mohammed dadurch verwirrt!
2. Wieso würgte der Engel Mohammed? Hat diese Handlung bewirkt, dass Mohammed lesen konnte? Nein, überhaupt nicht!
3. Wieso dreimal? Es geht um Zahlen. Der Islam begann mit einer Dreifaltigkeit der Vollendung! Ein „Lies" war nicht genug, aber das dritte „Lies" hat ihn vollendet.
4. Alles im Islam basiert auf der Zahl Drei. Zum Beispiel dreimal den Namen Allah aussprechen, bevor man irgendetwas bestimmtes tut. Was man darauf-

hin tut, sorgt für vollkommene Reinheit. Sich dreimal die Nase putzen, sich dreimal die Hände abwischen, drei mal die Genitalien durchschütteln... Alles wird dreimal wiederholt. Warum?

5. Ich denke es steckt eine tiefere Offenbarung in dieser erfundenen Geschichte. Tatsächlich hatte Mohammed diese erfundene Geschichte von seinem Meister, Waraqa Ibn Naufal. Um zu verstehen, wer den Islam wirklich geschaffen hat, lies mit mir bitte Jesaja 40:5-6:

(5) Und die Herrlichkeit des Herrn wird sich offenbaren, und alles Fleisch miteinander wird sie sehen; denn der Mund des Herrn hat es geredet.

(6) Es spricht eine Stimme: Verkündige! Und er sprach: Was soll ich verkündigen? „Alles Fleisch ist Gras und alle seine Anmut wie die Blume des Feldes!"

أشعياء 40 5
6 .«وَيَتَجَلَّى مَجْدُ الرب، فَيُشَاهِدُهُ كُلُّ ذِي جَسَدٍ، لأَنَّ فَمَ الرَّبِّ قَدْ تَكَلَّمَ
وَعِنْدَئِذٍ قَالَ صَوْتٌ: «نَادِ بِرِسَالَةٍ». فَأَجَبْتُ: «أَيَّةُ رِسَالَةٍ؟» فَقَالَ: «كُلُّ ذِي جَسَدٍ عُشْبٌ، وَكُلُّ بَهَائِهِ
كَزَهْرِ الصَّحْرَاءِ

Ganz klar versucht Mohammed hier, der Prophet Jesaja zu sein, indem er die Geschichte neu erzählt und versucht, seine Version plausibel erscheinen zu lassen. Durch diese Geschichte erweist sich Mohammed jedoch bloß als jemand, der Mist labert. All die Dramatik mit dem Gewürge ändert daran nichts. Die Geschichte zeigt lediglich, dass ein falscher Gott keine Wunder bewirken kann. Hätte Jesus zu Mohammed „Lies" gesagt, dann hätte er selbst als wie die Muslime behaupten – Analphabet lesen können. Da bin ich mir sicher.

Allahs Befehl	Mohammeds Antwort	Handlung des Engels	„Lies"-Befehle und Würgen insgesamt
„Lies!"	Ich kann nicht lesen	Würgen	1
„Lies!"	Ich kann nicht lesen	Würgen	1
„Lies!"	Ich kann nicht lesen	Würgen	1

Das Ergebnis:
Nach drei Befehlen zu lesen und dreimaligem Würgen verstand Mohammed immer noch nicht, was der Engel von im wollte. Der Engel, der Allahs Befehl überbrachte, konnte Mohammed weder lesen noch verstehen lassen!

Jesu Handlungen	**Die Resultate**
Befahl dem Blinden, zu sehen	Er sah
Befahl dem Gelähmten, zu laufen	Er lief
Befahl dem Toten, wieder zu leben	Er lebte

Wieso befahl Allah Mohammed in dieser erfundenen Geschichte dreimal zu lesen, obwohl er hinterher dann doch nicht dazu in der Lage war? Was soll das?

WORUM DREHT SICH DER ISLAM?

Ich habe dir zum Anfang einige nützliche Informationen über Mohammeds Hintergrund gegeben. Jetzt behandeln wir, worum sich der Islam selbst dreht.

Was ist laut Muslimen die allerwichtigste Sache im Islam? Sie sagen folgendes: Die Fünf Säulen des Islam sind das Fundament des muslimischen Lebens:

1. Glauben an die Einheit Gottes und den Propheten Mohammed
2. Die Einhaltung der täglichen Gebete.
3. Zakat zahlen (Almosenspende).
4. Fasten im Ramadan.
5. Pilgerfahrt nach Mekka (gültig für alle, die dazu in der Lage sind).

Diese fünf Punkte behandeln jedoch nur, was den Islam als Gesamtpaket ausmacht. Das sind nicht die Säulen. Die Angaben sind vollkommen falsch. Zumal der Islam auf sechs Elementen fußt, wie Mohammed selbst im folgenden Hadith aus Sahih Al-Bukhari, Band 1, auf Seite 13 sagt:

أن أقاتل الناس ، حتى يشهدوا أن لا إله إلا الله ، وأن محمدا رسول الله ، ويقيموا الصلاة ، ويؤتوا الزكاة ، فإذا فعلوا ذلك عصموا مني دماءهم وأموالهم إلا بحق الإسلام ، وحسابهم على الله تعالى)
رواه البخاري و مسلم .

„Mir wurde von Allah befohlen die gesamte Menschheit zu bekämpfen und jeden zu töten (Dschihad zu betreiben), bis alle sagen, dass es keinen Gott gibt außer

Allah, und dass Mohammed sein Gesandter ist; und dass sie das Gebet einhalten und Zakat (Geld) zahlen. Wenn sie das tun, dann wird ihr Blut und ihr Eigentum vor mir sicher sein.“

Wenn wir uns diesen Hadith ansehen, lernen wir, was sich Mohammed und der Islam von der gesamten Menschheit wünschen. Das wäre die...

ISLAMISCHE VERFASSUNG

Mohammed hat die Pflicht alle Menschen zu bekämpfen und sie mit Gewalt zu zwingen, den Islam anzunehmen, andernfalls muss er sie töten;

- Solange, bis die gesamte Menschheit zum Islam konvertiert ist;
- Solange, bis alle sagen „Es gibt keinen Gott außer Allah“;
- Und sie sagen, dass Mohammed sein Gesandter ist;
- Dann musst du mehrmals täglich zu Allah beten, andernfalls wird Mohammed dich töten;
- Und dann, und nur dann, ist dein Geld und dein Blut vor Mohammed und seiner Armee sicher. Demzufolge ist Säule Nr. 6: Niemand ist davor sicher, getötet zu werden, mit Ausnahme derer, die zum Islam konvertiert sind.Betrachten wir das Ganze mal anders: Was passiert, wenn man den Islam nicht annimmt?
- Muslime müssen dich bekämpfen. Mohammed ist tot, aber die Muslime sind es nicht, und es ist die Pflicht jedes Muslims, seinem Propheten zu folgen und im Dschihad zu kämpfen. Koran Sure 9:14 sagt: *„Bekämpft sie (mit dem Schwert); Allah wird sie strafen durch eure Hände und sie demütigen. Allah wird euch zum Sieg über sie verhelfen, und die Herzen seiner Gläubigen heilen.“*
- Muslime haben das Recht, dich zu töten.
- Sie haben das Recht, Frauen und Kinder zu versklaven, und diese zu vergewaltigen Das sogenannte „Was deine Rechte Hand besitzt“-Recht).
- Sie nehmen dir dein Geld und dein Zuhause weg.
- Sie übernehmen dein Land, indem sie eine islamische Regierung durchsetzen. Am meisten Freude bereitet es ihnen, das islamische Gesetz zu praktizieren: Steinigung, das Abschlagen von Händen und für den Tod der Ungläubigen beten.

Das sind die grundsätzlichen Regeln, allerdings gibt es noch zusätzliche Regeln, die Mohammed aufgestellt hat. Sie bescheren ihm ein größeres Einkommen, ohne ihn auch nur einen Pfennig zu kosten. Christen und Juden müssen Jizyah zahlen um am Leben bleiben zu dürfen, wenn sie sich weigern, zum Islam zu konvertieren.

Wie immer lügen die Muslime wenn sie sagen, dass man in jedem Land auf der Welt Steuern zahlen muss. Jizyah, eine STEUER? Das ist eine absolute Unwahrheit!

Wie könnt ihr ihnen (Christen und Juden) ihr Land wegnehmen und sie dann dazu bringen, euch Geld zu zahlen? Wenn zum Beispiel die USA ein islamisches Land wäre, dann hätten die US-amerikanischen Soldaten im Irak Jizyah von allen Irakern bezogen, und jeden Iraker, der sich zu zahlen geweigert hätte, getötet! Zahlt man Jizyah, zahlt man Geld für den eigenen Schutz. Man zahlt Schutzgeld, das sagen die Muslime. Schutz vor wem? Den Muslimen! Wie ich schon immer zu sagen pflegte, der Islam ist eine kriminelle Organisation (wie die Mafia). Wenn du keiner von ihnen sein willst, dann musst du sie bezahlen. Andernfalls bist du tot. Der Koran sagt uns über Jizyah:

Koran Sure 9:29 sagt mit ganz klaren Worten, dass wir Jizyah zahlen müssen, während wir dabei blamiert, gedemütigt und herabgesetzt werden. Zahlen Muslime im Westen Steuern in Begleitung von Blamage, Demütigung und Herabsetzung?

Das arabische Wort Jizyah bedeutet: Strafe und Strafsumme. Wieso hat die Steuer, die die Muslime zahlen, denn nicht denselben Namen? Sie zahlen Zakat, und nicht Jizyah. Wenn es Versteuerung ist, dann ist die Steuer einer Steuer! Ist das etwa eine Art von Diskriminierung? Ja, absolut. Bitte, ich möchte, dass du dir Ibn Kathirs Auslegungvon Koran Sure 9:29 durchliest. Mit folgendem Link kommst du auf die entsprechende Website: http://tafsir.com/default.asp?sid=9&tid=20986. Du wirst sehen, wie hässlich dieser Glaube ist. Er fußt auf die Unterdrückung anderer Nationen und der Herabsetzung all derer, die keine Muslime sind. Ich zitiere mal eine der muslimischen Übersetzungen.

Das zahlen von Jizyah ist ein Zeichen von Kufr (Unglaube) und Schande.

Das sind nicht meine Worte. Du wirst sehen, wie Mohammed den Muslimen befahl, Christen oder Juden zu Demütigen. Nicht als Strafe für irgendwelche Vergehen dafür, dass sie sich geweigert haben, den Islam zu praktizieren. Er sagte (laut Tafsir Ibn Kathir) sogar: *Kommt den Juden und Christen nicht mit dem Gruß des Friedens (Salam) entgegen, und solltet ihr welchen von ihnen auf der Straße begegnen, drängt sie in deren engsten Pfad (Zwingt sie, durch die Kanalisation zu laufen).*

In der damaligen Zeit war die Kanalisation ein schmaler Kanal am Straßenrand. Christen und Muslime konnten nicht gleichzeitig auf derselben Straße sein. Heute hören wir, wie Muslime Afroamerikaner zum Narren halten, indem sie sagen: „Seht, was der Weiße Mann euch angetan hat!" Und dabei waren es die arabischen Muslime, die die heutigen Afroamerikaner im Norden Afrikas an die Europäer verkauft haben.

ENTHAUPTUNG NICHT-MUSLIMISCHER GEFANGENER

Koran Sure 8:67:

Für einen Propheten geziemt es sich Allah zufolge nicht, Gefangene zu halten, bis zu dem Zeitpunkt, in dem er kriegerischen Kampf im Land entfacht hat. Ihr wollt die Güter dieser Welt, aber gleichzeitig, dass euch Allahs Plan im Jenseits zuteil werde. Und Allah ist allmächtig und allweise.

Wir erinnern uns an den Skandal, der sich im Abu-Ghuraib-Gefängnis in Bagdad zugetragen hat (der Abu-Ghuraib-Folterskandal) und wie wütend er die Welt machte. Aber wir sehen keinerlei Wut gegenüber Muslimen, die ihre Gefangenen enthaupten, zu denen zusätzlich zu Soldaten auch Zivilisten wie Ärzte, Frauen und Kinder gehören.

Mohammed hat deutlich gemacht, sie alle zu töten, und er rechtfertigte dies stets damit, dass es der Wille Allahs und nicht seinen eigener war. So auch in Koran Sure 6:44-45:

44 Als sie dann vergaßen, woran wir sie zur gleichen Zeit erinnerten, da öffneten wir ihnen die Pforten zu allen Dingen (wie Reichtum), bis sie erfreut waren über das, dass ihnen gegeben war. Wir ergriffen sie somit – Plötzlich. Ohne dass sie es ahnten, waren sie überwältigt.

45 Alle Menschen, die den Islam nicht annahmen, wurden infolge dessen von ihnen ausgelöscht. Lob sei Allah, dem Herrn der zwei Welten (der Menschen und Dschinn).

Allerdings wurde Mohammed immer sehr schwach, wenn es um Geld ging. Er bevorzugte es, lebende Gefangene zu halten. Waren sie reich, so konnte er somit ein hohes Lösegeld von ihren Angehörigen verlangen, die er soweit noch nicht getötet hatte; oder sie brachten seinen Truppen nützliche Dinge bei, wie Lesen und Schreiben – Sofern die Gefangenen das konnten.

Koran Sure 47:3-4:

3 Für all jene, die Allah ablehnen und ihrer eigenen Vorstellung folgen, aber zugleich glauben an die Wahrhaftigkeit ihres Herrn, gilt entsprechend: Allah hat vereinbart den Zustand der Menschen nebenbei zu ihrer Lehre.

4 Wenn ihr auf die Nicht-Muslime trefft, so schlagt ihre Nacken bis ihr ihnen dadurch großen Schaden zugefügt habt, und legt sie daraufhin fest in Ketten, solange bis der Krieg zu Ende gegangen ist, ob nun aus Güte oder für Lösegeld. Euch sei gesagt: Hätte er es gewollt, hätte er, Allah, sie gewiss selbst besiegen und strafen können. Andernfalls ließe er euch kämpfen, um euch einander zu töten. Doch wird Allah die Werke derer, die um den Willen Allahs getötet werden, nicht zunichte machen.

Dann sehen wir allerdings, wie Allah seine Meinung wieder ändert. Ihm gefällt es nicht, wenn Gefangene gehalten werden. Er will, dass sie getötet werden. Obendrein verurteilt Allah alle, die gerne Gefangene halten würden. Sie gehorchen ihm nicht, weil sie sich nach Reichtum, den Gütern dieser Welt, sehnen (Allah sprach an dieser Stelle von Mohammed). Warum sagt Koran Sure 47:4 den Muslimen dann, dass sie Lösegeld verlangen dürfen?
Koran Sure 8:67:

Für einen Propheten geziemt es sich Allah zufolge nicht, Gefangene zu halten, bis zu dem Zeitpunkt, in dem er kriegerischen Kampf im Land entfacht hat. Ihr wollt die Güter dieser Welt, aber gleichzeitig, dass euch Allahs Plan im Jenseits zuteil werde. Und Allah ist allmächtig und allweise.

Beachte, wie Allah der Spielball in Mohammeds Händen ist. Wenn Mohammed Geld braucht, denkt er sich ein Kapitel aus, in dem es erlaubt wird, Lösegeld zu verlangen. Wenn der Feind kein Geld mehr übrig hat, denkt sich Mohammed ein Kapitel aus, in dem gesagt wird, dass es Sünde ist, auf Geld aus zu sein!

Er wollte auf ganzer Linie sicher gehen, dass niemand in der Zukunft jemals wieder sagen könnte, er wäre ein falscher Prophet gewesen. Nachdem er seinen Feinden ihr ganzes Geld geraubt hatte, hatten sie logischerweise kein Geld mehr übrig, um das Lösegeld für ihre entführten Angehörigen zu zahlen. Wozu hätte er sie am Leben lassen sollen?

Während wir über den Islam lesen, müssen wir immer bedenken, dass der Islam eine Regierungsform und politische Partei ist; nicht bloß eine Religion, die auf Rassismus und dem Hass auf jedem basiert, der sich nicht als Muslim, als Sklave oder als jemand, der sich dem System (dem Islam) unterwirft, anschließt.

So eine Person erhält keinerlei Schutz, politische Rechte oder gesellschaftliche Vorteile, wenn sie kein Muslim sein möchte.

Nur aus diesem Grund gilt diese Person dann als ein Krimineller – eine Unperson – in den Augen der Muslime, Allahs und des Islam.

WENN MUSLIME DEIN LAND ÜBERNEHMEN – WAS DANN?

Wie Muslime einen behandeln hängt davon ab, wer oder was man ist.

1. Männer, die sich zum Atheismus, Hinduismus, Buddhismus oder jedem anderen Glauben abseits der jüdisch-christlichen Lehre bekennen, werden getötet. Wenn ein Muslim sich nicht dafür entscheidet, die Frauen und Kinder eines solchen Mannes zu versklaven und zu lebenden Sexspielzeugen zu machen, werden diese ebenfalls getötet.
2. Christen müssen Jizyah zahlen. Noch dazu müssen sie sich an die folgenden Anweisungen halten, die man den Pakt von ʿUmar nennt.

DER PAKT VON ʿUMAR

Aus dem Buch von Jalal Al-Deen Al-Suyuti, Hadith 30999, Buch von Ahkam Ahel Al Zimmad (Dimma), Band 2, Seite 661, Das Buch von Al-Sunan Al-Kubra, Hadith 19186, Buch von Al Jawab Ak Al-Sahih Liman Badal Deen Al-Maseeh.

(جلال الدين السيوطي (مسند عمر بن الخطاب
رقم الحديث 30999 والراوي عبدالرحمن بن غنم أحكام أهل الذمة لابن القيم (2/661 - 662).بنفس
الراوي وفي كتاب : السنن الكبرى المؤلف : أبو بكر أحمد بن الحسين بن علي البيهقي بنفس الراوي
ورقم الحديث 19186 وفي كتاب : الجواب الصحيح لمن بدل دين المسيح المؤلف : أحمد بن عبد
الحليم بن تيمية الحراني أبو العباس ونفس الراوي الجزء الأول ص/ 3 عبد الرحمن بن غنم : كتبتُ
لعمر بن الخطاب رضي الله عنه حين صالح نصارى الشام، وشرَط عليهم فيه
(بَابٌ فِي شُرُوطِ عُمَرَ رَضِيَ اللَّهُ عَنْهُ عَلَى أَهْلِ الذِّمَّةِ)
أَنْبَأَنَا جَمَاعَةٌ عَنْ ابْنِ الْمُقِيرِ عَنْ ابْنِ نَاصِرٍ ثنا أَبُو رَجَاءٍ وَأَبُو عُثْمَانَ قَالَا أَنَا ابْنُ عَبْدِ الرَّحِيمِ أَنَا أَبُو
الشَّيْخِ أَنْبَأَ أَبُو يَعْلَى الْمَوْصِلِيُّ ثنا الرَّبِيعُ بْنُ ثَعْلَبٍ حَدَّثَنِي يَحْيَى بْنُ عُقْبَةَ بْنِ أَبِي الْعَيْزَارِ عَنْ سُفْيَانَ
الثَّوْرِيِّ وَالرَّبِيعِ بْنِ نُوحٍ وَالسَّرِيِّ عَنْ طَلْحَةَ بْنِ مَصْرِفٍ عَنْ مَسْرُوقٍ عَنْ عَبْدِ الرَّحْمَنِ بْنِ غَنْمٍ قَالَ
: كَتَبْت لِعُمَرَ رَضِيَ اللَّهُ عَنْهُ حِينَ صَالَحَ نَصَارَى أَهْلِ الشَّامِ : بِسْمِ اللَّهِ الرَّحْمَنِ الرَّحِيمِ هَذَا كِتَابٌ لِعَبْدِ
اللَّهِ عُمَرَ رَضِيَ اللَّهُ عَنْهُ أَمِيرِ الْمُؤْمِنِينَ مِنْ نَصَارَى مَدِينَةِ كَذَا وَكَذَا إنَّكُمْ لَمَّا قَدِمْتُمْ عَلَيْنَا سَأَلْنَاكُمْ الْأَمَانَ
لِأَنْفُسِنَا وَذَرَارِيِّنَا وَأَمْوَالِنَا وَأَهْلِ مِلَّتِنَا وَشَرَطْنَا لَكُمْ عَلَى أَنْفُسِنَا أَنْ لَا نُحْدِثَ فِيهَا وَلَا فِيمَا حَوْلَهَا دَيْرًا وَلَا
كَنِيسَةً وَلَا قِلَّايَةً وَلَا صَوْمَعَةَ رَاهِبٍ وَلَا نُجَدِّدَ مَا خَرِبَ مِنْهَا وَلَا نُحْيِي مَا كَانَ مِنْهَا فِي خُطَطِ الْمُسْلِمِينَ
وَأَنْ لَا نَمْنَعَ كَنَائِسَنَا أَنْ يَنْزِلَهَا أَحَدٌ مِنْ الْمُسْلِمِينَ فِي لَيْلٍ وَلَا نَهَارٍ وَأَنْ نُوَسِّعَ أَبْوَابَهَا لِلْمَارَّةِ وَابْنِ السَّبِيلِ
وَأَنْ نُنْزِلَ مَنْ مَرَّ بِنَا مِنْ الْمُسْلِمِينَ ثَلَاثَةَ أَيَّامٍ نُطْعِمَهُمْ وَلَا نُؤْوِيَ فِي كَنَائِسِنَا وَلَا فِي مَنَازِلِنَا جَاسُوسًا

وَلَا نَكْتُمَ غِشًّا لِلْمُسْلِمِينَ وَلَا نُعَلِّمَ أَوْلَادَنَا الْقُرْآنَ وَلَا نُظْهِرَ شِرْكًا وَلَا نَدْعُو إِلَيْهِ وَلَا نَمْنَعَ أَحَدًا مِنْ ذَوِي قَرَابَتِنَا الدُّخُولَ فِي الْإِسْلَامِ إِذْ أَرَادُوهُ وَأَنْ نُوَقِّرَ الْمُسْلِمِينَ وَنَقُومَ لَهُمْ مِنْ مَجَالِسِنَا إِذَا أَرَادُوا الْجُلُوسَ وَلَا نَتَشَبَّهَ بِهِمْ فِي شَيْءٍ مِنْ لِبَاسِهِمْ فِي قَلَنْسُوَةٍ وَلَا عِمَامَةٍ وَلَا نَعْلَيْنِ وَلَا فَرْقِ شَعْرٍ وَلَا نَتَكَلَّمَ بِكَلَامِهِمْ وَلَا نَتَكَنَّى بِكُنَاهُمْ وَلَا نَرْكَبَ السَّرْجَ وَلَا نَتَقَلَّدَ السُّيُوفَ وَلَا نَتَّخِذَ شَيْئًا
مِنْ السِّلَاحِ وَلَا نَحْمِلَهُ مَعَنَا وَلَا نَنْقُشَ عَلَى خَوَاتِيمِنَا بِالْعَرَبِيَّةِ وَلَا نَبِيعَ الْخَمْرَ وَأَنْ نَجُزَّ مَقَادِيمَ رُءُوسِنَا وَأَنْ نَلْزَمَ دِينَنَا حَيْثُ مَا كُنَّا وَأَنْ نَشُدَّ زَنَانِيرَنَا عَلَى أَوْسَاطِنَا وَأَنْ لَا نُظْهِرَ الصَّلِيبَ عَلَى كَنَائِسِنَا وَأَنْ لَا نُظْهِرَ صَلِيبَنَا وَلَا كُتُبَنَا فِي شَيْءٍ مِنْ طُرُقِ الْمُسْلِمِينَ وَأَسْوَاقِهِمْ وَلَا نَضْرِبَ نَاقُوسًا فِي كَنَائِسِنَا إِلَّا ضَرْبًا خَفِيًّا وَلَا نَرْفَعَ أَصْوَاتَنَا فِي كَنَائِسِنَا فِي شَيْءٍ مِنْ حَضْرَةِ الْمُسْلِمِينَ وَلَا يَخْرُجَ سَاعُونَا وَلَا بَاعُونَا وَلَا نَرْفَعَ أَصْوَاتَنَا مَعَ مَوْتَانَا وَلَا نُظْهِرَ النِّيرَانَ مَعَهُمْ فِي شَيْءٍ مِنْ طُرُقِ حَضْرَةِ الْمُسْلِمِينَ وَلَا أَسْوَاقِهِمْ وَلَا نُجَاوِرَهُمْ بِمَوْتَانَا وَلَا نَتَّخِذَ مِنْ الرَّقِيقِ مَنْ جَرَتْ عَلَيْهِ سِهَامُ الْمُسْلِمِينَ وَلَا نَطَّلِعَ عَلَيْهِمْ فِي مَنَازِلِهِمْ.
فَلَمَّا أَتَيْت عُمَرَ رَضِيَ اللهُ عَنْهُ بِالْكِتَابِ زَادَ فِيهِ وَلَا نَضْرِبَ أَحَدًا مِنْ الْمُسْلِمِينَ شَرَطْنَا لَكُمْ ذَلِكُمْ عَلَى أَنْفُسِنَا وَأَهْلِ مِلَّتِنَا وَقَبِلْنَا عَلَيْهِ الْأَمَانُ فَإِنْ نَحْنُ خَالَفْنَا عَنْ شَيْءٍ مِمَّا شَرَطْنَا لَكُمْ وَضَمِنَّا عَلَى أَنْفُسِنَا فَلَا ذِمَّةَ لَنَا ، وَقَدْ حَلَّ لَكُمْ مِنَّا مَا يَحِلُّ لَكُمْ مِنْ أَهْلِ الْمُعَانَدَةِ وَالشِّقَاقِ.

Als die Muslime Syrien angriffen (zur damaligen Zeit Israel, Jordanien und ein Teil des heutigen Irak) zwangen sie den armen Christen ihre Verfassung auf. Der Pakt von ʻUmar, so behaupten Muslime, repräsentiert das mit mit Abstand bemerkenswerteste Rechtssystem, dass man sich vorstellen kann. Sie alle sind sich einig, dass was ʻUmar da festgelegt hat, erstaunliche Gerechtigkeit ist. Dafür wurde ʻUmar sogar „der gerechte Kalif" genannt.

Dies ist der Pakt, dem die Christen (ohne eine andere Wahl) zustimmen mussten, um am Leben bleiben zu dürfen. ʻAbdAl-Rahman Ibn Ghanam, ich schrieb diesen Brief an den Kalifen ʻUmar Ibn al-Chatthāb, stellvertretend für die Christen von Ash-Sham (Syrien). Im Namen Gottes, dem Allvergebenden, dem Alld gnädigen. Dies ist ein Brief an den Diener Gottes, ʻUmar, dem Kalifen der Gläubigen, von den Nassarah (gemeint sind Christen) der Städte von Ash-Sham. Ihr kamt uns (den Christen) entgegen, als wir um Schutz und Sicherheit für unsere Leute und unser Eigentum baten, und so stimmen wir die folgenden Bedingungen zu, an die wir uns halten möchten:

- Wir stimmen zu, keine christlichen Klöster, Kirchen, christliche Gebäude und Mönchshäuser, sowohl innerhalb unserer Städte als auch in deren Nähe zu erbauen. Ebenso wenig erneuern oder reparieren wir – weder bei Tag noch bei Nacht – solche unserer Gebäude, die zerstört worden sind oder sich auf dem Land befinden, welches nun den Muslimen gehört (Das ganze Land gehört jetzt den Muslimen, ihr lebt also auf ihrem Land).
- Wir stimmen zu, jedem Muslim, der dies möchte, Unterkunft in unseren Häusern zu gewähren, und gewährleisten ihm und jedem anderen Muslim ebenfalls Verpflegung und Unterkunft für drei Tage, ohne irgendwelche Gegenleistungen zu verlangen.
- Wir stimmen zu, keinem Spion Unterkunft in unseren Kirchen oder Häusern

zu gewähren oder ihn vor den Muslimen zu verstecken.
- Wir stimmen zu, den Koran nicht unseren Kindern zu lehren.
- Wir stimmen zu, unsere Religion nicht öffentlich kundzutun oder irgendjemanden zu ihr zu bekehren.
- Wir sollen keinen Menschen davon abhalten, zum Islam zu konvertieren, wenn er es will.
- Wir stimmen zu, den Muslimen gegenüber Respekt zu zeigen und zu zollen, und immer von unseren Sitzplätzen aufzustehen, wenn sie wünschen zu sitzen (Sollte ein Muslim einen Ort betreten, so solltet ihr aufstehen und ihm euren Stuhl anbieten, andernfalls werdet ihr sterben).
- Wir stimmen zu, möglichst nicht zu versuchen, unser Erscheinungsbild dem der Muslime ähneln zu lassen, sei es durch Kleidung, Turbane, Schuhe oder dem Kämmen unserer Haare. So sollen wir nicht so sprechen wie sie es tun, und ebenso nicht ihre Vor- und Nachnamen annehmen.
- Wir sollen auf keinem Sattel aufsitzen, und weder ein Schwert noch irgendeine andere Art von Waffe oder Selbstverteidigungsmittel mit uns führen.
- Wir stimmen zu, keine arabischen Symbole in unsere Siegel einzugravieren.
- Wir stimmen zu, keinen Wein zu verkaufen.
- Wir stimmen zu, den vorderen Teil unseres Kopfhaars abzurasieren.
- Wir stimmen zu, immer dieselben Kleider zu tragen – jeder von uns – und wir sollen den Gürtel der Schande um unsere Taillen tragen.
- Wir stimmen zu, weder unsere Kreuze noch unsere Bücher offen zu zeigen. Wir stimmen zu, unsere Käufer und Händler in der Gegenwart von Muslimen nicht auf die Straßen und Märkte zu lassen.
- Wir stimmen zu, unsere Kirchenglocken in unseren Kirchen nur sehr leicht zu läuten. Bei Beerdigungen oder in der Gegenwart von Muslimen werden wir unsere Stimmen nicht erheben.Wir stimmen zu, kein Feuer für uns (zur Beleuchtung) in sämtlichen Straßen der Muslime oder auf ihren Marktplätzen zu zünden.Wir sollen keine toten Christen in der Nähe des Grabes eines verstorbenen Muslims begraben.Wir stimmen zu, keine Sklaven zu nehmen, die von einem Muslim gewählt oder ihm zugewiesen worden sind.Wir stimmen zu, keine hohen Häuser zu bauen, die die Muslime stören könnten.Und als ich diesen Brief zu 'Umar brachte, fügte er hinzu: *Wir sollen gegen keinen Muslim die Hand erheben.*
- Wir akzeptieren diese Vereinbarung für uns und das Volk, und sollten wir uns auch nur einer dieser Bedingungen widersetzen, werden wir die Konsequenzen dafür tragen und als Aufrührer dafür geradestehen.

Das Ende des Pakts von 'Umar.

Wenn die Muslime diese Zeilen lesen, erinnern sie sich mit frohlocken an die alten Zeiten, in denen die Muslime den Großteil Afrikas, den Großteil Asiens und einige Teile Europas erobert haben. Der Traum eines jeden Muslim ist es, eines Tages jede Bedingung des Pakts von 'Umar dir, deiner Familie und deinem Land aufzubinden. Kommt der Tag, an dem die Muslime die Macht dazu haben, werden sie nicht für eine Sekunde zögern, das umzusetzen, denn es ist Allahs Befehl und der einfachste Weg zum Wohlstand. Muslime – selbst die Obdachlosen unter ihnen – lebten zu jener Zeit wie Könige. Sie hatten Geld, für das sie nicht arbeiten mussten, Behausung, Frauen, Sex... Ihnen standen sogar die Ehefrauen der Ungläubigen zu! Und was könntest du dagegen tun? Nichts! Es heißt: Gib oder stirb.

Selbst wenn du ein Prinz bist, und ein Muslim ohne besonderen gesellschaftlichen Status dein Haus betritt, so musst du zur Stelle sein und ihm deinen Stuhl, dein Bett, dein Essen und die eigene Frau für drei Tage und drei Nächte überlassen. Vor dem Ende dieser drei Tage könnte ein weiterer Muslim dazukommen! Dein Haus wird zum Zuhälterhotel für jeden Muslim.

Wenn sich ein Muslim über deine Bibel lustig macht, hast du kein Recht, ihm darauf zu antworten, andernfalls wirst du beschuldigt versucht zu haben, einen Muslim zu bekehren. **Darauf steht die Todesstrafe.**

ICH KENNE EINEN MUSLIM, UND ER IST EIN SEHR NETTER MENSCH, UND ER IST MEIN FREUND!

So etwas hört man ganz oft in den westlichen Ländern. Die meisten, die das sagen, versuchen lediglich mich als falsch dastehen zu lassen.

Erst einmal: Ich spreche vom Islam, nicht von Muslimen. Das Wort „Muslim" hat nichts zu bedeuten, solange die jeweilige Person nicht den Islam praktiziert. Vielleicht zieht er die Täuschungsnummer ja anders ab als die, die die Untaten vom 11. September 2001 zu verantworten hatten. Diese Muslime besuchten bekanntlich Stripclubs und tranken Alkohol. Warum? Um das FBI zu täuschen, für den Fall, dass sie beobachtet werden.

Du solltest wissen, dass der Koran es den Muslimen verbietet, uns zu Freunden oder Beschützern zu nehmen. Wie Koran Sure 5:51 sagt:

Nehmt euch Christen und Juden nicht zu Freunden und Beschützern, sie sind einzig untereinander Freunde. Und wenn einer von euch sie sich zum Freund nimmt, ist er einer von ihnen und selbst ein Unrechter (was heißt, dass er aus dem Islam ausgetreten ist mit dem Tode bestraft wird).

Werfe einen Blick auf Yusuf Alis Übersetzung von Koran Sure 5:51 (aus dem Englischen übersetzt von John Doe):

O ihr, die ihr glaubt! Nehmt euch nicht die Juden und die Christen zu Freunden und Beschützern. Sie sind lediglich einander Freunde und Beschützer. Und wer von euch sich an sie wendet (um Freundschaft zu schließen), der ist einer von ihnen. Wahrlich, Allah leitet nicht die Unrechten.

Übrigens: Ein Muslim mag dir vielleicht sagen, dass hiermit gemeint ist, sich niemanden zum Freund zu nehmen, mit dem man sich zurzeit im Krieg befindet. Wenn man sich mit der anderen Person im Krieg befindet, warum sollte man sich mit ihr dann überhaupt anfreunden wollen?

Fakt ist: Ja, „nehmt euch niemandem zum Freund, mit dem ihr euch im Krieg befindet" richtet sich gegen alle Christen und Juden, denn der Islam unterteilt diese ganze Erde in zwei Lager: „Das Land des Friedens" und „Das Land des Krieges". Es gibt auch welche, die den Westen mit dem sogenannten „Friedlichen Islam" zum Narren zu halten wollen, wie etwa Sheikh Yusuf Al-Qaradawi. In einer Ausgabe der „Asharq Al-Awsat"-Tageszeitung vom 19. Juli 2003 sagte er: *„Es wurde vom islamischen Recht festgelegt, dass das Blut und der Besitz der Leute aus Dar Al-Harb (dem Haus des Krieges, also jedes Land, welches sich nicht Allah unterwirft) unter keinerlei Schutz stehen, wenn sich die Muslime im Krieg befinden und mit dem Kampf beschäftigt sind."*

Bei ihm handelt es sich um einen Mann, der sehr hart daran arbeitet, dem Islam im Westen in einem besseren Licht stehen zu lassen. Dennoch stimmt er zu, dass all diejenigen, die sichnicht in einer unterwürfigen Stellung zum Islam zeigen, getötet werden müssen. Dies rechtfertigt er mit den Worten seines Propheten (Sahih Al-Bukhari, Buch 8, Hadith 387):

„Mir wurde befohlen, die gesamte Menschheit zu bekämpfen (zu bekämpfen und zu töten) bis alle sagen: 'Niemand sollte angebetet werden außer Allah.' Und wenn sie dies sagen, und so beten wie wir beten, mit dem Gesicht zu unserer Qibla (Richtung zur Kaaba) und dieselben abschlachten die auch wir abschlachten, dann und nur danach wird ihr Blut und ihr Besitz vor mir sicher sein..."

Ich glaube, dass Mohammed hier sehr klare Worte ausgesprochen hat: Konvertiere oder stirb. Das bringt uns zum Wort „Islam", von dem Muslime behaupten, es bedeutet „Frieden".

ISLAM BEDEUTET FRIEDEN?

Es regt mich auf, wenn irgendeine ignorante Person im Fernsehen auftritt und so einen Mist redet: „Der Islam ist vollkommen friedlich.“ Oder besser noch: „Islam heißt „Frieden“!“Ich brauche dich nicht an diejenigen erinnern, die wie US-Präsident Obama und andere westliche Führer gesagt haben, dass Islam gleich Frieden ist. Entweder sind sie unglaublich ignorant oder einfach nur Lügner. Zuallererst bedeutet Islam nicht Frieden. Auf Arabisch bedeutet Frieden Salam. Sehen Islam und Frieden, سلام und إسلام , für dich gleich aus?

ISLAM	م	لا	س	إ
SALAM		م	لا	س

I	S	L	A	M	ISLAM
S	A	L	A	M	SALAM

DER ISLAM IST DAS KOMPLETTE GEGENTEIL DES WORTES „FRIEDEN“

Mohammed sagte „أسلموا تسلموا“, ASLIMO TASLAMO
Aslimo = konvertiere zum Islam
Taslamo = und du bist sicher

Ich weiß nicht, wie gut dein Gedächtnis ist, aber erinnerst du dich noch an diesen Hadith aus Sahih Al-Bukhari, Band 1, Seite 13 oder Sahih Al-Bukhari, Buch 8, Hadith 387?

„Mir wurde befohlen, die gesamte Menschheit zu bekämpfen (zu bekämpfen und zu töten) bis alle sagen: 'Niemand sollte angebetet werden außer Allah.' Und wenn sie dies sagen, und so beten wie wir beten, mit dem Gesicht zu unserer Qibla (Richtung zur Kaaba) und dieselben abschlachten die auch wir abschlachten, dann und nur danach wird ihr Blut und ihr Besitz vor mir sicher sein...“

Dieselbe Geschichte lässt sich in Sahih Muslim, Buch 1, Nummer 29, 30, und 32 finden. Auszug aus Koran Sure 49:14 (Übersetzung von Mohsin Kahn, aus dem Englischen übersetzt von John Doe):

... sondern sagt nur 'Wir haben uns ergeben (im Islam)', denn der Glaube hat eure Herzen noch nicht betreten...

Im nachfolgenden Kapitel werden wir sehen, wie Mohammed selbst bezeugt, dass die neuen Muslime den Islam nicht durch Glauben, sondern durch das Schwert angenommen haben.Er spricht zu ihnen in deutlichen Worten: *„Ihr könnt mir nicht weismachen, dass ihr jetzt Muslime seid, nur weil ihr es so behauptet. Schließlich seid ihr erst konvertiert, nachdem ihr euch meinem Schwert ergeben habt.“* „Islam“ bedeutet genau das.

Koran Sure 49:14 (Übersetzung von Mohsin Kahn, aus dem Englischen übersetzt von John Doe):

„Die Beduinen sagen: „Wir glauben.“ Sagt: „Ihr glaubt nicht, sondern sagt nur 'Wir haben uns ergeben (im Islam)', denn der Glaube hat eure Herzen noch nicht betreten. Wenn ihr aber Allah und seinem Gesandten (SAW) gehorcht, so wird er euch als Lohn für eure Werke nichts verringern. Wahrlich, Allah ist allvergebend, der Barmherzigste.“

Wenn Islam Frieden ist, warum war es Mohammeds Befehl, solange zu kämpfen bis jeder Mensch zum Islam konvertiert ist? Wenn wir konvertieren und zu Sklaven Mohammeds werden, da er der wahre Gott des Islam ist und nicht Allah, dann – und nur dann – wird unser Blut nicht vergossen werden, und unsere Frauen werden nicht versklavt, vergewaltigt und getötet.Wenn ein Muslim dich tötet, wird er dafür nicht bestraft werden, da dein Blut nichts wert ist. Beachte: Wenn du im Islam eine Kuh tötest, dann musst du sie dem Besitzer ersetzen. Wenn ein Muslim aber einen Christen oder einen Juden tötet, wird er dafür nicht bestraft, wie wir in den nachfolgenden Hadithen sehen werden.

GERECHTIGKEIT IM ISLAM

Sahih Al-Bukhari, Buch 3, Hadith 111, Sahih Al-Bukhari, Buch 52, Hadith 283 und Sahih Al-Bukhari, Buch 83, Hadith 50:

„Der Prophet sagte, dass kein Muslim für das Töten eines Ungläubigen bestraft werden sollte.“

Welche Gerechtigkeit brachte Mohammed, indem er sogar in Mordfällen die Ungläubigen diskriminierte? Ihm zufolge hast du nichts Verwerfliches getan, wenn du als Muslim einen Nicht-Muslim getötet hast. Doch wenn ein Christ einen Muslim tötet, muss er im Namen der (vermeintlich) absoluten Gerechtigkeit auf der Stelle getötet werden. Stell dir vor wir hätten ein Gesetz, das es dir erlaubt, einen Muslim zu töten, ohne dafür bestraft zu werden!

Hört sich krank an.US-Präsident Obama zitierte während seiner Ägypten-Reise einen Teil von Koran Sure 5:32.

Er sagte:

„Der Heilige Koran lehrt, dass wenn jemand einen Unschuldigen tötet es so ist, als hätte er die ganze Menschheit getötet; und dass wenn jemand einen Menschen rettet es so ist, als hätte er die ganze Menschheit gerettet. Der beständige Glaube von mehr als einer Milliarde Menschen ist so viel größer als der engstirnige Hass von ein paar Wenigen. Der Islam ist kein Problem im Kampf gegen den gewalttätigen Extremismus – Er ist ein wichtiger Teil in der Förderung des Friedens.“

Fakt ist: Mohammed hat diesen Vers aus der jüdischen Mishnah, Sandhedrin 4:4, entnommen. Und so steht auch in der Bibel, in 1. Mose 9:6:

Wer Menschenblut vergießt, dessen Blut soll auch durch Menschen vergossen werden; denn im Bild Gottes hat Er den Menschen gemacht.

- Beachte hier die wahre Gerechtigkeit. Wenn du ein Jude bist und jemanden tötest, und der Getötete nicht einmal zwingend ein Jude ist, wirst du zur Strafe selbst dafür getötet.
- Später sehen wir, dass wenn ein Muslim einen Nicht-Muslim tötet, er dafür NICHT getötet wird!

Aber Präsident Obama hat nicht den ersten Teil von Koran Sure 5:32 zitiert, welcher ausdrücklich bestätigt, dass dieser Vers als Anweisung an die Kinder Israels gegeben wurde. Die zitierte Stelle des Verses richtet sich einzig und allein an das Volk Israel.

1. Die Christen
2. Die Juden
3. Die Hindus
4. Die Buddhisten
5. Die Atheisten

KURZ GESAGT: DAS BLUT ALLER NICHT-MUSLIME DARF UND SOLL VERGOSSEN WERDEN

Mohammed hat befohlen, uns alle zu töten. Andernfalls können wir auch konvertieren oder Jizyah zahlen. ANMERKUNG: Die Jizyah-Option steht nur den Christen und Juden zur Auswahl. Für alle anderen ist der Tod ein Muss, wie es in Koran Sure 9:29 geschrieben steht.

Kämpft gegen all diejenigen, die nicht an Allah und den Jüngsten Tag glauben, und die nicht verboten haben, was Allah und sein Gesandter als unerlaubt erklärt haben, und die nicht die Religion der Wahrheit (dem Islam) annehmen, von den Leuten der Schrift (Christen und Juden); bis diese gezwungen sind Jizyah zu zahlen in einem Gefühl der Unterwerfung, Demütigung und dem Gefühl, bezwungen worden zu sein.

„Kämpft" in Koran Sure 9:29 steht für „KÄMPFT UM ZU TÖTEN".

KÄMPFT um sie ZU TÖTEN	KÄMPFT um ZU TÖTEN	GETÖTET	TÖTEN	TÖTEN in Befehlsform
(قاتلوا) Qatelo, wie in Koran Sure 9:29	(يقاتل) Youqatel	(قتل) Qatala	(يقتل) Yaqtol	(قاتل) Qatel

Im Arabischen sagen wir nicht „Qatel" im Sinne von „Zwei schlagen sich gegenseitig mit ihren Fäusten". „Qatel" steht für „Kämpft um zu töten".

Um zu beweisen, dass das Durcheinander mit den Worten in diesem Vers uns betrifft, können wir noch einmal Sahih Al-Bukhari, Buch 8, Hadith 387; Sahih Al-Bukhari, Buch 52, Hadith 196; Sahih Al-Bukhari, Buch 84, Hadith 59; und Sahih Al-Bukhari, Buch 92, Hadith 388 lesen:

„Mir wurde von Allah befohlen die gesamte Menschheit zu bekämpfen und jeden zu töten (Dschihad zu betreiben), bis alle sagen, dass es keinen Gott gibt außer Allah, und dass Mohammed sein Gesandter ist; und dass sie das Gebet einhalten und Zakat (Geld) zahlen. Wenn sie das tun, dann wird ihr Blut und ihr Eigentum vor mir sicher sein."

Dieselbe Geschichte kann in Sahih Muslim, Buch 001, Nummer 0029 und 0030 gefunden werden.

Man liest im Koran viele Verse wie Koran Sure 9:29. Aber um zu beweisen, dass sich dieser Vers (Koran Sure 5:32) einzig auf den Fall des Mordes an einem Muslim beschränkt, wenn er sagt *„wenn jemand einen Menschen tötet ist es so, als hätte er die ganze Menschheit getötet"*, und dass der Mörder dafür bestraft werden soll, wenden wir uns einfach an die Hadithe von Sahih Al-Bukhari. Sahih Al-Bukhari, Buch 3, Hadith 111; Sahih Al-Bukhari, Buch 52, Hadith 283; und Sahih Al-Bukhari, Buch 83, Hadith 50:

„Der Prophet sprach, dass kein Muslim für das Töten eines Ungläubigen bestraft werden sollte."

Wieso sollte ein Muslim nicht bestraft werden, wenn er einen Christen tötet? Die Antwort ist simpel: Du (der Christ) verbreitest laut Mohammed Unheil, indem du den Islam ablehnst. Und das gibt den Muslimen die Erlaubnis, dich zu töten. So hat Mohammed den Islam verbreitet, wie es auch im Hadith von Sahih Al-Bukhari, Band 1, auf Seite 1 steht.

Der kommende Koranvers wird uns sagen wer derjenige ist, der Unheil in der Welt verbreitet.

Den folgenden Tasir haben wir von Ibn Kathir. Lies die dazugehörige Übersetzung selbst, nachdem du diesem Link gefolgt bist: http://tafsir.com/default.asp?sid=5&tid=13723

Jetzt lesen wir meine Übersetzung: Was Muslime mit „...ist es so, als hätte er die ganze Menschheit getötet" übersetzen, sollte eigentlich so übersetzt werden. „Wer auch immer eine Seele tötet, der Allah Schutz vor dem Tod gewährt hat (sprich: einen Muslim), ist gleichzusetzen mit dem, der die ganze Menschheit tötet."

Tafsir Al Qur'an, Ibn Kathir, 1. Auflage, 1999, Band 3, Seite 93:

Ähnlich berichtet von Sa'eed Bin Jubaer, offenbart er: Derjenige, der sich selbst die Autorität gibt, das Blut eines Muslims zu vergießen, ist gleichzusetzen mit dem, der es erlaubt, das Blut der gesamten Menschheit zu vergießen. Derjenige, der verbietet, das Blut eines Muslims zu vergießen, ist gleichzusetzen mit dem, der es verbietet, das Blut der gesamten Menschheit zu vergießen.

Es geht um das vergießen von Blut. Und Allah verbietet einzig und allein das vergießen von muslimischem Blut. Darum sagte Mohammed in Sahih Al-Bukhari, Buch 3, Hadith 111; Sahih Al-Bukhari, Buch 52, Hadith 283; und Sahih Al-Bukhari, Buch 83, Hadith 50:

„Der Prophet sprach, dass kein Muslim für das Töten eines Ungläubigen bestraft werden sollte."

Wenn mit dem Töten einer Seele nicht bloß Muslime gemeint wären, dann sollte als Strafe darauf der Tod gelten. Dieser Vers sagt mit klaren Worten, dass der Tod die Strafe für den ist, der getötet hat. Allerdings hat Mohammed deutlich gemacht, dass es hier um jemanden geht, der einen Muslim tötet. Wie schon gesagt: Du bist ein Feind Allahs, wenn du kein Muslim bist. Es ist die Pflicht jedes Muslims, dein Blut zu vergießen, solange du nicht zum Islam konvertierst. Wie wir im Hadith von Al-Muwatta 'Imam Malik Ibn Anas, Buch 43, Hadith 15:8 finden: *„Jude oder Christ, sein Blutlösegeld ist halb so viel wert wie das Blutgeld eines freien Muslims."*

Yahya benachrichtigte mich von Malik, von dem er hörte, dass 'Umar Ibn 'Abed Al-'Aziz (Kalif der Muslime) ein Urteil stattgab, dass wenn ein Jude oder Christgetötet wird, sein Blutlösegeld ist halb so viel wert ist wie das Blutgeld eines freienMuslims. Malik sprach: *„Was für unsere Gesellschaft festgelegt wurde ist, dass ein Muslim nicht für das Töten eines Christen oder Juden infolgedessen getötet werdensolle, solange es gerechtfertigt ist. Anderenfalls wird er dafür getötet."*

Im Buch von 'العبر في خبر من غب', Al-'Ebar Fe Kheir Man Gaber von Al-Zahabi, Band 1, auf Seite 175, Ibn Kathir, Buch von Al-Bedaiah Wal Elnihayah, Band 3, auf Seite 318 und Band 11, „Das großartige Jahr 398", steht:

Die Zerstörung des Mülls (diesen Namen haben die Muslime der Kirche des Heiligen Sepulcher gegeben) im Jahre 398. In diesem Jahr befahl der Herrscher der Muslime (der Kalif) die Zerstörung der Kirche des Mülls (Die Kirche des Heiligen Sepulcher), und es ist die Kirche der Christen, und er erlaubte es den Muslimen, alles in ihr an sich zu nehmen: Die Einrichtungsgegenstände und was es sonst alles in ihr gab. Anlass dafür war, dass ihre Behauptung (die Behauptung der Christen), das heilige Feuer würde aus heiterem Himmel aus dem leeren Grab Jesu am Ostertag kommen, falsch ist. Das mit dem heiligen Feuer wollen sie den ganzen naiven Christen glauben machen. Und dabei ist es aus den Farben von Al-Balsan gemacht!"

Zur gleichen Zeit wurde die Zerstörung mehrerer christlicher Kirchen in Ägypten befohlen, und den Christen wurde gesagt, Israel zu verlassen, wenn sie den Islam und die islamischen Bedingungen, die ihnen aufgezwungen werden, nicht annehmen wollen. Der Kalif fügte zudem noch weitere Dinge dem Pakt von ʻUmar zu:

1. Jeder Christ muss 4 Pfund schwere Kreuze aus Holz an seinen Hals tragen;
2. Jeder Jude muss einen Stier (ein Rind) aus Holz tragen, der sechs Pfund wiegt;
3. Wenn sie ein öffentliches Bad betreten, müssen sie sich einen sechs Pfund schweren, mit Wasser gefüllten Behälter um ihre Hälse hängen und Glocken an diesen Behälter befestigen;
4. Und ihnen ist es verboten, Pferde zu benutzen.

لبداية والنهاية/الجزء الحادي عشر/ثم دخلت سنة ثمان وتسعين وثلاثمائة تخريب قمامة في هذه السنة وفيها: أمر الحاكم بتخريب قُمامة وهي كنيسة النصارى ببيت المقدس، وأباح للعامة ما فيها من الأموال والأمتعة وغير ذلك، وكان سبب ذلك البهتان الذي يتعاطاه النصارى في يوم الفصح من النار التي يحتالون بها، وهي التي يوهمون جهلتهم أنها نزلت من السماء، وإنما هي مصنوعة بدهن البلسان في خيوط الإبريسم، والرقاع المدهونة بالكبريت وغيره، بالصنعة اللطيفة التي تروج على الطغام منهم والعوام، وهم إلى الآن يستعملونها في ذلك المكان بعينه. وكذلك هدم في هذه السنة عدة كنائس ببلاد مصر، ونودي في النصارى: من أحب الدخول في دين الإسلام دخل ومن لا يدخل فليرجع إلى بلاد الروم آمنا، ومن أقام منهم على دينه فليلتزم بما شرط عليهم من الشروط التي زادها الحاكم على العمرية، من تعليق الصلبان على صدورهم، وأن يكون الصليب من خشب زنته أربعة أرطال، وعلى اليهود تعليق رأس العجل زنته ستة أرطال.وفي الحمام يكون في عنق الواحد منهم قربة زنة خمس أرطال، بأجراس، وأن لا يركبوا خيلا

Eine arme, schwarze Sklavin wurde für ein Verbrechen gnadenlos abgeschlachtet: Sie hat Mohammed beleidigt. Mohammed gab ihrem Mörder seinen Segen, wie wir im folgenden Hadith sehen. Buch von Ibn Dawud, ʻHodood (Strafe) für diejenigen, die den Propheten beleidigen (Sunan Ibn Dawud ʻHodood, Seite 129, Hadith 4361, auf Arabisch; Buch 38, Hadith 4348, auf Englisch):

سننِ أبي داود - كِتَاب الْحُدُودِ - ألا اشهدوا أن دمها هدر «ص 129 - »بَاب الْحُكْمِ فِيمَنْ سَبَّ النَّبِيَّ.2 صَلَّى اللَّهُ عَلَيْهِ وَسَلَّمَ 4361 حَدَّثَنَا عَبَّادُ بْنُ مُوسَى الْخُتَّلِيُّ أَخْبَرَنَا إِسْمَعِيلُ بْنُ جَعْفَرٍ الْمَدَنِيُّ عَنْ إِسْرَائِيلَ عَنْ عُثْمَانَ الشَّحَّامِ عَنْ عِكْرِمَةَ قَالَ حَدَّثَنَا ابْنُ عَبَّاسٍ أَنَّ أَعْمَى كَانَتْ لَهُ أُمُّ وَلَدٍ تَشْتُمُ النَّبِيَّ صَلَّى اللَّهُ عَلَيْهِ وَسَلَّمَ وَتَقَعُ فِيهِ فَيَنْهَاهَا فَلَا تَنْتَهِي وَيَزْجُرُهَا فَلَا تَنْزَجِرُ قَالَ فَلَمَّا كَانَتْ ذَاتَ لَيْلَةٍ جَعَلَتْ تَقَعُ فِي النَّبِيِّ صَلَّى اللَّهُ عَلَيْهِ وَسَلَّمَ وَتَشْتُمُهُ فَأَخَذَ الْمِغْوَلَ فَوَضَعَهُ فِي بَطْنِهَا وَاتَّكَأَ عَلَيْهَا فَقَتَلَهَا فَوَقَعَ بَيْنَ رِجْلَيْهَا طِفْلٌ فَلَطَّخَتْ مَا هُنَاكَ بِالدَّمِ فَلَمَّا أَصْبَحَ ذُكِرَ ذَلِكَ لِرَسُولِ اللَّهِ صَلَّى اللَّهُ عَلَيْهِ وَسَلَّمَ فَجَمَعَ النَّاسَ فَقَالَ أَنْشُدُ اللَّهَ رَجُلًا فَعَلَ مَا فَعَلَ لِي عَلَيْهِ حَقٌّ إِلَّا قَامَ فَقَامَ الْأَعْمَى يَتَخَطَّى النَّاسَ وَهُوَ يَتَزَلْزَلُ حَتَّى قَعَدَ بَيْنَ يَدَيْ النَّبِيِّ صَلَّى اللَّهُ عَلَيْهِ وَسَلَّمَ فَقَالَ يَا رَسُولَ اللَّهِ أَنَا صَاحِبُهَا كَانَتْ تَشْتُمُكَ وَتَقَعُ فِيكَ فَأَنْهَاهَا فَلَا تَنْتَهِي وَأَزْجُرُهَا فَلَا تَنْزَجِرُ وَلِي مِنْهَا ابْنَانِ مِثْلُ اللُّؤْلُؤَتَيْنِ وَكَانَتْ بِي رَفِيقَةً فَلَمَّا كَانَ الْبَارِحَةَ جَعَلَتْ تَشْتُمُكَ وَتَقَعُ فِيكَ فَأَخَذْتُ الْمِغْوَلَ فَوَضَعْتُهُ فِي بَطْنِهَا وَاتَّكَأْتُ عَلَيْهَا حَتَّى قَتَلْتُهَا فَقَالَ النَّبِيُّ صَلَّى اللَّهُ عَلَيْهِ وَسَلَّمَ أَلَا اشْهَدُوا أَنَّ دَمَهَا هَدَرٌ

Berichtet von Abdallah Ibn ʻAbbas: „*Ein blinder Mann hatte eine Sklavin, die die Mutter einiger seiner Kinder war. Sie benutzte schmutzige Worte gegenüber dem*

Propheten Allahs und zeigte ihm keinen Respekt, und ihr Besitzer befahl ihr, dies nicht zu tun, doch hörte sie nicht auf, den Propheten zu beleidigen. Eines Nachts begann sie, sich über den Propheten lustig zu machen, also nahm er etwas Spitzes, durchlöcherte damit ihren Bauch und tötete sie. Ihr Kind stand zwischen ihren Beinen, und es war von ihrem Blut überströmt. Als der Morgen anbrach, wurde dem Propheten von diesem Vorfall berichtet. Er versammelte die Leute und sprach: 'Ich suche bei Allah den Mann der tat, was er getan hat (den Mann, der die Sklavin ermordet hatte), und ich bitte ihn mit meiner Rechten auf ihm, dass er aufstehen soll.' Der blinde Mann stand auf, und ging zitternd zum Propheten. Er saß gegenüber dem Propheten, und sprach: 'O Apostel Allahs! Ich bin ihr Herr. Sie hat dich stets beleidigt und schlimme Dinge über dich gesagt. Ich habe es ihr verboten, aber sie hat nicht aufgehört. Ich habe sie ermahnt, aber sie hat ihrem Verhalten nicht abgeschworen. Ich habe zwei mir kostbare Söhne von ihr, und sie war meine Gefährtin. Letzte Nacht fing sie an, dich zu beschimpfen und in Verruf zu bringen. So nahm ich einen Dolch, setzte ihn auf ihrem Bauch an und wirkte mit meinem Gewicht auf ihn ein, bis er durch sie durchging und sie tötete.' Daraufhin sprach der Prophet: 'O ihr Leute, seid meine Zeugen: Es gibt keine Strafe für ihren Tod und ihr Blut wird nicht vergolten.'"

Deswegen trugen Muslime in London Schilder mit sich, auf denen „Köpft diejenigen, die den Propheten beleidigen" und „Ich denke, der Islam dreht sich lediglich um Frieden und Gerechtigkeit" stand. Hast du bemerkt, dass Mohammed nicht einmal Nachforschungen anstellen ließ, ob das was der Mann ihm sagte auch wirklich der Wahrheit entsprach? Will heißen: Wenn ein Mann in einem islamischen Land lebt und seine Sklavin oder gar die eigene Ehefrau tötet, muss er um einer Strafe zu entgehen lediglich sagen, dass sie den Propheten beleidigt hat. Somit ist er ein Held!

Lese diese Fatwa eines muslimischen Sheikhs, mit der er Muslimen auf eine Frage zu der Authentizität dieser Geschichte antwortet: http://www.islam.tc/cgi-bin/askimam/ask.pl?q=6491&act=view.

Antwort auf Frage 6491 aus dem Vereinigten Königreich: Wir bestätigen die Authentizität dieser Erzählung. Der Grund, weshalb dem Mann, der die Frau getötet, keine Strafe auferlegen wurde, war der, dass er explizit bei Rasulullah geschworen (Sallallaahu Alayhi Wasallam) hatte. So eine Person wird als „Mubaah-ud-dam'" bezeichnet, das heißt es wird kein Anspruch auf Vergeltung erhoben (siehe Badhlul Majhood, Band 6, Seite 125). Es gibt Ijmaa (einen Grund) für diese Regel. Und Allah Ta'ala weiß es am besten. Moulana Muhammad Ibn

Moulana Haroon Abbassommar FAKULTÄT MIT SCHWERPUNKT HADITH-GEPRÜFT UND GENEHMIGT VON: Mufti Ebrahim Desai.

Das zeigt ebenfalls, dass Mohammed wichtiger ist als Allah. Wenn man im Islam Allah beleidigt, werden einem drei Tage Zeit gegeben, die Beleidigung zurückzunehmen und Reue zu zeigen, andernfalls wird man getötet. Doch wenn man Mohammed beleidigt, wird man sogar dann getötet, wenn man Reue dafür zeigt.

Wenn man dir Koran Sure 5:32 zitiert um dir zu zeigen, dass der Islam FRIEDEN IST, ist das eine dicke FETTE LÜGE! Wer auch immer sagt, Islam bedeutet Frieden, demonstriert somit seine Ignoranz. Was heute als „politisch korrekt" bezeichnet wird, basiert auf: „Lasst uns so tun, als wüssten wir nicht, dass der Islam böse ist, und wenn jemand die Wahrheit sagt, dann muss er islamophob sein!"Wenn wir schon über Gerechtigkeit sprechen, dann sehen wir uns doch mal an, wie unfair Mohammeds Fairness doch war. Nicht nur in Bezug auf die Nicht-Muslime im Vergleich zu den Muslimen, sondern auch auf die Muslime selbst bezogen, wenn es um Männer im Vergleich zu Frauen ging.

MOHAMMED, DER GOTT

Mohammed erklärte sich selbst zu Gott. Falls du dich fragen solltest wovon ich gerade spreche: Hat er denn nicht erwiesenermaßen gesagt, dass er ein Sklave Gottes war?

Wir müssen wissen, dass Mohammed einen Katzensprung gemacht hat. Von jemandem, der keinen Glauben hatte und die Schriften nicht kannte, zu jemandem, der über Nacht zu einem Propheten Gottes wurde. So steht es auch in Koran Sure 42:52, in der Übersetzung von Mohammed Pickthall (aus dem Englischen übersetzt von John Doe):

Und so haben wir dir (Mohammed) einen Geist unseres Befehls eingegeben. Obwohl du nicht wusstest, was die Schriften waren, und weder wusstest, was der Glaube ist. Doch wir haben ein Licht gemacht, mit dem wir jeden unserer Diener, den wir leiten wollen, leiten. Und siehe! Dir wird wahrlich der Weg auf einen rechten Pfad gezeigt.

Wie können die Muslime behaupten, dass Mohammed ein Anhänger Abrahams war, wenn er doch nicht „wusste, was die Schriften waren, und weder wusste, was der Glaube ist"? Das zeigt, dass Mohammed selbst ein Kafir (Ungläubiger) war. Wie kann ein Ungläubiger, der nicht weiß, was Glaube bedeutet und noch nie von den Schriften gehört hat – wie uns in dem Vers verraten wird – urplötzlich beschließen, ein Prophet zu sein und sich selbst zu Gott ernennen?

Tja, Mohammed nutzte den Namen Gottes, um sich selbst zu Gott zu machen. Ich werde dir beweisen, dass Mohammeds richtiger Name Qathem (قثم) ist. Mohammed änderte seinen Namen, als er 30 Jahre alt war, und er tat dies auf die Veranlassung seiner Ehefrau Khadija und ihres Cousins hin. Zu jener Zeit klügelten Khadija und ihr Cousin einen Plan aus, Mohammed zum Herrscher aller Stämme in Arabien zu machen. Sie wussten, dass es für Mohammed einfach wäre, Kontrolle und Autorität über das Volk zu wahren, wenn er behauptet, diese Autorität von Gott erhalten zu haben. Und so verkündeten sie ihm: „Im Namen Gottes, du bist Gott!"

Mohammed nimmt den Platz Gottes ein (Sunan Ibn Majah, Buch des Dschihad, Hadith 2859):

سنن ابن ماجه - كِتَاب الْجِهَادِ - من أطاعني فقد أطاع الله ومن عصاني فقد عصى الله
باب طَاعَةِ الْإِمَامِ 2859 حَدَّثَنَا أَبُو بَكْرِ بْنُ أَبِي شَيْبَةَ وَعَلِيُّ بْنُ مُحَمَّدٍ قَالَا حَدَّثَنَا وَكِيعٌ حَدَّثَنَا الْأَعْمَشُ
عَنْ أَبِي صَالِحٍ عَنْ أَبِي هُرَيْرَةَ قَالَ قَالَ رَسُولُ اللَّهِ صَلَّى اللَّهُ عَلَيْهِ وَسَلَّمَ مَنْ أَطَاعَنِي فَقَدْ أَطَاعَ اللَّهَ وَمَنْ
عَصَانِي فَقَدْ عَصَى اللَّهَ وَمَنْ أَطَاعَ الْإِمَامَ فَقَدْ أَطَاعَنِي وَمَنْ عَصَى الْإِمَامَ فَقَدْ عَصَانِي

Der Prophet sprach: „Wer auch immer mir gehorcht, gehorcht Allah, und wer auch immer mich missachtet, missachtet Allah, und wer auch immer dem Imam gehorcht, gehorcht mir, und wer auch immer den Imam missachtet, missachtet mich."

Koran Sure 4:80:

Wer dem Gesandten gehorcht, der gehorcht in der Tat Allah. Doch diejenigen, die ihn missachten, hat Allah (bedrohlich) im Blick. Wir haben nicht einen gesandt, der über sie wacht.

مَّن يُطِعِ الرَّسُولَ فَقَدْ أَطَاعَ اللَّهَ ۖ وَمَن تَوَلَّىٰ فَمَا أَرْسَلْنَاكَ عَلَيْهِمْ حَفِيظًا
(سورة النساء)

Wie wir im obigen Vers sehen können, gibt es im Koran eine schriftliche Bestätigung dafür, dass Mohammed den Platz Gottes einnimmt. Das heißt, dass das Gesetz des Islam zwei Quellen hat: Mohammed und den Koran (der ohnehin schon mit Mohammed kommt!).

Fakt ist: Die wichtigsten Quellen des islamischen Gesetzes entspringen einzig und allein den Handlungen und Reden Mohammeds:

1. Mohammeds Rezitationen (der Koran);
2. Mohammeds Reden und Aufforderungen (die Sunna);
3. Mohammeds Handlungen (selbst die simpelsten und unsinnigsten, z.B. wie er gepinkelt hat) (die Sunna).

Ganz klar wurden im Islam Mohammed und Gott zu einer Person. Das Wort Mohammeds ist das Wort Gottes, und Mohammeds Befehl ist Gottes Befehl.

Mohammed gibt sich Gott gegenüber den Vorrang (Koran Sure 4:80):

Wer dem Propheten gehorcht, der gehorcht in der Tat Allah. Und wer ihm nicht gehorcht, dem stellen wir keinen Beschützer zu.

Es ist wichtiger Mohammed zu gehorchen als Gott zu gehorchen. Deswegen sehen wir auch, wie sehr sich Allah stets mit großem Interesse darum bemühte, Mohammeds sexuelles Verlangen zu befriedigen, und wie alles, was Mohammed wollte, zum Gesetz wurde.

VON QATHEM ZU MOHAMMED

Das alles war Mohammed nicht genug. Etwas fehlte und das war der Titel. Damit meine ich nicht den Titel „Prophet" – den hatte er sich bereits mit dem Schwert geholt. Als er geboren wurde, wurde ihm der Name Qathem gegeben – nicht Mohammed.Wieso änderte er seinen Namen zu Mohammed, und was hat es mit dem Namen auf sich? Sehen wir uns die folgenden biblischen Personen und ihre Titel an:

Abraham – Vater des Prophetentums.
Moses – Der Eine, der zu Gott sprach (Kalem Allah كليم الله).
Jesus – Der Messias.

Somit brauchte der neue im Bunde, Qathem (Mohammed), einen neuen Namen. Der folgende Vers erklärt, warum Mohammed seine ganzen Namen und Titel wählte (Sahih Al-Bukhari, Buch 56, Hadith 732):

أنا محمد وأنا أحمد ، وأنا الماحي الذي يمحو الله بي الكفر ، وأنا الحاشر الذي يُحشَرُ الناس على))

(دمي ، وأنا العاقب الذي ليس بعده نبي)) رواه البخاري (3268) ومسلم (4343)

Allahs Gesandter sprach: „Ich habe fünf Namen: Ich bin Mohammed und

Achmed; ich bin der Auslöscher (Al-Mahi), mit dem Allah die Ungläubigen, die Christenheit, auslöscht; ich bin der Sammler (Al-Hashir, das bedeutet, die Menschheit wird vor ihmversammelt sein); ich bin der Erste der erweckt wird, niemand kommt vor mir; und ich bin der Letzte (Al-Aqib), niemand kommt nach mir."

	Die Bedeutung des Namen/ Titel	Gleichbedeutende Namen Allahs
Mohammed	Der Allpreiswürdige	Al-Hamid (# 56)
Achmed	Der Gepriesene	Al-Hamid (# 56)
Der Auslöscher (Al-Mahi)	Der, durch den die Christenheit ausgelöscht wird	Al-Mahi (So wie Allah in Koran Sure 22:52 „yansakh"' macht (zunichte macht), was Satan tut, so nimmt Mohammed dieses Attribut für sich – Als derjenige, der andere Glaubensrichtungen zunichte macht/auslöscht. Siehe Sahih Al-Bukhari, Buch 56, Hadith 732)
Der Sammler (Al-Hashir)	Der, durch den Allah am Jüngsten Tag die ganze Menschheit versammeln wird	Al-Muhsi (# 57)
Der Letzte (Al-Aqib)	Niemand kommt nach mir	Al-'Akhir (# 74)

Ich weiß nicht, was du hierbei fühlst oder bei diesen Worten denkst, aber ich spüre in ihnen die Worte Satans. Beachte, dass Mohammed den Namen „der Gepriesene" gewählt hat, der – was nicht überraschend ist – einer der 99 Namen Allahs ist. Er ernannte sich selbst zu Gott, sodass Muslime ihn ohne Hinterfragung folgen würden. Sie bestätigen, was er bestätigte, und verbieten, was er verboten hatte, selbst wenn das was er sagte Allahs Befehlen im Koran widerspricht. Die Muslime folgen auch weiterhin eher Mohammed als Allah.

MOHAMMED (DER ALLPREISWÜRDIGE) UND ACHMED (DER

GEPRIESENE)

Um die Bedeutung jedes hier zitierten Verses zu verifizieren, besuche: www.altafsir.com.
Koran Sure 61:6, Übersetzung von Mohammed Pickthall (aus dem Englischen übersetzt von John Doe):

Und Jesus, der Sohn der Maria, sprach: „O Kinder Israels! Seht! Ich bin der von Allah zu euch Gesandte, der bestätigt was vor mir (offenbart) war in der Tora, und bringe frohe Kunde eines nach mir kommenden Gesandten, dessen Name der Gepriesene ist.“Und obwohl er mit eindeutigen Beweisen zu ihnen kam, sprachen sie: „Das ist bloße Zauberei.“

Im Koran wird von vorn bis hinten der Name „der Gepriesene“ für Allah verwendet. So aber nicht in Koran Sure 61:6, wo Mohammed das Privileg zugesprochen wird, diesen Namen mit Allah zu teilen. Mohammed ist ebenso DER Gepriesene.

Das ursprüngliche Wort ist „‘Ham‘d“. Die folgenden Worte stammen alle vom ursprünglichen Wort „‘Ham‘d“ ab, und sie alle bedeuten das gleiche: „Der Gepriesene“.

‘Ham‘d	Preis
‘Hameed	Der Gepriesene
Mo‘hammed	Der Gepriesene
A‘chmed	Der Gepriesene
‘Hamdan	Preis

Der erste Name, „‘Hamd‘d“, ist der Name Allahs, wie wir in den folgenden Versen sehen:

سورة البروج .... Al-Buroof, Koran Sure 85:8
سورة الممتحنة .... Al-Mumtahana, Koran Sure 60:6
سورة الحديد... Al-Hadid, Koran Sure 57:24
سورة الشورى .... Al-Shura, Koran Sure 42:28
سورة فاطر .... Fater, Koran Sure 35:15
سورة لقمان .... Lu‘qman, Koran Sure 31:26
سورة الحج.. Al-Hajj, Koran Sure 22:64
سورة الحج.. Al-Hajj, Koran Sure 22:24
سورة إبراهيم.. Ibrahim, Koran Sure 14:1

Wenn Mohammed ein Sklave Gottes war, warum hat er dann Gottes Namen an sich gerissen? Die Antwort ist einfach: Mohammed wusste, dass er ein falscher Prophet war, und wusste genau, was er erreichen könnte, wenn er sich selbst als „der Gepriesene" ausgibt. Er wollte absolute Gehorsamkeit, absolute Kontrolle, und die absolute Täuschung. Indem er sich als „der Gepriesene" ausgab, stellte er sicher, dass es niemand wagen würde ihn zu hinterfragen.

Die Hadithe deuten auf eine Schlussfolgerung hin: Mohammed ist Gott. Sahih Al-Bukhari, Buch der Waschung, Hadith 186:

صحيح البخاري - كِتَاب الْوُضُوءِ - فتوضأ فجعل الناس يأخذون من فضل وضوئه فيتمسحون به
فصلى النبي صلى الله عليه وسلم الظهر ركعتين والعصر ركعتين
186 قَالَ وَهُوَ الَّذِي مَجَّ رَسُولُ اللَّهِ صَلَّى اللَّهُ عَلَيْهِ وَسَلَّمَ فِي وَجْهِهِ وَهُوَ غُلَامٌ مِنْ بِئْرِهِمْ وَقَالَ عُرْوَةُ
عَنْ الْمِسْوَرِ وَغَيْرِهِ يُصَدِّقُ كُلُّ وَاحِدٍ مِنْهُمَا صَاحِبَهُ وَإِذَا تَوَضَّأَ النَّبِيُّ صَلَّى اللَّهُ عَلَيْهِ وَسَلَّمَ كَادُوا يَقْتَتِلُونَ
عَلَى وَضُوئِهِ

Der Prophet tätigte diese Waschung, und so nahmen die Menschen das Wasser, dass er übrig ließ, und verteilten es über ihre gesamten Gesichter. Es ging sogar so weit, dass einige Gefährten des Propheten um das von ihm übrig gelassene Wasser kämpften.

Sahih Al-Bukhari, Buch 8, Hadith 373; Sahih Al-Bukhari, Buch 72, Hadith 750:

Ich sah Bilal, wie er die Überbleibsel des Wassers, mit dem der Prophet sich wusch, an sich nahm, und viele Muslime, die sich um dieses Wasser zankten und es auf ihre Gesichter auftrugen. Wer nichts davon für sich bekam, streifte einfach etwas von den feuchten Händen seines Nebenmannes ab und verteilte dies dann über sein gesamtes Gesicht.

Jetzt denk mal darüber nach: Das Wasser der rituellen Waschung der Muslime ist Waschwasser, und falls du es nicht wusstest, ist dieses Waschwasser hier das Wasser, mit dem sich Mohammed seinen Penis und seinen Hodensack wusch. Wieso und warum glaubten diese Muslime, dass das Wasser, mit dem sich Mohammed für gewöhnlich seinen Intimbereich wusch, Heiliges Wasser zur Segnung war? Referenzen dazu, wie Muslime durch Mohammed gesegnet wurden:
(1) Sahih Al-Bukhari, Band 2, Seite 976.

„Der Prophet wäre beinahe gestorben, weil Muslime um sein Waschwasser kämpften."

(2) Sahih Muslim, Band 4, Seite 1812, Hadith 2325.

„Muslime wurden durch das herabfallende Haar des Propheten gesegnet, und Khalid Ibn Al-Waleed bekämpfte und tötete viele Männer um seinen Turban zurückzubekommen, da sich in diesem zwei Haare des Propheten befanden."

(3) Sahih Al-Bukhari, Buch 4 (Waschung), Hadith 186.

„Der Prophet tätigte diese Waschung, und so nahen die Menschen das Wasser, dass er übrig ließ, und verteilten es über ihre gesamten Gesichter. Es ging sogar so weit, dass einige Gefährten des Propheten um das von ihm übrig gelassene Wasser kämpften."

(4) Sahih Muslim, Band 2, Seite 947, Hadith 1305.

„Mohammeds Ehefrau sammelte immer die Haare des Propheten auf und lag sie in Wasser, damit man es trinken konnte und dadurch gesegnet wurden."

(5) Buch von Seer Al-A'lam, Band 11, Seite 212.

„Der Vater von Abu Hanbal sprach: „Mein Vater besaß drei Haare des Propheten, und er küsste sie stets und trank das Wasser, mit dem er sie wusch. Und er bat darum, dass diese Haare zu ihm in sein Grab gelegt werden, damit er mit ihnen Allah entgegen treten kann."

(6) Sahih Al-Bukhari, Teil 2, Seite 165.

„Wir waren es gewohnt, seine Hand zu küssen, um von seiner Haut gesegnet zu werden."

(7) Buch von Al-Mustadrik in den Zwei Sahih, Band 3, Seite 589, Hadith 6181.

„Wir waren es gewohnt, durch das berühren der Speisen, die er aß, gesegnet zu werden."

(8) Sahih Muslim, Buch von Al-Libas (Kleidung und Schmuck), Teil 3, Seite 165.

„Dies ist die Kleidung, die der Prophet gewohnt war, zu tragen, und wir versteckten sie für die Kranken, auf dass sie durch diese Kleidung genesen mögen."

صحيح مسلم - كِتَاب اللِّبَاسِ وَالزِّينَةِ - إنما يلبس هذا من لا خلاق له »- ص 1641 - »2069« أسْمَاء

فَخَبَّرْتُهَا فَقَالَتْ هَذِهِ جُبَّةُ رَسُولِ اللهِ صَلَّى اللَّهُ عَلَيْهِ وَسَلَّمَ فَأَخْرَجَتْ إِلَيَّ جُبَّةَ طَيَالِسَةٍ كِسْرَوَانِيَّةٍ لَهَا لِبْنَةُ دِيبَاجٍ وَفَرْجَيْهَا مَكْفُوفَيْنِ بِالدِّيبَاجِ فَقَالَتْ هَذِهِ كَانَتْ عِنْدَ عَائِشَةَ حَتَّى قُبِضَتْ فَلَمَّا قُبِضَتْ قَبَضْتُهَا وَكَانَ النَّبِيُّ صَلَّى اللَّهُ عَلَيْهِ وَسَلَّمَ يَلْبَسُهَا فَنَحْنُ نَغْسِلُهَا لِلْمَرْضَى يُسْتَشْفَى بِهَا

DIE UNTERWÄSCHE DES PROPHETEN IST EIN HEILMITTEL, DASS KRANKE GENESEN LÄSST

Sahih Muslim, Buch der Kleidung, Seite 1641, Hadith 2069:

Aisha kehrte von Asma' (Aishas Schwester) zurück, und sie sagte ihr, dass dies die Unterwäsche des Propheten ist. Wir waschen sie, sodass die Kranken durch sie (die Unterwäsche) genesen können.

MOHAMMED VERKAUFT GRUNDSTÜCK IM HIMMEL

Sichere dir eine Residenz im Himmel, Ackerland inklusive:

سوره الت غابن64 اية17 حَدَّثَنَا خَلَف بْن خَلِيفَة عَنْ حُمَيْد الْأَعْرَج عَنْ عَبْد الله بْن الْحَارِث Taha عَنْ عَبْد الله بْن مَسْعُود قَالَهُ : لَمَّا نَزَلَتْ : „ مَنْ ذَا الَّذِي يُقْرِض الله قَرْضًا حَسَنًا „ قَالَ أَبُو الدَّحْدَاح : يَا رَسُول الله أَوَإِنَّ الله تَعَالَى يُرِيد مِنَّا الْقَرْض ؟ قَالَ : (نَعَمْ يَا أَبَا الدَّحْدَاح) قَالَ : أَرِنِي يَدك ; قَالَ فَنَاوَلَهُ ; قَالَ : فَإِنِّي أَقْرَضْت الله حَائِطًا فِيهِ سِتّمِائَةِ نَخْلَة . , ثُمَّ جَاءَ يَمْشِي حَتَّى أَتَى الْحَائِط وَأُمّ الدَّحْدَاح فِيهِ وَعِيَاله ; فَنَادَاهَا : يَا أُمّ الدَّحْدَاح ; قَالَتْ : لَبَّيْكَ ; قَالَ : أُخْرُجِي , قَدْ أَقْرَضْت رَبِّي عَزَّ وَجَلَّ حَائِطًا فِيهِ سِتّمِائَةِ نَخْلَة .

Koran Sure 64:17, Übersetzung von Mohammed Pickthall (aus dem Englischen übersetzt von John Doe):

Wer Allah einen guten Preis zahlt, dem wird er diesen verdoppeln und euch vergeben, den Allah ist antwortend, nachsichtig.

Das Buch von Al-Qur'tubi interpretiert Koran Sure 64:17 folgendermaßen:

Abu Al-Da'hda'h sprach: „O Gesandter Allahs, du sagst uns, dass Allah will, dass wir ihm etwas zahlen, im Austausch für etwas?" Er (Mohammad) sprach: „Ja, Abu Al-Da'hda'h." Darauf sprach Abu Al-Da'hda'h: „Reich mir deine Hand. Ich gebe Allah etwas. Eine Farm, mit 600 Palmen." Und er ging zu seiner Ehefrau auf die Farm und rief: „O Mutter von Al-Da'hda'h, mein Eheweib." Sie sprach: „Ich bin hier, für dich." Er sprach: „Komm heraus, ich habe die Farm mit den 600 Palmen meinem Gott Allah, dem Allmächtigen, übergeben." Und es ist überliefert von Zaed

Ibn 'Aslam, dass als der Vers „Wer Allah einen guten Preis zahlt..." offenbart wurde, sprach Abu Al-Da'hda'h: „Ich opfere meinen Vater und meine Mutter um deinen Willen, O Gesandter Allahs, aber braucht Allah als jemand, der reich ist, eine Bezahlung unsererseits?" Der Gesandte antwortete: „Ja, durch diese Bezahlung will er (Allah) dich in den Himmel eintreten lassen." Abu Al-Da'hda'h antwortete: „Also wenn ich Allah etwas von mir gebe, wird mir dadurch ein Teil des Himmels – mir und meinen Kindern – im Paradies zugesichert?" Der Gesandte antwortete: „Ja."

Mohammed verkaufte ein Stück Land im Himmel an einen Mann namens Abu Al-Da'hda'h. Der Preis für das Stück Land im Himmel war eine Farm mit 600 Palmen. Mohammed erzählte Abu Al-Da'hda'h, dass er diese Farm für Allah versteuern kann, und für diese Farm versprach er Abu Al-Da'hda'h ein Stück Land im Paradies.

Dieselbe Geschichte ist zu finden in:

- Interpretation von Ibn Kathir, Band 8, Seite 14, 2000er Auflage (Arabisch), Koran Sure 2:245.
- Interpretation von Ibn Kathir, Band 1, Seite 663, 1999er Auflage, Königreich Saudi-Arabien تفسير القرآن العظيم بن كثير القرشي الدمشقي
- Al-Tabarani Al-Mu'ejam Al-Kaber, Band 22, Seite 301, الطبراني في المعجم الكبير 22/301

Ständig hören wir, wie Muslime den römisch-katholischen Papst dafür kritisieren, dass er den Menschen gegen Bezahlung einen Platz im Himmel versprochen haben soll. Ob das nun stimmt oder nicht: Christen wissen, dass dies ein Verbrechen in Form von Betrug und Diebstahl ist – Es geht gegen die Lehren Jesu Christi. Mohammed hingegen brachte einen Mann dazu, sein Land für einen Platz im Himmel einzutauschen. Wie sieht es dann für die armen Leuten aus, die kein Land oder Geld für einen Platz im Himmel aufbringen können?

Bedenke, dass Mohammed das Land für sich nahm. Er machte dieses Tauschgeschäft nicht, um das Land den Armen zu geben.

MOHAMMED LIEBT GELD

Sahih Al-Bukhari, Buch 46, Hadith 771:

Überliefert von Jaber Ibn Abdullah: „Da war ein Mann, der versprach seinem Sklaven, dass der Sklave nach seinem Tod (dem Tod seines Meisters) befreit werden würde. Nachdem der Meister starb, rief der Prophet den Sklaven zu sich und verkaufte ihn. Der Sklave verstarb im selben Jahr, in dem er verkauft wurde."

Sieh nur wie bösartig dieser Akt ist. Gott wusste, dass diesem Sklaven das Versprechen gegeben wurde, nach dem Tod seines Meisters die Freiheit zu erhalten. Doch Mohammed hatte andere Ideen. Er schickte seine Männer, um den Sklaven festzunehmen, und verkaufte ihn dann an einen neuen Meister. Mohammed beraubte den Sklaven seiner Freiheit, um Geld zu verdienen. Es ist so offensichtlich, dass Mohammed keine moralischen Werte hatte, die seine Gier hätten aufhalten können. Und dabei soll er doch dieser vollkommene Mensch gewesen sein, den sich jeder als perfektes Beispiel für Moral und Mitgefühl nehmen sollte.

AUS NEID HERAUS BEFEHLIGTE MOHAMMED DEN MORD AN EINEM GROSSARTIGEN GLÄUBIGEN

Sahih Al-Bukhari, Buch von Al-Futo'h, Hadith 4599:

Überliefert von Anas Ibn Malik: „Unter uns befand sich ein demütiger junger Mann mit großem Drang zur Verehrung und zum Glauben, der gute, dem Glauben dienliche Arbeit tat. So erwähnten wir seinen Namen dem Propheten gegenüber, doch er wusste nicht, wem dieser Name gehörte. Dann beschrieben wir ihn dem Propheten, doch er wusste immer noch nicht, wer der junge Mann war. Dann sagten wir zum Propheten: Oh, da ist er!" Dann sprach der Prophet: „Sein Gesicht hat das Antlitz des Satans!"

So kam der junge Mann herbei und sprach: „Friede sei mit euch allen." Der Prophet sprach zu ihm: „Hältst du dich für den besten Mann hier?" Er (der junge Mann) sprach: „Bei Allah, ja, das tue ich." Dann ging er und betrat die Moschee. Der Prophet sprach: „Wer würde diesen Mann töten (für mich)?" Abu Bakr sprach: „Ich würde." So folgte Abu Bakr dem jungen Mann in die Moschee und fand ihn in Gebetshaltung vor. Abu Bakr dachte sich: „Der Prophet verbietet es uns, einen Muslim zu töten, während er betet!"

Dann sprach der Prophet erneut: „Wer würde diesen Mann töten?" 'Umar sprach: „Ich werde es tun, Prophet." So betrat 'Umar die Moschee und sah den jungen Mann dabei, wie er sein Gesicht für das Gebet zum Boden senkte. Und so sprach 'Umar: „Der Prophet verbietet es uns, einen Muslim zu töten, während er betet. Ich komme wieder (um ihn zu töten, wenn er sein Gebet beendet hat)." Dann sprach der

Prophet: „Wer wird den Mann töten?" Dann sprach Ali: „Ich werde ihn töten, Prophet." So betrat Ali die Moschee und stellte fest, dass der junge Mann verschwunden war!Dann sprach Mohammed: „Wenn dieser Mann getötet werden würde, dann wärennicht einmal zwei meiner Nation im Streit miteinander!"

Diese Geschichte lässt sich auch im Buch von Jwawame' El Fawa'ed, Band 6, in Hadith 10401 finden: http://www.al-eman.com/islamlib/viewchp.asp?BID=272&CID=91

Untersuchen wir mal diese Geschichte. Der junge Mann, den Mohammed tot sehen wollte, hat keinerlei Verbrechen begangen. Alle Muslime, selbst ihre Anführer, stimmen zu, dass dieser Mann ein großartiger Muslim war. Er war ein hingebungsvoller Gläubiger, demütig, gläubig und betete tüchtig. Er akzeptierte Mohammed als Allahs Prophet. Der junge Mann war so ein guter Muslim, dass andere Muslime in Mohammeds Nähe meinten, er habe für seine Güte Anerkennung verdient. Und so wurde er Mohammed gegenüber erwähnt. Als er Mohammed traf, grüßte er ihn mit einem Friedenswunsch. Nach diesem Treffen, verließ er Mohammed mit einem erneuten Friedenswunsch und ging geradewegs in die Moschee, um zu beten.

Wir denken, Mohammed würde diesen Mann für sein gutes Beispiel gegenüber allen Muslimen loben, aber dieser Geschichte nach wollte Mohammed ihn stattdessen umbringen lassen. Warum? Die Antwort: Er stellte eine Bedrohung für Mohammeds Stellung als idealer Muslim dar. Innerhalb kürzester Zeit bemerkten und lobten die Muslime die Frömmigkeit des jungen Mannes. Sie hatten eindeutig viel Respekt für ihn übrig, doch Mohammed reagierte anders darauf. Während der kurzen Begegnung mit dem Propheten wurde er gefragt, ob er sich für den besten Mann hielt. Überzeugt antwortete der Mann: „Bei Allah, ja, das tue ich." Mohammed – in seiner Unsicherheit – ertrug das nicht. Er wollte nicht mit der Frömmigkeit dieses Mannes Verglichen werden, und so befahl er seinen Tod.

Mohammeds Umgang mit diesem frommen Mann bringt seine hässliche Seite zum Vorschein.Er soll ein Prophet sein, ist aber eher satanisch als heilig.

Wenn er heilig war, warum befehligte er den Tod eines guten muslimischen Gläubigen, der Allah gehorchte und Mohammed als Prophet akzeptierte? Nicht nur das: Obwohl er wusste, dass der junge Mann in der Moschee betete, schickte Mohammed andauernd seine Männer, die den jungen Gläubigen töten sollten. Nach mehreren gescheiterten Versuchen ergriff der junge Mann schließlich die Flucht um sein Leben.

DIE ERBSÜNDE

Muslime machen sich gerne über das Christentum in Bezug auf die Erbsünde lustig und kritisieren das Konzept. Tatsächlich jedoch glauben sie im Islam mehr an die Erbsünde als man es im Christentum tut.

Uns wird oft gesagt, dass der Islam das christliche Konzept der Erbsünde nicht akzeptiert. Wenn das so ist, wie bitte wollen Muslime den folgenden Hadith in Sahih Al-Bukhari, erklären? Sahih Al-Bukhari, Buch 77, Hadith 611:

Überliefert von Abu Huraira: „Allahs Gesandter sprach: 'Adam und Moses debattierten miteinander. Moses sprach zu Adam: 'Deinetwegen, Adam! Du bist unser Vorfahre, der uns verärgerte und wegen dem man uns aus dem Himmel verbannte.'"

„Moses sprach zu Adam: „Deinetwegen, Adam! Du bist unser Vorfahre, der uns verärgerteund wegen dem man uns aus dem Himmel verbannte." ANMERKUNG: Mohammed hat den Garten Eden für den Himmel gehalten. Er glaubte, dass Adam und Eva im Himmel bei Gott lebten, bevor sie sündigten und deshalb verbannt wurden.

Ist das nicht genau das, wovon das Konzept der Erbsünde handelt? Muslime leben nicht im Himmel (dem Paradies). Nicht weil SIE gesündigt haben, sondern wegen ADAMS Sünde. Sahih Muslim, Buch 016, Hadith 4156:

Allahs Gesandter sprach: „Kein Mann wird unrechtens ermordet, denn er teilt seine Sünde mit seinem Vorfahren, dem ersten Sohn Adams, der der Erste war, der mit dem Morden anfing.

Jetzt sagst du vielleicht, dass das nichts mit der Erbsünde zu tun hat. Doch tatsächlich hat es das. Als Kain, Adams erstgeborener Sohn, seinen Bruder tötete, war das seine Entscheidung. Wenn ich heute jemanden töte, dann ist das auch meine eigene Entscheidung. Mit anderen Worten: Ich habe nicht wegen Kain getötet, doch habe ich gesündigt (durch den Mord), weil diese Sünde mit Kain ihren Anfang nahm. Kains Fähigkeit zur Sünde ging auf uns über. Oder, wie Mohammed es ausdrückt: *Wir teilen unsere Sünde mit Kain.*

Andere Hadithe zeigen eine gar noch stärkere Verbindung. Sahih Al-Bukhari, Buch 55, Hadith 547:

Überliefert von Abu Huraira: „Der Gesandte sprach: 'Wenn es keine Juden gäbe, würde Fleisch nie verderben. Und hätte es Eva nicht gegeben, würden Ehefrauen ihre Gatten nicht betrügen.“

Das zeigt uns, dass Mohammed an eine endlose Verbindung zwischen Evas Sünde und der Sünde jeder Frau glaubte. Wie bitte sonst wollen wir die Verbindung zwischen dem, was Eva einst tat und dem, was Frauen heute tun, erklären?

- Laut Mohammed ist Eva der Grund für die Sünden aller Frauen.
- Es scheint so, als wolle Mohammed uns mit seinen Worten weismachen, dass die Sünde eine Erbkrankheit ist.

In Koran Sure 2:35-38 wird erklärt, dass Adam das Geschenk des Himmels zuteilwurde. Dann sündigte er, was dafür sorgte, dass er aus dem Himmel verbannt wurde. Wenn ADAM derjenige war, der gesündigt hat, warum sind WIR dann nicht im Himmel? Wenn es keine Verbindung zwischen seine und unserer Sünde gibt, müssten wir jetzt alle im Himmel sein.

Ist das Adams Schuld oder unsere? Sind wir wegen Adams Sünde nicht im Himmel oder wegen unseren eigenen Sünden? Bedenke, dass ein neugeborenes Baby noch nicht gesündigt hat und somit eigentlich das Recht hätte, im Himmel geboren zu werden. Wenn dem Baby dieselben Chancen zuteilwerden würden wie Adam und Eva, dann würde es aus dem Himmel verbannt werden, sobald es etwas Falsches tut. Es ist also offensichtlich, dass WIR nicht im Paradies sind, weil ADAM Gott gegenüber ungehorsam war.

Wir sehen auch, wie Mohammed seine Heuchelei kundtut, indem er alle Frauen für Evas Sünde beschuldigt, als wäre Evas Sünde die Sünde jeder Frau. Es ist wichtig zu bedenken, dass selbst laut der islamischen Lehre die erste Sünde oder die Erbsünde – Also die Sünde, die Adam und Eva gemeinsam verbrochen haben – mit unserem heutigen Leben zusammenhängt.

STELLT KEINE FRAGEN, HÖRT NICHTS BÖSES

Durch rezitieren dieses Verses – und indem er ihn zu einem permanenten Gesetz erklärte –, unterwarf Mohammed erfolgreich die Geister seiner Gefolgschaft. Wer Mohammed hinterfragt richtet sich gegen Allah (Koran Sure 5:101):

يَا أَيُّهَا الَّذِينَ آمَنُوا لَا تَسْأَلُوا عَنْ أَشْيَاءَ إِن تُبْدَ لَكُمْ تَسُؤْكُمْ وَإِن تَسْأَلُوا عَنْهَا حِينَ يُنَزَّلُ الْقُرْآنُ تُبْدَ لَكُمْ **101**
عَفَا اللَّهُ عَنْهَا ۗ وَاللَّهُ غَفُورٌ حَلِيمٌ

„O ihr, die ihr glaubt. Stellt keine Fragen über Dinge im Koran, die für euch unschön aussehen."

Mohammed machte seine Drohung mit dem darauffolgenden Vers klar, der jeden verurteilt, der Fragen stellt und ihn zu einem Verräter – einen Abtrünnigen – erklärt (Koran Sure 5:102):

„Die Leute, die vor euch kamen, stellten genau die gleichen Fragen, und sie wurden zu Ungläubigen."

Man darf Mohammed und den Koran nicht hinterfragen. Tut man dies, wird man beschuldigt:

1. Ein Abtrünniger (jemand, der aus dem Islam ausgetreten ist) zu sein.
2. Jemand zu sein, der versucht, andere aus dem Islam zu führen.
3. Den Propheten zu beleidigen.

Mohammed und/oder den Koran zu hinterfragen wird missbilligt. Beide zu hinterfragen ist so, als würde man Mohammed einen Lügner nennen. Jeder der für einen der zuvor von mir aufgezeigten Punkte beschuldigt wird, kann mit einem Todesurteil bestraft werden.

Solltest du dich fragen, warum sich Mohammed so sehr davor fürchtet, befragt zu werden: Die Antwort findest du in Koran Sure 5:102. Die Passage sagt dir genau, dass du für das stellen von Fragen aus dem Islam ausgeschlossen wirst. Warum? Weil:

- Mohammed keine überzeugenden Antworten parat hat;
- der Koran nicht überzeugend ist und
- der Koran nicht aussagekräftig ist und niemals aussagekräftig sein wird.

DAS WEISS NUR ALLAH

Der Koran selbst bestätigt, dass niemand außer Allah weiß, was ein Großteil des Koran genau bedeutet. Das weiß nur Allah (Koran Sure 3:7, Übersetzung von Usama Dakdok, aus dem Englischen übersetzt von John Doe):

Er ist es, der das Buch (den Koran) zu dir herabgesandt hat: Einige seiner Verse sind irreführend. Sie sind die Mutter des Buches, und die anderen können verschieden gedeutet werden. So werden die, deren Herzen tückisch sind, dem aus dem Buch folgen, was verschieden gedeutet werden kann, im Trachten nach Zwiespalt und im Trachten nach ihrer Deutung. Und niemand weiß ihre Deutung, außer Allah.Und diejenigen, die fest gegründet im Wissen sind, die sprechen: „Wir glauben daran, dass alles davon von unserem Herrn ist."...

Was wir von diesem Vers erfahren, bekräftigt das, was wir zuvor schon Koran Sure 5:101 entnommen haben: Niemandem ist es gestattet, Fragen zu stellen. Koran Sure 3:7 sagt uns ganz klar, dass Mohammed selbst keine Antworten parat hatte.

DER STIFTER DER VERWIRRUNG

Mohammed hat sich ins eigene Bein geschossen, als er sich Koran Sure 3:7 ausdachte.Dadurch, dass es heißt niemand – NIEMAND – außer Allah weiß, was der Großteil der Verse im Koran zu bedeuten hat, wird ausgesagt, dass Mohammed selbst kein Recht hatte, diese Verse zu deuten. Und somit haben seine Gefolgsleute niemanden, an den sie sich für korrekte Erklärungen wenden können.

- Da niemand außer Allah einen Großteil der Verse im Koran versteht, sind sämtliche Interpretationen der verschieden deutbaren Verse falsch.
- Da sämtliche Interpretationen falsch sind, sind somit auch Mohammeds und auch sonst jedermanns Deutungen der Verse falsch.
- Da sämtliche Interpretationen von Mohammed und auch die Interpretationen jedes anderen Menschen falsch sind, was bringt es dann überhaupt, diese verschieden deutbaren Verse zu offenbaren?

Die einzige Antwort, die Allah uns gibt, ist, dass „die, deren Herzen tückisch sind, dem aus dem Buch folgen, was verschieden gedeutet werden kann, im Trachten nach Zwiespalt und im Trachten nach ihrer Deutung." Hat Allah diese Verse also offenbart, um böswilligen Menschen etwas zu geben, mit dem sie andere Menschen verwirren und täuschen können?Allah gibt mit diesem Vers zu, dass sein Buch voller Irreführung ist, und dass er somit der Stifter der Verwirrung ist. Natürlich wollen und werden die Leute versuchen, Allahs Worte zu deuten, um zu verstehen, was er von ihnen will, doch sie alle werden scheitern. Nie hat Allah irgendwem Hilfe angeboten, sein Wort zu verstehen. Er will nur, dass die Leute wissen, dass ER weiß, was ER meint. Alles was sie tun müssen ist zu glauben, dass er durch Mohammed zu ihnen sprach.

Dann können wir demzufolge mit Sicherheit sagen: Um dich als gebildet zu betrachten, reicht es blind zu gehorchen. Erlange dein Wissen durch routiniertes Auswendiglernen, und nicht durch das Stellen von Fragen. Auf diese Weise indoktrinierte Mohammed die Muslime und brachte sie dazu, den Koran einfach trocken – Wort für Wort – auswendig zu lernen, anstatt ihn zu studieren. Dazu hielt er sie davon ab Fragen zu stellen, indem er die Muslime mit fünf Gebeten pro Tag und dem ständigen führen seiner Kriege beschäftigte.

NICHT FRAGEN. AUSWENDIG LERNEN!

Ein Beispiel, wie Mohammed die Muslime dazu ermutigte, den Koran auswendig zu lernen: Er versprach denjenigen, die die 99 Namen Allahs auswendig aufsagen konnten, garantierten Einlass ins Paradies (Sahih Al-Bukhari, Buch 75, Hadith 419; Sahih Al-Bukhari, Buch 50, Hadith 894):

Allahs Gesandter offenbarte: „Euer Gott Allah hat neunundneunzig Namen, einhundert Namen minus Einen, und wer auch immer sie von Herzen auswendig lernt und aufsagt, wird in das Paradies eingehen...

Aber warte, da ist noch was! Buch von Zad Al-Ma'ad, Band 1, Seite 57-59:Allah, der Allpreiswürdige, hat eintausend Namen und der Prophet hat eintausend Namen. Beachte hierbei:

Mohammed hat 1000 Namen	Allah hat 1000 Namen

Mohammeds Intention ist klar: Auswendiglernen gefällt Allah sehr viel besser als das stellen von Fragen, die einem ein besseres Verständnis geben könnten.

Andere Beispiele enthalten siebzig Regeln, die man vor dem Betreten des Badezimmers einhalten muss. Dazu kommen Regeln, die vor dem Gebet, vor Geschlechtsverkehr, vor dem Essen, nach dem Essen und vor vielen anderen Dingen eingehalten werden müssen. All das sorgt dafür, dass die Muslime ihr Leben lang damit beschäftigt sind, alberne Fragen darüber zu stellen, was nach islamischem Recht halal (erlaubt/rechtens) und was haram (verboten) ist.

Falls du Arabisch verstehst und islamische Fernsehsendungen siehst, wirst du die komischsten und albernsten Fragen und Kommentare hören, wie:

- Ist es halal, Unterwäsche von Christen zu kaufen?
- Ist es halal, Eiskrem zu essen, von der wir wissen, dass Ungläubige sie erfunden haben

- Ich bin eine verheiratete muslimische Frau, und ich habe mit meinem Ehemann sechs Kinder. Ist es halal, wenn ich ihn zuerst küsse, oder muss ich warten, bis er anfängt?
- Als ich Sex mit meiner Ehefrau hatte, habe ich ein wenig von ihrer Muttermilch getrunken. Ist sie für mich jetzt haram?
- Ich bin Linkshänder. Heißt das, dass Satan mich steuert, mit mir isst und mit mir schläft?
- Sahih Muslim, Buch 23, Hadith 5007: Allahs Gesandter, Allahs Gebete seien auf ihm, sprach: „Nehmt euer Essen nicht mit eurer linken Hand zu euch, da Satan mit seiner linken Hand isst."
- An einem Tag neulich lief ich mit einer einzelnen Sandale, nachdem ich die andere in der Moschee verloren habe. Und der Prophet verbietet es uns, mit nur einem Schuh zu laufen.
- Komme ich in die Hölle? ANMERKUNG: Es ist einem Mann verboten, mit der linken Hand zu essen und eine einzelne Sandale zu tragen (Sahih Muslim, Buch 24, Hadith 5007).
- Anrufer: „Ich bin ein Muslim und manchmal lese ich im Badezimmer Bücher, während ich mein Geschäft erledige. Darf ich den Koran mit ins Badezimmer nehmen?"
- Gelehrter: „Nein, das Badezimmer ist ein unreiner Ort und der Koran ist heilig. Das kannst du nicht tun. Es ist verboten.
- Anrufer: „Ich kenne den Koran auswendig, seit ich acht Jahre alt bin. Was soll ich denn machen? Mein Gehirn herausnehmen, bevor ich das Badezimmer betrete?"

REZENSION

- Mohammed konnte den Menschen keine korrekten Interpretationen zum Koran geben, doch ihm wurde die Autorität Gottes auf Erden zuteil.
- Wenn Mohammed nicht verstand, was Allah wollte, wie konnte er dann wissen, dass er Allahs Befehle ausführt?
- Mohammed brachte die Verse in den Koran, doch er konnte den Großteil von ihnen nicht erklären.
- Mohammed verbot das Stellen von Fragen über Koranverse, deren Deutung nicht klar war, und ließ dadurch den Islam schlecht aussehen. Also sollten wir Fragen über Verse stellen,die wir verstehen? Soll das ein Witz sein?
- Da Mohammed sich selbst den Versen gegenüber ignorant gibt, erklärt das wohl, weshalb Allah in Koran Sure 62:2 sagte, dass er einen Ignoranten zu den Ignoranten schickte.

Das erinnert mich an einen Vers aus der Bibel, der beweist, dass der Koran nicht von Gott sein kann. 1. Korinther 14:33:

Denn Gott ist nicht ein Gott der Unordnung, sondern des Friedens, wie in allen Gemeinden der Heiligen.

RECHTE DER SCHWULEN UND LESBEN IM KORAN

Bestrafung für Lesben im Koran An-Nisa, Koran Sure 4:15

Für diejenigen von euren Frauen, die lesbisch sind, bringt für sie vier Zeugen, die gegen sie aussagen. Dann sperrt sie in ihre Häuser ein, solange bis sie sterben oder er (Allah) eine Entscheidung fällt.

Wenn Frauen lesbisch sind, werden sie zur Strafe solange eingesperrt, bis sie sterben.Ist die Bestrafung für schwule Männer dieselbe? Bestrafung für Schwule im Koran An-Nisa, Koran Sure 4:16

Sollten zwei Männer unter euch schuldig der Homosexualität sein, bestraft sie beide.Wenn beide von ihnen Reue zeigen, lasst sie in Frieden, denn Allah nimmt Buße an, als Allgnädigster.

Wir sehen hier:
1. Schwule werden nicht eingesperrt.
2. Ihnen steht es zu, Reue zu zeigen. Dann wird ihnen vergeben.
3. Selbst wenn Schwule keine Reue zeigen, fällt die Strafe für sie (mit Sandalen geschlagen werden) – wie wir in Ibn 'Abbas' Interpretation von Koran Sure 4:16 sehen – nicht allzu dramatisch aus: Bestraft sie beide, mit Beschimpfungen und Schlägen mit Sandalen. Doch wenn sie Reue für ihre Homosexualität zeigen, lasst sie in Frieden.

Schwule Männer	Lesbische Frauen
Werden mit Sandalen geschlagen	Das Schlagen von Frauen ist Standard im Islam (Koran Sure 4:34)
Sie können Reue zeigen, woraufhin ihnen vergeben wird	Ihnen wird unter keinen Umständen Vergebung gewährleistet
Wenn sie Reue zeigen, werden sie in Frieden gelassen (keinerlei Beschimpfungen mehr)	Sie werden und bleiben solange eingesperrt, bis sie sterben

Sind das wirklich die Regeln eines Gottes? Wenn Allah gleichgeschlechtliche sexuelle Verhältnisse unter Männern und Frauen als Verbrechen sieht, sollten Männer mit Männern und Frauen mit Frauen dann nicht gleichermaßen bestraft werden? Warum fällt die Bestrafung so unterschiedlich aus; sehr hart für die Frauen und so sanft für die Männer?

Einige Muslime werden dir sagen: „Oh, dieser Vers wurde später abrogiert." Es spielt keine Rolle, ob Allah seine Meinung ändert. Das ist hier nicht das Problem. Gott geht es um Gerechtigkeit, und dieser Gott – Allah – ist nicht im Geringsten fair.

Wieso hat Allah diesen Vers abrogiert? Hat er seine Entscheidung für derart falsch befunden, dass er Reue zeigen musste?

MUSLIME DÜRFEN SICH NICHT EINMAL EIGENE FAMILIENANGEHÖRIGE ZU FREUNDEN NEHMEN

Wenn eine Person zum Islam konvertiert, bleibt dieser Person nichts anderes übrig, als die eigene Familie zu hassen und sich solange nicht mit ihr abzugeben, wie die Familie zu den Ungläubigen (Nicht-Muslimen) gehört. Lies Koran Sure 9:23:

O ihr, die ihr glaubt! Nehmt nicht eure Väter und eure Brüder zu Freunden und Beschützern, wenn sie der Unglaube mehr erfreut als der Glaube (Islam). Die von euch, die sie sich zu Freunden nehmen, sollten von sich selbst und niemand anderem beschämt sein.

Ein Muslim kann dir nicht erzählen, dass sein Gott hiermit „den Feind" meinte, als er davon sprach, „sie" nicht zu Freunden zu nehmen. Deine Eltern und Geschwister lieben dich immer, selbst wenn sie deinen Glauben ablehnen. Warum können deine Familienangehörigen dann nicht einmal deine Freunde sein?

Beachte, dass hier nicht gesagt wird, dass man sie sich nicht zu Freunden nehmen soll, weil sie schlecht sind. Es ist Gebot für jeden Muslim, jedem Vers zu folgen und alles darin geschriebene zu praktizieren, was von ihnen verlangt wird.

LIEBT ALLAH DICH ALS CHRIST?

Immer höre ich Muslime sagen, dass der Islam die Christen nicht hasst. Dabei zitieren sie einem Verse, die abrogiert worden sind. „Abrogieren" bedeutet: Etwas formell oder offiziell abschaffen, zurückzunehmen; etwas durch einen autoritären Akt annullieren; etwas aufheben, ein Gesetz umändern. Im Fall des Islam steht der Vers noch immer im Koran, doch können die Muslime ihn nicht länger befolgen, da der Vers abrogiert worden ist.

Sehen wir uns mal an, wie sehr Allah die Christen doch liebt. Das hier sagt Allah in Koran Sure 5:51:

Nehmt euch Christen und Juden nicht zu Freunden und Beschützern, sie sind einzig untereinander Freunde. Und wenn einer von euch sie sich zum Freund nimmt, ist er einer von ihnen und selbst ein Unrechter (was heißt, dass er aus dem Islam ausgetreten ist und mit dem Tode bestraft wird).

Darauf folgt Allahs Befehl in Koran Sure 9:29:

Kämpft gegen all diejenigen, die nicht an Allah und den Jüngsten Tag glauben, und die nicht verboten haben, was Allah und sein Gesandter als unerlaubt erklärt haben, und die nicht die Religion der Wahrheit (dem Islam) annehmen, von den Leuten der Schrift (Christen und Juden); bis diese gezwungen sind Jizyah zu zahlen in einem Gefühl der Unterwerfung, Demütigung und dem Gefühl, bezwungen worden zu sein.

Ich erklärte bereits, dass die Muslime uns solange bekämpfen müssen, bis wir entweder zum Islam konvertieren oder ihnen Jizyah zahlen; eine monatliche Strafsumme, die wir wie gedemütigte Hunde zahlen müssen, um am Leben bleiben zu dürfen.

Allah zeigt seine unglaubliche Liebe für die Christen im nächsten Vers. Ich hoffe, dass kein Christ ihn jemals vergessen wird. Man braucht unerschütterliche Beweise, dass der Islam die Christen hasst, und dieser Vers liefert einen der besten Beweise die man braucht, wenn man den Islam bloßstellen möchte. Koran Sure 5:14:

Und auch mit denen, die sich Christen nennen, schlossen wir einen Bund, aber sie haben einen Teil der Schriften vergessen, die wir (Allah) zu ihnen gesendet haben.

Darum machten wir sie uneins, mit gegenseitiger Feindschaft und Hass unter ihnen, bis zum Jüngsten Tag. Allah wird sie bald wissen lassen, was genau sie getan haben.

وَمِنَ الَّذِينَ قَالُوا إِنَّا نَصَارَىٰ أَخَذْنَا مِيثَاقَهُمْ فَنَسُوا حَظًّا مِّمَّا ذُكِّرُوا بِهِ فَأَغْرَيْنَا بَيْنَهُمُ الْعَدَاوَةَ وَالْبَغْضَاءَ إِلَىٰ يَوْمِ الْقِيَامَةِ ۚ وَسَوْفَ يُنَبِّئُهُمُ اللَّهُ بِمَا كَانُوا يَصْنَعُونَ

Koran Sure 5:14 zufolge hat Allah einen Plan für die gesamte Christenheit. Der Plan ist so offensichtlich: Allah will Hass und Feindschaft unter den Christen sähen („Darum trennten wir sie voneinander, mit gegenseitiger Feindschaft und Hass unter ihnen").

Behandeln wir diesen Kriegsplan: Allahs Krieg mit den Christen

1. Allah wird nicht dafür sorgen, dass wir die Muslime hassen (Christen hassen Muslime nicht).
2. Allah wird uns einander als Christen hassen und uns gegeneinander kämpfen lassen! Allah war in diesem Krieg bisher sehr erfolgreich, und viele Christen führen seinen Plan aus. Wir sehen Christen, die die Kirche des jeweiligen anderen angreifen, aber ihren Mund niemals aufmachen würden, um etwas gegen den Islam zu sagen.

Was ich zu sagen versuche: Es ist Satans Plan, uns davon abzuhalten, uns als Christen (Orthodoxe, Protestanten und Katholiken) zusammenzuschließen. ES IST Allahs Plan, und er sagt in klaren, deutlichen Worten: „Ich werde euch miteinander uneins machen und euch einander hassen lassen, auf dass ich die Kirche Christi zu einem Reich mache, das mit ".tsi snienu tsbles hcis
Siehe auch Galater 5:22-23:

Die Frucht des Geistes aber ist Liebe, Freude, Friede, Langmut, Freundlichkeit, Güte, Treue, Sanftmut, Selbstbeherrschung. Gegen solche Dinge gibt es kein Gesetz.

Daran erkennen wir, wie falsch der Islam ist, und dass er direkt von Satan kommt. An den Früchten – nicht nur den Worten – der Muslimen erkennen wir das. Der Großteil ihrer Worte sind gesprochene Lügen. Spreche gewandt, doch zeige mir deine Früchte und ich werde dir sagen, wer du bist.Ich versuche allen zu sagen, die von sich selbst behaupten Christen zu sein, ob nun Protestanten, Katholiken, oder Orthodoxe, dass sie die Kirche Christi nicht uneins machen sollen, denn wir alle sind eins in CHRISTUS. Wie du sehen kannst, greift Allah uns alle an.

Nicht bloß eine beliebige Kirche. Wir machen Christus traurig, wenn wir uneins sind. Lassen wir nicht zu, dass Menschen, die eine Führungsposition einnehmen, uns für ihre eigenen Zwecke zu etwas machen, dass weit von dem entfernt ist, was Christus für uns möchte. Er will, dass wir eins sind. Wenn du deinen Teil zu Allahs Plan beiträgst, dann arbeitest du somit auch für ihn, oder? Eine gute Frage, auf die du die Antwort kennst. Siehe 1. Korinther 12:13:

Denn wir sind ja alle durch einen Geist in einen Leib hinein getauft worden, ob wir Juden sind oder Griechen, Knechte oder Freie, und wir sind alle getränkt worden zu einem Geist.

ALLAH UND DIE JUDEN: WIE SEHR HASST ALLAH SIE?

Sahih Muslim, Buch 41, Hadith 6981:

Der Gesandte Allahs sprach: „Er werdet im Kampf verwickelt sein mit den Juden, und ihr werdet sie abschlachten, bis selbst ein Stein sagen würde: 'Komm hier hin, Muslim, da ist ein Jude, er versteckt sich hinter mir. Komm her und schlachte ihn ab.'"

Sahih Muslim, Buch 41, Hadith 6985:

Der Gesandte Allahs sprach: „Die Jüngste Stunde wird nicht kommen, bis die Muslime gegen die Juden kämpfen, und die Muslime sollen sie alle töten. Und wenn sich ein Jude hinter einem Stein oder einem Baum versteckt, so wird der Stein oder der Baum laut sprechen: 'O Muslim, da ist ein Jude hinter mir! Komm und töte ihn!' Doch der Baum namens Gharqaad wird nicht sprechen, denn er ist ein jüdischer Baum!"

DER ISLAM UND ISRAEL

Einer der heutzutage berühmtesten Konflikte auf der Welt ist der sogenannte Israelisch-Palästinensische Konflikt. Die meisten von uns wissen, dass Israel mit der arabischen Welt um ihr Land kämpft. Das stimmt soweit auch, ist aber nicht die ganze Wahrheit. Die meisten Leute, die über den Konflikt debattierten, sprechen von einem politischen Standpunkt aus, und infolgedessen versuchen sie, eine politische Lösung zu finden. Die politischen Oberhäupter unserer Welt demonstrieren ihre Ignoranz, indem sie die Tatsache ignorieren, dass dieser Konflikt jenseits der Politik ist. Tatsache ist: Bis auf den Krieg, und nur den Krieg, kann es hierbei keine Lösung geben. Ich will nicht sagen, dass es mir gefällt zu sehen, wie Kriege ihren Lauf nehmen. Ich gebe lediglich Fakten wieder. Sehen wir uns die folgenden Hadithe an.Sahih Muslim, Buch 41, Hadith 6981:

Der Gesandte Allahs sprach: *„Er werdet im Kampf verwickelt sein mit den Juden, und ihr werdet sie abschlachten, bis selbst ein Stein sagen würde: 'Komm hier hin, Muslim, da ist ein Jude, er versteckt sich hinter mir. Komm her und schlachte ihn ab.'"*

Sahih Muslim, Buch 41, Hadith 6985:

Der Gesandte Allahs sprach: „Die Jüngste Stunde wird nicht kommen, bis die Muslime gegen die Juden kämpfen, und die Muslime sollen sie alle töten. Und wenn sich ein Jude hinter einem Stein oder einem Baum versteckt, so wird der Stein oder der Baum laut sprechen: 'O Muslim, da ist ein Jude hinter mir! Komm und töte ihn!' Doch der Baum namens Gharqaad wird nicht sprechen, denn er ist ein jüdischer Baum!"

Mohammed zufolge werden sogar Steine die Juden – Männer, Frauen, und Kinder – verraten, die sich hinter ihnen verstecken werden, um sicherzustellen, dass kein Jude das Gemetzel überleben wird. Mohammed ruft nicht zu Gnade auf. Er ruft zur vollständigen Ausrottung der Juden auf. Wie wollen wir in Anbetracht dessen annehmen, dass die Muslime bereit sind, den Israelisch-Palästinensischen Konflikt mit einer friedlichen Lösung beizulegen? Gewalt ist vorprogrammiert. Niemand war dazu in der Lage, den Konflikt in Mohammeds Zeit zu beenden, und bis zum Jüngsten Tag wird es auch niemand tun.

Mohammed fundierte seine Religion schon immer auf Hass. Hass ist der Treibstoff des Islam. Er wollte sich mit den Juden gegen die Christen verbünden, in der Hoffnung, dass die Juden ihn mögen würden. Als das nicht klappte, versuchte er als Freund der Christen dazustehen. Er griff die Juden an, diesmal in der Hoffnung, die Christen für sich zu gewinnen.

In Koran Sure 5:82 steht:

Du wirst merken, dass von allen Menschen diejenigen, die dich am meisten hassen, die Juden sind. Und dass die Menschen, die sich mit Allah zusammentun und zugleich am gütigsten zu den Muslimen sind, diejenigen sind, die sich Christen nennen.

(سورة المائدة , Al-Maeda, 5:82)
لَتَجِدَنَّ أَشَدَّ النَّاسِ عَدَاوَةً لِّلَّذِينَ آمَنُوا الْيَهُودَ وَالَّذِينَ أَشْرَكُوا وَلَتَجِدَنَّ أَقْرَبَهُم مَّوَدَّةً لِّلَّذِينَ آمَنُوا الَّذِينَ قَالُوا إِنَّا نَصَارَىٰ

Mohammed nutzt die sogenannten „Offenbarungen Allahs“, um seine politische Agenda voranzutreiben. Er wechselt die Seiten, wann immer ihm danach ist, und Allah tut ihm dies stets gleich. Siehe Koran Sure 2:62:

Die Gläubigen und die Juden sowie die Christen und die Sabäer, die Gutes tun, müssen sich keine Sorgen machen. Allah wird ihnen ihren Lohn geben, und sie werden weder Leid haben noch Trauer empfinden.

Laut Koran Sure 2:62 sind sowohl die Juden als auch die Christen gut. Sie werden sogar in den Himmel eingehen.

WIE MOHAMMED NACH UND NACH SEINE FEINDE AUSSCHALTETE

Stufe I: Mohammed, der Mann des Friedens

Zu diesem Zeitpunkt – während dieser Stufe – war Mohammed ein Niemand. Er hatte keinerlei Macht, keine Armee, und keine große Anhängerschaft. In den ersten dreizehn Jahren seiner Prophetenlaufbahn hatte er gerade mal 70 Anhänger. Ihm blieb nichts anderes übrig, als ein friedlicher Mann zu sein. Ein Großteil der Leute, die später zu seinen Anhängern gehörten, waren Sklaven. So berichtet ‘Ammar Bin Yasir in Sahih Al-Bukhari, Buch 58, in Hadith 197:

Ich sah den Gesandten Allahs, und begleitet wurde er von den einzigen, die den Islam angenommen haben: Fünf Sklaven, zwei Frauen, und Abu Bakr.

Beachte, dass fünf von seinen Anhängern noch immer als Sklaven bezeichnet wurden, auch nachdem sie den Islam angenommen hatten. Mohammed betrachtete seine Glaubensbrüder immer noch als seine Sklaven.

Sicher hatten diese Sklaven keine andere Wahl, als zum Islam zu konvertieren. Anfangs manipulierte Mohammed seine Sklaven, sodass sie Muslime wurden und für ihn kämpften. Dafür versprach er ihnen, wenn alles geschafft war, hinterher die Freiheit. So ein Schicksal ereilte auch Bilal, dem armen Mann, der zum Islam konvertiere und für Mohammed kämpfte, nur um dann niemals die von ihm versprochene Freiheit zu erhalten.

Stufe II: Die Hijra (Immigration)

Diese Stufe ist genau das, was auch die Muslime heute praktizieren.

Um sich auf den Krieg in einem anderen Land vorzubereiten, kommen sie in großer Zahl in dieses Land und tun sich zusammen, um einen Angriff im Voraus zu planen. Dann bereiten sie sich auf den Angriff, bis ihre Zahl erst einmal groß genug ist, um eine Armee aufstellen zu können. So haben es auch Osama Bin Laden und Al-Qa'ida in Afghanistan gemacht. Sie immigrierten dorthin, um sich für einen großen Angriff bereitzumachen und als sie bereit waren, griffen sie ohne Gnade an – Genau wie es Mohammed in seiner Zeit tat. Ab hier sichern sich die Muslime ihr Einkommen mit Raubzügen.

Durch den Raub bezwecken die Muslime zwei Dinge:

- Sie sammeln sich Reichtum an, indem sie anderer Leute Geld, Tiere und Güter stehlen.
- Terror: Sie versetzten die Ungläubigen in Angst und Schrecken.

Terror durchzusetzen ist für den Islam fundamental. Terror ist eines der besten und schnellsten Mittel, den Feind – egal wie groß er auch sein mag – auszuschalten. Wenn er Angst hat, verbeugt sich selbst der Elefant vor einer Maus (das erinnert mich daran, wie Obama sich vor dem König von Saudi-Arabien verbeugt hat). Muslime verstehen, wie drastisch sich das Leben des Feindes ändert, wenn er sich vor etwas fürchtet. Sie wissen: Alles was sie tun müssen ist geduldig zu warten und der Furcht Zeit zu lassen, sich auszubreiten und sich festzusetzen. Mit Furcht im Herzen wird der Feind niemals siegen. Solange dein Land sich fürchtet, wird ES niemals gewinnen.Bevor er in Arabien zu Gott auf Erden wurde, hat Mohammed mehr als 56 Angriffe auf Händler durchgeführt. Von den angegriffenen Händlern waren 28 Gazwah (Karawanenreiter).

Stufe III: Der Totale Krieg – Entweder seid ihr für mich oder gegen mich

In der dritten und letzten Stufe war Mohammed nicht länger schwach. Er verkündete seine Agenda offener und mit deutlicheren Worten. Jeder, der sich ihm nicht beugte, wurde getötet. Alle, die ihn ablehnten, besonders die, die sich ihm entgegenstellten – wie die Juden – wurden hingerichtet.

DER KORAN IDENTIFIZIERT DIE RECHTMÄSSIGEN EINWOHNER ISRAELS

Ständig hören wir dieselben Argumente von beiden Seiten der Israeli-Palästinenser-Debatte. Die Muslime sagen, dass die Israelis ihnen ihr Land weggenommen haben, und die Israelis sagen, dass es seit alttestamentarischen Zeiten rechtmäßig ihr Land ist. Leider ist die Welt voll von liberalen Medien. Fernsehshows, wie die von Oprah Winfrey – die bis heute nicht weiß, wo Kaffee herkommt – und The Daily Show, die uns zum Lachen bringt – nur frage ich mich, über was – sind exemplarische Beispiele. Hinzu kommt die YouTube-Propaganda. Unabhängig davon, von wem wir unsere Informationen beziehen: Niemand von ihnen ist ehrlich genug darüber zu diskutieren, was wirklich im Mittelpunkt des Konfliktes steht.

Gehen wir die Sache richtig an finden heraus, wem Israel wirklich zusteht. Wir werden keine Argumente wie „Er hat gesagt" oder „Sie hat gesagt" verwenden. Wir zeigen Fakten auf, und diese Fakten werden uns zeigen, dass Israel den Juden gehört. Wir wissen bereits, dass Israel laut der Bibel den Juden gehört. Aber legen wir mal die Bibel beiseite und beziehen diesen Beweis aus dem Koran selbst. Das ist die beste Weise, die Liberalen und Koranverehrer, die es im Traum nicht wagen würden zu sagen, dass der Koran sich irrt, ruhigzustellen.

Viele Menschen wissen nicht, dass der Koran mit sehr deutlichen Worten Israel (oder Palästina, wie es einige so dringend nennen wollen) zum rechtmäßigen Land der Juden erklärt. Lesen wir die folgenden Passagen auf der nächsten Seite gemeinsam.

KORAN SURE 5

Koran Sure 5:20-26 (Übersetzung von Usama Dakdok, aus dem Englischen übersetzt von John Doe):

20 Und als Moses zu seinem Volk sprach: „O mein Volk, gedenkt Allahs Wohlgefallen euch gegenüber, als er Propheten aus euren Reihen schuf. Und er machte euch zu Königen und gab euch, was er keinem anderen Volk auf der Welt gegeben hat.
21 O mein Volk, betretet das Heilige Land, das Allah für euch bestimmt hat, und dreht dem Krieg nicht den Rücken zu. Tut ihr dies, macht Allah euch zu Verlierern."
22 Sie sprachen: „O Moses, dort leben doch die vom Volk der Riesen, und wir werden das Land nicht betreten, solange es ihres ist. Wenn sie es verlassen, erst dann wollen wir es betreten."

23 Da sprachen zwei Männer – Allahs Wohlgefallen war mit ihnen – unter denen, die gottesfürchtig waren: „Durchschreitet ihre Tür, dann werdet ihr siegreich sein im Namen Allahs, so ist es bestimmt, wenn ihr Gläubige seid."
24 Sie sprachen: „O Moses, nimmer werden wir es betreten, solange sie dort leben. So gehe denn du mit deinem Herrn. Führt euren Krieg; wir bleiben hier sitzen."
25 Er sprach: „Mein Herr, ich habe über keinen das Sagen, nur über mich selbst und meinen Bruder. So unterscheide uns von dem aufrührerischen Volk."
26 Er sprach: „Es (das verheißene Land) soll ihnen dann vierzig Jahre lang verwehrt sein; solange sollen sie auf der Erde umherirren. So sei nicht betrübt über das aufrührerische Volk."

Jetzt lass uns jeden Vers einzeln unter die Lupe nehmen: Vers 20 – Wir erfahren, dass die Juden das auserwählte Volk Gottes sind – Nicht nur in der Bibel, sondern auch im Koran. Denn wir lesen: „Und er (Allah) machte euch zu Königen und gab euch, was er keinem anderen Volk auf der Welt gegeben hat."

Vers 21 – Allah befiehlt den Juden, in den Krieg zu ziehen und das Land seinen Einwohnern zu entreißen. So droht er ihnen eine Strafe an, sollten sie den Krieg verweigern: „O mein Volk, betretet das Heilige Land, das Allah für euch bestimmt hat, und dreht dem Krieg nicht den Rücken zu. Tut ihr dies, macht Allah euch zu Verlierern."

Vers 22 – Die friedliebenden Juden weigern sich, in das Land einzuziehen und Krieg zu führen, doch Allah will Krieg und Blutvergießen. Sie sagen: „O Moses, dort leben doch die vom Volk der Riesen, und wir werden das Land nicht betreten, solange es ihres ist. Wenn sie es verlassen, erst dann wollen wir es betreten."

Vers 23 – Zwei der Juden stimmen zu und waren bereit, in den Krieg zu ziehen. Allah war zufrieden mit ihnen, und versicherte ihnen den Sieg

Vers 24 – Weiterhin weigert sich der Großteil der Juden, in den Krieg zu ziehen. Sie fragen sich, warum Moses' Herr den Krieg so sehr liebt. Sie sagen Moses daraufhin, dass er und sein Herr ruhig in den Krieg ziehen sollen, sie aber dableiben werden, wo sie sind. Sie sagen: „O Moses, nimmer werden wir es betreten, solange sie dort leben. So gehe denn du mit deinem Herrn. Führt euren Krieg; wir bleiben hier sitzen."

Vers 25 – Allah vergibt unterschiedliche Namen und Titel an die für ihn schlechten und guten Menschen. Lies mit mir: „Mein Herr, ich habe über keinen das Sagen, nur über mich selbst und meinen Bruder. So unterscheide uns von dem aufrührerischen Volk." Hier fällte Allah ein Urteil über die Juden, weil sie die Einwohner des Landes nicht töten wollten. Er nennt sie „aufrührerisches Volk".

Vers 26 – Allah wird wütend, weil die Juden sich weigern, gegen die Riesen zu kämpfen und diese zu töten. Er bestraft sie dafür mit 40 Jahren Umherirren in der Wüste.

Jetzt wird es Zeit, ein paar Fragen zu stellen. Der Koran identifiziert die Einwohner Palästinas als Riesen. Das können nicht dieselben Leute sein, die heute als Palästinenser bezeichnet werden. Die Körpergröße der heutigen selbsternannten Palästinenser liegt unter dem gängigen Durchschnitt. Also woher kommen sie? Ganz einfache Antwort: Sie sind die Muslime, die das Land mit 'Umar Ibn al-Chattāb im Jahr 717 besetzt haben (Lese hierzu ruhig noch einmal Der Pakt von 'Umar auf Seite 29). Jassir Arafat war mit Sicherheit nicht der Nachfahre eines Riesen. Immerhin ist er nicht einmal 1,60 Meter groß gewesen.

Warum haben sie sich dieses Land ausgesucht und nannten es ein „Heiliges Land" (Koran Sure 5:21), obwohl bis dato noch kein Prophet Allahs in ihm gelebt hat?

Allah persönlich erklärte Israel zum Land, welches er ausschließlich für die Juden vorgesehen hat (Koran Sure 5:21), selbst wenn das zu bedeuten hat, dass man das Land seinen Einwohnern mit Gewalt entreißen muss. Heutzutage sagen Muslime, es sei ungerecht, abartig, widerlich, ein Verbrechen und unmenschlich, Israel (Palästina) den Palästinensern zu entreißen.

Würden die Muslime es auch wagen zu sagen, Allahs Entscheidung, die Riesen zu töten und ihnen Israel zu entreißen sei ungerecht, abartig, widerlich, ein Verbrechen und unmenschlich?

Was ungerecht ist: Allah bestraft die Juden, indem er sie für 40 Jahre durch die Wüste ziehen lässt, nur weil sie sich geweigert haben, einen Krieg gegen die Riesen zu führen. Das zeigt, dass die Juden, wenn sie in den Augen Allahs als gerecht gelten wollen, die Riesen töten und das Heilige Land an sich reißen müssen. Dann und nur dann würde Allah die Juden mögen.

TÄGLICHES VERFLUCHEN VON JUDEN UND CHRISTEN

Beachte, dass die Muslime Juden und Christen fünfmal am Tag – jeden Tag – verfluchen. Koran Sure 1:7 beschreibt beide – die Juden und die Christen – als die Verfluchten.

Im Wege derer, denen du dein Wohlgefallen geschenkt hast, und nicht so wie die, die verloren gegangen sind (Christen) oder die, die deine Wut auf sich gezogen haben (Juden).

Die Juden von heute werden von den Muslimen jeden Tag fünfmal verflucht, weil sie sich geweigert haben, die Riesen (oder doch Palästinenser?) zu töten. Einst fragte ich einen muslimischen Gelehrten während einer der vielen Debatten, die ich bereits hatte, ob es – damals – okay war, dass Allah die Riesen töten wollte. Er antwortete mir, dass die Riesen in jener Zeit keine Muslime waren. Somit war es die Pflicht der Gläubigen, sie zu töten. Im Islam nennt man das Gerechtigkeit. Ich nenne das Heuchelei.

Hier sind meine abschließenden Punkte:

- Wieso hat Allah dieses Land für die Juden ausgesucht? Warum hat er ihnen dieses Land zugewiesen?
- Wenn Allah der eine wahre Gott wäre, dann hätte er gewusst, dass es ein großer Fehler wäre, das Land den Juden zu geben, und er hätte gewusst, dass seine Entscheidung in einem endlosen Krieg ausarten würde, der auch heute noch andauert. Wenn also ER derjenige war, der das Land den Juden gegeben hat, dann ist das ganze Blutvergießen auf beiden Seiten SEINE eigene Schuld.
- Es ist so offensichtlich, dass Allah zu der Zeit nicht wusste, dass die Einwohner des Lands eines Tages Muslime sein würden. Wie ich bereits erwähnte, die Riesen sind unmöglich dieselben Leute, die dort heute leben.
- Allah hat niemals den Namen „Palästinenser" im Koran erwähnt. Etwa deshalb, weil er nicht genügend Informationen hatte?
- Der allerwichtigste Punkt, auf den wir durch all das kommen, ist der, dass der Koran selbst den Beweis dafür liefert, dass die Behauptung der Muslime, Israel gehöre ihnen, falsch ist. Allah bestätigt klar und deutlich, dass Israel den Juden gehört.

WARUM HAT ALLAH DIE JUDEN IN SCHWEINE UND AFFEN VERWANDELT?

Koran Sure 2:65:

وَلَقَدْ عَلِمْتُمُ الَّذِينَ اعْتَدَوْا مِنكُمْ فِي السَّبْتِ فَقُلْنَا لَهُمْ كُونُوا قِرَدَةً خَاسِئِينَ
(سورة البقرة , Al-Ba'qara, Qur'an 2:65)

Ihr wurdet in Kenntnis gesetzt über diejenigen, die das Samstagsgebot übertraten. Deshalb sprachen wir zu ihnen: „Seid dreckige Affen."

Koran Sure 5:60:

Aus ihnen erschufen wir die Affen und die Schweine.

Ich nehme an, dass Allah wütend auf einige Juden war, die an einem Samstag, also am Sabbat, fischen gingen. Deshalb belegte er sie mit einem Fluch und verwandelte sie in Schweine und Affen. Ich frage mich: Wieso wurde nicht ein Jude – ob männlich oder weiblich – in den letzten Jahrtausenden in einen Affen oder in ein Schwein verwandelt?

Bedenke, dass Allah diesem Sabbat-Fluch für die Juden niemals aufgehoben hat. Bedenke auch, dass dieser Fluch somit bis heute andauert. Nimm nächsten Samstag einen Juden mit zum Angeln und nimm auch eine Videokamera mit. Sieh zu, wie sich dein jüdischer Freund in einen Affen oder in ein Schwein verwandelt. Sollte er am Ende des Samstags ein Mensch sein, dann ist AllahsFluch ganz schön unwirksam.

Da Allah nicht will, dass die Juden samstags – am jüdischen Sabbat – arbeiten, wieso erlaubt er dann den Muslimen, freitags – am „heiligen" Wochentag der Muslime – zu arbeiten?

Allah verwandelte die Juden dafür, dass sie am Sabbat fischen waren, in Affen und Schweine. Hier ist die Geschichte aus Koran Sure 7:163:Frage sie nach der Stadt, die am Meer liegt. Seht! Sie haben den Sabbat entweiht. An dem Tag ihres Sabbats, dem Samstag, da kamen Wale nah zu ihnen. Doch an jedem anderen Tag der Woche kam nicht ein Fisch, nur am Samstag: So haben wir es ihnen schwergemacht, um sie dann für ihre Sünde zu strafen.

Lesen wir nun gemeinsam Ibn Kathirs Interpretation von Koran Sure 7:163 (Ibn Kathir, 2002er Auflage, veröffentlicht von Dar-'Tiba, Band 2, Seite 163):

تفسير ابن كثير إسماعيل بن عمر بن كثير القرشي الدمشقي المجلد الثاني ص 163 دار طيبة سنة النشر: 1422هـ / 2002م ابن عباس، وقوله: {إذ يعدون في السبت} أي يعتدون فيه ويخالفون أمر الله فيه لهم بالوصاة به إذ ذاك {إذ تأتيهم حيتانهم يوم سبتهم شرعا}، قال ابن عباس: أي ظاهرة على الماء، {ويوم لا يسبتون لا تأتيهم كذلك نبلوهم} أي نختبرهم بإظهار السمك لهم على ظهر الماء في اليوم المحرم عليهم صيده، وإخفائها عنهم في اليوم الحلال لهم صيده

Auch wenn die Fische am Tag des Sabbats nahe der Wasseroberfläche und an der Wasseroberfläche gut sichtbar zu den Juden schwammen, so sprach Al-Dahhak, der es von 'Abbas Ibn Jarir überliefert bekam: „Allahs Aussage (Doch an jedem anderen Tag der Woche kam nicht ein Fisch, nur am Samstag: So haben wir es ihnen schwergemacht, um sie dann für ihre Sünde zu strafen.) ist gleichbedeutend mit: 'So haben wir sie auf die Probe gestellt: Indem wir die Fische an genau dem Tag, an dem es ihnen untersagt war, zu fischen, nahe der Wasseroberfläche schwimmen ließen. Und den Rest der Woche über, an den Tagen, an denen sie fischen durften, würden die Fische ihnen vorenthalten bleiben (So haben wir es ihnen schwer gemacht…), um sie so auf die Probe zu stellen...'"

Diese Geschichte zeigt Allahs Doppelmoral (Koran Sure 2:173):

Allah verbot euch verdorbenes Fleisch, und Blut, und Schweinefleisch, und das, worüber ein anderer Name als der Allahs angerufen worden ist. Doch wer allerdings von der Not (wie der Gefahr, zu verhungern) gedrungen ist – und ohne es sich zu wünschen Allahs Befehl übertritt –, für ihn soll es keine Sünde sein. Wahrlich, Allah ist allvergebend, barmherzig.

- Also ist es in Ordnung, wenn ein Muslim gegen Allahs Gesetz verstößt und er aufgrund seines Hungers Schweinefleisch isst.
- Warum ist Allah dann nicht im Geringsten den armen Juden gegenüber barmherzig, die er sechs Tage die Woche hungern ließ, nur um den Fisch dann an einem Samstag auftauchen zu lassen? Wie viele Wochen sollen diese Juden überhaupt ohne Nahrung durchhalten? Das heißt, dass es Allahs eigenes Handwerk und Verbrechen war! Er tat das alles doch nur, um sie dafür bestrafen zu können, sobald sie in ihrer Situation dazu GEZWUNGEN waren, am Sabbat zu fischen! Allah untersagte es ihnen, am Samstag zu fischen. Aber ER ließ die Fische nur an diesem einen Tag in der Woche zu ihnen kommen!
- Wie bitte wollen diese armen Männer ihre Familien an sechs Wochentagen ernähren, wenn Allah die Fische verschwinden und nur am Samstag wieder an der Wasseroberfläche erscheinen lässt?
- Ist das gerecht? Allah spielt mit den Juden, zwingt sie zu hungern, sodass sie zwangsläufig seine Befehle missachten; und anschließend verrichtet er seine Strafe an ihnen, indem er sie in Ratten (dazu gleich mehr), Schweine und Affen verwandelt!
- Es ist mehr als deutlich zu erkennen, dass der Erfinder dieser Geschichte einen bösen Geist hatte. Er erklärt uns, dass Allah uns nur zum Zweck seiner eigenen, menschenverachtenden Belustigung leiden lässt: Er genießt es mitanzusehen, wie kleine Kinder sechs Tage die Woche hungern müssen. Und das nur, weil er sein eigenes Ego befriedigen will.

AUCH RATTEN WAREN FRÜHER EINMAL JUDEN!

Sahih Al-Bukhari, Buch 54, Hadith 524:

Überliefert von Abu Huraira: „Der Prophet sprach: 'Ein Klan der Kinder Israels ging verloren. Kein Mensch weiß, was sie getan haben. Allerdings kann ich erkennen, dass sie (von Allah) mit einem Fluch belegt wurden und dereinst in Ratten verwandelt worden sind. Denn wenn ich die Milch einer Kamelstute einer Ratte darlege, wird sie diese nicht trinken. Doch lege ich die Milch eines Schafs einer Ratte dar, so wird sie diese trinken.' Ich erzählte dies Ka'eb, der mich fragte: 'Hast du das vom Propheten gehört?' Ich sprach: 'Ja.' Ka'eb stellte mir die gleiche Frage mehrere Male; so sprach ich zu Ka'eb: 'Lese ich die Tora?' (Soll heißen: 'Ich sage nur, was der Prophet gesagt hat.')"

Untersuchen wir Mohammeds Logik in Bezug auf das, was Tiere nicht zu sich nehmen. Wenn ein Tier dasselbe Getränk ablehnt, dass auch du nicht trinken würdest, bedeutet das, dass diese Tierart zur selben ethnischen Gruppe gehört wie du.

Wenden wir nun die brillante Logik der Erkenntnis Mohammeds an, um mehr über ein anderes Mysterium aufzudecken: Esel trinken keinen Whisky oder generell keinen Alkohol, und auch Muslime trinken keinen Alkohol. Sind Esel demnach muslimische Menschen, die Allah einst in Esel verwandelte?Bedenke, dass ich Muslime nicht als Esel bezeichne. Das tue ich überhaupt nicht. Ich möchte lediglich versuchen, so schlau wie Mohammed daherzukommen, indem ich seine Logik anwende. Immerhin: Ist er nicht das beste Beispiel eines Menschen, dem man zu folgen hat?

Dann muss ich mich fragen, wie Mohammed überhaupt auf so etwas kommen konnte. Mohammed kann nicht aufhören, an die Juden zu denken. Selbst die Dinge, die er den Muslimen befiehlt, haben nichts mit Allahs Lehren von Richtig und Falsch zu tun, sondern sollen bezwecken, dass sie das Gegenteil von dem werden, was die Juden sind. So sieht man es auch in vielen Hadithen. Es folgen ein paar Beispiele.

MOHAMMEDS WICHTIGSTE REGELN (UND NICHT ALLAHS LEHRE), UM DAS GEGENTEIL DER JUDEN ZU SEIN

Sunan Abu Dawud, Buch 2, Hadith 0652:

Überliefert von Aws Ibn 'Thabit Al-Ansari: „Der Gesandte Allahs sprach: 'Verhaltet euch anders als die Juden. Betet nicht – so wie sie es tun – in euren Sandalen oder Schuhen.'"

Kann Mohammed ihnen nicht sagen, wie sie zu beten haben, ohne dabei gleich an die Juden zu denken? Warum sollen die Muslime überhaupt das Gegenteil der Juden in allem sein, was sie tun? Es wird noch lustiger. In Sunan Abu Dawud, Buch 20, Hadith 3170, steht:

Überliefert von 'Ubadah Ibn Assamet: „Der Gesandte Allahs stand während eines Begräbnisses für gewöhnlich solange aufrecht, bis der Leichnam im Grab beigesetzt worden war. Ein gelehrter Jude ging einst an ihm vorbei, während er (Mohammed) nahe bei einem Grab während eines Begräbnisses stand, und der Jude sprach dann: 'So machen wir das (er bezog sich auf die Gebetshaltung).' Der Prophet setzte sich hin und sprach: 'Setzt euch und macht es anders als die (die Juden)."

- Kann das denn wahr sein? Mohammed betete bei Begräbnissen immer im Stehen, bis ein Jude irgendwann sagte „So machen wir das", woraufhin er es dann gleich anders machte?
- Bedeutet das, dass Mohammed bis zu diesem Zeitpunkt während eines Begräbnissen stets falsch gebetet (und sich geirrt) hat?
- Wieso hat Mohammed Allah nicht gefragt, wie man richtig betet, anstatt sich wie ein Kind aufzuführen, sich hinzusetzten und „Setzt euch und macht es anders als die" zu sagen? Ein weiteres Beispiel ist Sahih Al-Bukhari, Buch 56, Hadith 668: Überliefert von Abu Huraira: „Allahs Gesandter sprach: 'Die Juden und die Christen färben ihr ergrautes Haar nicht, weshalb ihr Muslime das Gegenteil von dem tun sollt, dass sie tun. So färbt eure graues Haar und eure Bärte...'"

Es ist ohne jeden Zweifel klar, dass der Islam bewusst als Gegenteil von dem aufgebaut ist, was für das Christen- und Judentum steht. Wenn also ein Muslim zu dir kommt und sagt „Wir haben denselben Gott", dann versucht er, dich zum Narren zu halten. Er weiß, dass sein Prophet in allem, woran wir auch glauben, und was immer wir auch tun, das Gegenteil sein wollte. Nicht weil wir falsch liegen, sondern einfach, um das Gegenteil von uns zu sein.

FRIEDENSABKOMMEN IM ISLAM

Ich weiß nicht ob du begreifst, wie gefährlich der Islam ist. Wie du gesehen hast, hasst Allah die Christen und befiehlt den Muslimen, gegen sie zu kämpfen und sie zu töten.Es gibt an die drei Milliarden Menschen, die sich Christen nennen und demnach von den Muslimen bekämpft werden müssen. Zur Wahl stehen: Den Preis der Unterwerfung zahlen, konvertieren oder getötet werden. Dazu kommt, was in den letzten Hadithen offenbart wurde. Was wir über den Islam und über die Muslimen von Politkern wie Obama und anderen Lügnern im Westen hören, ist pure Ignoranz. Ihre Dummheit macht diese Leute blind. Sie interessieren sich nur dafür, das Problem solange auf morgen zu verschieben, bis es dann letztendlich doch noch auf uns zukommt!

Was auf uns zukommt, ist hässlich. Die Erde wird in Blut getränkt sein: Der Islam ist ein blutrünstiges Biest. Einige werden sagen: „Was ist mit den islamischen Ländern, die ein Friedensabkommen mit Israel unterzeichnet haben?“ Ja, das ist wahr, aber dieser Frieden hält nur vorübergehend an, bis die Muslime stark genug sind, Israel und die gesamte westliche Welt zu stürzen. So befahl es Allah – wie wir sehen können – im Koran. Das Ganze wird in Koran Sure 47:35 erklärt:

فَلَا تَهِنُوا وَتَدْعُوا إِلَى السَّلْمِ وَأَنتُمُ الْأَعْلَوْنَ وَاللَّهُ مَعَكُمْ وَلَن يَتِرَكُمْ أَعْمَالَكُمْ
(سورة محمد , chapter of Muhammad, Qur'an 47:35)

Ruft nicht und fragt nicht nach Frieden, solange ihr die Oberhand und die Stärke habt, und so will Allah euch für eure Werke belohnen.

Es ist eine erwiesene Tatsache, dass es den Muslimen nicht erlaubt ist, sich um Frieden zu bemühen, weil der Islam gegen jede Art von Frieden ist. Es gibt Bedingungen, laut denen Muslime einem Friedensabkommen zustimmen können. Und Allah bewilligt dies, solange der Frieden nur für kurze Zeit anhält. Solange die Muslime die Juden nicht besiegen können, darf es ruhig ein Friedensabkommen geben. Man kann dies auch als „Zweckbündnis“ sehen. Mohammed selbst hat so ein Friedensabkommen mit den Juden und Christen vereinbart. Er vereinbarte es mit ihnen, als er schwach war. Wäre er gegen sie in den Krieg gezogen, hätte er haushoch verloren. Sie hätten ihn mühelos töten können. Und so unterzeichnete Mohammed einen Friedensvertrag, den er direkt gebrochen hat, als er erst einmal stark genug war. Koran Sure 9:1:

بَرَاءَةٌ مِّنَ اللَّهِ وَرَسُولِهِ إِلَى الَّذِينَ عَاهَدتُّم مِّنَ الْمُشْرِكِينَ
(At-Taubah, 1 , سورة التوبة)

Eine Freisprechung von jeglichem Versprechen oder Friedensvertrag für Allah und seinen Gesandten gegenüber den Mushrikeen (Heiden, Christen und Juden), mit denen sie eine Vereinbarung trafen.

Es ist ganz simpel: Warum sollte irgendein Land auf der Welt einem Abkommen vertrauen, dass von Muslimen kommt? Solches Vertrauen fußt auf Dummheit und Ignoranz. Genau damit wird Israel zurzeit konfrontiert. Die US-Regierung drängte das Land lange dazu, solche Abkommen zu unterzeichnen. Schon bald werden iranische Muslime Atomwaffen haben, einige andere islamische haben bereits welche. Ich schätze, das zelebrierte Blutvergießen dürfte in weniger als 25 Jahren beginnen. Es ist nur eine Frage der Zeit, bis die Zahl der Muslime im Westen so stark angewachsen ist, dass sie der Welt ihren Willen aufzwingen können. Sie werden vielleicht sogar die Atomwaffen der westlichen Länder einsetzten, um Israel zu zerstören. Und dann könnten sie jedem Land, das den Islam nicht annimmt, mit einem Atomschlag drohen. Damit will ich sagen: Wenn sie es tun könnten, WÜRDEN sie es tun!

Ich bin mir sicher: Wenn die Muslime eine Armee hätten, die so stark wie die Streitkräfte der USA wäre, dann würden sie große Reden halten und in diesen Reden sagen: „Ihr habt drei Tage Zeit. Entweder ihr konvertiert oder ihr sterbt."

Deshalb ließ Mohammed auch drei Briefe zu den Herrschern der drei größten Reiche seiner Zeit zukommen, in denen er ihnen mit Krieg drohte, wenn sie nicht konvertierten! Terror war Mohammeds Schlüssel zum Sieg. Lies Koran Sure 8:12

إِذْ يُوحِي رَبُّكَ إِلَى الْمَلَائِكَةِ أَنِّي مَعَكُمْ فَثَبِّتُوا الَّذِينَ آمَنُوا ۚ سَأُلْقِي فِي قُلُوبِ الَّذِينَ كَفَرُوا الرُّعْبَ فَاضْرِبُوا فَوْقَ الْأَعْنَاقِ وَاضْرِبُوا مِنْهُمْ كُلَّ بَنَانٍ
(Al-Anfal, 12 , سورة الأنفال)

Da offenbarte Allah den Engeln, dass ich mit euch (den Muslimen) bin. Ich werde den Terror in die Herzen der Ungläubigen bringen. So durchtrennt ihre Hälse und schneidet ihnen sämtliche Fingerspitzen ab.

So haben die Muslime George W. Bush dazu gebracht, wie ein kleines Hündchen in die Moschee zu tanzen. Dasselbe gilt für alle, die nach ihm kamen: Von Hillary Clinton bis hin zu Obama. Und noch viele nach ihnen werden vor den muslimischen Königen niederknien.Weil sie Angst vor dem islamischen Terror haben.

Vielleicht verstehst du noch nicht, was ich versuche, zu sagen. Wie viele Filme wurden gedreht, die sich gegen Jesus Christus richten? Wie viele Bücher wurden geschrieben? Wie viele Lügen wurden erzählt? Warum wagt es aber niemand, offen etwas Schlechtes über Mohammed zu sagen oder einen Film über ihn zu drehen? Warum wurde gar in Hollywood eine Konferenz darüber abgehalten, die Sicht der Filmindustrie auf die islamische Welt zu ändern, bei der den ganzen Filmemachern gesagt wurde, dass sie pro-islamische, positive Filme über Muslime produzieren müssen?

Terror ist mächtig. Und sie werden versuchen jeden zum Schweigen zu bringen, der die Wahrheit sagt.

IST ES MUSLIMEN IM ISLAM ERLAUBT ZU LÜGEN?

Die Antwort sollte normalerweise „Auf keinen Fall" lauten, richtig? Es macht doch keinen Sinn, dass welche Religion auch immer das Lügen erlaubt. Nun, die Tatsache ist schwer zu glauben, doch es stimmt: Der Islam erlaubt das Lügen!

Im Islam gibt es zwei Arten von Lügen:

1. Lügen gegenüber Nicht-Muslimen. Über alles Mögliche, besonders über den Islam, um die richtig schlimmen Dinge zu verbergen.
2. Lügen gegenüber Muslimen.

Werfen wir einen Blick auf die erste der beiden Lügenarten. Koran Sure 3:28:

Den Gläubigen ist es nicht erlaubt Ungläubige anstelle der Gläubigen zu Freunden nehmen. Wer das tut, gehört nicht zu Allah, es sei denn, ihr hütet euch vor ihnen, zur Sicherheit. Allah warnt euch vor sich selbst. Allah bestimmt dein Schicksal.

Dieser Vers wird oft als der Vers schlechthin gesehen, wenn es um das Täuschen von Nicht-Muslimen geht. Gläubige (Muslime) dürfen Ungläubige (Heiden/ Nicht-Muslime) nicht anstelle von Gläubigen zu Freunden und Verbündeten nehmen. Wer auch immer dies tut, der steht in keinerlei Verbindung mehr zu Allah, es sei denn man „hütet sich vor ihnen". Einige Übersetzungen hängen auch „trefft Vorsichtsmaßnahmen" an. Es ist etwas, über das ALLE Muslime Bescheid wissen. Es nennt sich Taqiyya, تقية (Schutztäuschung).Wenn wir Muslime über das Lügen und diesen Vers befragen, antworten sie uns so, wie es ebendieser Vers sie lehrt. Sie werden sagen, dass Lügen im Krieg erlaubt ist, wenn dir ein Feind ein Schwert an den Hals drückt und dich fragt ob du ein Muslim bist. Wenn du ja sagst, tötet er dich. Also hat Allah es dir als Muslim erlaubt zu Lügen, solange es dein Leben rettet.

Stimmt das? JA und NEIN!

Der Vers gibt den Muslimen alle möglichen Rechte zum Selbstschutz. Den Muslimen wird gesagt, dass alle Nicht-Muslime Feinde sind. Sie dürfen ihre Feinde anlügen. Als genau das sehen sie dich: Als einen Feind, auch wenn du sie nicht als einen solchen siehst.

Wenn ein Muslim gleich nebenan von mir wohnt, bin ich sein Feind, wie in Koran Sure 5:51 (Übersetzung von Yusuf Ali, aus dem Englischen übersetzt von John Doe) offenbart wird:

O ihr, die ihr glaubt! Nehmt euch nicht die Juden und die Christen zu Freunden und Beschützern. Sie sind lediglich einander Freunde und Beschützer. Und wer von euch sich an sie wendet (um Freundschaft zu schließen), der ist einer von ihnen. Wahrlich, Allah leitet nicht die Unrechten.

Nehmen wir mal an, du sagst mir jetzt: „Er (der muslimische Nachbar) ruft mir jeden Morgen 'Guten Morgen, mein Freund' zu!" Tja, das ist Taqiyya. Das Lügen, um lange genug zu überleben, bis die Muslime die Oberhand haben. Um meine Aussage zu bekräftigen, sehen wir uns mal an wie die Muslime – und nicht ich – den Vers interpretieren. Wirf einen Blick in den Korankommentar in Tafsir Ibn 'Abbas (Übersetzung von Mokrane Guezzou, aus dem Englischen übersetzt von John Doe) und lies die Erläuterung des Verses:

لاَّ يَتَّخِذِ ٱلْمُؤْمِنُونَ ٱلْكَافِرِينَ أَوْلِيَآءَ مِن دُونِ ٱلْمُؤْمِنِينَ وَمَن يَفْعَلْ ذٰلِكَ فَلَيْسَ مِنَ ٱللَّهِ فِي شَيْءٍ إِلاَّ أَن \
تَتَّقُواْ مِنْهُمْ تُقَاةً وَيُحَذِّرُكُمُ ٱللَّهُ نَفْسَهُ وَإِلَىٰ ٱللَّهِ ٱلْمَصِيرُ

Wer sich einen Kafir und die Ungläubigen zu Freunden nimmt, gehört nicht mehr zu Allah. Demjenigen wird von Allah weder Ehre, Gnade oder Sicherheit vor dem Zorn Allahs zuteil; es sei denn es dient dem Muslim als Schutz vor den Ungläubigen. Dann solltet ihr euch ihnen gegenüber zurückhaltend zeigen, als Sicherheitsmaßnahme.

Gebt euch ihnen freundlich und wohlwollend gegenüber, während eure Herzen dies hassen.

Der Vers sagt den Muslimen, dass sie sich keine Ungläubigen anstelle der Gläubigen zu Freunden nehmen sollen. Wer sich mit einem Ungläubigen anfreundet, dem wird kein Schutz vor Allahs Zorn zuteil, es sei denn, der Muslim gibt nur vor, der Freund des Ungläubigen zu sein, um sich zu schützen. Allah warnt dem Muslim, und Allah befiehlt ihm alles.

Wie in der Erläuterung zu sehen ist, können Muslime keine Freunde der Nicht-Muslime sein. So einfach ist das.

MUSLIME DÜRFEN SOGAR LÜGEN, WENN SIE EINEN EID ABLEGEN

Koran Sure 2:225 (Übersetzung von Habib Shakir, aus dem Englischen übersetzt von John Doe):

لَّا يُؤَاخِذُكُمُ اللَّهُ بِاللَّغْوِ فِي أَيْمَانِكُمْ وَلَٰكِن يُؤَاخِذُكُم بِمَا كَسَبَتْ قُلُوبُكُمْ ۗ وَاللَّهُ غَفُورٌ حَلِيمٌ
(سورة البقرة , Al-Ba'qara, 225)

Allah zieht euch für ein gelogenes Wort in euren Eiden nicht zur Rechenschaft. Dafür wird er Rechenschaft von euch fordern für das, woran ihr in euren Herzen dachtet, und Allah ist allvergebend, nachsichtig. Wieder lesen wir in Koran Sure 5:89 (Übersetzung von Habib Shakir, aus dem Englischen übersetzt von John Doe):

(سورة المائدة , Al-Ma'eda, 89)
لَا يُؤَاخِذُكُمُ اللَّهُ بِاللَّغْوِ فِي أَيْمَانِكُمْ وَلَٰكِن يُؤَاخِذُكُم بِمَا عَقَّدتُّمُ الْأَيْمَانَ

„Allah zieht euch für ein gelogenes Wort in euren Eiden nicht zur Rechenschaft."

Diese Verse sagen, dass man einen Eid ablegen kann, ohne ihn überhaupt von ganzem Herzen ernst zu meinen. Denk darüber nach: Allah sagt, dass man seinen Namen missbrauchen kann und dafür nicht bestraft wird. Stelle dir vor: Muslime legen andauernd Eide ab, doch in ihren Herzen spielt die Bedeutung eines solchen Eides keine Rolle. So wurde zum Beispiel Faisal Shahzad, Hauptverantwortlicher des versuchten Anschlags auf den Times Square vom 1. Mai 2010, bei seinem Prozess vom Richter über den Eid befragt, den er ablegen musste, um ein Bürger der Vereinigten Staaten von Amerika werden zu dürfen. Shazad gab zu, er habe „einen Schwur abgelegt, es aber nicht ernst gemeint".Übrigens: Dieser gelogene Eid wird als ein besonders „gesegneter Eid" betrachtet, wenn er gegenüber den Christen und Juden abgelegt wird. Wie in Koran Sure 3:28 deutlich bestätigt wird, gibt Allah den Muslimen die Erlaubnis Christen und Juden anzulügen. Er sagt auch, dass er Muslime liebt, die das tun. Ein Muslim kann mit seinen Lippen behaupten, dein Freund zu sein, doch hasst er dich von ganzem Herzen.Das Lügen hört für einen Muslim aber noch nicht einmal bei seiner eigenen Familie auf. Er kann seiner Ehefrau gegenüber einen Eid ablegen und diesen Eid nicht ernst meinen. Allah interessiert es nicht, was du mit mit deinem Mund, sondern was du tief in deinem Herzen sagst. Allah ermutigt zu Betrug und dem ablegen falscher Eide, infolgedessen entsteht so eine Gesellschaft aus Lügnern. Wie willst du einem Mann vertrauen, dem es von Allah gestattet wurde, dich anzulügen? Das muss eine Lehre Satans sein, denn es steht im absoluten Widerspruch zu dem, was Christus in Matthäus 5:37 sagte:

„Es sei aber eure Rede: Ja, ja! Nein, nein! Was darüber ist, das ist vom Bösen.“

ER ALS MUSLIM DARF DICH NICHT ZUM FREUND NEHMEN!

Wir lesen viele Koranverse wie Koran Sure 3:28, 5:51 und 60:1, die die Muslime nach dieser direkten Anordnung tanzen lassen: „Euch ist ist es nicht erlaubt, mit den Ungläubigen befreundet zu sein.“ Allerdings können wir auch auf Muslime treffen, die uns durchaus wie sehr freundliche Menschen erscheinen. Wie wollen wir das erklären?

Sollte ein gebürtiger Muslim, ob Mann oder Frau, keinen bestimmten Menschen hassen, dann ist diese Person, wie Allah in Koran Sure 3:28 sagt, nicht länger ein Muslim. Von da an hat diese Person Allahs Schutz vor den Schwertern der Muslimen verloren.

Sie sprechen mit uns auf eine freundliche Art, obwohl ihre „Herzen dies hassen!“Heißt das, wir sind mit ihnen befreundet? Nein, sie täuschen uns. Sie behaupten mit ihren Lippen, unsere Freunde zu sein, nicht mit ihren Herzen. Die Interpretation von Koran Sure 3:28 in Tafsir Ibn ʿAbbas, übersetzt von Mokrane Guezzou (aus dem Englischen übersetzt von John Doe) erklärt uns, warum:

Schützt euch vor ihnen, haltet von ihnen Abstand. Als Sicherheitsvorkehrung – zu eurem eigenen Schutz vor ihnen – sprecht immer in einem gutmütigen Ton zu ihnen, während eure Herzen dies hassen.

Jetzt, nachdem du die klare Aussage gelesen und verstanden hast, die korrekte Bedeutung und die dazugehörige Auslegung kennst: Solltest du einem Muslim jetzt jemals wieder vertrauen?Wie kann die US-Regierung ihnen Stellungen an Orten geben, an denen sie die allgemeine Sicherheit gefährden können? Ob auf Flughäfen, beim FBI, der CIA oder gar beim Militär. Nidal Malik Hasan etwa war ein Major in der US-Army. Vielleicht ist unter ihnen ein Muslim, der den Islam nie praktiziert hat oder den Koran noch nicht einmal gelesen hat. Doch wer versichert mir, dass er dieses Buch nicht eventuell doch noch irgendwann aufschlägt, diesen und viele andere Verse liest, die voller Hass sind, und dann innerhalb einer Sekunde zum Terroristen wird? Der Koran ist das satanischste Buch, dass man überhaupt in die Hand nehmen kann. Aus genau diesem Grund habe ich mein Buch Allahs Täuschung genannt.

VERGEBUNG IM ISLAM

An vielen Stellen im Koran – wenn nicht sogar an den meisten Stellen – sehen wir, wie Allah über Vergebung spricht. Fakt ist, dass das Wort im Islam in vielerlei Hinsicht eine falsche und leere Bedeutung hat. Wenn wir uns die Geschichte des Pharaos im Koran ansehen, finden wir heraus, dass der Pharao sich Allah gegenüber mit Reue zeigte. Doch nahm er (Allah) die Reue des Pharaos nicht an und hat ihm somit auch nicht vergeben. So steht in Koran Sure 40:84-85:

فَلَمَّا رَأَوْا بَأْسَنَا قَالُوا آمَنَّا بِاللَّهِ وَحْدَهُ وَكَفَرْنَا بِمَا كُنَّا بِهِ مُشْرِكِينَ 84
فَلَمْ يَكُ يَنفَعُهُمْ إِيمَانُهُمْ لَمَّا رَأَوْا بَأْسَنَا ۖ سُنَّتَ اللَّهِ الَّتِي قَدْ خَلَتْ فِي عِبَادِهِ ۖ وَخَسِرَ هُنَالِكَ الْكَافِرُونَ 85

84 Und als man unsere Stärke sah, sprach er (Pharao): „Ich glaube einzig an Allah, und ich verwarf alle Götter, die ich vor ihm hatte."

85 Aber ihr Glaube konnte ihm und den anderen nichts mehr nützen, nachdem sie alle die Macht unserer Strafe erblickten. So geht Allah seit einer sehr langen Zeit mit der Menschheit um, und die Ungläubigen gehen dabei immer als Verlierer hervor.

Wie wir sehen, sprach der Pharao die Schahada (das Glaubensbekenntnis des islamischen Glaubens, bei dem man Allah als Gott annimmt), doch Allah nahm seine Konvertierung zum Islam nicht an. Hast du das bemerkt? Und nicht nur das: Allah hat ihn bestraft. Das erinnert mich an Adams Reue. Als Adam Reue zeigte, hat Allah ihm vergeben. Und trotzdem hat Allah ihn aus dem Paradies geworfen! So lesen wir in Koran Sure 2:37-38:

فَتَلَقَّىٰ آدَمُ مِن رَّبِّهِ كَلِمَاتٍ فَتَابَ عَلَيْهِ ۚ إِنَّهُ هُوَ التَّوَّابُ الرَّحِيمُ 37
قُلْنَا اهْبِطُوا مِنْهَا جَمِيعًا ۖ فَإِمَّا يَأْتِيَنَّكُم مِّنِّي هُدًى فَمَن تَبِعَ هُدَايَ فَلَا خَوْفٌ عَلَيْهِمْ وَلَا هُمْ يَحْزَنُونَ 38

37 Dann empfing Adam die Worte seines Herrn (Allah) und zeigte sich ihm (Allah) reuig; und sein Herr hat ihm vergeben und nahm Adams Reue an. Denn er (Allah) ist der sich vergebend zeigende, der jedem vergibt, der bereut; der Barmherzige.
38 Wir sprachen: „Geht hinunter, ihr alle, verschwindet von hier. Die später jedoch (auf der Erde) meiner Leitung und Anweisung folgen, müssen sich weder fürchten, noch sollen sie traurig sein.“

Wie wir den beiden Geschichten entnehmen können, war die Strafe des Pharaos der Tod, während es Adams Strafe war, runter auf die Erde geschickt zu werden. Wieso sagt Allah im Koran der Menschheit ständig, dass sie sich zu ihm bekennen sollen, wenn das doch absolut nichts bringt? Koran Sure 5:44 sagt:

Gewiss haben wir die Taurat (Tora) hinabgesandt (zu Moses/Musa), in der Führung und Licht war. Damit richteten die Propheten, die sich Allahs Willen unterwarfen, über die Juden.

MOSES UND DIE PROPHETEN ALLAHS HABEN DIE BESTEN GENITALIEN

Tafsir Al-Jalalayn Koran Sure 33:69:

يَا أَيّهَا الَّذِينَ آمَنُوا لَا تَكُونُوا" مَعَ نَبِيّكُمْ „كَالَّذِينَ آذَوْا مُوسَى" بِقَوْلِهِمْ مَثَلًا : مَا يَمْنَعهُ أَنْ يَغْتَسِل مَعَنَا إلَّا أَنَّهُ آدر „فَبَرَّأَهُ اللَّه مِمَّا قَالُوا" بِأَنْ وَضَعَ ثَوْبه عَلَى حَجَر لِيَغْتَسِل فَفَرَّ الْحَجَر بِهِ حَتَّى وَقَفَ بَيْن مَلَأ مِنْ بَنِي إسْرَائِيل فَأَدْرَكَهُ مُوسَى فَأَخَذَ ثَوْبه فَاسْتَتَرَ بِهِ فَرَأَوْهُ وَلَا أُدْرَة بِهِ وَهِيَ نَفْخَة فِي الْخُصْيَة „وَكَانَ عِنْد اللَّه وَجِيهًا" ذَا جَاه : وَمِمَّا أُوذِيَ بِهِ نَبِيّنَا صَلَّى اللَّه عَلَيْهِ وَسَلَّمَ أَنَّهُ قَسَم قَسْمًا فَقَالَ رَجُل هَذِهِ قِسْمَة مَا أُرِيد بِهَا وَجْه اللَّه تَعَالَى فَغَضِبَ النَّبِيّ صَلَّى اللَّه عَلَيْهِ وَسَلَّمَ مِنْ ذَلِكَ وَقَالَ : (يَرْحَم اللَّه مُوسَى لَقَدْ أُوذِيَ بِأَكْثَر مِنْ هَذَا فَصَبَرَ) رَوَاهُ الْبُخَارِيّ

So steht es in Sahih Al-Bukhari, كتاب الغسل, Band 1, Buch 5 (Das Baden), Hadith 278: http://www.altafsir.com/Tafasir.asp2tMadhNo=0&tTafsirNo=74&tSoraNo=33&tAyahNo=69&tDisplay=yes&UserProfile=0&LanguageId=2

{ يٰأَيُّهَا ٱلَّذِينَ آمَنُواْ لاَ تَكُونُواْ كَٱلَّذِينَ آذَوْاْ مُوسَىٰ فَبرَّأَهُ ٱللَّهُ مِمَّا قَالُواْ وَكَانَ عِندَ ٱللَّهِ وَجِيهاً }

O Gläubige, seit eurem Propheten gegenüber nicht respektlos wie diejenigen, die Moses unrecht taten, indem sie beispielsweise sprachen: „Die einzige Erklärung dafür, dass er sich nicht vor unseren Augen wäscht ist, dass er eine Schwellung an seinen Genitalien hat.“ Deswegen bewies Allah ihnen das Gegenteil ihrer Behauptung, als Moses seine Kleidung auf einem Stein ablegte, gerade als er sich waschen wollte. Der Stein zischte (mit seiner Robe) von ihm weg, bis er sich letztendlich einer Men-

schenmenge der Nachkommen Israels annäherte und dort anhielt. Während Moses den Stein verfolgte und seine Robe an sich nahm, um sich zu bedecken, erblickten die Juden dabei seine Genitalien und sahen, dass Moses keinerlei Entzündung oder Krankheit hatte, die seinen Intimbereich befiel. Und er wurde in den Augen Allahs gewürdigt.

So wurden auch die Gefühle unseres Propheten einmal durch einen Muslim verletzt. Dieser muslimische Mann sprach zum Propheten, als der dieser die Beute aufteilte: „Diese Verteilung wird Allah nicht gefallen (ungerechte Aufteilung der gemeinsam errungenen Beute)!“ Dies beleidigte den Propheten, woraufhin er sprach: „Möge Allah Moses gnädig sein. Er wurde mit wahrlich schlimmeren Worten verletzt, aber duldete es.“

Allah wird alles tun um zu beweisen, dass die Genitalien seiner Propheten in bester Verfassung sind. Dieser Geschichte zufolge hat sich nicht ein Jude über den davonrasenden Stein gewundert. Als würden sie so etwas jeden Tag sehen!

Wenn Moses‘ Genitalien in schlechter Verfassung gewesen wären, hätte ihn das dann für den Job als Allahs Prophet ungeeignet gemacht?

Der Muslim bemerkte, dass Mohammed ungerecht handelte, und dass Mohammed nicht das war, wofür er sich ausgab. Daraufhin dachte er sich die Geschichte über Moses‘ Genitalien aus. Nur: Was hat das bitte mit dem ungleichmäßigen Aufteilen von Geld zu tun, dass von den Christen und den Juden gestohlen wurde?

WIE OFT WERDEN GUTE WERKE MULTIPLIZIERT?

Lesen wir zunächst Koran Sure 2:261 (Übersetzung von Usama Dakdok, aus dem Englischen übersetzt von John Doe):

(سورة البقرة, Al-Ba‘qara, 261)
مَّثَلُ الَّذِينَ يُنفِقُونَ أَمْوَالَهُمْ فِي سَبِيلِ اللَّهِ كَمَثَلِ حَبَّةٍ أَنبَتَتْ سَبْعَ سَنَابِلَ فِي كُلِّ سُنبُلَةٍ مِّائَةُ حَبَّةٍ ۗ وَاللَّهُ
يُضَاعِفُ لِمَن يَشَاءُ ۗ وَاللَّهُ وَاسِعٌ عَلِيمٌ

Der Gewinn welchen diejenigen erhalten, die ihr Gut für den Willen Allahs anwenden, gleicht einem Samenkorn, welches sieben Sanabul (Ähren) treibt. Einhundert Körner sind in jeder Ähre und Allah wird diese vermehren, bei wem er will. Allah ist gewaltig, wissend.

1 gutes Werk = (7 Getreideähren x 100) = 700

1 gutes Werk x 700 = 700 gute Werke

Jetzt vergleichen wir das mit Koran Sure 6:160 (Übersetzung von Usama Dakdok, aus dem Englischen übersetzt von John Doe):

مَن جَاءَ بِالْحَسَنَةِ فَلَهُ عَشْرُ أَمْثَالِهَا ۖ وَمَن جَاءَ بِالسَّيِّئَةِ فَلَا يُجْزَىٰ إِلَّا مِثْلَهَا وَهُمْ لَا يُظْلَمُونَ
(سورة الأنعام , Al-Ana'am, 160)

Wer auch immer ein gutes Werk vollbringt, dem soll von uns das zehnfache an guten Werken vergolten werden...
1 gutes Werk x 10 = 10 gute Werke

Die Frage ist: Wird ein gutes Werk jetzt mal 700 oder mal 10 multipliziert? Um das herauszufinden, lesen wir Koran Sure 4:40 (Übersetzung von Usama Dakdok, aus dem Englischen übersetzt von John Doe):

إِنَّ اللَّهَ لَا يَظْلِمُ مِثْقَالَ ذَرَّةٍ ۖ وَإِن تَكُ حَسَنَةً يُضَاعِفْهَا وَيُؤْتِ مِن لَّدُنْهُ أَجْرًا عَظِيمًا
(سورة النساء, An-Nis'a, 40)

Wahrlich wird Allah niemandem ungerecht behandeln, auch nur für der kleinsten Ameise Gewicht. Und sollte irgendein gutes Werk vollbracht werden, so wird er es verdoppeln und von sich aus großen Lohn geben.

Diesem Vers zufolge wird Allah die Werke und somit den Lohn verdoppeln. Demnach werden gute Werke mal 2 multipliziert. Nicht mal 10 und schon gar nicht mal 700.Fassen wir die Angaben dieser Verse in der folgenden Tabelle zusammen:

Vers im Koran	Gute Werke	Multipliziert mal	Ergibt
Koran Sure 2:261	1	700	700 gute Werke
Koran Sure 6:160	1	10	10 gute Werke
Koran Sure 4:40	1	2	2 gute Werke

Ich denke Allah sollte es sich nochmal ganz genau überlegen, wie er letztendlich den Lohn für gute Werke auszahlen möchte, sodass wir es es auch ohne all die Verwirrung und die Widersprüche kapieren können.

DER PROPHET IDRIS

Koran Sure 19:56 und der Auszug aus einer jüdischen Erzählung (Quelle: Louis Ginzberg, Legends of the Jews, The Jewish Publication Society of America, Philadelphia, 1909, Band IV, Kapitel 5: Salomon):

Umso mehr wird im Buch Idris erwähnt: Er war ein wahrheitsliebender Mann von Ehrlichkeit und gehörte zum Prophetentum.

Setze das Lesen fort und die wirst sehen, inwieweit der Koran mit den Legenden der Juden identisch ist:

Nach gewisser Zeit erhielt Salomon einen Brief von Adares, dem König von Arabien. Er flehte darin den jüdischen König darum an, sein Land von einem bösen Geist zu befreien, der großes Unheil brachte und nicht ergriffen oder unschädlich gemacht werden konnte, da er in der Gestalt eines Windes erschien. Salomo übergab seinen magischen Ring mitsamt einer Lederflasche einem seiner Diener und entsandte diesen nach Arabien. Der Entsandte schaffte es, den Geist in der Flasche einzusperren. Einige Tage später, als Salomon den Tempel betrat, überraschte es ihn nicht im geringsten, dass er eine sich fortbewegende Flasche sah, die sich dann ehrfurchtsvoll vor ihm verbeugte; es war die Flasche in die der Geist eingesperrt wurde. Derselbe Geist erwies Salomon einst einen ehrwürdigen Dienst. Mit Dämonen an seiner Seite hob er einen gewaltigen Stein aus dem Roten Meer. Weder menschliche Wesen noch Dämonen konnten ihn bewegen, doch er brachte ihn zum Tempel, wo er als Grundpfeiler verwendet wurde.Durch seinen eigenen Fehler verwirkte Salomon die Macht, die ihm der Heilige Geist übertragen hatte, um diese wundersame Tat zu vollbringen. Er verliebte sich in die jebusitische Frau Sonmanites. Die Priester Molochs und Raphans, der falschen Götter die sie anbetete, rieten ihr davon ab, Salomons Heiratsantrag anzunehmen, es sei denn er würde diesen Göttern Tribut zollen. Salomon blieb zunächst standhaft und weigerte sich, doch als die Frau ihn bat, fünf Heuschrecken in die Hand zu nehmen und sie in Molochs Namen zu zerquetschten, gehorchte er ihr. Auf einmal war er vom Heiligen Geist verlassen, und verlor seine Stärke und seine Weisheit. Und er fiel so tief, dass er um seiner Geliebten wohl zu gefallen, Tempel für Moloch und Raphan erbaute.

IST FÜRSPRACHE ERLAUBT ODER NICHT?

Allah sagte in Koran Sure 4:85 (Übersetzung von Usama Dakdok, aus dem Englischen übersetzt von John Doe), dass Fürsprache erlaubt ist:

مَّن يَشْفَعْ شَفَاعَةً حَسَنَةً يَكُن لَّهُ نَصِيبٌ مِّنْهَا ۖ وَمَن يَشْفَعْ شَفَاعَةً سَيِّئَةً يَكُن لَّهُ كِفْلٌ مِّنْهَا ۗ وَكَانَ اللَّهُ عَلَىٰ كُلِّ شَيْءٍ مُّقِيتًا

(سورة النساء, An-Nisa, 85)

Wer auch immer Fürsprache in einer gerechten Sache einlegt, dem soll ein Anteil daran werden. Und wer auch immer Fürsprache in einer ungerechten Sache einlegt, dem soll ein gleicher Anteil daran werden...

Dennoch sagt Mohammed in Koran Sure 74:48 (Übersetzung von Usama Dakdok, aus dem Englischen übersetzt von John Doe) gleichzeitig, dass Fürsprache NICHT erlaubt ist:

Keine Fürsprache der Fürsprecher wird ihnen helfen (am Jüngsten Tag).

Allah sagt, dass Fürsprache für den Jüngsten Tag erlaubt ist, aber Mohammed sagt das genaue Gegenteil. Ich schätze das erklärt alles!

MOHAMMED SAGT FÜRSPRACHE IST ERLAUBT

Sahih Muslim, Buch 1, Hadith 352 (Siehe:http://www.searchtruth.com/book_display.phpbook=001&translator=2&start=0&number=0352#0352):

Ich bin den Herr (es spricht Allah). Die Muslime werden sagen: „Ja, du bist unser Herr." Dann wird eine Brücke über der Hölle errichtet werden und die Fürsprache wäre erlaubt. Sie würden sagen: „O unser Herr, beschütze uns, beschütze uns."

Sahih Muslim, Buch 1, Hadith 369 (Siehe: http://ww.searchtruth.com/book_display.php2book=001&translator=2&start=0&number=0369#0369):

Ich fragte den Gesandten Allahs, ob Allah Menschen auf Fürsprache hin aus dem Höllenfeuer herausholen würde. Er, der Prophet, antwortete: „Ja."

MOHAMMEDS NATION BENÖTIGT FÜRSPRACHE

Sahih Muslim, Buch 1, Hadith 385 (Siehe: http://www.searchtruth.com/book_display.php2book=001&translator=2&start=385&number0385):

Der Gesandte Allahs sprach: „Für jeden Gesandten gibt es ein Gebet, welches er sprechen sollte. Ich wünschte ich könnte mir mein Gebet aufheben, für die Fürsprache meiner Nation, am Jüngsten Tag."

Wenn Mohammed der Fürsprecher der Muslime sein wird, warum bittet er die Muslime dann darum, seine Fürsprecher zu sein, indem sie für ihn beten?Sahih

Al-Bukhari, Seite 2374 (Arabisch):

عن عائشة عن النبي صلى الله عليه وسلم قال سددوا وقاربوا وأبشروا - ص 2374 - فإنه لا يدخل أحدا الجنة عمله قالوا ولا أنت يا رسول الله قال ولا أنا إلا أن يتغمدني الله بمغفرة ورحمة

Aisha berichtete: „Der Prophet, möge Allah auf ihn beten und ihn würdigen, sprach: 'Schließt und tut euch zusammen und bereitet euch auf die guten Nachrichten vor, denn niemand wird das Paradies betreten aufgrund seiner Werke.' Sie sprachen: 'Nicht einmal du?' Der Prophet sprach: 'Nicht einmal ich. Nur wenn mir Allah seine Gnade zuteilwerden lässt, durch seine Gnade und Vergebung und eure Gebete.'"

MOHAMMED BRAUCHT DIE FÜRSPRACHE DER MUSLIME UM DEN HÖCHSTEN RANG ERREICHEN ZU KÖNNEN

Dieser Hadith zeigt auf perfekte Weise die Selbstsucht auf, die Mohammed verkörpert. Alles dreht sich um ihn und was er will; wer auch immer für Mohammed betet, erhält dafür 10 Segnungen (Sahih Al-Bukhari, Buch 4, Hadith 747):

Allahs Apostel sprach: „Wann immer ihr den Muezzin (den Mann, der zum Gebet aufruft) hört, wie er zum Gebet ruft, so sollt ihr umformulieren, was er spricht. Anschließend ruft ihr Allah um einen Segen für mich an. Jeder, der um einen Segen für mich ruft, dem sollen selbst zehn Segnungen von Allah zuteilwerden; danachfleht ihr Allah an, mich zum Al-Wasilah (dem Höchstrangigem im Paradies) zumachen. Dies ist ein Rang im Paradies, der nur einem Diener Allahs zuteilwerden kann, und ich hoffe, dass ich derjenige sein werde, der diesen Rang erhält. Wer von euch für mich darum bittet, dass mir der höchste Rang zuteilwird, für den lege ich meine Fürsprache ein."

Schenke dem folgenden Vers deine volle Aufmerksamkeit, denn er demonstriert die Größe Mohammeds – Er ist so groß, dass Allah und seine Engel auf ihn beten (Koran Sure 33:56):

Allah und seine Engel beten auf den Propheten. O ihr, die ihr glaubt, betet auf den Propheten und wünscht ihm bei Allah eine große Ehrerweisung.

Wie kann es sein, dass Mohammeds Gott und seine Engel auf ihn beten? Hinzu kommt, dass Allah den Muslimen befielt, auf Mohammed zu beten. Dazu sagt Mohammed den Muslimen ebenfalls, dass sie auf ihn beten sollen und bittet sie zugleich darum, bei jedem Gebet ein gutes Wort für ihn bei Allah einzulegen, damit er – Mohammed – den höchsten Rang im Paradies erhält.Das zeigt uns, dass Mohammed ein auf sich selbst fokussierter Mensch war. Indem er den Muslimen sagt, dass sie auf ihn und nicht für ihn beten sollen, stellt er sich mit Allah gleich. Wir werden in Mohammed: Gott oder Mensch? (auf Seite 150) weiter darauf eingehen.

MOHAMMED IST DER BESTE FÜRSPRECHER

Sahih Muslim, Buch 30, Hadith 5655:

Abu Huraira sprach: „Allahs Gesandter, möge Allah auf ihn beten, sprach 'Ich soll der erste sein, der von den Nachfahren Adams am Tag der Auferstehung (aus dem Grab) erhoben wird, und werde der beste Fürsprecher sein und der erste, dessen Fürsprache von Allah angenommen wird.'"

MOHAMMED KANN KEINE FÜRSPRACHE FÜR SEINE MUTTER EINLEGEN

Nachdem Mohammed sich die Zeit nahm und sich die Mühe machte, den Muslimen weiszumachen, dass seine Fürsprache DAS Mittel zur Errettung für jeden am Jüngsten Tag ist, widersprach er sich daraufhin ihn einem Hadith selbst. In diesem wird enthüllt, dass er keine Fürsprache für seine Mutter einlegen kann.

Überliefert von Abu Huraira: „Allahs Apostel, möge Allah auf ihn beten, sprach: 'Ich appellierte an Allah für die Vergebung meiner Mutter, doch er sprach sie mir nicht zu. Ich bat ihn um die Erlaubnis, ihr Grab zu besuchen, und er erteilte mir die Erlaubnis.'"

KEINE FÜRSPRACHE WIRD AM JÜNGSTEN TAG ZUGELASSEN

Sahih Muslim, Buch 30, Hadith 5655:

Abu Huraira sprach: „Allahs Gesandter, möge Allah auf in beten, sprach 'Ich soll der erste sein, der von den Nachfahren Adams am Tag der Auferstehung (aus dem Grab) erhoben wird, und werde der beste Fürsprecher sein und der erste, dessen Fürsprache von Allah angenommen wird.'"

وَاتَّقُوا يَوْمًا لَّا تَجْزِي نَفْسٌ عَن نَّفْسٍ شَيْئًا وَلَا يُقْبَلُ مِنْهَا شَفَاعَةٌ وَلَا يُؤْخَذُ مِنْهَا عَدْلٌ وَلَا هُمْ يُنصَرُونَ

(سورة البقرة, Al-Baqara, 48)

Koran Sure 2:48 sagt etwas anderes:

Schützt euch vor jenem Tag (dem Jüngsten Tag), an dem keine Seele einer anderen Seele helfen kann und keine Fürsprache angenommen wird. Von keinem wird Hilfe kommen.

Mohammed sagte, dass er der beste Fürsprecher ist, aber wenn wir uns näher damit beschäftigen sehen wir, dass er nicht einmal für seine eigene Mutter Fürsprache einlegen kann. Fakt ist: Keiner kann für irgendwen Fürsprache einlegen. Im Koran steht deutlich genug, dass „keine Seele einer anderen Seele helfen kann". Mohammed widerspricht sich eindeutig – oftmals – selbst und zeigt so, dass er sich seine eigenen „Offenbarungen" ausdenkt und sie seinem Gott zuweist.

IDEOLOGISCHE WIDERSPRÜCHE

In Koran Sure 2:23 fordert Allah die Araber heraus, eine Sure hervorzubringen, die dem Koran qualitativ ebenbürtig ist:

Und wenn ihr im Zweifel seid über das, was wir unserem Diener (Mohammed) offenbart haben, dann bringt eine Sure hervor, (qualitativ) wie diesen (Koran) und ruft euren Gott (außer Allah) zu Hilfe, wenn ihr wahrhaft seid.

Die gleiche Herausforderung kam von Allah in Koran Sure 17:88:

Sprich: „Wenn die gesamte Menschheit und die Dschinn sich zusammentäten, um etwas Gleiches diesem Koran hervorzubringen, könnten sie es nicht!"

Im Moment diskutieren wir nicht die Fülle an arabischsprachigen Fehlern, die im Koran enthalten sind. Da die meisten der Leser dieses Buches keine Kenntnis der arabischen Sprache haben sollten, würde es nicht viel bringen, die Fehler zu behandeln, die den Leuten, die Arabisch beherrschen, gleich auffallen. Allerdings werde ich dir, anhand von Allahs eigenen Worten, beweisen, dass jeder einen Koran hervorbringen kann, einschließlich Mr. Satan höchstpersönlich (Koran Sure 22:52-53):

52 Niemals schickten wir vor dir einen Gesandten oder Propheten, dem beim rezitieren (der Schrift) Satan nicht seine eigenen Worte (die Worte Satans) unterbreitete. Doch Allah abgrogiert alles, was Satan niederschreiben lässt. Dann wird Allah seine Offenbarung bestätigen. Und Allah ist allwissend, und weise.

53 Allah lässt Satan dies tun, zur Prüfung für die, in deren Herzen Krankheit ist und deren Herzen verhärtet sind. Denn wahrlich, die Frevler sind in Auflehnung.

Die muslimische Welt kennt diese Verse sehr gut als Die Satanischen Verse. In Koran Sure 2:23 fragt Allah: „*Wer kann einen Koran wie diesen hervorbringen?*" In Koran Sure 22:52-53 sagt Allah wiederum, dass er die Worte, die Satan aus Mohammeds Mund herauskommen ließ – welche Koranverse sind – ungültig machen wird. Lustigerweise heißt das, dass Mohammed den Koran von Satan rezitiert hatte. Er konnte nicht einmal den Unterschied zwischen Allahs Koran und Satans Koran erkennen. Es ging sogar so weit, dass Mohammed sagte, dass Satan das schon bei jedem Gesandten Allahs vor ihm gemacht hat!

Wir können dem oben genannten folgendes entnehmen:

- Satan steckt seit jeher hinter dem Koran. Niemand bemerkte, dass er NICHT von Allah war.
- Satan hat sich gegenüber jedem Propheten Allahs so verhalten und hatte damit Erfolg. Muslime akzeptieren die Tatsache, dass die Bücher aller Propheten des Islam, Isa und Musa mit eingeschlossen, von Satan korrumpiert wurden und Allah nichts dagegen unternahm. Das ist besonders beunruhigend, wenn wir glauben sollen, dass Allah der Menschheit 124.000 muslimische Propheten gesandt hat.
- Das heißt, dass Satan diese Tat genau 124.000 Mal wiederholt hat: Worte und Verse aus den Mündern von Allahs Propheten kommen lassen, ohne dass sie jemals die Unterschiede zu Allahs Offenbarungen bemerkten.
- Demzufolge kommen wir zum Entschluss, dass alle von Allahs Büchern der Verfälschung zum Opfer fielen – das Buch Mohammeds mit eingeschlossen.
- Wenn Allah bei seinen zuvor geschickten Büchern, bei deren Rezitation Satan aus den Mündern aller vorher gesandten Propheten wie auch beim Koran falsche Dinge herauskommen ließ, genauso vorging wie beim Koran, was hat Allahs einmischen gebracht, wenn die Bücher später ohnehin verfälscht wurden? Den Muslimen zufolge wurden ja alle von Allahs Büchern MIT AUSNAHME des Koran verfälscht.
- Das bedeutet, dass Allah sich sehr darum bemüht, seine Bücher vor der Ver-

fälschung zu bewahren, ganz gleich um welches Buch welches Propheten es sich handelt. Dennoch ist Allah den Muslimen zufolge bei jedem seiner Bücher – mit Ausnahme beim Koran von Mohammed – mit seinem Unterfangen gescheitert.

- Lesen wir den Vers (Koran Sure 22:52) noch einmal gemeinsam: ***„Doch Allah abgrogiert alles, was Satan niederschreiben lässt. Dann wird Allah seine Offenbarung bestätigen…“*** In diesem Vers gibt Allah unmissverständlich das Versprechen, dass er alle satanischen Verse abschaffen wird, und dieses Versprechen gilt für jeden Propheten und jedes seiner Bücher. Und nicht nur das: Er wird nicht bloß die satanischen Verse aus den Büchern tilgen, sondern gleichzeitig SEINE Offenbarungen bestätigen. Einmal mehr steht dies im direkten Widerspruch zu den Behauptungen der Muslime, Allahs Bücher seien verfälscht worden. Würde das stimmen, stünde es im Widerspruch mit diesem Koranvers.
- Der Koran fordert beide, die Menschheit und die Dschinn, heraus, einen besserenKoran hervorzubringen. Muslime können nicht behaupten, dass diese Herausforderung einzig und allein an die Menschheit gerichtet ist, denn wir lesen in Koran Sure 17:88:

Sprich: „Wenn die gesamte Menschheit und die Dschinn sich zusammentäten, um etwas Gleiches diesem Koran hervorzubringen, könnten sie es nicht!“

Demzufolge müssen wir die Muslime fragen: Wenn Allah Gott ist, weiß er denn nicht, dass Satan dem Islam zufolge ein Dschinn ist? Koran Sure 18:50: „*... So bezeugten sie Ehrerbietung. Nur Iblis (Satan) nicht. Er war einer der Dschinn.*“ Satan machte mit Mohammed und dem Koran das, was er bereits mit den vorherigen 124.000 Propheten und ihren Büchern gemacht hat. So steht es ja auch in Koran Sure 22:52:

Niemals schickten wir vor dir einen Gesandten oder Propheten, dem beim rezitieren (der Schrift) Satan nicht seine eigenen Worte unterbreitete. Doch Allah abgrogiert alles, was Satan niederschreiben lässt. Dann wird Allah seine Offenbarung bestätigen. Und Allah ist allwissend, und weise.

Allah sagt, dass er Satans Verse abrogieren wird, doch er hat den Muslimen niemals gesagt, welche Verse abrogiert worden sind und welche der Verse letztendlich von Satan stammen.Wie sollen die Muslime die bösen, satanischen Verse als solche erkennen, wenn Allah ihnen diese nicht einem nach dem anderen hervorhebt und aufzeigt? Vielleicht abrogiert Allah sie in seinem gut geschützten Bilderbuch (Koran Sure 85:22: „*Auf einer verwahrten Tafel.*“) im Paradies. Doch was hat Allah von diesem Schutz, wenn die Muslime die Lehren Satans in ihren Händen halten und diese täglich praktizieren?

Wie wollen wir wissen, dass Koran Sure 22:52 nicht von Satan stammt? Immerhin konnte er nach Belieben Verse aus Mohammeds Mund kommen lassen. Hätte er dann nicht noch einen weiteren Vers hervorbringen können? So sagt Satan zu Mohammed also einfach:

„Mach dir keine Sorgen wegen der dreckigen, falschen Lehren, die ich dir bisher mitgeteilt habe. Ich werde sie abschaffen!“ Er spricht zu ihm, als wäre er Allah.

Als diese satanischen Verse letztendlich aus Mohammeds Mund kamen, hatte Mohammed somit nicht nur Satans Worte rezitiert, sondern er verbeugte sich auch vor Götzen. Das sagt uns, dass Satan die volle Kontrolle über Mohammeds Körper hatte. So sagt die Geschichte in Tafsir Ibn Kathir, 1999er Auflage, Königreich Saudi-Arabien, Band 5, auf Seite 442:

قَرَأَ رَسُول اللَّه صَلَّى اللَّه عَلَيْهِ وَسَلَّمَ بِمَكَّةَ النَّجْم فَلَمَّا بَلَغَ هَذَا الْمَوْضِع « أَفَرَأَيْتُمْ اللَّاتَ وَالْعُزَّى وَمَنَاة
الثَّالِثَة الْأُخْرَى » قَالَ فَأَلْقَى الشَّيْطَان عَلَى لِسَانه : تِلْكَ الْغَرَانِيق الْعُلَى وَإِنَّ شَفَاعَتهنَّ تُرْتَجَى قَالُوا مَا
„ ذَكَرَ آلِهَتنَا بِخَيْرٍ قَبْل الْيَوْم فَسَجَدَ وَسَجَدُوا فَأَنْزَلَ اللَّه عَزَّ وَجَلَّ هَذِهِ الْآيَة

Überliefert von Ibn Kathir: „Als der Prophet das Kapitel Al Najem (Der Stern, Koran Sure 53) rezitierte, ließ Satan aus seinem Mund die Worte kommen: ‘Habt ihr al-Lāt und al- ‘Uzzā gesehen, und Manāt, die Dritte? Es ist ein Muss sie zu preisen, und um ihre Fürsprache soll gebeten werden.‘ Und die Heiden sprachen: ‘Noch nie hat Mohammed unsere Götter so gepriesen wie heute.‘ Und er (Mohammed) verbeugte sich und sie (die Heiden) verbeugten sich mit ihm (vor den Götzen, den drei Töchtern Allahs).“

Das bringt uns zu einem weiteren Grund, Mohammed als Prophet Gottes abzulehnen: Mohammed selbst – in dem was er tut und ist – widerspricht dem Koran in vielerlei Hinsicht. So können wir in Koran Sure 15:42 sehen:

Über meine Sklaven (die Muslime), mit Ausnahme der Schlechten, der Verlorenen, die dir folgen, hast du (Satan) keinerlei Macht!

1. Demnach muss Mohammed zu den Schlechten zählen.
2. Mohammed kann kein Prophet sein.
3. Er wird nicht von Allah beschützt.
4. Allahs Schutz ist ein falscher Schutz, es gibt diesen Schutz nicht einmal. Darum hilft er Mohammed auch nicht.

5. Wie konnte Satan Mohammed dazu bringen, sich vor den Götzen zu verbeugen?Hatte er die volle Kontrolle über ihn? Sind Mohammed und Allah vielleicht ein und dieselbe Person? Bestenfalls muss Mohammed von Satan besessen gewesen sein. Demzufolge kommt er nicht im Geringsten als Prophet in Frage.

MOHAMMED: VON TEUFELN BESESSEN

Einige mögen jetzt sagen, dass ich von mir selbst aus versuche, auf diesen Schluss zu kommen. Tatsächlich ist es aber genau das, woran Muslime glauben (Sahih Al-Bukhari, Buch 53, Hadith 400):

حدثني محمد بن المثنى حدثنا يحيى حدثنا هشام قال حدثني أبي عن عائشة أن النبي صلى الله عليه وسلم سحر حتى كان يخيل إليه أنه صنع شيئا ولم يصنعه

Aisha berichtet: „Der Prophet wurde verhext, weshalb er begann, zu fantasieren etwas getan zu haben, dass er tatsächlich niemals getan hat.“

Mohammed – so sagen die Muslime und eine seiner Ehefrauen – war besessen. Doch das geht gegen das, was Koran Sure 15:42 sagt und verspricht:

Über meine Sklaven (die Muslime), mit Ausnahme der Schlechten, der Verlorenen,die dir folgen, hast du (Satan) keinerlei Macht!

Wenn Satan Macht über schlechte Menschen hat und in der Lage ist, diese zu kontrollieren, heißt das demzufolge, dass Mohammed ein schlechter Mensch und ein Anhänger Satans war.Wie sonst konnte Satan dazu in der Lage gewesen sein, Mohammed mit seiner Schwarzen Magie zu kontrollieren? Nach dem oben genannten Vers lesen wir nun aus Sahih Al-Bukhari, Buch 71, Hadith 658; Sahih Al-Bukhari, Buch 73, Hadith 98; und Sahih Al-Bukhari, Buch 7, Band 71, Hadith 661:

Aisha beschreibt: „Hexerei fuhr in den Propheten Allahs (Mohammed), sodass er sich einzubilden begann etwas getan zu haben, dass er nicht getan hat.“

Du wirst sehen, wie lustig diese Geschichte ist und wie sehr Mohammeds Leben von Märchen durchzogen wurde. Wie immer wurden hierfür die Juden beschuldigt, oder zumindest ein Jude musste dahinterstecken. Sieh nur wie dieser jüdische Mann, so Mohammed, dazu imstande war, Mohammed „mit einem Haar von einem Kamm und einem Teil der Pollen einer männlichen Dattelpalme" zu kontrollieren. Wie klein muss das Gehirn eines Menschen sein, damit er so einer Geschichte Glauben schenken kann?

Wir müssen uns die Frage stellen, warum Mohammed all diese Lügen fabriziert. In erster Linie tut er dies, um eine Entschuldigung für sein eigenartiges Verhalten zu haben. Die Lügen, die er immer mal wieder aufstellte, hatten stets damit zu tun, dass er unter dem Einfluss schwarzer Magie stand (so sagen es die Muslime, für mich war er aber besessen). Mit dieser Ausrede konnte ihn keiner für sein krankes, schmutziges Verhalten beschuldigen. Eine von Mohammeds Lügen war dieser Hadith. Sahih Muslim, Buch 23, Hadith 5081:

'Amir Bin Sa'd Bin Abu Wa'qas berichtete, dass Allahs Apostel sprach: „Wer sieben Datteln am Morgen verspeist, dem sollen Gift und Verhexungen bis zum Ende des Tages nicht schaden."

Er lehrte ihnen Lügen, war von Magie befallen, und starb durch Gift! Wir unterhalten uns später noch über seinen Tod.

Um etwas mehr Verständnis darüber anzueignen, wie schlimm Mohammed doch tatsächlich besessen war, können wir einen Blick auf den Anfang von Sahih Al-Bukhari, Buch 73, Hadith 89 werfen:

Überliefert von Aisha (Mohammeds Kinderbraut): „Der Prophet setzte dies für eine Zeit lang fort. Er bildete sich in dieser Zeit ein, mit seinen Ehefrauen geschlafen (Geschlechtsverkehr gehabt) zu haben, obwohl er tatsächlich nicht mit ihnen schlief!"

Tatsächlich spielt es keine Rolle, wie sehr Muslime versuchen, diesen Mann und seinen Wahnsinn für uns herunterzuspielen. Dennoch gibt es keine Erklärung dafür, weshalb er so lang und schlimm mit seinem Wahn und seinen Einbildungen leben musste, bis er irgendwann nicht mehr wusste, ob er wirklich Sex mit seinen neun Ehefrauen hatte, oder er sich dies wieder nur einbildete. Nach alldem wird es Zeit, ein paar wichtige Fragen zu stellen:

1. Wie können wir Mohammed glauben, dass er einen Engel namens Dschibrīl gesehen hat, wenn wir doch ganz klar wissen, dass er unter Wahnvorstellungen leidet? Wer weiß? Vielleicht war der Engel eine davon.

2. Wieso war Allah nicht dazu fähig, Mohammed vor Satan zu schützen, während der Koran sagt, dass Allah Maryam und ihren Sohn vor Satan schützte? Koran Sure 3:36:

Ich habe sie Maryam (Maria) genannt, und ich lasse sie und ihren Nachkommen von Allah vor dem Bösen, dem Verfluchten, beschützen.

3. Heißt das, dass Isa mehr geliebt wurde als Mohammed? War er nicht derjenige, dem Allah versprach, dass er ihn beschützen würde? Der Vers sagt, dass Allah die guten Muslime beschützt. Berücksichtigen wir das, dann ist entweder:
   - Der Koran ist ein Buch voller Lügen, und Allah hat einen falschen Propheten entsandt, und alles Weitere wurde von Mohammed und seiner Bande (Waraqa Ibn Naufal und dem Mönch Buhira) ausgedacht, oder;
   - Mohammed ist kein Muslim, und der Vers richtet sich an wahrhafte Muslime. So oder so erklärt beides den Islam zu einer falschen Religion, die von einem Menschen, für diesen Menschen, gemacht wurde.

DIE ERMORDUNG EINES UNSCHULDIGEN JUNGEN: WIE UND WESHALB?

Moses trifft sich mit dem Propheten Al-Khader, Koran Sure 18:65:

فَوَجَدَا عَبْدًا مِنْ عِبَادِنَا آتَيْنَاهُ رَحْمَةً مِنْ عِنْدِنَا وَعَلَّمْنَاهُ مِنْ لَدُنَّا عِلْمًا

Er traf einen unserer Sklaven, dem wir unsere Barmherzigkeit zuteilwerden ließen und einen Teil unseres Wissens, davon gaben wir viel von uns selbst (Allah).

Diesem Vers entnehmen wir, dass dieser Mann (Al-Khader) ein Prophet Gottes ist, dem Allah Gnade und derart viel Wissen zuteilwerden ließ, dass selbst Moses ihn im folgenden Vers (Koran Sure 18:66) darum bat, von ihm lernen zu dürfen:

قَالَ لَهُ مُوسَى هَلْ أَتَّبِعُكَ عَلَى أَنْ تُعَلِّمَنِ مِمَّا عُلِّمْتَ رُشْدًا

Moses sprach zu ihm: „Darf ich dir folgen, auf dass ich von deinem Wissen und deiner Weisheit lernen kann?“

Wie wir hier sehen können, ist dieser Al-Khader als Prophet eine ziemlich große Nummer. Bitte merke dir für später, dass es in Koran Sure 18:65 gesagt wurde, dass Allah ihm „Gnade" und „Wissen" zuteilwerden ließ. Dieser Prophet verfügt über eine besondere Gabe von Gnade und Wissen.

In dieser Geschichte erfahren wir, dass während Al-Khader und Moses ihres Weges gingen, Al-Khader einen jungen Buben sah, und er ihn tötete! Daraufhin fragte Moses ihn, wie er einen unschuldigen Jungen töten konnte. Al-Khadar antwortete: „Ich sagte dir, dass du vielleicht nicht dazu fähig bist, mit mir mitzuhalten!" Die Geschichte fängt in Koran Sure 18:74 an:

فَانْطَلَقَا حَتَّى إِذَا لَقِيَا غُلَامًا فَقَتَلَهُ قَالَ أَقَتَلْتَ نَفْسًا زَكِيَّةً بِغَيْرِ نَفْسٍ لَقَدْ جِئْتَ شَيْئًا نُكْرًا

So zogen sie weiter (Moses und Al-Khader), bis sie ein Kind, einen Jungen, trafen, und er (Al-Khader) tötete ihn! Moses sprach: „Du hast gerade etwas Böses getan!"

Die Geschichte wird in Koran Sure 18:80 fortgesetzt, wo Al-Khader sagt: Der Junge; seine Eltern waren gute Muslime, und wir fürchteten, dass er möglicherweise – vielleicht – ein Ungerechter und Ungläubiger war, der noch heranwächst. In Sahih Muslim, Buch 033, Hadith 6434, finden wir eine Interpretation dieser Geschichte:

Der Prophet Allahs sprach: „Der junge Knabe, den der Prophet Al-Khader getötet hat, war ein Ungläubiger von Geburt an, und wäre er nicht getötet worden, hätte er seine Eltern mit seinem Ungehorsam und seinem Unglauben beschmutzt."

Betrachten wir diese Geschichte jetzt einmal genau und finden heraus, was an ihr faul ist:

1. Der Junge ist ein muslimisches Kind, dass nichts Falsches getan hat. Beide islamischen Propheten sind sich einig, dass er unschuldig war.
2. Wie kann man jemanden für ein Verbrechen verurteilen, dass er noch gar nicht verbrochen hat? Der Junge war lediglich ein Kind, das nicht einmal wusste, was es getan hatte oder was es später mal tun würde. Tatsächlich hat er rein gar nichts verbrochen.
3. Vers 80 sagt, dass Al-Khader fürchtete, der Junge wäre möglicherweise – vielleicht – ein Ungerechter.
4. Al-Khader war sich nicht einmal sicher, ob der Junge irgendwann den Islam verlassen würde oder nicht.
5. Die wichtigste Frage ist, wenn uns Allah eine wahre Geschichte erzählt: Warum gibt es Millionen von Kindern, die zu Atheisten heranwachsen – was eine nicht zu leugnende Schande für die Eltern dieser Kinder ist –, deren Tod nicht bereits in ihrer Kindheit von Allah verursacht wird? Warum traf es nur

diesen einen Jungen?

6. Die Art und Weise, auf die der islamische Prophet Al-Khader den Jungen getötet hat, war eine Tat von extremer Bosheit.
7. Aus Al-Jalalayns Interpretation von Koran Sure 18:74 entnehmen wir den folgenden Auszug:

فَانْطَلَقَا» بَعْد خُرُوجهمَا مِنْ السَّفِينَة يَمْشِيَانِ «حَتَّى إذَا لَقِيَا غُلَامًا» لَمْ يَبْلُغ الْحِنْث يَلْعَب مَعَ الصِّبْيَان
أَحْسَنهمْ وَجْهًا «فَقَتَلَهُ» الْخَضِر بِأَنْ ذَبَحَهُ بِالسِّكِّينِ مُضْطَجِعًا أَوْ اقْتَلَعَ رَأْسه بِيَدِهِ أَوْ ضَرَبَ رَأْسَهُ بِالْجِدَارِ

Er ging und er sah einen Jungen. Er streckte ihn mit einem Messer nieder, trennte mit mehreren Stichen seinen Kopf ab schmetterte den Kopf des Jungen gegen eine Wand.

8. Warum sollte jemand einen anderen auf solche Art töten? Und obendrein: Warum sollte er anschließend derart mit der Leiche seines Opfers umgehen? Beachte, dass wir hier nicht über einen Erwachsenen reden, der etwas Übles verbrochen hat. Wäre es ein Erwachsener gewesen, könnten wir annehmen, dass der Prophet (Al-Khader) sich an ihm für irgendetwas rächte. Allerdings war es nur ein Junge, und er wurde grausam ermordet. Was war der Sinn dahinter, ihn zu Enthaupten und seinen abgetrennten Kopf gegen eine Wand zu schmettern?
9. Letzten Endes können wir sagen, dass es sich hierbei um eine Märchengeschichte handelt, die uns eine hässliche Seite des Islam zeigt: Jemanden zu töten, obwohl er nichts Unrechtes getan hat, nur weil man sich davor fürchtet, dass er vielleicht in Zukunft etwas verbricht. Wäre die Geschichte wahr, dann müsste jeder Mensch vor dem Erreichen des Erwachsenenalters sterben, denn wir sind alle der Sünde schuldig. Diese Geschichte ist nichts weiter als ein geschmackloses, von Mohammed ausgedachtes Märchen.

ALLAH FÜHRT IN DIE IRRE WEN ER WILL UND LEITET RECHT WEN ER WILL

Für einen von Allahs Standpunkten zum Thema „Irreführung und Rechtleitung“ wenden wir uns an Koran Sure 4:88:

فَمَا لَكُمْ فِي الْمُنَافِقِينَ فِئَتَيْنِ وَاللَّهُ أَرْكَسَهُمْ بِمَا كَسَبُوا أَتُرِيدُونَ أَنْ تَهْدُوا مَنْ أَضَلَّ اللَّهُ وَمَنْ يُضْلِلِ اللَّهُ فَلَنْ تَجِدَ لَهُ سَبِيلًا

Warum seid ihr zu zwei Parteien gegenüber den Heuchlern geworden? Allah verdammte sie für das, was ihre Hände taten. Wollt ihr denjenigen den Weg weisen, die von Allah in die Irre geführt werden? Wen Allah täuscht, für den gibt es keine Rechtleitung, und du wirst keinen Weg finden, solche Leute rechtzuleiten!

Wir erhalten nähere Einblicke in Koran Sure 6:39:

وَالَّذِينَ كَذَّبُوا بِآيَاتِنَا صُمٌّ وَبُكْمٌ فِي الظُّلُمَاتِ مَنْ يَشَأِ اللَّهُ يُضْلِلْهُ وَمَنْ يَشَأْ يَجْعَلْهُ عَلَى

Und die, die den Koran der Lüge bezichtigen, sind taub und stumm, in Finsternissen. Und welche Allah täuscht, für die gibt es keine Wegweisung zum rechten Weg.

In Koran Sure 6:125 steht:

فَمَنْ يُرِدِ اللَّهُ أَنْ يَهْدِيَهُ يَشْرَحْ صَدْرَهُ لِلْإِسْلَامِ وَمَنْ يُرِدْ أَنْ يُضِلَّهُ يَجْعَلْ صَدْرَهُ ضَيِّقًا حَرَجًا كَأَنَّمَا يَصَّعَّدُ فِي السَّمَاءِ كَذَٰلِكَ يَجْعَلُ اللَّهُ الرِّجْسَ عَلَى الَّذِينَ لَا يُؤْمِنُونَ

Darum: Wem es Allah zu seinem Schicksal bestimmt, zum Islam zu kommen, dem öffnet er hierzu die Brust; und bei wem es Allah beliebt, ihn in die Irre zu führen, dem macht er die Brust eng vor Schmerz, als würden sie zum Himmel emporklettern. Und so ist es Allah, der jede Unreinheit und weitere Sünde über solche verhängt, die nicht glauben. (Allah bringt die Irregeleiteten dazu, mehr zu sündigen).

1. Im Islam ist derjenige, der die Menschen zum Bösen führt, wie du sehen kannst Allah und NICHT Satan!
2. Wenn Allah das tut, was genau ist dann Satans Rolle im Islam?
3. Wenn dieser Vers uns unmissverständlich sagt, dass Mohammed weder das Recht noch die Erlaubnis hat, den Muslimen den rechten Weg zu weisen, warum wird Mohammed dann als Gesandter Gottes bezeichnet? Was sind seine Pflichten?
4. Warum macht es Allah wütend, dass Mohammed versucht, diese Menschen zu leiten?

Koran Sure 7:178 sagt uns:

مَنْ يَهْدِ اللَّهُ فَهُوَ الْمُهْتَدِي وَمَنْ يُضْلِلْ فَأُولَٰئِكَ هُمُ الْخَاسِرُونَ

Wer von Allah geleitet wird, ist rechtgeleitet. Und die, die er in die Irre führt, die sind die Verlierer.

1. Seht euch diesen Gott an! Wie kann Allah jemanden in die Irre führen und ihn dann dafür bestrafen, dass er in die Irre gegangen ist? Allah hat ihn doch in die Irre geführt!
2. Im Islam kommt es auf Glück an. Wenn du Glück hast, gehörst du zu denen, die Allah gelegentlich für den „rechten Weg“ auserwählt, und wenn du kein Glück hast, dann gehörst du zu denen, die Allah (einfach so) verstoßen hat! Du weißt nicht einmal, was du falsch gemacht hast!

ALLAH FÜHRT DIE CHRISTEN UND DIE JUDEN IN DIE IRRE

Uns allen ist bewusst, dass die Muslime uns andauernd weismachen wollen, dass Jesus NIEMALS gekreuzigt wurde. Der Glaube an die Kreuzigung Christi ist sehr wichtig. So wichtig, dass wenn man nicht daran glaubt, kein Christ ist.Doch die Geschichte im Koran ist irgendwie seltsam und ergibt keinen Sinn. Sehen wir uns die Logik von Allahs und Mohammeds Arbeit in Bezug auf die Kreuzigung Jesu an, indem wir Koran Sure 4:157 lesen:

وَقَوْلِهِمْ إِنَّا قَتَلْنَا الْمَسِيحَ عِيسَى ابْنَ مَرْيَمَ رَسُولَ اللهِ وَمَا قَتَلُوهُ وَمَا صَلَبُوهُ وَلَكِنْ شُبِّهَ لَهُمْ وَإِنَّ الَّذِينَ
اخْتَلَفُوا فِيهِ لَفِي شَكٍّ مِنْهُ مَا لَهُمْ بِهِ مِنْ عِلْمٍ إِلا اتِّبَاعَ الظَّنِّ وَمَا قَتَلُوهُ يَقِينًا

Und die, die sagten „Wir haben Isa, den Sohn von Maryam, den Gesandten Allahs, getötet.“ Sie haben ihn weder getötet noch gekreuzigt, sondern es wurde gemacht, dass es ihnen so erschien, als ob es so war. Und sie sind sich uneinig darüber und können kein Argument dafür bringen, aber glauben was sie glauben wollen. Sie haben darüber keine Gewissheit.

Das Buch von Jame‘ Al Baiyan Fe Tafsir Al Qur‘an, Jahr 310 (nach islamischer Zeitrechnung):

تفسير جامع البيان في تفسير القرآن)/ الطبري (ت 310 هـ) عن ابن إسحاق، قال: أن عيسى حين)
جاءه من الله إنّى رَافِعُكَ إلـيَّ قال: يا معشر الـحواريين: أيكم يحبّ أن يكون رفيقي فـي الـجنة حتـى
يشبه للقوم فـي صورتـي فـيقتلوه مكانـي؟ فقال سرجس: أنا يا روح الله قال: فـاجلس فـي مـجلسي
فجلس فـيه، ورُفع عيسى صلوات الله عـلـيه، فدخـلوا عـلـيه فأخذوه، فصلبوه، فكان هو الذي صلبوه
وشُبّه لهم به. وكانت عدتهم حين دخـلوا مع عيسى معلومة، قد رأوهم فأحصوا عدتهم، فلـما دخـلوا
علـيه لـيأخذوه وجدوا عيسى فـيما يرون وأصحابه وفقدوا رجلاً من العدّة، فهو الذي اختلفوا فـيه.
وكانوا لا يعرفون عيسى، حتـى جعلوا لـيودس زكريايوطا ثلاثـين درهماً علـى أن يدلهم علـيه ويعرّفهم
إياه، فقال لهم: إذا دخـلتـم علـيه فإنـي سأقَبِله، وهو الذي أقَبِّل فخذوه فلـما دخـلوا علـيه، وقد رُفع

.عيسى، رأى سَرْجِس في صورة عيسى، فلم يشكّ أنه هو عيسى، فأكبّ عليه فقبله، فأخذوه فصلبوه

Von Ibn Ishaq. Er sprach: „Isa offenbarte ihm, was Allah ihm sagte: 'Ich werde dich erheben, O Isa.' Dann sprach Jesus zu seinen Jüngern: 'Wer von euch will an meiner Stelle getötet werden und will so mein Weggefährte im Paradies sein? Wer will von Allah mein Antlitz und Aussehen verliehen bekommen, sodass er aussieht wie ich und anstelle von mir von ihnen getötet wird?' Einer der Jünger – sein Name war Sarjes – sprach zu Jesus: 'Ich, der Geist Allahs!' Daraufhin sprach Jesus zu ihm: 'Dann setzte dich auf meinen Stuhl.' Und er setzte sich auf den Stuhl. Dann ließ Allah Jesus zum Himmel emporsteigen. Die Juden betraten das Haus, nahmen Sarjes in ihre Gewalt und kreuzigten ihn, denn er sah aus wie Jesus, nachdem Allah ihn wie Jesus aussehen ließ. Als sie das Haus betraten, fanden sie darin 12 Leute vor. Von den insgesamt 13 fehlte einer. Es war Jesus, den Allah ins Paradies erhob. Weil sie nicht wussten, wie Jesus aussah (die Juden wussten nicht, wie Jesus aussah?!), boten sie Youdos Zakria Youta dreißig Silberstücke an, damit er sie zu Jesus führe. Er teilte ihnen mit: 'Wenn ich eintrete, werde ich ihn küssen, sodass ihr wisst, dass derjenige Jesus ist.' Als sie also das Haus betraten, war Jesus bereits im Paradies und als er Sarjes sah, der wie Jesus aussah, küsste er ihn, wie er es ihnen sagte, und dann haben sie ihn gekreuzigt."

So wie wir diese Geschichte betrachten, ergibt nichts in ihr einen Sinn.

Allah bittet Jesus darum, seinen Jüngern zu Befehlen für ihn zu lügen, damit er abhauen kann! Allah führt die Juden und die Christen in die Irre. Die Geschichte der zwölf Jünger – ob nun da oder nicht – gibt mir kein Verständnis dafür, aus welchem Grund Allah mich Jesus anstelle von Sarjes sehen lassen will, der ja genauso aussieht wie er. Wenn 100.000 Leute zu mir sagen würden, dass er es nicht war, und ich hätte ihn am Kreuz mit meinen eigenen Augen gesehen, dann würde ich ihnen – egal was sie mir sagen – nicht glauben! Übrigens: Wie will man seiner Mutter, Maryam, weismachen, dass Jesus nicht derjenige am Kreuz war, wenn Sarjes Erscheinungsbild und seine Stimme (als Klon) doch seiner gleich waren?

Wieso hat keiner der zwölf Jünger Jesu diese Geschichte jemals erzählt oder gar irgendetwas davon erwähnt, dass der Jesus am Kreuz ein Klon war?

Was ist der Sinn dahinter, Jesus zu retten und irgendeinen anderen Mann für meine Sünden sterben zu lassen? Dies ist die feige Tat von Isa, dem Muslim, der wegrannte und jemand anderen darum bat, für ihn zu sterben. Als sein Doppelgänger – Ein Phantom. So etwas tun Helden nicht! Echte Helden sterben für andere, und bitten andere nicht darum, für SIE zu sterben.

Wenn er wirklich DER Gott ist, müsste Allah dann nicht gewusst und vorausgesehen haben, dass dieser Klon die größte Täuschung in der Geschichte der Menschheit verursachen würde? Schließlich haben bis heute mehr als drei Milliarden Gläubige den christlichen Glauben angenommen!

Das macht Allah zum allergrößten Täuscher der gesamten Menschheitsgeschichte. Das würde bedeuten, dass Allah Satan, der Teufel, ist. Satan täuscht, der wahre Gott nicht.

Die Koranversion der Geschichte der Kreuzigung bestätigt, dass das, was uns in der Bibel über die Kreuzigung Jesu berichtet wird, eine wahre Geschichte ist. Die Bibel überliefert, die Augenzeugen der Kreuzigung sahen, und es wäre ein riesengroßer Schwindel, wenn in ihr etwas anderes stehen würde als das, was die Augenzeugen mit ihren eigenen Augen gesehen haben. Der Koran gibt zu, dass es genau DAS war, was die Christen sahen: Christus hing am Kreuz.

Diese Frage ist besonders entscheidend: Wozu kreiert Allah einen Klon von Jesus, nachdem er ihn bereits ins Paradies erhoben hat, und das bevor die Juden eintreffen, um den Doppelgänger zu töten? Wenn Allah Jesus in den Himmel gebracht hat, wieso konnte er dann nicht auch all seine Jünger retten? Sind Allah die Wunder und Tricks ausgegangen? Warum lässt er nicht gleich alle zwölf von ihnen wie Jesus aussehen, oder lässt auch die Juden wie Jesus aussehen? Wie wäre es, die ganze Menschheit in Doppelgänger Jesu zu verwandeln? Dann könnte man gar nicht mehr herausfinden, wer und wo Jesus ist!

Das ist die dümmste Geschichte aller Zeiten. Gleichzeitig gewährt sie uns einen Einblick in die Psyche Mohammeds, der sich dieses Märchen ausgedacht hat und so zeigte, dass Täuschung in diesem Glauben akzeptiert wird, solange sie von Allah oder den Muslimen gegen andere ausgeübt wird.

Da wir nun bewiesen haben, dass Allah lügt, sollten wir uns daran erinnern, was Christus in Johannes 8:44 sagte:Ihr habt den Teufel zum Vater, und was euer Vater begehrt, wollt ihr tun! Der war ein Menschenmörder von Anfang an und steht nicht in der Wahrheit, denn Wahrheit ist nicht in ihm. Wenn er die Lüge redet, so redet er aus seinem Eigenen, denn er ist ein Lügner und der Vater derselben.

Ich denke, dass ich nach dem Lesen dieses Verses nichts Weiteres zu diesem Thema sagen muss. Jesus Christus hat uns die Antwort gegeben.

DIE WIEDERKEHR DES MESSIAS

Ich habe dir gezeigt, dass der muslimische Jesus (Isa) jetzt seit 2000 Jahren im islamischen Himmel und bis heute noch am Leben ist, und die Geschichte ist damit noch nicht vorbei. In Sahih Al-Bukhari, Buch 34, Hadith 425 lesen wir:

Allahs Gesandter sprach: „Ich schwöre bei dem, in dessen Hand mein Leben liegt. Der Sohn Marias wird bald hinabsteigen und unter euch sein, als ein Gerechter und der Herrscher-Richter der Welt. Er wird Kreuze zerbrechen, das Schwein schlachten und die Jizyah (Die Strafsumme der Schande für das Verweigern des Islam, die die Christen den Muslimen zahlen müssen, um am Leben bleiben zu dürfen) abschaffen. Und der Reichtum wird fortwährend fließen in solcher Menge, dass niemand zögern wird, dies anzunehmen."

Hier sehen wir ein neues Bild Christi im Islam. Bedenke: Mohammed ist der Größte von allen Propheten Allahs. Der größte Prophet aller Zeiten. Allerdings ist er tot! Jesus ist ein Prophet, doch sein Buch wurde verfälscht! Isa (der muslimische Jesus) konnte nicht einmal eine Person in der heutigen Welt dazu bringen, seinen Lehren zu folgen! Er rannte davon, um sein Leben zu retten und bat einen anderen darum, seinen Platz am Kreuz einzunehmen und an seiner Stelle zu sterben. Nach all diesen üblen Dingen, die man Isa vorwerfen kann, ist er dem Koran zufolge der vorherbestimmte Retter und Erlöser der Welt!

Er wird als der Herrscher der Welt zurückkehren! Wie du siehst, sagte Mohammed, Isa wird „als ein Gerechter und der Herrscher-Richter" für sie kommen; für die ganze Welt.

Dann fragen wir uns: Wieso war Mohammed nicht der Messias?

Selbst in Filmen sterben meist die wichtigsten Charaktere, mit Ausnahme des Helden. Der Held ist es, der die Guten am Ende rettet und ihnen den Sieg bringt. Laut dem gezeigten Hadith ist es Jesus Christus, der den Sieg bringt, und nicht der tote Prophet Mohammed!

Demzufolge machen wir, die Christen, das Logische und das Richtige. Wenn dir jemand sagt: „Wir haben hier zwei Männer, und wir müssen uns entscheiden, welchem wir folgen wollen." Wem würdest du folgen? Wenn Jesus „ein Gerechter" und der „Herrscher-Richter" sein wird, macht das Jesus dann nicht zu Gott? Kein Mensch ist gerecht, nur Gott, so Koran Sure 6:57:

قُلْ إِنِّي عَلَى بَيِّنَةٍ مِنْ رَبِّي وَكَذَّبْتُمْ بِهِ مَا عِنْدِي مَا تَسْتَعْجِلُونَ بِهِ إِنِ الْحُكْمُ إِلَّا لِلَّهِ يَقُصُّ الْحَقَّ وَهُوَ خَيْرُ الْفَاصِلِينَ

„Ich für meinen Teil habe einen klaren Beweis von meinem Herrn, doch ihr verwerft, wasich bei mir habe. Was ihr gerne so dringend bezüglich Urteil und Strafe sehen wollt, habe ich nicht bei mir. Die Befehle liegen einzig in der Hand Allahs. Er urteilt anhand der Wahrheit, und er ist der beste Richter von allen.“

Wie wir sehen, ist Allah der beste Richter von allen, denn er ist der einzige, der anhand der Wahrheit urteilt. Anhand der Wahrheit urteilen bedeutet, dass er das Ungesehene kennt. Um der allerbeste – Richter sein zu können, muss man die Sünden jedes einzelnen Menschen, alle Lügen und die volle Wahrheit kennen! Koran Sure 3:49 zufolge ist Jesus jemand, der das Ungesehene und das Unbekannte kennt:

وَرَسُولا إِلَى بَنِي إِسْرَائِيلَ أَنِّي قَدْ جِئْتُكُمْ بِآيَةٍ مِنْ رَبِّكُمْ أَنِّي أَخْلُقُ لَكُمْ مِنَ الطِّينِ كَهَيْئَةِ الطَّيْرِ فَأَنْفُخُ فِيهِ فَيَكُونُ طَيْرًا بِإِذْنِ اللهِ وَأُبْرِئُ الأَكْمَهَ وَالأَبْرَصَ وَأُحْيِي الْمَوْتَى بِإِذْنِ اللهِ وَأُنَبِّئُكُمْ بِمَا تَأْكُلُونَ وَمَا تَدَّخِرُونَ فِي بُيُوتِكُمْ إِنَّ فِي ذَلِكَ لآيَةً لَكُمْ إِنْ كُنْتُمْ مُؤْمِنِينَ

Und ein Prophet von den Kindern Israels: „Ich kam mit einem Zeichen eures Gottes. Ich erschaffe die Gestalt eines Vogels. Ich hauche ihr Luft ein und sie wird ein lebendiges Wesen nach Allahs Gebot. Und ich werde die Stummen sprechen lassen und die, die als Blinde geboren wurden und die Aussätzigen heilen und die Toten zum Leben erwecken; und ich verkünde euch, was ihr gegessen habt und was ihr in euren Häusern habt. Wahrlich, darin ist ein Zeichen, gemacht für euch. Also glaubt.“

- Wie du siehst, weiß Jesus was wir essen und was wir in unseren Häusern haben. Dem Gesagten nach ist Jesus:
- Gerecht und ein Herrscher.
- Überall (omnipräsent).
- Nichts kann vor ihm verheimlicht werden. Es bringt nichts, es noch so gut zu versuchen.
- Vergesse nicht seine Fähigkeit, Leben zu erschaffen!
- Gab mit einem gesprochenen Wort denen Augen (erschuf neue Augen) und Sicht, die blindgeboren wurden.
- Das komische hieran ist, dass der Jesus im Koran diese Wunder vollbrachte, um uns an Allah glauben zu lassen! Doch durch diese Wunder glauben wir an Jesus anstelle von Allah!
- Allah ist ein ziemlicher Dummkopf. Er verleiht einem Menschen Fähigkeiten, die er gar nicht haben dürfte. Nur Gott kann derartige Phänomene be-

wirken, und so steht es auch in Koran Sure 22:6:

ذَٰلِكَ بِأَنَّ اللَّهَ هُوَ الْحَقُّ وَأَنَّهُ يُحْيِي الْمَوْتَىٰ وَأَنَّهُ عَلَىٰ كُلِّ شَيْءٍ قَدِيرٌ

Dies ist so, weil Allah die Wahrheit ist. Er es ist, der die Toten lebendig macht, und er ist es, der Macht über alle Dinge hat.

Allah sagt Mohammed in 7:188, was er über sich selbst als Mensch sagen soll:

قُلْ لا أَمْلِكُ لِنَفْسِي نَفْعًا وَلا ضَرًّا إِلا مَا شَاءَ اللَّهُ وَلَوْ كُنْتُ أَعْلَمُ الْغَيْبَ لاسْتَكْثَرْتُ مِنَ الْخَيْرِ وَمَا مَسَّنِيَ السُّوءُ إِنْ أَنَا إِلا نَذِيرٌ وَبَشِيرٌ لِقَوْمٍ يُؤْمِنُونَ

Sprich: „Ich bin mir weder selbst nützlich noch schade ich mir selbst, es sei denn Allah hat es für mich so entschieden. Und hätte ich Kenntnis von Ungesehenen, hätte ich eine Fülle des Guten davon an mich genommen und nichts Schlechtes könnte mir dann widerfahren. Aber ich bin ja nur ein Gesandter, der somit spricht und warnt.“

Hier vermittelt uns Mohammed sein wahres Bild. Guck mal! Er sagt: „Hätte ich Kenntnisvom Ungesehenen, hätte ich eine Fülle des Guten davon an mich genommen.“ Er sagte nicht: „Ich werde euch damit helfen.“ Er hat zuerst an sich selbst gedacht!

Er sagt deutlich, dass er nichts über das Ungesehene weiß und bestätigt uns das auch so. Wir müssen uns fragen: Wieso sagt uns Allahs Koran, dass Jesus uns sagen kann, was wir aßen, was wir in unseren Häusern haben und was wir verstecken, Mohammed aber nicht? War Mohammed überflüssig und hat sich Allah etwa für eine Sekunde gedacht, ihn nicht wie einen Propheten aussehen zu lassen? Wieder haben wir etwas über die UnfähigkeitMohammeds und seines Gottes gelernt. Ihm blieb nichts anderes übrig als Allah den Ruhm zu überlassen, indem er behauptete, dass die Wunder Jesu von seinem Gott kamen. Gleichzeitig konnte Allah Mohammed aber mit nicht einmal mit einem Wunder unter die Arme greifen. Koran Sure 17:59: Wir unterlassen es, irgendwelche Wunder zu schicken, denn frühere Generationen verwarfen diese stets als wahre Wunder!

Allah sagt deutlich, dass er es unterließ, irgendwelche Wunder mit und bei Mohammed zuwirken. Diesen Vers hat sich Mohammed aus bestimmten Grund ausgedacht: Er gab ihm die perfekte Ausrede dafür, dass er keine Wunder vollbringen konnte. Obendrein: Welche Generationen waren es, die die Wunder von Jesus oder Moses verworfen haben? Alle Christen, damals und heute, glauben daran und haben niemals auch nur eines dieser Wunder verworfen. Mohammeds Anschuldigungen sind falsch und verlogen. Er vermied stets die Araber, die ihn immerzu um Wunder baten, die auch Jesus und die vorherigen Propheten wie Moses vollbracht haben. Gegenüber diesen vielen Aufforderungen fühlte er sich gegenüber dem Volk machtlos. Später werden wir dieses Thema in näherem Detail betrachten.

Allah wollte uns beweisen, dass er Gott ist, indem er Jesus göttliche Fähigkeiten verlieh, zu denen nur Gott imstande sein sollte und nur Gott imstande ist!Hat Allah gewusst, dass diese Wunder die Christen an Jesus glauben lassen, sie Jesus überden Rest der Menschheit stellen und Jesus zum Gott der Christen machen würden?

Um meinen Punkt zu veranschaulichen: Wenn Jesus nicht dazu imstande ist, jeden von den Toten zu erwecken, einen Vogel zu erschaffen, den Blinden sehende Augen zu geben, die Aussätzigen zu heilen uns sagen zu können, was wir in unseren Häusern versteckt halten und was wir gegessen haben; wenn er nicht der Sohn einer Jungfrau ist, der seit mehr als 2000 Jahren noch immer am Leben ist; Wenn er nicht von Satan berührt werden kann, so wie Mohammed es sagte; Wenn er nicht heilig ist, so wie es in Koran Sure 19:19 steht, und wenn er nicht der Richter und Herrscher der Welt am Ende aller Tage ist, dann habe ich auch keinen Grund, ihn als meinen Gott zu sehen! Der islamischen Logik bezüglich Wundern zufolge hat Allah dafür gesorgt, dass wir Jesus anbeten, und demnach gab Allah Jesus diese Macht, um uns rechtzuleiten oder uns in die Irre zu führen!

Betrachten wir nochmal die Stelle in Koran Sure 3:49, in der Jesus sagt: „Ich erschaffe die Gestalt ein Vogels. Ich hauche ihr Luft ein und sie wird ein lebendiges Wesen nach Allahs Gebot."

Das bringt uns zur nächsten Frage: Wenn es nach Allahs Gebot ist, warum sagt der Vers dann „Ich erschaffe"? Demzufolge bedeutet „Allahs Gebot" nichts weiter, als das es Allah gegenüber erlaubt ist, dieses Wunder zu bewerkstelligen. Wie alles, was wir in unserem Leben tun, könnte es vielleicht gegen „Allahs Gebot" oder Erlaubnis verstoßen. Zum Beispiel: Ein Muslim darf seine Ehefrau vergewaltigen, da Allah es erlaubt (es ist Allahs Gebot zufolge erlaubt). Die Erlaubnis dafür zu haben bedeutet aber nicht, dass jeder muslimische Mann physisch imstande oder stark genug ist, das zu tun. In einigen islamischen Ländern gibt es muslimische Frauen, die allein locker zehn Männer einhändig umhauen können! Sehen wir uns nun Koran Sure 55:33 an:

O Versammlung von Dschinn und Menschen, wenn ihr imstande seid, über die Reichweite der Himmel und der Erde hinauszugehen, dann geht hinaus! Doch ihr werdet nicht hinausgehen können, außer mit Ermächtigung.

Wie du sehen kannst, fordert Allah uns heraus, die Erde ohne seine Erlaubnis zu verlassen. Haben die Russen und Amerikaner das nicht schon hinbekommen? Diesem Vers zufolge haben sie das entgegen Allahs Gebot ohne seine Ermächtigung geschafft. Gleiches gilt für den Herrn Jesus Christus, als er in den Himmel hinauffuhr.

Was möchte ich hiermit sagen? Muslime mögen vielleicht versuchen, mit diesem Wort (Gebot) zu erklären, weshalb Jesus göttliche Fähigkeiten hat. Beispielsweise könnten sie dir sagen: „In der Zeit Jesu war die Medizin sehr fortschrittlich. Deshalb drehten sich die Wunder von Jesus um Heilung!" Gewöhnliche Heilpraktiken war also „Allahs Gebot"? Nein. Die Wunder Christi sind nicht irdischen Ursprungs! Wie wir alle wissen, hat sich das, was Jesus geleistet hat, 600 Jahre vor Mohammed zugetragen. Die wissenschaftlichen Erkenntnisse wachsen mit der fortschreitenden Zeit. 600 Jahre später waren sie weiter, und nicht rückständiger.

Selbst heute noch, zwei Jahrtausende nach Christus, kann das ganze zusammengetragene wissenschaftliche Wissen der gesamten Menschheit nicht einmal eine der Taten vollbringen, die Jesus mit seinen Wundern bewerkstelligte!

Denk dran; Jesus hat nie jemandem Medizin gegeben. Er gab Befehle! Das ist ein ganz großer Unterschied!

DAMIT DAS POETISCH KLINGT, SCHMÜCKEN WIR ES MIT LÜGEN AUS!

Auf zu Koran Sure 97:3:

لَيْلَةُ الْقَدْرِ خَيْرٌ مِنْ أَلْفِ شَهْرٍ

Es ist die Nacht Al Qader (die Nacht der Macht) die besser ist als tausend Monate.

Betrachten wir diesen Vers gründlich. Dieser Vers handelt von der Nacht, in der Allah uns den ersten Vers des Koran zur Erde gesendet hat. Gehen wir auf einige Fragen bezüglich dieser Nacht der Macht ein:

Warum ist diese Nacht, oder um genauer zu sein das Gebet, dass in dieser Nacht gesprochen wird, besser als 1000 Monate?

Solltest du Arabisch sprechen, dann wirst du feststellen, dass Mohammed lediglich versucht, die Worte so aneinanderzureihen, um sie damit poetisch klingen zu lassen. Sehen wir uns das genau an. Die vier Phrasen dieses Verses enden mit diesen Worten: قدر شهر أمر فجر (qader, shaher, amr, fajer). Mohammeds Koran schert sich nicht wirklich um die Bedeutung. Er reimt sich einfachWorte zusammen, die gut zueinanderpassen. Wie in einem Rapsong! Das gilt für all die Worte hier, und egal wie sehr man es versucht, macht die Anordnung das Gesagte nicht sinnvoller. Es steckt gar kein Sinn dahinter.

Eine Nacht des Gebets = 1000 Monate = 83 Jahre und 33 Tage des Gebets an anderen Nächten!

Ist das fair? Ich, der in dieser einen Nacht betet, bin Allah mehr wert als jemand, der für ganze 83 Jahre täglich gebetet hat? Sehen wir uns die Interpretation von Koran Sure 97:3 auf Seite 815 von Al-Jalalayn Tafsir, Band 1, aus dem Jahr 310 (nach islamischer Zeitrechnung) an:

تفسير تفسير الجلالين/ المحلي و السيوطي (ت المحلي 864 هـ) { لَيْلَةُ ٱلْقَدْرِ خَيْرٌ مِّنْ أَلْفِ شَهْرٍ } ليس فيها ليلة القدر فالعمل الصالح فيها خير منه في ألف شهر ليست فيها

Die Werke in dieser Nacht, und die guten Werke in dieser Nacht, sind besser als alle Werke in eintausend anderen Nächten zusammen.

Koran Sure 2:82:

وَالَّذِينَ آمَنُوا وَعَمِلُوا الصَّالِحَاتِ أُولَٰئِكَ أَصْحَابُ الْجَنَّةِ هُمْ فِيهَا خَالِدُونَ

Diejenigen, die glauben – Gutes wird ihnen zuteil: Der Himmel Allahs mit Flüssen, die unter ihnen hindurchfließen.

Sagen wir, wir haben zwei Muslime. Der Eine hat eines Nachts, in der Nacht der Macht, gebetet. Wird er in den Augen Allahs besser dran sein als der Andere, der ganze 83 Jahre lang regelmäßig gebetet hat, nur nicht in dieser einen bestimmten Nacht? Kommen sie beide denn nicht in denselben Himmel? Wenn beiden die gleiche Belohnung zuteilwird, was macht diese Nacht (die Nacht der Macht) dann soviel besser? Wird der erstgenannte Muslim NICHT 1000 Mal mehr belohnt?

Wenn die Belohnung für beide gleich ausfällt, dann hat die Nacht der Macht nichts zu bedeuten und ist somit auch nicht die Rede wert. Im Grunde genommen sind das hier zweckmäßige Raplyrics! Wie wir gesehen haben, behauptet der Koran, dass es Allah um Gerechtigkeit geht. Demnach wird er auch niemandem Bonuspunkte dafür geben, ob er nun in einer Nacht gebetet hat oder ob er die letzten 83 Jahre täglich betete. Plötzlich etwas anderes zu behaupten wäre Wahnsinn. Wie man es auch sieht: Mohammed hat uns wieder einmal bewiesen, dass der Koran von ihm stammt, und dass er seine Worte auf den Flow der jeweiligen Verse hin entsprechend eingesetzt hat.

ALLAH HÜTET DIE OFFENBARUNG

Allah sagt in „seinen“ Versen, dass er seine Offenbarung geschützt hat. Gehen wir dem mal auf den Grund und sehen nach, ob das stimmt. Wir wissen alle, dass Muslime die Steinigung praktizieren – als Todesstrafe für unerlaubten Geschlechtsverkehr. Doch wo befiehlt Allah ihnen solches Vorgehen? Sehen wir uns Sahih Al-Bukhari, Band 8, Buch 82, Hadith 816 an:

Überliefert von 'Ibn Abbas: „ 'Umar sprach: 'Es ärgert mich, dass in späterer Zeit von heute an die Leute womöglich sagen werden: 'Wir können keine Verse über die Rajam (die Steinigung) im Heiligen Buch finden.' Und deswegen werden sie möglicherweise auf Abwegen kommen, weil sie die Verbindlichkeit Allahs verwerfen. Darum lege ich fest, dass die Todesstrafe durch die Rajam (die Steinigung) an jedem vollzogen werden soll, der unerlaubten Geschlechtsverkehr hat, solange er bereits verheiratet ist und sein Vergehen durch Augenzeugen oder Schwangerschaft oder ein Geständnis bewiesen ist.'Sufian fügte hinzu: 'So habe ich diese Rezitation auswendig gelernt.' 'Umar fügte hinzu: 'Gewiss hat Allahs Apostel die Todesstrafe durch die Rajam ausgeübt, und so folgen wir seinem Beispiel.'“

Was entnehmen wir diesem Hadith? Es ist ein sehr starker, von ausnahmslos allen Muslimen anerkannter Hadith. Das würde bedeuten: Es gibt ein fehlendes Kapitel oder fehlende Verse des Koran.Die Muslime konnten es nicht in den Koran packen!Wenn Muslime uns sagen, dass die Leute früher den ganzen Koran von ganzem Herzenauswendig kannten, dann ist das eine Falschaussage. Wenn er wusste was fehlte, warum hat Kalif Uthman es seinem Koran, als er ihn zusammenstellte, dann nicht hinzugefügt?

Das bringt mich zu einem weiteren Punkt. In der Interpretation von Al-Jalalayn, Band 1, auf Seite 338, lesen wir:

إِنَّا نَحْنُ نَزَّلْنَا ٱلذِّكْرَ وَإِنَّا لَهُ لَحَافِظُونَ } { وَإِنَّا لَهُ لَحَٰفِظُونَ } من التبديل والتحريف والزيادة والنقص }.

Wir versprechen, das Buch jetzt und später immerzu vor jeglicher Verfälschung, dem Hinzufügen und der Wegnahme von Geschriebenem zu schützen.

Wir sehen, dass Allahs Versprechen nicht der Wahrheit entspricht. Das macht den Koran zu einem Buch der falschen Versprechungen und falscher Prophezeiung.

Wo finden wir den ersten Koranvers, welcher Mohammed in der Nacht der Macht offenbart wurde? Die Suren des Koran sind nicht in chronologischer Reihenfolge angeordnet, aber die Muslime sagen, dass Koran Sure 96:1 der erste offenbarte Vers war:

Lies im Namen Allahs, dessen, der erschaffen hat!

Hat Allah nicht gesagt, dass das umordnen von Versen als Verfälschung gilt? Sehen wir uns die Beweise hierfür in Koran Sure 4:46, 5:12, und 5:41 an. Es folgt Koran Sure 4:46:

Von den Juden, die die Anordnung von Worten umplatzierten meinten, dass sie Gott nicht gehorchten...

Wir wissen, dass das Austauschen oder Umplatzieren von einzelnen Worten Verfälschung ist. Vergiss nicht, dass als der Koran zusammengestellt wurde, es noch keine Nummerierung oder Benennung der Verse gab. Werfen wir einen Blick auf Koran Sure 5:3, ein weiteres der unzähligen Beispiele:

Ich verbot euch den verzerr von Aas, Blut, Schweinefleisch, und dem, worüber der Name eines anderen Gottes als Allah angerufen ward; auch von dem was zerstört wurde durch Erdrosseln, einem gewaltsamen Stoß oder dem Stoß eines Horns und das, was zu Tode geschlagen wurde; auch von etwas, an das sich ein Löwe labte, außer wenn ihr es schlachten könnt bevor es stirbt; auch von dem, was Götzen geopfert wird und dessen, worauf ihr einen Eid ablegt oder mit geweihten Pfeilen erlegt, wenn es weder Federn noch einen Kopf hat. Heute haben diejenigen, die den Islam ablehnten, alle Hoffnung gegenüber eurer Religion verloren: Doch fürchtet nicht sie, sondern fürchtet mich. Heute habe ich eure Religion für euch perfektioniert, vollendete meine Großzügigkeit an euch und habe für euch den Islam als eure Religion ausgewählt. Wer aber durch den Hunger gezwungen ist, ohne Absicht meine Befehle zu missachten, dem ist Allah gegenüber in der Tat vergebend. Der Barmherzigste.

Sieh dir diese Stelle im Vers an: „Heute habe ich eure Religion für euch perfektioniert, vollendete meine Großzügigkeit an euch und habe für euch den Islam als eure Religion ausgewählt."

Wie du sehen kannst, wird damit „Heute ist der Islam perfekt geworden" ausgedrückt. Doch hiermit haben wir ein Problem. Wenn der Islam „heute perfekt geworden" ist, wie kann es dann in Sure 5:3 stehen? Warum geht es nach diesem „Heute" noch weiter?Der Koran braucht keine weiteren Suren oder Verse mehr nach diesem einen Vers! Er ist der finale Vers. Hat man diese ganzen weiteren Verse dem Koran hinzugefügt oder wurde ihre Anordnung durcheinandergebracht, sodass nun der finale Vers ganz früh am Anfang des Koran zu finden ist? Und überhaupt: Was bitte hat verbotenes Essen mit Perfektion zu tun? Der Koran ist ein leeres Buch voller fehlender Lehren. Wenn wir uns mit dem gesamten Koran genauestens auseinandersetzen, dann stellen wir fest, dass 90% dessen, was die Muslime praktizieren, darin nicht einmal erwähnt wird! Beispielsweise hat Allah den ganzen Koran über vergessen den Muslimen zu sagen, wie die Strafe für Entführung und Vergewaltigung lautet. Obendrein unterscheiden sich die Bestrafungen von Schwulen und

Lesben im Koran komplett von denen, die die Muslime von Mohammeds Lebzeiten bis heute an praktizieren.Sogar Mohammed selbst übte ganz andere Strafen an den Schwulen und Lesben aus als die, die der Koran befiehlt. Wenn wir uns Koran Sure 4:15-16 ansehen, dann sehen wir, dass auf Homosexualität nicht die Todesstrafe steht. Vielmehr ist das, was die Muslime heute praktizieren – also das Töten – Mohammeds Lehre, und nicht das, was Allah sagte. Allah sagte nämlich, dass lesbische Frauen solange eingesperrt werden sollen, bis sie der Tod ereilt, und dass schwule Männer solange beleidigt werden sollen, bis sie Reue zeigen.Der Koran lehrt sogar viele Dinge, die die Muslime nicht mehr praktizieren können.Zum Beispiel in Koran Sure 11:114, wo der Koran ihnen befiehlt, dreimal am Tag zu beten:

Und verrichte das gewöhnliche Gebet an den beiden Enden des Tags und bei Anbruch der Nacht.

Der Koran liefert nie eine Erklärung für die Bedeutung des Worts Zakat. Zakat ist ein Anteil des Geldes, welches Muslime zu zahlen haben. Sei es Geld, welches sie durch das verrichten von Arbeit als Lohn ausgezahlt bekommen, oder Geld, dass sie von den Christen oder von den Juden gestohlen haben.

Mohammed hat nicht vergessen zu sagen, wie viel von dem Gestohlenen ihm zustehen soll. Er und Allah bekommen ein Fünftel von allem, der Rest wird unter denen aufgeteilt, die an ihrer Seite gekämpft haben (den Dieben). Der Koran sagt uns an keiner Stelle:

- Wie man die Haddsch zu machen hat.
- Wie man beten soll.
- Wie man die Gebetswaschung zu machen hat.
- Wie man fasten soll.
- Wann man fasten soll.
- Wann man aufhören soll, zu fasten.
- Wie viel Zakat (Geld für Mohammeds Staat) man zahlen soll.

Und welche Verse wurden wiederum abrogiert? Woher sollen wir wissen, welche Verse wir praktizieren sollen und welche Verse wiederum nicht, wenn der Koran beide Arten von Versen beinhaltet? Das ist einer der Gründe für all die Verwirrung und die Missverständnisse.

Koran Sure 8:41 sagt uns, wie Kriegsbeute aufgeteilt werden soll:

Und wisset, dass wann immer ihr Kriegsbeute an euch nehmt (die von den Kufr – den Ungläubigen – gestohlenen Güter), ein Fünftel davon Allah und dem Gesandten gehört, und für die Armen, die Waisen (derer, die starben, weil sie für Mohammed töteten und kämpften) und die Bedürftigen.

Später sehen wir, wie die Muslime Mohammed den Diebstahl roter Unterwäsche in Koran Sure 3:161 (Übersetzung von Usama Dakdok, aus dem Englischen übersetzt von John Doe) vorwerfen:

وَمَا كَانَ لِنَبِيٍّ أَنْ يَغُلَّ وَمَن يَغْلُلْ يَأْتِ بِمَا غَلَّ يَوْمَ ٱلْقِيَامَةِ ثُمَّ تُوَفَّىٰ كُلُّ نَفْسٍ مَّا كَسَبَتْ وَهُمْ لَا يُظْلَمُونَ

Und es ziemt sich nicht für einen Propheten, zu betrügen (bei der Aufteilung der Beute), und wer auch immer betrügt, der wird, was er unterschlug, am Tag der Auferstehung mit sich bringen. Dann soll jeder Seele voll vergolten werden, was sie sich verdient hat, und sie werden nicht ungerecht behandelt werden.

Tafsir Al-Jalalayn, Sura Al-Imran, legt Koran Sure 3:161 genauestens dar:

Als die Muslime begannen, ihre Beute untereinander aufzuteilen, ging rotfarbene Samtunterwäsche am Badr-Tag verloren, und einige Muslime begannen zu sagen, dass es möglicherweise der Prophet war, der die Unterwäsche heimlich an sich nahm und vor allen anderen versteckte. Dann wurde folgendes offenbart: „Ihr sollt wissen, es ziemt sich nicht für einen Propheten, zu stehlen.“

Stellt euch vor, die Jünger Jesu würden ihm vorwerfen, Kleidung gestohlen zu haben! Gewiss ist das unmöglich. Solches Verhalten würden wir von einem Kriminellen erwarten, und nicht von einem Mann Gottes. Gleichzeitig aber verrät uns dies, wer Mohammed ist und wer die Leute sind, die mit ihm in Verbindung gebracht werden!

HERAUSFORDERUNG AN DIE MENSCHEN UND DSCHINN, ETWAS GLEICHES DEM KORAN ZU SCHAFFEN

Koran Sure 17:88

Sprich (Mohammed): „Wenn die gesamte Menschheit und die Dschinn sich zusammentäten, um etwas Gleiches diesem Koran hervorzubringen, könnten sie es nicht! Selbst wenn sie gemeinsam daran arbeiten.“

Die Herausforderung ist unmissverständlich: Allah sagt, dass sowohl die Dschinn als auch die Menschen kein Buch wie den Koran zustande bringen können.

Ich denke, wenn wir jemanden finden können, der einen Koran zustande bringt der gleich gut oder besser ist als Allahs Koran, dann ist Allah an seiner Herausforderung gescheitert.

In dem folgenden Hadith (Buch von ‘Ol-It‘qan Fee ‘Olum Al-Qur‘an, Band 1, Seite 137) von ‘Umar, dem Weggefährten Mohammeds, und den vier islamischen Kalifen nach Mohammed, sagt ‘Umar:

الإتقان في علوم القرآن الجزء الأول [ص: 137] النوع العاشر
وأخرج البخاري وغيره ، عن أنس قال : قال عمر : وافقت ربي في ثلاث : قلت : يا رسول الله لو
اتخذنا من مقام إبراهيم مصلى ؟ فنزلت : واتخذوا من مقام إبراهيم مصلى [ص: 138] [البقرة :
125] وقلت : يا رسول الله ، إن نساءك يدخل عليهن البر والفاجر ، فلو أمرتهن أن يحتجبن ؟ فنزلت
آية الحجاب . واجتمع على رسول الله - صلى الله عليه وسلم - نساؤه في الغيرة ، فقلت لهن : عسى
ربه إن طلقكن أن يبدله أزواجا خيرا منكن [التحريم : 5] فنزلت كذلك

Es ist von Annas überliefert, dass ‘Umar Ibn al-Chattāb sprach: „Mein Allmächtiger stimmt mit mir in drei Dingen überein.Erstens sprach ich: ‘O Allahs Apostel, ich wünschte mir du würdest als deine Anbetungsstätte den Ort wählen, an dem Abraham stets betete. So kam die göttliche Eingebung: (Koran Sure 2:125) Und nehmt ihr, die Muslime, die Stätte Abrahams als eure Gebetsstätte ein.Und Zweitens, so sprach ich zum Propheten Allahs: ‘Gute und schlechte Menschen sprechen zu deinen Ehefrauen, deshalb ordne ihnen an, sich zu verschleiern!' Daraufhin sendete Allah das Gebot über das Verschleiern der Frauen hinab (Koran Sure 24:31). Drittens, da stellten sich die Ehefrauen des Propheten gegen ihn, und ich sprach zu ihnen: 'Vielleicht soll sein Herr, der Herr des Propheten, euch von ihm scheiden lassen (alle Ehefrauen des Propheten) und euch mit besseren Ehefrauen austauschen, als ihr es seid.' So wurde der Vers (Koran Sure 66:5) genauso offenbart, wie ich ihn formulierte."

Die gleiche Geschichte findet sich in Sahih Al-Bukhari, Buch 8, Hadith 395.

Wir sehen, dass Allahs Herausforderung absoluter Schwachsinn ist! Wie kann Allah die Menschen und die Dschinn darum bitten, einen Koran zustande zu bringen, was sie ihm zufolge nicht können, während er gleichzeitig 'Umars Worte kopiert?!

Dieser Hadith zeigt uns, wie Allah dreimal seine Verse von 'Umar bezogen hat. Da wundere ich mich, wie viele Verse Allah sich wohl von anderen abgeguckt hat. 'Umar sagte sogar selbst: „So wurde der Vers genauso offenbart, wie ich ihn formulierte."

Es ist so eindeutig, dass es hier keinen Allah und keine Offenbarungen von ihm gibt. Es war 'Umar, der zu Mohammed sprach. Mohammed hörte, was 'Umar sagte, mochte es, und übernahm 'Umars Ideen. Und wie wir sehen, steht Allah Mohammed wie üblich zu Diensten.

Wir haben gezeigt, wie 'Umar, der wohlgemerkt ein Mensch ist, sich den Koran ausdachte und Allah höchstpersönlich seine Verse kopiert hat. Er hat völlig ungeniert von ihm abgeguckt!Wie sieht es also mit den Dschinn aus? Erinnere dich: Der Vers forderte beide heraus, Dschinn und die Menschen. Gibt es einen Koran, der von den Dschinn ist?Ich denke, viele von uns sind sich der Existenz der satanischen Verse bewusst. Deshalb gibt es auch das Buch Die Satanischen Verse von Salman Rushdie. Was hat es also mit den satanischen Versen auf sich?

Satanische Verse werden in Koran Sure 22:52 beschrieben:

Niemals schickten wir vor dir (Mohammed) einen Gesandten oder Propheten, dem beim rezitieren Satan nicht seine eigenen Worte (die nicht in den Koran gehören) unterbreitete. Doch Allah abgrogiert alles, was Satan niederschreiben lässt. Dann wird Allah seine Offenbarung bestätigen. Und Allah ist allwissend, und weise.

Um herauszufinden, was noch so alles hinter dieser Geschichte steckt, sehen wir uns Ibn Kathirs Interpretation dieses Verses an. Ibn Kathir, 1999er Auflage, Band 5, Seite 441:

{52}
وَمَا أَرْسَلْنَا مِنْ قَبْلِكَ مِنْ رَسُولٍ وَلَا نَبِيٍّ إِلَّا إِذَا تَمَنَّى أَلْقَى الشَّيْطَانُ فِي أُمْنِيَّتِهِ فَيَنْسَخُ اللَّهُ مَا يُلْقِي الشَّيْطَانُ
ثُمَّ يُحْكِمُ اللَّهُ آيَاتِهِ وَاللَّهُ عَلِيمٌ حَكِيمٌ قَدْ ذَكَرَ كَثِير مِنْ الْمُفَسِّرِينَ هَهُنَا قِصَّة الْغَرَانِيق وَمَا كَانَ مِنْ رُجُوع
كَثِير مِنْ الْمُهَاجِرَة إِلَى أَرْض الْحَبَشَة ظَنًّا مِنْهُمْ أَنَّ مُشْرِكِي قُرَيْش قَدْ أَسْلَمُوا وَلَكِنَّهَا مِنْ طُرُق لَهَا
مُرْسَلَة وَلَمْ أَرَهَا مُسْنَدَة مِنْ وَجْه صَحِيح وَاَللَّه أَعْلَم قَالَ اِبْن أَبِي حَاتِم حَدَّثَنَا يُونُس بْن حَبِيب حَدَّثَنَا أَبُو
دَاوُد حَدَّثَنَا شُعْبَة عَنْ أَبِي بِشْر عَنْ سَعِيد بْن جُبَيْر قَالَ : قَرَأَ رَسُول اللَّه صَلَّى اللَّه عَلَيْهِ وَسَلَّمَ بِمَكَّة النَّجْم
فَلَمَّا بَلَغَ هَذَا الْمَوْضِع « أَفَرَأَيْتُمْ اللَّاتَ وَالْعُزَّى وَمَنَاة الثَّالِثَة الْأُخْرَى « قَالَ فَأَلْقَى الشَّيْطَان عَلَى لِسَانه :
تِلْكَ الْغَرَانِيق الْعُلَى وَإِنَّ شَفَاعَتهنَّ تُرْتَجَى قَالُوا مَا ذَكَرَ آلِهَتنَا بِخَيْرٍ قَبْل الْيَوْم فَسَجَدَ وَسَجَدُوا فَأَنْزَلَ اللَّه
عَزَّ وَجَلَّ هَذِهِ الْآيَة „

Ibn Kathir sprach: „Viele Kommentatoren erwähnen die Geschichte von Al Qaraniq, den drei Töchtern Allahs, und es war bekannt, dass viele Muslime, die nach Äthiopien gegangen waren, bei ihrer Rückkehr dachten, die Götzendiener wären zum Islam konvertiert. Und diese Geschichte überliefert von Ibn Hatem – Ibn Hatem er hatte sie von Ibn Younis, Ibn Younis hatte sie von Ibn Habib, und Ibn Habib hatte sie von Allahs Apostel – erzählt uns, dass als der Prophet die Sure Al Najem in Mekka rezitierte, er, der Satan, aus seinem (Mohammeds) Mund kommen ließ: 'Habt ihr al-Lāt und al- 'Uzzā gesehen, und Manāt, die Dritte? (Koran Sure 53:19-20) Fürwahr solltet ihr um ihre Fürsprache hoffen.' Und dannverbeugte sich der Prophet, und die Götzendiener verbeugten sich mit ihm."Ich will nicht auf allzu viele Einzelheiten in dieser Geschichte eingehen, da sie mittlerweile ja derart bekannt ist. Aber ich werde sie kurz zusammenfassen:

Satan (der zu den Dschinn gehört) brachte, wie dieser Vers es uns erklärt, einen Teil des Koran zustande. Allah selbst ging so weit, dass er alles in „seinem Koran" übernahm, was Satan aus Mohammeds Mund kommen ließ. Muslime können also unmöglich sagen, dass sie diese Geschichte ablehnen. Wenn sie das täten, würde das bedeuten, dass dieser Vers gelogen ist und der Koran nicht als zuverlässige Informationsquelle betrachtet werden kann. Als Mohammed diese satanischen Verse rezitierte, bewies er uns damit so manche Dinge. Zum Beispiel:

- Satans Koran ist qualitativ nicht schlechter als Allahs Koran.
- Mohammed hat nicht bemerkt, dass die Verse von Satan kamen. Sie klangen nämlichexakt wie Verse, die von Allah kamen!
- Die Bedeutung dieser Stelle ist in der arabischen Sprache sehr klar verständlich. Es ist, wie es zu erkennen ist.
- Es bedeutet, dass der Koran von Satan ist. So wie Mohammed es beurteilen konnte war Satans Koran so gut, dass er ihn rezitierte und ihn als ALLAHS Wort verkündete. Wenn die Verse qualitativ minderwertig waren, warum sollte Mohammed sie dann verkünden?

- Als Allah uns vor die Herausforderung stellte, einen Koran zustande zu bringen, sagte er uns, wir sollen „etwas Gleiches diesem Koran“ hervorbringen. Sagen wir, ich bin jetzt derjenige, der Allah dazu herausfordert, einen Koran zustande zubringen. Sobald ich diesen Koran fertig habe, gehe ich zu Mohammed und lasse ihn über das von mir Geschriebene und das, was er von Satan rezitiert hatte, urteilen. Ich glaube nicht, dass die Muslime sagen würden, Mohammed wäre nicht dafür geeignet, über die Qualität des Koran oder der Schriften, die ich geschrieben habe, zu urteilen.
- Solange Mohammeds Urteil gültig ist – und er hat immerhin bereits das, was Satan aus seinem Mund kommen ließ, für gut genug befunden hat – würde das bedeuten, dass er einmal meinte: „Das sind großartige Verse.“ Sie waren so großartig, dass er glaubte, sie kämen von Allah!
- Zu sagen, dass Allahs Verse die Menschheit und die Dschinn vor eine Herausforderung stellen,ist unklug und enthüllt die Schwächen des Koranautors. Wer er auch immer ist.

Nachdem wir bewiesen haben, dass sowohl 'Umar als auch Satan den Koran verfasst haben, haben wir nun ein Problem. Und es ist nicht unser Problem, sondern Allahs! Im Vers nach der Geschichte über die Rezitation der Worte Satans lesen wir das hier (Koran Sure 22:53):

لِّيَجْعَلَ مَا يُلْقِي الشَّيْطَانُ فِتْنَةً لِّلَّذِينَ فِي قُلُوبِهِم مَّرَضٌ وَالْقَاسِيَةِ قُلُوبُهُمْ ۗ وَإِنَّ الظَّالِمِينَ لَفِي شِقَاقٍ بَعِيدٍ

Er, Allah, will das von Satan so, denn Satans Eingebung ist eine Prüfung für diejenigen, in deren Herzen eine Krankheit ist und für diejenigen, deren Herzen verhärtet sind; denn sie, die Ungerechten, sind weit davon entfernt, die Wahrheit zu akzeptieren.

Dieser Vers macht den Muslimen viele Probleme:
- Satan ist nicht böse, sondern ein Werkzeug Allahs, und ist ein gehorsamer Diener Allahs. Wieso sagte Allah in Vers 52 zuerst, dass er diese satanischen Verse aus dem Buch nehmen wird, nur um dann zu sagen, dass er diese Verse bewusst als „Prüfung“ für uns im Koran so stehen haben will (bewusste Provokation)? Das würde bedeuten, dass er rein gar nichts aus dem Koran entfernt hat. Hätte er nämlich etwas entfernt, dann wäre niemand mehr davon betroffen, da dieses „Etwas“ nicht mehr im Koran zu finden wäre! Wie können die satanischen Verse eine Prüfung sein, wenn Mohammed sie ausgesprochen hat und sie den Heiden, den Götzendienern, gefielen? Die Hei-

den waren bereits verloren und daran hat sich auch nach diesen Versen nichts geändert. Sie verehrten danach weiterhin heidnische Gottheiten!

- Inwieweit beeinflussen diese Verse die Ungerechten (die Heiden)? Wenn diese Verse im Koran stehen, dann sind die einzigen, die sie lesen und akzeptieren werden die Muslime! Wieso hat Allah zugelassen, dass derart falsche Kunde aus dem Mund seines Propheten herauskommt? Wenn Allah die Zukunft kennt, warum lässt er etwas derartiges geschehen?
- Was soll man sich von Allahs Schutz erhoffen, wenn Allah schon mit sehr viel Spaß daran solche Falschheiten verbreitet? Allah sagt unmissverständlich, dass er es liebt, auf diese Weise die Unruhen unter den Menschen, die er ungerecht nennt, zu verbreiten! Und ich dachte, der Islam soll die Ungerechten zu Gerechten machen!

Ich werde fortfahren, aber diese Geschichte zeigt ein Problem mehr auf. Du wirst sehen: Die Sache wird noch viel fauler, als sie ohnehin schon ist. Wenn einer eine Lüge erzählt, dann muss er eintausend weitere Lügen erzählen, um die erste verbergen zu können.

Auf zu Koran Sure 15:42, wo Allah sagt:

إِنَّ عِبَادِي لَيْسَ لَكَ عَلَيْهِمْ سُلْطَانٌ إِلَّا مَنِ اتَّبَعَكَ مِنَ الْغَاوِينَ
(سورة الحجر Al-Hijr, 42)

Über meine Sklaven (die Muslime), mit Ausnahme der Schlechten, der Verlorenen, die dir folgen, hast du (Satan) keinerlei Macht!

Dieser Vers vermittelt uns klar und deutlich, dass Satan die Guten (die Muslime) nicht kontrollieren kann, und dass er (Satan) einzig und allein die Verlorenen (die Ungläubigen) kontrollieren – steuern – und täuschen kann. Wenn das so ist, wie kommt es, dass Satan Mohammed kontrolliere und satanische Verse aus seinem Mund herauskommen ließ? Betrachte diesen Auszug aus Sahih Al-Bukhari, Buch 71, Hadith 658:

Aisha sprach: „Da gibt es einen Mann namens Labid Bin Al A'sam, vom Stamm Bani Zaraiq, der Allahs Apostel verzauberte. Die Folgen des Zauberbanns gingen so weit, dass der Gesandte sich einbildete, Dinge getan zu haben, die er in Wahrheit nie getan hat.“

Wie konnte Satan in der Lage sein, Mohammed durch das, was Muslime Schwarze Magie nennen, zu kontrollieren, wenn Satan doch lediglich Macht über die Verlorenen – die Schlechten – hat? War Mohammed etwa eine von den „Schlechten"?

WIE SCHLECHT STAND ES UM MOHAMMED?

Das werden wir im folgenden Hadith aus Sahih Al-Bukhari sehen. Sahih Al-Bukhari, Buch 73, Hadith 89:

Überliefert von Aisha (Mohammeds Kinderbraut): „Der Prophet setzte dies für eine Zeit lang fort. Er bildete sich in dieser Zeit ein, mit seinen Ehefrauen geschlafen (Geschlechtsverkehr gehabt) zu haben, obwohl er tatsächlich nicht mit ihnen schlief!"

Was wollen Muslime hierzu sagen? Mohammed lebt mit Wahnvorstellungen. Seine Einbildungen gehen so weit, dass er die Fähigkeit verliert, Realität und Fantasie voneinander zu unterscheiden. Er schläft nicht einmal, während er diese Dinge in seinem Kopf sieht!

Mohammed konnte zwischen Realität von Fantasie nicht unterscheiden. Er glaubte sogar felsenfest, Sex mit seinen 13 Ehefrauen gehabt zu haben, obwohl dies nur Einbildung war. Wie können wir ihm glauben, dass er tatsächlich einen echten Engel (Dschibrīl) sah? War das vielleicht auch bloß Fantasie? Hat er sich das auch nur eingebildet?

Was stimmt nur mit diesem Mann nicht? Alles Schlechte auf der Welt ging entweder von ihm aus oder ist ihm widerfahren: Von schwarzer Magie bis hin zu Sex mit Kindern, dass er die Ehefrau seines Sohnes für sich nimmt, dass er an Vergiftung stirbt – Die Liste ist endlos lang!

Durch einen kurzen Blick auf den Islam erfahren wir, dass Muslime es lieben Heiden, Ehebrecher, oder (oft lediglich in ihren Augen) praktizierende Polytheisten anzugreifen. Fakt ist aber: Der Islam ist eine Religion, die für Götzendienst und Polytheismus steht.

DIE KAABA IM ISLAM: WAS IST DIE KAABA?

Die Kaaba war eine christliche Kirche! In der Kaaba befand sich dereinst ein Bildnis von Maria (der Mutter Jesu), was auch in diversen Büchern dokumentiert ist:

- Akhbar Mekka von Al-Azraqi, 2004er Auflage, Band 1, Seite 205.
- Al-Ma'gazi von Al-Waqidy, 1989er Auflage, Band 1, Seite 833:

دخل النبي صلى الله عليه وسلم فرأى فيها صورة الملائكة وغيرها ، ورأى صورة إبراهيم صلى الله عليه وسلم قال قاتلهم الله جعلوه شيخا يستقسم بالأزلام ثم
رأى صورة مريم ، فوضع يده عليها ثم قال امسحوا ما فيها من الصور إلا صورة إبراهيم

„Als der Prophet die Kaaba betrat, fand er viele Bilder vor; eines davon zeigte Maria und eines zeigte Abraham. So legte er seine Hand über das Bildnis von Abraham und sagte, dass alle Bilder beseitigt werden sollen, außer dieses (damit meinte er das Bild, auf dem Abraham dargestellt wurde).“

In der Kaaba befand sich dereinst eine Statue von Jesus und seiner Mutter.Akhbar Mekka von Al-Azraqi, 2004er Auflage, Band 1, Seite 200:

وحدثني جدي ، قال : حدثنا داود بن عبد الرحمن ، عن ابن جريج ، قال : سأل سليمان بن موسى الشامي عطاء بن أبي رباح وأنا أسمع : أدركت في البيت تمثال مريم وعيسى ؟ قال : نعم ، أدركت فيها تمثال مريم مزوقا ، في حجرها عيسى ابنها قاعدا مزوقا . قال : وكانت في البيت أعمدة ست سوار ، وصفها كما نقطت في هذا التربيع » قال : وكان تمثال عيسى ابن مريم ومريم عليهما السلام في العمود الذي يلي الباب . قال ابن جريج : فقلت لعطاء : متى هلك ؟ قال : في الحريق في عصر ابن الزبير

„Mir wurde von meinem Großvater erzählt, der sagte, uns wurde überliefert von Dawud Ibn Abd-Al-Rahman, vom Sohn von Gorieej und Suliman Bin Mousa Al-Shami 'Ata Bin Rabah: 'Ich hörte dass du sahst, dass in der Kaaba ursprünglich eine Statue von Maria mit ihrem Sohn Jesus auf ihrem Schoß stand, und beide waren von schönen Dingen umgeben?' Der Andere sprach: 'Ja, die Kaaba hatte ursprünglich sechs Ebenen, und die Statue von Maria und Jesus befand sich in der Obersten.'Er sprach wieder: „Weißt du, wann sie zerstört wurde?“ Der andere antwortete: „In der Zeit von Ibn Al-Zubir (dem Krieg zwischen den Muslimen), durch Feuer.“'

In der folgenden Liste werden wir sehen, wie der Khoza'a-Stamm – die Polytheisten – die Christen besiegt und die Kaaba wieder zu einem Götzenschrein gemacht haben. So kehrte die Zeit des Götzendienstes wieder ein. Zunächst sehen wir, was die Muslime über den Bau der Kaaba glauben. Den Muslimen zufolge wurde die Kaaba gebaut von:

1. Den Angeln.
2. Adam.

'Irshad Al-'Aqel Al-Salem Fe Al-Qur'an Mazayia A, Beirut, 1999, Band 1, Seite 160 (.إرشاد العقل السليم إلى مزايا القرآن الكريم):

أنها بنيت عشر مرات منها بناء الملائكة عليهم السلام وذكره النووي في تهذيب الأسماء واللغات والأزرقي في تاريخه وذكر أنه كان قبل خلق آدم عليه السلام ومنها بناء آدم عليه السلام

„Die Kaaba wurde zehnmal erbaut. Das erste Mal von den Engeln, die selbst einschritten, und Geschichten hierzu werden erwähnt von Imam Al-Nwawi, im Buch von Tahzeb Al-'Asma' Wa A-Lu'gat, und im Buch von Al-Azra'qi wird ebenfalls erwähnt, dass sie vor Adam erbaut wurde und Adam sie auch erbaut hat."

3. Set, Adams Sohn.

'Euon Al-Ather Fe Funun Al-Ma'gazi Wal-Shama'el Wal-Sear von Al-Safi'e, Band 1, Seite 77, 1977, Beirut:

الشافعي عيون الأثر في فنون المغازي والشمائل والسير وكانت الكعبة قبل ان يبنيها شيث عليه السلام خيمة من ياقوتة حمراء يطوف بها آدم ويأنس بها لانها أنزلت إليه من الجنة وكان قد حج إلى موضعها من الهند.

„Die Kaaba, bevor sie von Set, Sohn von Adam, erbaut wurde, war ein Zelt aus Rubinen, und Adam war es gewohnt sie mit Freude zu besuchen, und sie befand sich zu dieser Zeit in Indien."

4. Abraham und Ismael. Dies wird in einem sehr langen Hadtih beschrieben, nämlich Sahih Al-Bukhari, Buch 55, Hadith 583.
5. Den Riesen. Fateh Al-Bari Fe Shareh, Sahih Al-Bukhari, Band 6, Buch der Ahadith, Beirut im Libanon, 1953, Seite 464:

Der Geschichte von 'A'ah Bin Al-Sa'eb zufolge, reichen ihre Wurzeln zurück bis zum Stamm Jurhum.

وَفِي رِوَايَةِ عَطَاءِ بْنِ السَّائِبِ « وَكَانَتْ جُرْهُمٌ يَوْمَئِذٍ بِوَادٍ قَرِيبٍ مِنْ مَكَّةَ ، وَقِيلَ إِنَّ أَصْلَهُمْ مِنَ الْعَمَالِقَةِ

6. Dem Stamm Jurhum (der Stamm wurde christlich, bevor es den Islam gab). Dem Buch von Fateh Al-Bari Fe Shareh, Band 6, Buch der Ahadith, Beirut im Libanon, 1953, Seite 548, Buch von Maqeb und Sahih Al-Bukhari, Hadith 556 nach:

Der Prophet sprach: „Möge Allah großzügig sein gegenüber der Mutter Ismaels! Hätte sie das Wasser der Zam-Zam-Quelle verlassen, oder sagen wir, sie hätte die Quelle nicht genutzt, wäre daraus ein fließender Strom geworden. Der Stamm Jurhum kam zu ihr und fragte sie: ‘Dürfen wir uns bei deiner Bleibe niederlassen?‘ Sie sprach: ‘Ja. Jedoch habt ihr kein Recht auf dieses Wasser.‘ Sie stimmten ihr zu.“

7. Dem Stamm Khoza‘a, der den Stamm Jurhum aus Mekka vertrieb und die Kaaba für mehr als 300 Jahre für sich beanspruchte. Fateh Al-Bari Fe Shareh, Sahih Al-Bukhari, Auflage 2.02, Beirut im Libanon, 1953, Band 10, Seite 32:

فتح الباري، شرح صحيح البخاري، الإصدار 2.02 - للإمام ابن حجر العسقلاني المجلد السادس >>
كِتَاب الْمَنَاقِبِ >> باب قِصَّةِ خُزَاعَةَ ص 548 فهيرة بنت عمرو بن الحارث بن مضاض الجرهمي
وكان أبوها آخر من ولي أمر مكة من جرهم فقام بأمر البيت سبطه عمرو بن لحي فصار ذلك في
خزاعة بعد جرهم، ووقع بينهم في ذلك حروب إلى أن انجلت جرهم عن مكة، ثم تولت خزاعة أمر
البيت ثلاثمائة سنة

„Fahera, Tochter von Umaro Ibn Al-Hareth Bin Mu‘da‘d Al-Jurhum. Ihr Vater der letzte vom Stamm Jurhum, der über die Kaaba herrschte. Und es tobte ein Krieg zwischen den Jurhum und den Khoza‘a, bis dieser Krieg damit endete, dass die Khoza‘a siegten und sie aus Mekka vertrieben. Dann übernahmen die Khoza‘a die Kaaba für dreihundert Jahre.

8. Qusai, dem Sohn von Hunden (Mohammeds Vorfahr), der die Khoza‘a (die ersten Leute des Quraisch-Stammes) aus Mekka verbannte. Buch von Fateh Al-Bari Fe Shareh, Sahih Al-Bukhari, Beirut im Libanon, 1953, Band 6, Seite 548, Buch von Maqeb:

فغلب قصي حينئذ على أمر البيت، وجمع بطون بني فهر وحارب خزاعة حتى أخرجهم من مكة؛

„Qusai siegte und übernahm die Kaaba, und er versammelte all die Söhne von Faher (den Stamm) und drängte sie aus Mekka heraus.“

Qusai, der Sohn von Hunden, fügte der Kaaba zwei Statuen hinzu, die neben der Kaaba standen und angebetet werden sollten. Sahih Muslim-Beshar‘h

Al-Nawawi, Band 9, Buch der Haddsch, Beirut im Libanon, 2006, Seite 401:

فَالرَّجُلُ اسْمُهُ إِسَافُ بْنُ بَقَاءٍ ، وَيُقَالُ ابْنُ عَمْرٍو ، وَالْمَرْأَةُ اسْمُهَا نَائِلَةُ بِنْتُ ذِئْبٍ ، وَيُقَالُ بِنْتُ سَهْلٍ ، قِيلَ : كَانَا مِنْ جُرْهُمَ فَزَنَيَا دَاخِلَ الْكَعْبَةِ ، فَمَسَخَهُمَا اللَّهُ حَجَرَيْنِ ، فَنُصِبَا عِنْدَ الْكَعْبَةِ ، وَقِيلَ : عَلَى الصَّفَا وَالْمَرْوَةِ لِيَعْتَبِرَ النَّاسُ بِهِمَا وَيَتَّعِظُوا ، ثُمَّ حَوَّلَهُمَا قُصَيُّ بْنُ كِلَابٍ فَجَعَلَ أَحَدَهُمَا مُلَاصِقَ الْكَعْبَةِ وَالْآخَرَ بِزَمْزَمَ ، وَقِيلَ : جَعَلَهُمَا بِزَمْزَمَ ، وَنَحَرَ عِنْدَهُمَا وَأَمَرَ بِعِبَادَتِهِمَا

„Der Mann – sein Name war 'Isaf Bin Ba'qa' Or Bin 'Umar – und die Frau – ihr Name war Na'elah Bent Ze'eb oder Bent Sahel – waren bei vom Stamm Jurhum, und sie taten Unzucht innerhalb der Kaaba, wofür Allah sie beide in Statuen verwandelte. Die Statuen wurden dann draußen neben der Kaaba platziert, es heißt bei Safa und Al-Marwa (zwei Stellen, welche die Muslime während der Haddsch-Pilgerfahrt besuchen müssen, siehe Koran Sure 2:158), und so stellte Qusai, der Sohn von Hunden, sie beide neben der Kaaba hin und brachte ihnen (den Statuen) Opfergaben dar und zwang das Volk dazu, sie anzubeten."

9. Dem Stamm der Quraisch, der die Kaaba fünf Jahre erbaute, bevor Mohammed zu einem Propheten wurde! Buchtitel: Faid Al-'Qader, 2000er Auflage, Ägypten, Band 1, Seite 639:

إعادة بنائها في زمن المصطفى صلى الله عليه وسلم وله من العمر خمس وثلاثون سنة

Die Kaaba wurde wieder erbaut, als der Prophet fünfunddreißig Jahre alt war.

10. Abdu Allah Ibn Al Zobeir, im islamischen Jahr 65 (684 n. Chr.). Siehe Buch von Al-Kamel Fe Al-Tari'kh, Seite 362, von Ibn 'Ather.
11. Al Hajaj Ibn Yousef Al Thaqafi, der die Kaaba vollständig zerstörte und wieder von neuem erbaute! Die Kaaba war von Müll bedeckt. Siehe Buch von Al-Bidayiah Wa Al-Nihayia, aus Ibn Kathir, Band 8, Seite 246.
12. Dem Osmanischen Sultan Murad, im Jahre 1630 n. Chr.

Schon die Behauptung der Muslime, dass die Kaaba das älteste Haus der Welt ist, und dass sie von Engeln erbaut wurde, lässt sich ganz einfach widerlegen, indem man diverse muslimische Texte wie Tafsir Al-Lebab von Ibn 'Adel Al-'Aanbali, Band 4, Seite 225 liest:

وعن علي : أن رجلا قال له : هو أول بيت؟ قال : لا ، كان قبله بيوت ، أول بيت وضع للناس ، مباركا ، فيه الهدى والرحمة والبركة ، أول من بناه إبراهيم ، ثم بناه قوم من العرب من جرهم ، ثم هدم ، فبنته العمالقة ، وهم ملوك من أولاد عمليق بن سام بن نوح ، ثم هدم فبناه قريش .

Ali zufolge sprach ein Mann zu ihm: „Dies ist das erste Haus?" Ali antwortete: „Nein, es gab schon Häuser davor, doch es ist das erste Haus, das für die Menschheit gebaut worden ist. Und ihm wohnen Rechtleitung, Gnade und Segnung inne. Und zuerst hat es Abraham gebaut, dann das Volk der Araber, von denen der Stamm Jurhum ist. Dann wurde es zerstört, daraufhin wurde es von den Riesen wieder erbaut, die Könige von den Kindern von Amliq, dem Sohn Sams, dem Sohn Noahs sind. Und dann wurde es erneut zerstört und vom Stamm der Quraisch auf ein Neues erbaut."

Der Grund aus dem ich dir zeige, wie und was die Muslime über ihre Kaaba denken, ist der, dass ich dir damit ein Verständnis dafür geben möchte, wieso sie glauben, dass sie heilig ist.

Beachte hierbei, dass solange sie zustimmen, dass die Kaaba mehrere Male wieder erbaut wurde, so somit auch zustimmen, dass sie mehrere Male zerstört wurde! Gleichzeitig aber behauptet der Koran, dass Allah die Kaaba immer vor der Zerstörung bewahrt hat. So heißt es der Geschichte in der Sure Der Elefant (Koran Sure 105:1-5):

- Hast du nicht gesehen, wie dein Herr mit dem Elefantenvolk vorging?
- Hat er ihren Plan nicht scheitern lassen?
- Und er schickte eine Armee von kämpfenden Vögeln gegen sie;
- Die Steine aus gehärtetem Ton auf sie warfen;
- Und machte sie gleich Grashalmen, die von Vieh aufgefressen worden sind.

Diese Geschichte handelt von einer christlichen Armee, die vom Äthiopischen König unter dem Kommando von Abraha (einem christlichen Herrscher aus dem Jemen) entsandt wurde, die Kaaba zu zerstören. Allah ließ kämpfende Vögel auf diese Armee los, die mit tausenden von Elefanten bewaffnet war. Die Muslime selbst nennen das Jahr, indem sich dieser Vorfall ereignet haben soll, das Jahr des Elefanten (570 n. Chr.). Wie wir an der Jahresangabe sehen können, soll sich diese Geschichte nicht allzu lang vor Mohammeds Geburt zugetragen haben. Und sie ergibt nicht viel Sinn. Sehen wir uns die Geschichte gemeinsam an und finden wir heraus, warum.

Auf der Arabischen Halbinsel hat es niemals irgendwelche Elefanten gegeben.

Im Jemen auch nicht. Die einzige Erklärung hierfür lautet, dass Elefanten über das Rote Meer ins heutige Saudi Arabien gebracht wurden! Das kann unmöglich sein: Niemand zur damaligen Zeit konnte eine derart große Menge an großen Schiffen bauen, um damit hunderte, geschweige denn tausende von Elefanten – wie die Geschichte es behauptet – transportieren zu können!

Sollen wir annehmen, dass der Armee Transportflugzeuge zur Verfügung standen, mit denen die Elefanten sicher in den Jemen eingeflogen wurden?

Wie hätte man die Elefanten in der Wüste füttern sollen? Ein ausgewachsener Elefant kann in der Regel am Tag 140-270 Kilogramm Nahrung zu sich nehmen. Und diese Angaben können variieren, je nachdem, wie viel Energie der Elefant am Tag verbraucht. Je weniger ein Elefant zu tun hat, umso weniger Nahrung muss er am gleichen Tag zu sich nehmen. Allerdings müssten sie bei so einem anstrengenden Unterfangen mehr fressen als sonst immerhin laufen sie durch eine sehr heiße Wüste und müssen dabei all die schwere Kriegsausrüstung und/ oder die Soldaten auf ihren Rücken tragen. Du musst wissen, dass sobald man den Jemen verlässt, einen nichts weiter als Wüste erwartet. Kein Grün weit und breit. Nichts! Also wäre die einzige Möglichkeit, die Elefanten da über mehrere Tage hinweg durchzubringen gewesen, auch noch das ganze benötigte Futter für all diese Elefanten von ihnen tragen zu lassen. Das wäre allerdings auch unmöglich, da jeder Elefant gerade genug Futter für vielleicht einen Tag mit sich tragen könnte!

Dann kommt das Problem mit dem Wasser. Wie will man den von den Elefanten benötigten Wasserbedarf abdecken? Elefanten verbrauchen gut und gerne 200 bis 300 Liter Wasser pro Tag, und ich spreche hier von Elefanten in entsprechend eingerichteten Zoos oder in ihrer natürlichen Umgebung. Die Elefanten in unserer Geschichte hier brauchen viel mehr Wasser, schließlich wandern sie durch eine der heißesten, trockensten Wüsten überhaupt. Wie bitte soll die Armee sie mit genug Wasser zu trinken versorgen?

Woher bekommen die Elefanten genug Wasser, um sich abzukühlen? Wie wir wissen, schwitzen Elefanten nicht, und darum müssen sie sich entweder mit Wasser bespritzen oder den ganzen Tag im Wasser verbringen, um so ihren Körper bei hohen Temperaturen abzukühlen. Bedenke, dass in der Wüste Saudi-Arabiens nicht einmal Bäume zu finden sind. Die Elefanten haben also nicht einmal genug Schatten, um sich ein bisschen vor der Sonne während der Reise zu schützen. Wozu braucht der König die Elefanten überhaupt? Zwei Männer würden ohne weiteren Beistand die Kaaba locker zerstören können. Sogar ein einzelner Mann würde das schaffen! Einen Hohlraum zu zerstören erfordert nicht viel Mühe. Zur damaligen Zeit bestand die Kaaba nicht aus widerstandsfähigem Material wie etwa Zement!

Vielleicht war dieser Äthiopische König ein Narr. Ein Afrikaner, der noch nie zuvor in der Hitze stand oder in der Wüste war! Wenn die Kaaba schon mehrere Male zuvor von Menschen zerstört worden war, und die Muslime stimmen uns hierbei auch – wie bereits gezeigt – zu, warum will Allah sie dann ausgerechnet dieses Mal vor der Zerstörung bewahren? Die Muslime sagen vielleicht, dass die

Kaaba vom Wind oder von einem Erdbeben zerstört wurde. Fakt ist aber, dass das nicht stimmt.

Ich werde ein paar sehr ernste Fragen stellen, wenn an dieser letzten Aussage etwas dran ist.

WO WAR ALLAHS ARMEE?

Islamisches Jahr 63, 682 n. Chr., griff Yezed Ibn Mo'awiah die Kaaba an, angeführt vom Muslim Ibn 'Oqbah und seiner Armee. Um Abdulah Ibn Al Zubier zu bekämpfen, griffen sie Mekka und die Kaaba mit Katapulten an und machten dabei die Kaaba dem Erdboden gleich, als Abdulah Ibn Al Zubiers Männer in der Kaaba Zuflucht vor den Angreifern suchten!

Einige Jahre später, im Jahr 692 n. Chr., im islamischen Jahr 73, entsandte Abed Al-Malik Ibn Mrwan einen Mann namens Al-Hajah Ibn Yousef Al Saqafi, um Abdulah Ibn Al Zubier zu töten, weil man wegen seinen Männern gezwungen war, während des letzten Angriffs auf Mekka die Kaaba zu zerstören. Allerdings wurde die Kaaba in weniger als Zehn Jahren erneut zerstört, während derselbe Mann (Abdulah Ibn Al Zubier) ein weiteres mal bekämpft wurde. Seine Männer suchten auch dieses Mal in der Kaaba Zuflucht vor dem Feind, und er (Al-Hajah) zerstöre die Kaaba wieder mit einem Katapultangriff!

Im Buch von Ibn Kathir, Al-Bidaiah & Nihayiah, Band 11, auf den Seiten 135 und 137, sowie dem Buch von Ibn Khaldon, islamisches Jahr 312 (929 n. Chr.) Band 2, auf den Seiten 84/258 steht:

حيث هاجموا الحجاج يوم التروية واستباحوا دماءهم وأموالهم وقتلوهم في جوف الكعبة وقلعوا317هـ باب الكعبة وكسوتها والحجر الأسود وحملوه إلى بلادهم ومكث عندهم اثنتان وعشرون سنة. انظر فضائح الباطنية للغزالي ص تحقيق عبد الرحمن بدوي، وانظر البداية والنهاية، 11/137-135.. وانظر الموسوعة الميسرة في الأديان المعاصرة، الندوة العالمية، مرجع سابق، ص 395. الأعلام، الزركلي، 5/194.

Als Abu Taher Al Qurmty/Qurmoi) aus dem Irak Mekka angriff und dabei mehr als 30.000 Muslime tötete, die Kaaba zerstörte und den allerheiligsten Stein in ihr (den Schwarzen Stein) an sich nahm, behielten er und seine Leute ihn für mehr als 20 Jahre für sich und verwendeten ihn in dieser Zeit als Badezimmerstein (sie urinierten auf den schwarzenStein). Obendrein, während seine Männer mit der Zer-

störung der Kaaba beschäftigt waren, rief er zum Himmel: „Ich bin der Schöpfer! Wo sind deine Vögel, Allah? Wo bist du, Allah?" Der Schwarze Stein kehrte nicht zur Kaaba zurück, bis der Kalif der Fatmeen (الخليفة المنصور بن المعز لدين الله), Al-Mansour Le Deen Allah Al-Fatimy, eingriff, und sie (die Al-Qaramita) freundlich darum bat, ihm den Schwarzen Stein zu geben.

Die gleiche Geschichte findet man in Al-Mausu'a Al-'Alamia Al-Misarah Fe Al Adian, auf Seite 395, und im Buch von Al-'Alam, Band 5, von Al-Zarkaly auf Seite 194.

Das wichtige und besondere an Abu Taher Al-Qurmty ist, dass er die Lügen des Koran entlarvt hat. Nicht nur durch die Zerstörung der Kaaba, sondern auch, indem er Allah herausforderte, als er rief: „Wo ist Allah? Wo sind die mit Steinen bewaffneten Vögel?" Als wolle er folgendes:

- Zeigen, dass an der Kaaba nichts heilig ist. Zeigen, dass der Koran ein Märchenbuch voller Legenden und erfundener Märchen ist.
- Beweisen, dass Muslime Götzen anbeten, die vollkommen nutz- und harmlos sind.
- Demonstrieren, dass der Schwarze Stein nichts weiter als ein Meteorit ist, den die Araber bereits lange vor dem Islam verehrt haben. Sie beteten oft solche vom Himmel gefallene Steine an, weil sie glaubten, dass sie von ihrem Gott kamen. Später wurde der Schwarze Stein in eine silberne Einfassung gelegt, die dem äußeren Erscheinungsbild einer Vagina nachempfunden ist.
- Allah tat absolut gar nichts, um seinen allerheiligsten Stein zu beschützen, und genauso wenig drängte er die Muslime dazu, Krieg zu führen, um ihn zurückzuerlangen. Erst auf eine Bitte ihrerseits hin wurde der Schwarze Stein den Muslimen zurückgegeben.Dem Ganzen füge ich noch diese eine einfache Frage hinzu: Warum verteidigte Allah die Kaaba, als die Elefantenarmee anrückte? Bedenke, dass die Kaaba zu diesem Zeitpunkt:

1. Nicht heilig war, denn in ihr wimmelte es nur vor Götzen.
2. Nicht den Muslimen gehörte.
3. Kein Ort des Gebets war – Sondern lediglich ein Wirtschaftsstandort!
4. Von Allah beschützt wurde, als die Kaaba unrein war (beschmutzt von den Ungläubigen und ihren Göttern), er aber nicht einen Finger krumm machte, als sie unter der Kontrolle der reinen, guten Gläubigen war – den Muslimen!
5. Und wo sind heute Allahs Vögel hin? Bisher hat noch keiner von ihnen seinen Kopfausgestreckt!

EINE KAABA ODER VIELE KAABAS?!

Nicht viele wissen, dass es dereinst 26 Kaabas auf der Arabischen Halbinsel gab, und dass die mekkanische Kaaba nur eine davon war. Eine von vielen. An ihr gab es nichts Besonderes.Wusstest du, dass jede dieser Kaabas über einen eigenen Heilgen Stein gebaut wurde, und dass sie alle einander in Größe und Gewicht exakt glichen? Sahih Al-Bukhari, Buch von Al Magazi, Hadtih 4117:

4117 حدثنا الصلت بن محمد قال سمعت مهدي بن ميمون قال سمعت أبا رجاء العطاردي يقول كنا نعبد الحجر فإذا وجدنا حجرا هو أخير منه ألقيناه وأخذنا الآخر فإذا لم نجد حجرا جمعنا جثوة من تراب ثم جئنا بالشاة فحلبناه عليه ثم طفنا به فإذا دخل شهر رجب قلنا منصل الأسنة فلا ندع رمحا فيه حديدة ولا سهما فيه حديدة إلا نزعناه

Abu Raja sprach: „Wir waren es gewohnt, Steine anzubeten. Und wenn wir einen Stein fanden, der besser als der andere Stein war, würden wir mit der Anbetung des alten Steins aufhören und dafür den neuen Stein anbeten."

Aus diesem Hadith entnehmen wir folgendes:

- Steine waren ihre Götter.
- Je hübscher ein Stein für sie aussah, umso mehr gefiel er ihnen. So bestimmten sie, ob er anbetungswürdig war.
- Dieser Stein blieb nicht ewig ihr Gott. Er blieb es nur solange, bis ihnen eventuell ein noch hübscherer Stein zur Verfügung stand.

Der Schwarze Stein ist nicht der einzige Stein, der heilig ist! Sahih Al-Bukhari, Buch 26, Hadith 676:

Ibn 'Umar. Er offenbarte: „Nie habe ich vergessen, die beiden Steine der Kaaba, den Schwarzen Stein und den Jemen-Eckstein, sowohl in der Gegenwart als auch in der Abwesenheit der Öffentlichkeit, zu berühren, seit ich sah, wie der Prophet sie berührt hat. Ich fragte Naf'e: 'Hat Ibn 'Umar sich immer zwischen beiden Stellen hin und her bewegt?' Naf'e antwortete: 'Er lief stets, weil es ihm so leichter fiel, beide Steine zu berühren.'"

Wenn der Islam gegen Götzendienst ist, warum kopierte Mohammed dann die Heiden und ernannte die Kaaba zu einer Gebetsstätte? Wir unterhielten uns bereits – wenn du dich noch daran erinnern kannst – über 'Umar Ibn al-Chattāb, der in Sahih Al-Bukhari, Buch 8, auf Seite 395, sagte:

Buch von 'Ol-It'qan Fee 'Olum Al-Qur'an, Band 1, Seite 137: 'Umar Ibn al-Chattāb sprach: „Mein Allmächtiger stimmt mit mir in drei Dingen überein.Erstens sprach ich: 'O Allahs Apostel, ich wünschte mir du würdest als deine Anbetungsstätte den Ort wählen, an dem Abraham stets betete. So kam die göttliche Eingebung: (Koran Sure 2:125) Und nehmt ihr, die Muslime, die Stätte Abrahams als eure Gebetsstätte ein.

Und Zweitens, so sprach ich zum Propheten Allahs: 'Gute und schlechte Menschen sprechen zu deinen Ehefrauen, deshalb ordne ihnen an, sich zu verschleiern!' Daraufhin sendete Allah das Gebot über das Verschleiern der Frauen hinab (Koran Sure 24:31).Drittens, da stellten sich die Ehefrauen des Propheten gegen ihn, und ich sprach zu ihnen: 'Vielleicht soll sein Herr, der Herr des Propheten, euch von ihm scheiden lassen (alle Ehefrauen des Propheten) und euch mit besseren Ehefrauen austauschen, als ihr es seid.' So wurde der Vers (Koran Sure 66:5) genauso offenbart, wie ich ihn formulierte."

Wenn du dir diesen Hadith genau ansiehst, wirst du feststellen, dass Mohammed versucht hat, die Leute, die die Kaaba liebten, zufriedenzustellen. Für hunderte von Jahren war sie ihre Gebetsstätte. Mohammed wusste, dass er die Muslime zufriedenstellen MUSSTE. Und er wusste auch, dass der Islam mit der Kaaba von einer größeren Bandbreite an Menschen, die ihn eigentlich abgelehnt hätten, angenommen werden würde. Ihm war vollkommen bewusst, dass sie ihre gewohnte Lebensweise nicht einfach so für ihn aufgeben würden!

Es ist zudem eine Tatsache, dass er sie damit nicht bloß zufriedenstellen wollte. Es steckte auch ein wirtschaftlicher Aspekt dahinter. Nachdem Mohammed sämtliche Juden und die anderen Nicht-Muslime in Mekka getötet hatte, waren die Geschäfte in der Stadt praktisch tot. Niemand kam mehr nach Mekka, um zu Handeln oder sonst wie Geld in die Kassen der Stadt zu spülen. Jeder fürchtete sich vor Mohammed und seiner Armee, da jeder (Ungläubige) wusste, dass sie von ihnen getötet werden würden. Mohammed musste den Handel in der Stadt wieder florieren lassen, und da ihm wie so oft gefiel, was 'Umar zu sagen hatte, hatte er schon bald eine großartige Idee.

- Wenn ich Mekka zu einem zentralen Platz in der muslimischen Welt mache, wird die Stadt voll von Besuchern sein, die auf einen Besuch vorbeikommen
- Wenn sie Mekka besuchen, werden sie in Hotels unterkommen und schlafen, und essen und Souvenirs kaufen.
- Gleichzeitig werden sie Dinge mit sich bringen, die sie hier verkaufen werden.

- Dadurch wird die Stadt mehr zu einem Handelszentrum als eine geistliche oder heilige Stätte.
- Obendrein wird diese Entscheidung Mohammeds Stamm die Macht und Oberhand über alle Araber geben.
- Um all diese Punkte zu stützen, wenden wir uns an den Koran und sehen selbst, dass es Mohammed nicht wirklich um die Kaaba, sondern ums Geld ging. In Koran Sure 2:142 lesen wir:

سَيَقُولُ السُّفَهَاءُ مِنَ النَّاسِ مَا وَلَّاهُمْ عَنْ قِبْلَتِهِمُ الَّتِي كَانُوا عَلَيْهَا قُلْ لِلَّهِ الْمَشْرِقُ وَالْمَغْرِبُ يَهْدِي مَنْ يَشَاءُ
إِلَى صِرَاطٍ مُسْتَقِيمٍ

Die dummen Narren unter dem Volk werden sprechen: „Was haben sie die gewohnte Qibla (die Gebetsrichtung, zu dieser Zeit wurde in Richtung Jerusalem Gebetet) geändert?" Sprich: „Ob der Osten oder der Westen, alle Richtungen zeigen zu Allah: Er leitet wen er will auf den richtigen Weg."

Wie wir hier sehen können, hatte Mohammed bereits eine Richtung, in die er betete. Von dem Tag an, an dem er von sich behauptete, ein Prophet zu sein, betete er stets in Richtung Jerusalem. Obwohl in diesem Vers steht, dass eine genaue Gebetsrichtung nicht wirklich benötigt wird!

Wie der Vers uns sagt, ist es egal, in welche Richtung man betet. Alle Richtungen zeigen zu Allah. Warum soll man dann ausgerechnet in Richtung Mekka beten? Im nächsten Vers versucht Mohammed dann zu erklären, warum er die Gebetsrichtung geändert hatte. Einige machten sich über ihn lustig, weil er ständig die Gebetsrichtungen änderte.

Koran Sure 2:143:

وَكَذَٰلِكَ جَعَلْنَاكُمْ أُمَّةً وَسَطًا لِتَكُونُوا شُهَدَاءَ عَلَى النَّاسِ وَيَكُونَ الرَّسُولُ عَلَيْكُمْ شَهِيدًا وَمَا جَعَلْنَا الْقِبْلَةَ الَّتِي
كُنْتَ عَلَيْهَا إِلَّا لِنَعْلَمَ مَنْ يَتَّبِعُ الرَّسُولَ مِمَّنْ يَنْقَلِبُ عَلَى عَقِبَيْهِ وَإِنْ كَانَتْ لَكَبِيرَةً إِلَّا عَلَى الَّذِينَ هَدَى اللَّهُ
وَمَا كَانَ اللَّهُ لِيُضِيعَ إِيمَانَكُمْ إِنَّ اللَّهَ بِالنَّاسِ لَرَءُوفٌ رَحِيمٌ

Und so machten wir euch zu einer mittelgroßen, gerecht-gesinnten Nation, dass ihr Augenzeugen für das Volk sein mögt und der Gesandte ein Augenzeuge für euch sein möge. Und wir legten das, was ihr die Qibla (Gebetsrichtung) nennt, nur neu fest,um den, der dem Gesandten folgt, unterscheiden zu können von dem, der sich auf seinenFersen umdreht. Und das war gewiss schwer, außer für jene, die Allah rechtgeleitet hat; und Allah will euren Glauben nicht wertlos sein lassen, denn gewiss ist Allah barmherzig, gnädig, zu den Menschen.

Der Vers sagt: Der Grund, weshalb die Gebetsrichtung von Jerusalem nach Mekka geändert wurde war, die Muslime so von den Nicht-Muslimen zu unterscheiden. Da stimmt doch etwas nicht. Ganz und gar nicht!

Beachte mit mir, dass das bedeuten würde, dass die Kaaba überhaupt keine Heilige Stätte ist. Sie hilft Allah lediglich dabei herauszufinden, wer Muslim ist und wer nicht!

Wenn das so ist, warum sagt Allah, dass wir unrein sind und (als Nicht-Muslime) die Stadt Mekka nicht länger betreten dürfen, obwohl sie nicht im Geringsten heilig ist? Warum küsste Mohammed den Schwarzen Stein, wenn die Kaaba nicht heilig ist? Ist die Kaaba nicht heilig, ist der Schwarze Stein auch nicht heilig, und die Kaaba hat keinerlei Nutzen oder Bedeutung. Das gleiche gilt für die Haddsch (Pilgerfahrt nach Mekka).

Wenn die Ungläubigen und Götzendiener zur Kaaba beten würden, und die Muslime dasselbe tun, wie wollen wir anhand dessen sagen, wer von diesen Leuten ein Muslim ist?

Offensichtlich handelt es sich hierbei um eine faule Ausrede, die nicht einmal gut durchdacht ist. Und der nächste Vers zeigt uns, dass derjenige, der sich diese Ausrede ausgedacht hatte, nicht sonderlich clever war. Koran Sure 2:144:

قَدْ نَرَى تَقَلُّبَ وَجْهِكَ فِي السَّمَاءِ فَلَنُوَلِّيَنَّكَ قِبْلَةً تَرْضَاهَا فَوَلِّ وَجْهَكَ شَطْرَ الْمَسْجِدِ الْحَرَامِ وَحَيْثُمَا كُنْتُمْ
فَوَلُّوا وُجُوهَكُمْ شَطْرَهُ وَإِنَّ الَّذِينَ أُوتُوا الْكِتَابَ لَيَعْلَمُونَ أَنَّهُ الْحَقُّ مِنْ رَبِّهِمْ وَمَا اللهُ بِغَافِلٍ عَمَّا يَعْمَلُونَ

Wir sahen dich (Mohammed) oft dein Gesicht auf der Suche nach Lösungen wenden. Nun werden wir es in eine Richtung leiten, die dir gefallen soll. So wende dein Gesicht in die Richtung der geschützten Moschee. Wo immer ihr seid, wendet euer Gesicht in diese Richtung. Die Leute der Schrift wissen genau, dass dies die Wahrheit ihres Herrn ist, und Allah ist sich ihres Tuns nicht unbewusst.

- Guck mal! Allah hat Mohammed zufriedengestellt! Es war Mohammeds Wunsch, ʻUmars Idee zu kopieren.
- Mohammed suchte nach einer Lösung. Was für ein Problem wollte er denn lösen? Die Muslime haben sich nie über die Gebetsrichtung beschwert. Ihre Gebetsrichtung stand schon lange fest!
- Allah wählte eine Richtung aus, die jeder bereits gewohnt war!
- Die Gebetsrichtung, die sie bereits hatten, und die Gebetsrichtung, die Allah später bestimmte, waren ein und dieselbe. Sie machten es also schon lange richtig. Es war Mohammed, der es eine Zeit lang falsch machte, indem er in Richtung Jerusalem betete!

- Obendrein sagt uns der Vers, dass Mohammed es bereits gewohnt war, zur Kaaba zu beten, was heißt, dass er sein ganzes Leben lang ein Götzendiener war. Er tat, was auch sein

Stamm schon seit jeher tat, bevor er sich zum Propheten Allahs ernannte.

DER SCHWARZE STEIN IM ISLAM

Um einige Hintergrundinformationen zu erhalten, werfen wir einen kurzen Blick darauf, wie Mohammed eine neue Religion schuf, indem er diverse andere, ältere Glaubenssysteme und Religionen miteinander vermischte. Sahih Al-Bukhari, Buch 26, Hadith 679 erzählt uns:

صحيح البخاري - كِتَاب الْحَجِّ - سعى النبي صلى الله عليه وسلم ثلاثة أشواط ومشى أربعة
ص 582 - »1528 حَدَّثَنَا سَعِيدُ بْنُ أَبِي مَرْيَمَ أَخْبَرَنَا مُحَمَّدُ بْنُ جَعْفَرٍ بْنِ أَبِي كَثِيرٍ قَالَ أَخْبَرَنِي زَيْدُ -«
بْنُ أَسْلَمَ عَنْ أَبِيهِ أَنَّ عُمَرَ بْنَ الْخَطَّابِ رَضِيَ اللَّهُ عَنْهُ قَالَ لِلرُّكْنِ أَمَا وَاللَّهِ إِنِّي لَأَعْلَمُ أَنَّكَ حَجَرٌ لَا تَضُرُّ
وَلَا تَنْفَعُ وَلَوْلَا أَنِّي رَأَيْتُ النَّبِيَّ صَلَّى اللَّهُ عَلَيْهِ وَسَلَّمَ اسْتَلَمَكَ مَا اسْتَلَمْتُكَ فَاسْتَلَمَهُ ثُمَّ قَالَ فَمَا لَنَا وَلِلرَّمَلِ
إِنَّمَا كُنَّا رَاءَيْنَا بِهِ الْمُشْرِكِينَ وَقَدْ أَهْلَكَهُمْ اللَّهُ ثُمَّ قَالَ شَيْءٌ صَنَعَهُ النَّبِيُّ صَلَّى اللَّهُ عَلَيْهِ وَسَلَّمَ فَلَا نُحِبُّ أَنْ
نَتْرُكَهُ

Es wird von Zaid's Bin Islam bestätigt, dass sein Vater sprach: *„Ich sah, dass 'Umar Ibn al-Chattāb den Schwarzen Stein küsste, und er zum Stein sagte, während er ihn küsste: 'Hätte ich Allahs Apostel dich (den Schwarzen Stein) nicht küssen sehen, hätte ich dich niemals geküsst.'"*

Sahih Al-Bukhari, Buch 26 (Haddsch), Hadith 1520, Arabische Druckauflage:

صحيح البخاري - كِتَاب الْحَجِّ - بَاب مَا ذُكِرَ فِي الْحَجَرِ الْأَسْوَدِ بَاب مَا ذُكِرَ فِي الْحَجَرِ الْأَسْوَد **1520**
حَدَّثَنَا مُحَمَّدُ بْنُ كَثِيرٍ أَخْبَرَنَا سُفْيَانُ عَنْ الْأَعْمَشِ عَنْ إِبْرَاهِيمَ عَنْ عَابِسِ بْنِ رَبِيعَةَ عَنْ عُمَرَ رَضِيَ اللَّهُ
عَنْهُ أَنَّهُ جَاءَ إِلَى الْحَجَرِ الْأَسْوَدِ فَقَبَّلَهُ فَقَالَ إِنِّي أَعْلَمُ أَنَّكَ حَجَرٌ لَا تَضُرُّ وَلَا تَنْفَعُ وَلَوْلَا أَنِّي رَأَيْتُ النَّبِيَّ
صَلَّى اللَّهُ عَلَيْهِ وَسَلَّمَ يُقَبِّلُكَ مَا قَبَّلْتُكَ

Muhammad Ibn Kathir und Sufian überliefern von Ibrahem, der von 'Abe's Bin Rabi'ah folgendes über 'Umar berichtet: „*'Umar stellte sich vor den Schwarzen Stein und küsste ihn, und er sprach: 'Ich weiß, dass du nur ein Stein bist und niemandem weder Gutes noch Schlechtes zuteilwerden lassen kannst. Hätte ich Allahs Apostel dich nicht küssen sehen, hätte ich dich unter keinen Umständen geküsst.'"*
Wie wir hier sehen können, gefiel es 'Umar nicht, den Stein zu küssen, denn den Stein zu küssen ist eine heidnische Praktik. Doch ihm blieb keine Wahl, denn Big Boss Mohammed tat das ja auch!

'Umar sagte sogar, dass der Schwarze Stein weder Gutes noch Schlechtes bringt, er alsoharm- und nutzlos ist. Doch Mohammed stand dem anders gegenüber.

Demnach wusste 'Umar, dass Mohammed ein Lügner und kein Prophet war. Mohammed sagte in Al-Tirmidhi, Hadith 877, auf Seite 226:

سنن الترمذي - كِتَاب الْحَجّ عَنْ رَسُولِ اللَّهِ صَلَّى اللَّهُ عَلَيْهِ وَسَلَّمَ - بَاب مَا جَاءَ فِي فَضْلِ الْحَجَرِ الْأَسْوَدِ وَالرُّكْنِ وَالْمَقَامِ «- ص 226 - »بَاب مَا جَاءَ فِي فَضْلِ الْحَجَرِ الْأَسْوَدِ وَالرُّكْنِ وَالْمَقَامِ
877 حَدَّثَنَا قُتَيْبَةُ حَدَّثَنَا جَرِيرٌ عَنْ عَطَاءِ بْنِ السَّائِبِ عَنْ سَعِيدِ بْنِ جُبَيْرٍ عَنْ ابْنِ عَبَّاسٍ قَالَ قَالَ رَسُولُ اللَّهِ صَلَّى اللَّهُ عَلَيْهِ وَسَلَّمَ نَزَلَ الْحَجَرُ الْأَسْوَدُ مِنْ الْجَنَّةِ وَهُوَ أَشَدُّ بَيَاضًا مِنْ اللَّبَنِ فَسَوَّدَتْهُ خَطَايَا بَنِي آدَمَ قَالَ وَفِي الْبَاب عَنْ عَبْدِ اللَّهِ بْنِ عَمْرٍو وَأَبِي هُرَيْرَةَ قَالَ أَبُو عِيسَى حَدِيثُ ابْنِ عَبَّاسٍ حَدِيثٌ حَسَنٌ صَحِيحٌ

„Dieser Schwarze Stein kam vom Himmel zu uns herab und er war weißer als Milch, doch die Sünden und Fehler der Menschheit ließen ihn schwarz werden.“

Hier steht: Mohammed behauptete, dass der Schwarze Stein vom allmächtigen Gott ist und von ihm herabgesandt wurde. Ebenso sagte er, dass der Schwarze Stein eine Funktion hatte, nämlich die Sünden der Menschheit in sich aufzunehmen. Er meinte, dass der einst weiße Stein im Lauf der Zeit durch die aufgenommenen Sünden schwarz wurde! 'Umars zögern zeigt uns, dassMohammeds Geschichte nicht allzu überzeugend war, doch er akzeptierte sie nichtsdestotrotz, um so die Gunst seines Bandenführers Mohammed zu erlangen. Nur einer von ihnen kann hier mit seinem Standpunkt richtigliegen, nicht beide. Ich denke, dass wir uns alle einig sind, dass 'Umar hierbei einmal richtiglag.

Mohammed behauptete sogar, dass der Schwarze Stein ursprünglich ein weißer Rubin war, und dass er Allah gegenüber Zeugnis für die Sünde jedes einzelnen Muslims ablegen wird. Das sehen wir in Sunan Al-Tirmidhi, Hadith 961, auf Seite 294:

سنن الترمذي - كِتَاب الْحَجّ عَنْ رَسُولِ اللَّهِ صَلَّى اللَّهُ عَلَيْهِ وَسَلَّمَ - بَاب مَا جَاءَ فِي الْحَجَرِ الْأَسْوَدِ «- ص 294 - »بَاب مَا جَاءَ فِي الْحَجَرِ الْأَسْوَدِ
961 حَدَّثَنَا قُتَيْبَةُ عَنْ جَرِيرٍ عَنْ ابْنِ خُثَيْمٍ عَنْ سَعِيدِ بْنِ جُبَيْرٍ عَنْ ابْنِ عَبَّاسٍ قَالَ قَالَ رَسُولُ اللَّهِ صَلَّى اللَّهُ عَلَيْهِ وَسَلَّمَ فِي الْحَجَرِ وَاللَّهِ لَيَبْعَثَنَّهُ اللَّهُ يَوْمَ الْقِيَامَةِ لَهُ عَيْنَانِ يُبْصِرُ بِهِمَا وَلِسَانٌ يَنْطِقُ بِهِ يَشْهَدُ عَلَى مَنْ اسْتَلَمَهُ بِحَقٍّ قَالَ أَبُو عِيسَى

Überliefert von Qutiba, der es von Jareer hörte, der ihm dies wiederum von 'Ibn Abbas überbrachte. „Der Prophet sprach, dass der Schwarze Stein am Jüngsten Tag von Allah erweckt wird, denn er ist ein lebendiges Wesen! Er hat Augen, mit denen er sieht, und Ohren, mit denen er hört! Dazu hat er eine Zunge, mit der er (der Stein) Zeugnis ablegt und die Wahrheit spricht über jeden einzelnen, der ihn in den Händen hielt.“

Wo sind die Muslime, die sich zu dieser Geschichte äußern? Ich habe noch kein einziges Video zu diesem Thema gesehen und noch keine Aussage von muslimischer Seite gehört, die mit dem wissenschaftlichen Aspekt hinter dem sprechenden Stein mit Augen und Ohren zu tun hat! Das liegt daran, dass die Muslime sich einfach Aussuchen, was ihnen gefällt, um den Islam gut aussehen zu lassen, nur um uns so zum Narren zu halten. Wenn Mohammed von der Wissenschaft spricht, ist er für die Muslime dann abwechselnd mal ein Genie und zu einem anderen Zeitpunkt mal eine absolut hohle Niete? Sieht so aus. Tatsache ist: Wenn Mohammed mal mit seinen Behauptungen richtiglag, dann nur, weil er die entsprechenden Behauptungen aus anderen Büchern entnommen hatte.

Woher hatte Mohammed die Vorstellung, dass Steine sprechen, die Sünden der Menschen in sich aufnehmen und für den allmächtigen Gott arbeiten?

LAUT KORAN KOMMT DAS GESAMTE PROPHETENTUM VON JAKOB (ISRAEL). GEHÖRTE MOHAMMED ZUM PROPHETENTUM?

Koran Sure 45:16:

Und wahrlich gaben wir den Kindern Israels die Schrift und die Herrschaft und das Prophetentum, und versorgten sie mit der köstlichen Speise und bevorzugten sie gegenüber dem gesamten Rest der Menschheit.

Mohammed gehört nicht zu den Kindern Israels.

Der Vers sagt deutlich, dass Allah den Kindern Israels die Herrschaft und das Prophetentum zuteilwerden ließ. Du musst bedenken, dass mit den Kindern Israels die Kinder Jakobs, wie in 1. Mose 32:29, gemeint sind: Da sprach er: *Dein Name soll nicht mehr Jakob sein, sondern Israel; denn du hast mit Gott und Menschen gekämpft und hast gewonnen!*

Muslime könnten sagen, dass Allah hierbei nur über Israel spricht und deshalb weitere, unwichtige Details außen vor lässt. Wenn man aber das ganze Kapitel liest, stellt man fest, dass Mohammeds Gott diese Behauptung über Israel ohne jeglichen Sinn und Grund herauskramt. Wenn Allah schließlich selbst wusste, dass sich das Prophetentum nicht auf die Kinder Jakobs (Israels) beschränkt, warum sagt er dann gleichzeitig das absolute Gegenteil? Besonders, wenn man bedenkt, dass die Muslime an viele Propheten glauben, die nicht einmal Araber sind, wie Alexander der Große oder die Propheten Idris, Saleh und Shuyeb. Mohammed hingegen ist dafür Araber, aber kein Israeli. Hat Allah also doch nicht allein den Kindern Israels das Prophetentum zuteilwerden lassen?

Der Vers ist demnach nicht nur ein erwiesener Widerspruch, sondern sagt uns auch, dass Mohammed kein Prophet sein kann. Er gehört nämlich nicht zu den Kindern Isreals. Tatsächlich ist er ihr schlimmster Feind.

Um unseren Punkt besser hervorheben zu können, wenden wir uns an Koran Sure 29:27: *Und ihm (Abraham) gaben wir Isaak und Jakob, und ließen ohne Ausnahme einzig seinen Nachfahren das Prophetentum und die Offenbarung zuteilwerden...*

An dieser Stelle können Muslime an der Übersetzung herumspielen, so viel sie möchten.Doch letzten Endes ist es so unleugbar deutlich, vom wem das Prophetentum kommt und wer das Prophetentum ausmacht: Die Nachfahren von Isaak und die Nachfahren von Jakob.

Eine weitere Koranstelle, die hierbei Abhilfe schafft, ist Koran Sure 37:112-113:

112 Abraham gaben wir die frohe Kunde von Isaak, der ein Prophet sein wird, einer der Rechtschaffenen.
113 Wir segneten ihn und Isaak, und unter seinen Nachkommen und derer Nachfahren sind solche, die unveränderbar gut sind und solche, die ihren Seelen gegenüber schlechtes tun.

Wenn Ismael älter als Isaak und Jakob ist, und dazu noch ein Prophet, warum vergisst Allah hier, seinen Namen zu erwähnen? Der Vers würde dem islamischen Glauben gegenüber wesentlich akkurater sein, wenn Allah hier den Namen Ismael einsetzen würde. Eine ganz einfache Frage: Warum steht er hier nicht? Ismael ist Abrahams ältester Sohn.Ismael ist laut Islam ein Prophet. Muslime behaupten, dass Mohammed ein direkter Nachfahre Ismaels ist. Ich stimme mit dieser Behauptung nicht im Geringsten überein, aber komme den Muslimen mal entgegen und sage: Wenn Ismael derart wichtig ist, warum vergisst Allah in einem Vers nach dem anderen – wirklich Vers für Vers – zu erwähnen, dass es ihn überhaupt gibt? Viel später aber sendete er einen Vers herab, in dem es heißt: „Oh, Ismael ist auch ein Prophet!“Mohammed kann gar kein Nachfahre Ismaels sein. Traurigerweise gibt es leider sogar einige Christen, die denken, dass er von Ismael abstammt. Das ist eine absolute Unwahrheit. Sie wiederholen und geben mit dieser Behauptung lediglich das preis, was sie von jemand anderem – ohne groß nachzudenken – aufgeschnappt haben. Dabei gibt es hierfür eine ganz einfache Erklärung:

- Die Araber gab es bereits vor Ismael. Wie kann er also ihr Vorvater sein?
- Abraham ist Aramäer. Hagar war Ägypterin. Ihr Sohn ist Araber?
- Selbst die muslimischen Bücher (Buch von Al-Sirah Al-Nabwiah von Ibn Hisham, Band 1, Seite 5) sagen, dass Ismael eine Tochter vom Stamm Jurhum (den Muslimen zufolge war ihr Name Ra'lah, Tochter von 'Amro Al-Johrimy). Die Jurhum wurden 400 Jahre vor dem Beginn des Islam zu Christen (Buch von Al-Agani, 13:109). Mohammed ist nicht von diesem Stamm, und somit kann er auch nicht von Ismael abstammen.
- vielzählig wie die Sterne am Himmel oder den Sand am Ufer des Meeres machen wird?" 1. Mose 22:

Darum will ich dich reichlich segnen und deinen Samen mächtig mehren, wie die Sterne am Himmel und wie den Sand am Ufer des Meeres; und dein Same soll das Tor seiner Feinde in Besitz nehmen...

Doch sie vergessen, dass die richtigen Araber von heute (und nicht nur die, die lediglich die arabische Sprache sprechen) in ihrer Gesamtzahl nicht einmal 40 Millionen Menschen ausmachen. Sind die Indonesier Araber? Sind es die Pakistaner? Oder viele andere Völker, die wir jetzt nennen könnten? Es handelt sich hierbei also um eine vollkommen falsche Information, die in unseren Kirchen propagiert wird. Und frage dich obendrein mal, wieso Mohammed so dringend als Nachfahre Ismaels gelten wollte. Ganz einfach: Er wollte eine legitime, rechtsgültige Verwandtschaft und Verbindung zum Stammvater der Propheten haben, um so eine legitime, rechtsgültige Behauptung aufstellen zu können.

Mohammed sagte in Sahih Al-Bukhari, Buch 55, Hadith 596:

Überliefert von Ibn 'Umar: „Der Prophet sprach: 'Der ehrbare Mann ist der Sohn des ehrbaren Mannes, dem Ehrbaren, der wie der ehrbare Josef ist, der Sohn Jakobs, der Sohn Isaaks, der Sohn Abrahams.'"

Fällt dir auf, dass Mohammed hier den Namen Ismaels nicht erwähnt? Tatsächlich öffnet dieser Hadith vielen weiteren Fragen dir Tür!

Der ehrbare Mann ist der Sohn des ehrbaren Mannes..." Wie du siehst, denkt Mohammed manchmal – oder eher meistens – nicht gründlich genug über seine eigenen Worte nach. Sehen wir uns Sahih Al-Bukhari, Buch 55, Hadith 596 noch einmal an:

Überliefert von Ibn 'Umar: „Der Prophet sprach: 'Der ehrbare Mann ist der Sohn des ehrbaren Mannes, dem Ehrbaren, der wie der ehrbare Josef ist, der Sohn Jakobs, der Sohn Isaaks, der Sohn Abrahams.'"

Mohammed zufolge muss man, um ehrbar zu sein, der Sohn einer ehrbaren Person sein.Mohammed hat scheinbar vergessen, dass sein ernannter Vater und seine Mutter beide Heiden waren, und Allah die Heiden unrein und schmutzig nennt. Bedenke, dass das Wort „ehrbar" nur einen auf den Glauben bezogenen Stellenwert hat. Noch dazu hat Mohammed Ismael in diesem Hadith nicht als ehrbaren Sohn erwähnt.Werfe einen Blick auf Koran 9:28:

O ihr, die ihr glaubt! Wahrlich, die Heiden sind unrein. Drum lasst sie nach diesem hrem Jahr nicht zur Heiligen Moschee kommen!

Hier sagt uns der Koran, was er über Mohammed denkt, der für seine Familie betete,die Ungläubige waren. Koran Sure 9:113:

Es ist dem Propheten und denen, die glauben, nicht gestattet, für die Vergebung der Ungläubigen zu beten, selbst wenn sie ihre Familienangehörigen sind, denn es wurde deutlich kundgetan, dass diese die Bewohner des Höllenfeuers sind.

Dieser Vers verrät uns vieles. Darunter, dass Mohammeds Eltern im Höllenfeuer brennen, weil sie nicht ehrbar waren. Mohammed kann gar kein ehrbarer Mann sein, schließlich ist er seinen eigenen Worten nach nicht der Sohn eines ehrbaren Mannes. Der Koran – oder Allah – sagt, dass jeder, der der Sohn eines Ungläubigen Mannes ist, als unrein und schmutzig gilt! Das entnehmen wir Sahih Muslim, Buch 001, Hadith 0398:

صحيح مسلم - كِتَاب الْإِيمَانِ - باب بَيَانِ أَنَّ مَنْ مَاتَ عَلَى الْكُفْرِ فَهُوَ فِي النَّارِ وَلَا تَنَالُهُ شَفَاعَةٌ وَلَا تَنْفَعُهُ قَرَابَةُ الْمُقَرَّبِين 203 حَدَّثَنَا أَبُو بَكْرِ بْنُ أَبِي شَيْبَةَ حَدَّثَنَا عَفَّانُ حَدَّثَنَا حَمَّادُ بْنُ سَلَمَةَ عَنْ ثَابِتٍ عَنْ أَنَسٍ أَنَّ رَجُلًا قَالَ يَا رَسُولَ اللهِ أَيْنَ أَبِي قَالَ فِي النَّارِ فَلَمَّا قَفَّى دَعَاهُ فَقَالَ إِنَّ أَبِي وَأَبَاكَ فِي النَّارِ

Anas tat kund: „Wahrlich, ein Einzelner sprach: 'Botschafter Allahs, wo ist mein Vater?' Der Prophet sprach: 'Dein Vater ist im Höllenfeuer.' Als er sich abwandte, rief ihn der Prophet Allahs und sprach: 'Wahrlich, mein Vater und dein Vater sind im Höllenfeuer.'"

Sahih Muslim, Buch 004, Hadith 2129:

Abu Huraira berichtet, dass Allahs Gesandter gesagt hat: „Ich bat Allah um die Erlaubnis, für die Vergebung meiner Mutter zu flehen, doch er weigerte sich, mir dies zu gestatten. Ich suchte ihn um Erlaubnis auf, ihr Grab zu besuchen, und er gestatte mir dies."

Mohammed bat Allah darum, seiner Mutter zu vergeben, die nicht an Allah geglaubt hat.Fällt dir auf, dass er an keiner Stelle um die Vergebung seines Vaters bittet? Er ist seinem leiblichen Vater niemals begegnet, und Fakt ist, dass er niemals wusste, wer sein leiblicher Vater war. Wie sollte er um Vergebung für ihn bitten? Jetzt werden einige sagen: „Nun, 'AbdAllāh war Mohammeds Vater."Wie wir es bereits anderswo in diesem Buch behandelt haben, ist die Wahrheit, dass kein Mensch weiß, wer Mohammeds leiblicher Vater war, und noch dazu kam er ganze vier Jahre nach dem Tod seines angeblichen Vaters ('AbdAllāh) zur Welt. Wer ist denn nun sein Vater?

Diskriminierung und Vorurteil gehen im Islam so weit, dass solange man nicht zu den Muslimen gehört, als unrein und schmutzig gilt! Das geht so weit, dass Nicht-Muslime viele Städte in Saudi-Arabien nicht betreten dürfen. Und sollte man es als Nicht-Muslim doch tun – und wenn es nur ein Versehen ist –, wird man von den Muslimen getötet. Stell dir mal vor es gäbe ein Schild, auf dem steht „Muslimen ist es nicht erlaubt, New York zu betreten, denn sie sind unrein!" Jeder würde sagen, wie unmenschlich die Christen sind. Doch höre ich niemanden, der sich mit so einer Anschuldigung über die Muslime äußert, die genau das tatsächlich tun!

In Johannes 3:16 sagt uns die Bibel: *Denn so sehr hat Gott die Welt geliebt, dass er seinen eingeborenen Sohn gab, damit jeder, der an ihn glaubt, nicht verlorengeht, sondern ewiges Leben hat.*

In den Worten Christi sehen wir, wie er seine Arme nicht bloß für die, die an ihn glaubten, sondern für die ganze Welt öffnete. In Matthäus 5:44 wird uns gelehrt: Ich aber sage euch: Liebt eure Feinde, segnet, die euch fluchen, tut wohl denen, die euch hassen, und bittet für die, welche euch beleidigen und verfolgen...

Vergleiche das mal mit dem „ehrbaren" Menschen, dem die Muslime den Diebstahl von Unterwäsche vorgeworfen haben! Mohammed hat sich nie an die Regeln des Koran gehalten, und nicht einmal an seine eigenen Hadithe (Befehle oder Worte).

MOHAMMED WAR ARABER – WAR ISMAEL EBENFALLS EIN ARABER?

Abraham ist Aramäer + Hagar ist Ägypterin = Ismael ist Araber?

Viele lehren, sogar in unseren Kirchen, dass Ismael ein Araber ist und viele Christen geben diesen Mythos wieder und verbreiten ihn, ohne die genauen Informationen zu untersuchen. Ich werde dir zeigen, dass selbst die Muslime so etwas in ihren Büchern nicht behaupten. Sahih Al-Bukhari, Buch 55, Hadith 583:

„Sie (Ismaels Mutter) lebte so weiter, bis ein Zusammenschluss von Stamm Jurhum oder eine Familie, die zum Stamm Jurhum gehörte, auf sie und ihr Kind traf, während sie (die Jurhumleute) gerade über der Straße von Kada' schritt. Sie folgten der Straße weiter zu einem Teil von Mekka, wo sie einen Vogel sahen, der die Gewohnheit hatte, über Wasser zu fliegen und davon nicht abzulassen. Sie sprachen: 'Der Vogel scheint in einer Schleife über Wasser zu fliegen, und dabei haben wir es selbst erlebt, dass es in diesem Tal kein Wasser gibt.' Sie entsandten einen oder zwei Kundschafter, die eine Wasserquelle fanden, und zurückkehrten, um ihnen über das Wasser zu berichten. Daraufhin begaben sie sich zum Wasser." Der Prophet fügte hinzu: „Ismaels Mutter saß nah am Wasser. Sie fragten sie: 'Gestattest du uns, unserer Zelte hier aufzubauen?' Sie antwortete mit: 'Ja, doch euch wird kein Anspruch auf dieses Wasser gegeben sein.'Sie stimmten ihr zu." Dazu sprach der Prophet noch, dass Ismaels Mutter über diesen Umstand erfreut war, da sie gerne Menschen um sich hatte. Deswegen konnten sie sich dort niederlassen, und riefen ihre Familienangehörigen dorthin, die sich mit ihnen dort niederließen, sodass einige Familien zu dauerhaften Nachbarn Hagars und ihres Kindes wurden. Das Kind (Ismael) wuchs unter ihnen auf und lernte Arabisch von ihnen (dem Stamm Jurhum), und sie mochten ihn, während er heranwuchs. Und als er die Volljährigkeit erreicht hat, verheirateten sie ihn mit einer Frau von ihrem Volk.

- „Das Kind (Ismael) wuchs unter ihnen auf und lernte Arabisch von ihnen (dem StammJurhum)..."
- Er soll Araber sein, spricht aber kein Arabisch!
- Er heiratete eine Frau von ihrem Volk. Macht das seine Kinder also zu Arabern, wie die Mutter?
- Die Antwort lautet: Nein. In der arabischen Tradition gehört man stets zum Vater (und somit auch zum Volk des Vaters) und nicht zur Mutter. Und bedenke, dass diese Geschichte von den Arabern überliefern wird.Das bedeutet, dass Abraham und Hagar – Ismaels Eltern – beide kein Arabisch sprachen. Darum lernte Ismael die Sprache vom Stamm Jurhum. Siehe auch Buch

von Al-Fateh, Band 6, Seite 403, von Al-Hafez Ibn 'Hajer, Beirut im Libanon, 1991er Druckauflage:

قال الحافظ ابن حجر في الفتح
(6/403) قوله (وتعلم العربية منهم) فيه اشعار بأن لسان أمه وأبيه لم يكن عربيا

Er sprach: „Er lerne Arabisch von ihnen (den Jurhum), was uns verrät, dass Ismaels Mutter und Vater beide kein Arabisch gesprochen haben.

Wie alt war Ismael dann, als er anfing, Arabisch zu sprechen? Die Antwort finden wir in vielen islamischen Büchern.

So erfahren wir von Ali (Mohammeds Cousin), durch seine eigenen Worte, im Buch von Sahih Al-Jame', Band 1, auf Seite 435, in Hadith 2581:

أول من فتق لسانه بالعربية المبينة إسماعيل و هو ابن أربع الجزء الأول ص 435عشرة سنة - الشيرازي في الألقاب) عن علي . قال الشيخ الألباني : (صحيح) انظر حديث رقم : 2581 في) صحيح الجامع

Er sprach: „Der erste, der perfektes Arabisch sprach, ist Ismael, und er sprach es im Alter von vierzehn Jahren." Und der Imam Albani sprach: „Dies ist ein authentischer Hadith."

Demzufolge sind sich die Muslime einig und stimmen mir auch zu, dass Ismael nicht arabischer Abstammung ist: Seine Eltern – sowohl seine Mutter als auch sein Vater – sind keine Araber, beide sprechen kein Arabisch, er lernte Arabisch von den Arabern, und er sprach die Sprache erst im Alter von vierzehn Jahren. Wie macht ihn das also zum Araber?!Die wichtige Frage, die wir uns hierbei stellen müssen, ist: Ändert sich die ethnische Zugehörigkeit einer Person, wenn er eine neue Sprache erlernt? Das ist natürlich Quatsch. Einige sagen vielleicht, dass Allah Ismael zum ersten Mann machte, der als Araber galt. Doch wie wir anhand ihrer eigenen Bücher, in denen steht, dass er Arabisch vom Stamm Jurhum beigebracht bekam, bewiesen haben, ist das falsch. Und obwohl sie ihm Arabisch beibrachten, macht ihn das noch lange nicht zu einem Araber.

WER DARF LAUT MOHAMMED ALS ARABER BEZEICHNET WERDEN?

Al-'Khasa'es Al-Kubra, Autor: Al-Seu'ti, Beirut im Libanon, 1985, Band 1, Seite 66:

الكتاب : الخصائص الكبرى المؤلف / أبو الفضل جلال الدين عبد الرحمن أبي بكر السيوطي دار النشر / دار الكتب العلمية - بيروت - 1405هـ - 1985م. عدد الأجزاء / 1 قال رسول الله {صلى الله عليه وسلم} إن الله خلق الخلق فاختار من الخلق بني آدم واختار من بين آدم العرب واختار من العرب مضر واختار من مضر قريشا واختار من قريش بني هاشم واختارني من بني هاشم فأنا من خيار إلى خيار

Der Prophet sprach: „Allah erschuf seine Schöpfung und wählte aus ihr Söhne Adams, und von den Söhnen Adams wählte er die Araber, und von den Arabern wählte er die Mudar (einen Stamm), und von den Mudar wählte er die Söhne des Hasim-Klans, und vom Hasim-Klan wählte er mich, den Besten der Besten.“

Hier haben wir – in Mohammeds eigenen Worten – einen klaren Beweis dafür, dass Allah die Menschheit anhand einzelner Ethnien und Stammeszugehörigkeit in mehrere Gruppen unterteilt. Anhand der Sprache macht er das nicht. Dir ist sicherlich schon der häufige Gebrauch des Wortes„Ibn“ im Arabischen aufgefallen. „Ibn“ bedeutet „Sohn von“. Im letzten Hadith wählte Allah anhand des „Sohnes von“, und nicht anhand der Sprache. Er bestimmt also anhand der Blutlinie – der Abstammung des Einzelnen –, und nicht anhand der Sprache, die er spricht. Demzufolge ist man kein Araber, wenn man die Sprache spricht, sondern, wenn man einen zu 100% arabischstämmigen Vater hat. Das „Ibn“ und der Name des Vaters wird immer dazu verwendet, um die eigene, arabische Abstammung zu bestätigen. Der Name der Mutter ist irrelevant, solange der Vater des Kindes bekannt ist.

Alldem nach kann Ismael nicht als Araber bezeichnet werden, nur weil er ab einem bestimmten Zeitpunkt in seinem Leben Arabisch sprechen konnte: Weder laut der arabischen Tradition noch laut dem islamischen Gesetz, dass Mohammed im zuletzt gezeigten Hadith dargelegt hat.

Und noch etwas: Ismaels zwölf Söhne haben aramäische Namen bekommen. Obwohl er Araber“ sein soll?

1. Mose 25:12-15:

Dies ist die Geschichte Ismaels, des Sohnes Abrahams, den Hagar, Sarahsägyptische Magd, dem Abraham gebar.

Und dies sind die Namen der Söhne Ismaels, nach denen ihre Geschlechter genannt sind: Der Erstgeborene Ismaels: Nebajoth, dann Kedar und Adbeel und Mibsam, Mischma, Duma, Massa, Hadad, Tema, Jetur, Naphisch und Kedma. Und wo haben Ismael und seine Söhne gelebt? 1. Mose 25:16-18:

- Das sind die Söhne Ismaels mit ihren Namen, in ihren Höfen und Zeltlagern, zwölf Fürsten nach ihren Geschlechtern.
- Und Ismael wurde 137 Jahre alt, und er verschied und starb und wurde zu seinem Volk versammelt.
- Sie wohnten aber von Hawila an bis nach Schur, das vor Ägypten liegt, und bis nach Assur hin; gegenüber von allen seinen Brüdern ließ er sich nieder.

Wenn du es für dich selbst doch einmal wissen willst, wo genau Shur liegt, besuche doch mal eine Website, wie z.B. diese, wo du sehen kannst, dass dieses Fleckchen auf der anderen Seite des Roten Meeres liegt und nichts mit Mekka zu tun hat: http://www.bible.ca/archeology/bible-archeology-exodus-route-red-sea-sinai.htm

MOHAMMED UND MORAL

(Mohammed ist bereit, mit jeder muslimischen Frau zu schlafen)

Im Buch von Jame' Alsag'er (Imam Al-Soiuty), in Hadith 2994, sagt Mohammed:

الجامع الصغير للسيوطي حديث رقم2994
عن معاذ قال النبي صلعم أيما امرأة زوجت نفسها من غير ولي فهي زانية.

„Jede Frau, die sie sich einem Mann zur Heirat hingibt und dafür nicht die Erlaubnis ihres Vaters oder des Herren ihres Hauses hat, ist eine Hure!"

Vergleich das mal mit Koran Sure 33:50, wo wir lesen: *Und eine gläubige Frau, die sich dem Propheten für Sex hingibt: Wenn der Prophet sie will, dann hat einzig der Prophet Anspruch auf sie (sodass keine anderen Männer nach Mohammed mit ihr Sex haben können) …*

- Wie kann die Frau, die sich einem Mann für die Ehe hingibt, eine Hure sein, während die Frau, die sich Mohammed für unehelichen Sex und seinen Spaß hingibt, wiederum einc anständige Frau ist?

- Warum sollte eine Frau so etwas tun? Liebten es die muslimischen Frauen etwa, ihr Bett mit Mohammed zu teilen, um so ihre Liebe gegenüber Allah zu demonstrieren?
- Warum erklärt Mohammeds Gott so etwas zum Gesetz? War es derart unziemlich, derartige Unzucht vor den Augen der Muslime und der anderen Araber zu praktizieren, dass Mohammed dringend einen Vers von seinem falschen Gott brauchte, um es wie einen Wunsch des Allmächtigen und nicht wie sein eigenes Verlangen und seine unersättliche Notgeilheit aussehen zu lassen?
- Wenn es Allahs Wunsch ist, sollten wir nicht fragen, warum es sein Wunsch ist? Mohammed hatte (auch den Muslimen zufolge) mehrere Ehefrauen. Dreizehn Ehefrauen! Waren dreizehn Ehefrauen und so viele Sexsklavinnen, wie er haben wollte, nicht genug? Nein, offenbar brauchte er auch noch mehr Frauen, von anderswo, für seine Befriedigung.
- Wenn wir Muslime über Frauen, die sich Mohammed hingeben, befragen, übersetzen sie uns die jeweiligen Verse so, dass es aussieht, als ginge es um Frauen, die sich Mohammed für die Ehe hingaben (sie wollen mit ihm eine legitime Ehe eingehen)! Um ihre Lügen bloßzustellen, bitte ich sie, mir die Namen jeder von Mohammeds dreizehn Ehefrauen zu nennen, die ihn heirateten, nachdem sie sich ihm aus eigenen, freien Stücken heraus hingegeben haben. Die Antwort wäre: Nicht ein Name – Unter den dreizehn Ehefrauen ist nicht eine einzige, die sich Mohammed freiwillig hingab. Das zeigt uns, dass es hier nicht um Eheschließung geht. Es geht um unehelichen Sex, und nur unehelichen Sex! Werfen wir mal einen Blick auf Aisha (Mohammeds Kinderbraut) und wie sie ihren Unmut über Mohammeds sexuelles Verlangen zum Ausdruck brachte. Lese mit mir zusammen, was Aisha höchstpersönlich sagte. Muslime versuchen für gewöhnlich, mit der Übersetzung herumzuspielen und ändern die wahre Bedeutung von dem, was sie sagte. Hier lesen wir aus Sahih Muslim, Buch 60, Hadith 311: *Aisha erzählte: „Ich war es gewohnt, auf diese Frauen herabzusehen, die sich Allahs Propheten versprachen, und sagte immer: 'Wie kann eine Frau sich nicht dafür schämen, wenn sie sich selbst (einem Mann für Sex) anbietet?'"*
- Wieso sagt Aisha das, wenn es doch ganz normal ist? Erinnere dich: Mohammed war es, der sagte, dass eine Frau, die sich einem Mann aus eigener Entscheidung heraus hingibt, eine Hure ist!

Wir können dieselbe Geschichte auch in diesen Büchern nachlesen:

49. Sahih Muslim, Buch des Stillens, Seite 1065 und Sahih Al-Bukhari, Buch des Tafsir, Kapitel von Al Ahzab, Band 3, Seite 118, 163 und 164:

قَالَ كَانَتْ خَوْلَةُ بِنْتُ حَكِيمٍ مِنَ اللاَّئِي وَهَبْنَ أَنْفُسَهُنَّ لِلنَّبِيِّ صلى الله عليه وسلم فَقَالَتْ عَائِشَةُ أَمَا تَسْتَحِي الْمَرْأَةُ أَنْ تَهَبَ نَفْسَهَا لِلرَّجُلِ فَلَمَّا نَزَلَتْ {تُرْجِئُ مَنْ تَشَاءُ مِنْهُنَّ} قُلْتُ يَا رَسُولَ اللَّهِ مَا أَرَى رَبَّكَ إِلاَّ يُسَارِعُ فِي هَوَاكَ.

Mohammed versuchte Umaima Bint An-Nu‘man Bin Sharahil zu vergewaltigen. Diese Frau war die Tochter von Al Nu‘man, der der Herrscher seiner Leute war, doch als Mohammeds Armee wuchs, geriet sein Stamm unter Mohammeds Kontrolle. Wie könnte es jemand auch nur wagen, „Nein" zu Mohammed zu sagen? Sie war sehr mutig, und sagte „Nein" zu ihm.

Wenn man den Koran zurate zieht, ist darin von Frauen die Rede, die sich aus freien Stücken hingeben. Doch Mohammed konnte sich mit solchen Frauen allein nicht zufriedengeben. Trotz aller Frauen, die er bereits für sich hatte, und all den Frauen, die sich ihm zusätzlich hingaben, wollte er mehr, und er war sich nie zu schade jede Person (nicht nur Frauen!) zu vergewaltigen, die er vergewaltigen konnte!

Sahih Al-Bukhari, Band 7, Buch 63, Hadith 182:

صحيح البخاري] الكتاب : الجامع الصحيح المختصر المؤلف : محمد بن إسماعيل أبو عبدالله] البخاري الجعفي الناشر : دار ابن كثير ، اليمامة - بيروت الطبعة الثالثة ، 1407 - 1987 تحقيق : د. مصطفى ديب البغا أستاذ الحديث وعلومه في كلية الشريعة - جامعة دمشق

Sahih Al-Bukhari Kitab Jami‘ Al-Sahih Al-Mu‘khtaser, 1987er Auflage, Band 5, Hadith 4957:

دَخَلَ عَلَيْهَا النَّبِيُّ صَلَّى اللَّهُ عَلَيْهِ وَسَلَّمَ قَالَ هَبِي نَفْسَكِ لِي قَالَتْ وَهَلْ تَهَبُ الْمَلِكَةُ نَفْسَهَا لِلسُّوقَةِ 4957 قَالَ فَأَهْوَى بِيَدِهِ يَضَعُ يَدَهُ عَلَيْهَا لِتَسْكُنَ فَقَالَتْ أَعُوذُ بِاللَّهِ مِنْكَ فَقَالَ قَدْ عُذْتِ بِمَعَاذٍ ثُمَّ خَرَجَ عَلَيْنَا فَقَالَ يَا أَبَا أُسَيْدٍ اكْسُهَا رَازِقِيَّتَيْنِ وَأَلْحِقْهَا بِأَهْلِهَا

Sahih Al-Bukhari, Band 7, Buch 63, Hadith 182:

Als der Prophet in ihr Haus kam sprach er zu ihr: „Gib dich mir hin (für Sex)!" Dies sollte ein Zeichen ihrer Aushändigung sein. Sie sprach: „Wie kann sich eine Königin so einem unzivilisierten Wilden hingeben?" Der Prophet erhob seine Hand, um sie zu schlagen, auf dass sie eventuell doch noch auf ihn hören würde. Sie sprach: „Ich suche Zuflucht bei Allah vor dir." So sprach er: „Du hast Zuflucht bei einem gesucht, der dich retten kann."

Die gleiche Geschichte kann in vielen anderen islamischen Büchern gefunden werden, darunter im Buch von Al-Sirah, Band 4, Beirut im Libanon, 1952, auf Seite 588/599, und Tafsir Al-Qur'tubi, Band 14, Beirut im Libanon, 1973er Auflage, auf Seite 167. Ich habe die arabischen und deutschen Textpassagen, in denen sie *„Wie kann sich eine Königin einem unzivilisierten Wilden hingeben?“* sagt, unterstrichen. Das habe ich so gemacht, weil die Muslime in den deutschsprachigen (und generell anderssprachigen) Übersetzungen versuchen, diesen beschämenden Hadith zu tarnen, indem sie die Worte abändern und es so aussehen lassen, als hätte er sie gefragt, ob sie ihn heiraten möchte, anstatt sie dazu aufzufordern Sex mit ihm zu haben, woraufhin sie ein einen unzivilisierten Wilden nannte.

In dieser Geschichte sehen wir, wie dieser sexsüchtige Mann, der Prophet Allahs, keine Grenzen kennt und nicht weiß, wo er aufhören sollte oder generell aufzuhören hat.Nachdem du diesen Hadith gelesen hast, sieh dir doch nur mal an, wozu er sie auffordert: Sich ihm als Geschenk (ein Zeichen ihrer Aushändigung) hinzugeben! Es ist eindeutig, dass sie dies als eine große Beleidigung wahrnahm. So etwas ist schließlich auch eine riesige Beleidigung gegenüber jeder Dame, die Selbstachtung hat. Stell dir mal vor, ein Mann betritt das Haus einer Frau, die er nie zuvor gesehen hat, und in der ersten Sekunde, in der er einen Fuß in ihr Haus gesetzt hat, fordert er sie auf, Sex mit ihm zu haben, und dass sie sich ihm als lebendes Geschenk übergibt. Wenn wir welchen Muslim auch immer fragen würden, ob es im Islam für einen Mann in Ordnung ist, dass Haus einer wildfremden Frau zu betreten und sie um Sex als eine Art Willkommensgeschenk von ihr für ihn zu bitten, würde der jeweilige Muslim sagen: „Auf gar keinen Fall!“ Für Mohammed war es in Ordnung! Es ist ja klar, dass die Muslime heute einen wesentlich höheren Moralstandard haben, als Mohammed ihn hatte. Ich bin mir sicher, dass wenn Mohammed heute versuchen würde zu tun, was er damals tat, dann würden die Araber höchstselbst ihn bekämpfen, so wie sie es früher schon einmal getan haben.

Der Prophet wurde gegenüber dem gesamten Rest der Menschheit in 16 Fällen bevorzugt:

تفسير الجامع لاحكام القرآن/ القرطبي
(ت 671 هـ)

Tafsir Al Qur'an (Al jame' Le Ahkam, Al Qur'an) von Imam Al-Qur'tubi, Beirut, 1992, Band 14, Seite 212:

الخمس أو الخمس. الثالث: الوصال. الرابع: الزيادة على أربع نسوة. الخامس: النكاح بلفظ الهبة.
السادس: النكاح بغير وليّ. السابع: النكاح بغير صداق. الثامن: نكاحه في حالة الإحرام. التاسع: سقوط

القسَم بين الأزواج عنه؛ وسيأتي. العاشر: إذا وقع بصره على امرأة وجب على زوجها طلاقها؛

Hier sind einige der sechzehn Arten, auf die Mohammed von Allah bevorzugt wurde:

1. Er durfte die Beute wie er wollte unter sich und seinen Leuten aufteilen.
2. Ein Fünftel der gesamten besten Beute gehörte immer ihm.
3. Er durfte soviel Sex haben, wie er wollte (mit jeder Frau, ohne Eheschließung).
4. Er durfte mehr Ehefrauen haben, als jeder andere Muslim. Also weit mehr als „nur" die üblichen vier Ehefrauen gleichzeitig!
5. Für ihn gab es Sex auf Befehl (mit Frauen, die sich ihm hingaben), als Geschenk für ihn!
6. Er durfte Ehen ohne Vormund schließen.
7. Er durfte Ehen ohne Brautgabe schließen.
8. Er durfte beim I'hram Ehen schließen (Mohammed war der einzige Muslim, der während der Praktizierung der Haddsch Sex haben dufte)!
9. Wenn er seinen Ehefrauen gegenüber einen Eid ablegte, durfte er diesen Eid brechen!
10. Wenn seine Augen auf eine verheiratete Frau fielen, musste sich der Ehemann dieser Frau von ihr scheiden lassen, damit Mohammed die Frau daraufhin für sich hatte!

Wir hören hier an dieser Stelle auf und sehen uns die Zehn genannten Fälle an, bei denen Mohammed von Allah gegenüber dem Rest der Menschheit bevorzugt wurde:

- Beachte, dass Allah ihn bevorzugte, wenn es um zwei Dinge ging: Sex und/oder Geld
- Er steht über allem, was Allah festgelegt hat. Es wird angenommen, dass Allahs Regeln und Festlegungen für die Menschheit perfekt sind, so meinen es auch die Muslime. Doch für Mohammed sind diese Regeln nicht großzügig und fair genug. Er braucht mehr!
- Allah und Mohammed stehen über jedem Gesetz. Das Gesetz Allahs wurde an zwei unterschiedlichen Tagen festgelegt. Ein Gesetz soll von den Muslimen eingehalten werden, und das andere verschafft Mohammed diverse Vorteile. Das stellt Mohammed über die ganze Menschheit, und steht im Widerspruch mit Koran Sure 49:13:

O Menschheit! Wir haben euch als Mann und Frau erschaffen, und haben euch zu Nationen und Stämmen gemacht, auf dass ihr einander kennen mögt. Seht, der

Beste von euch ist der, der sich Allah gegenüber unterwirft. Denn Allah ist alles wissend.

Der Beste ist also derjenige, der sich Allahs Regeln unterordnet. Doch wie wir sahen, hat Mohammed sich Allah gegenüber nicht unterworfen. Der Koran spricht von vier Ehefrauen, doch Mohammed hat immerzu weitere Frauen geheiratet, so viele wie er wollte! Allah sagte, dass man einen Vormund braucht, um eine Frau um ihrer Hand zu bitten, nur dann konnte eine Ehe legitim sein. Mohammed hat das nicht gefallen.

Dem Koran zufolge muss der Mann der Frau Geld zahlen, um sie heiraten zu dürfen.Mohammed wollte Frauen für umsonst! Allah befahl allen Männern, nicht bereits verheiratete Frauen zu begehren. Dafür befahlMohammed aber verheirateten Männern, sich von ihren Ehefrauen scheiden zu lassen, wenn er ihre Frauen für sich wollte. Ja, er wollte sie, selbst wenn sie verheiratet waren! In Anbetracht all dessen ist und bleibt er der beste Mann von allen. Und der Prophet!

Jesus Christus sagte in Matthäus 5:28:Ich aber sage euch: Wer eine Frau ansieht, um sie zu begehren, der hat in seinem Herzenschon Ehebruch mit ihr begangen.

Wo nimmt Mohammed Bezug auf die Lehre Christi?

MOHAMMEDS TOD BEWEIST ENDGÜLTIG, DASS ER EIN FALSCHER PROPHET WAR

Allahs Strafe für all jene die es wagen, über den wahren Gott zu lügen: … hätte er eine falsche Aussage bezüglich uns (Allah) ersonnen, … wir hätten ihm dann gewisslich seine Lebensader (Aorta) durchschnitten.

An dieser Stelle werden wir einen außergewöhnlichen Beweis aus dem Koran sehen: Mohammed ist laut Koran Sure 69 ein falscher Prophet. Allah sagt, dass er demjenigen, der über ihn lügt, die Lebensader (die Aorta) durchschneidet. Bitte lies mit mir zusammen Koran Sure 69:44-47:

44 Und hätte er (Mohammed) eine falsche Aussage bezüglich uns (Allah) ersonnen,
45 Wir hätten ihn gewiss bei seiner rechten Hand (oder mit Gewalt und Kraft) gefasst,
46 Und wir hätten ihm dann gewisslich seine Lebensader (Aorta) durchschnitten.

47 Und keiner von euch kann uns davon abhalten, ihn zu bestrafen.

Dies ist Allahs Versprechen: Er tötet denjenigen, der über ihn lügt, auf eine ganz spezifische Art und Weise. Alles hätte hierbei völlig normal – so normal, wie man es von Mohammed zumindest gewohnt war – ausgesehen, wäre Mohammed nicht auf dieselbe Art und Weise gestorben wie einer, der von Allah dafür getötet wurde, weil er zuvor fälschliche Dinge über ihn (Allah) gesagt hat!

Im Buch von Sahih Al-Bukhari finden wir diese Geschichte über eine Jüdin, die sich für den Mord ihrer Familie durch die Hände Mohammeds und seiner Männer rächen wollte. Aus Sahih Al-Bukhari, Buch 47, Hadith 786 sowie Sahih Muslim, Buch 026, Hadith 5430 und Hadith 5431:

Überliefert von Anas Bin Malik: „Eine jüdische Frau brachte eine vergiftete Ziege zum Propheten, von der er essen sollte, und dann aß er von der Ziege. Sie (die Frau) wurde in Gewahrsam genommen und zum Propheten gebracht, und man fragte ihn: 'Sollen wir sie töten?' Der Prophet antwortete: 'Nein, nicht.' Gleichzeitig fuhr ich damit fort, die Nachwirkungen des Giftes an der oberen Stelle des Mundes von Allahs Gesandten zu beobachten."

Die Frau wurde daraufhin eine Zeit später geköpft. Mohammed zögerte mit diesem Urteil nur, weil er wissen wollte, ob sie ein Gegenmittel für das Gift hatte. Wir lesen in Sahih Al-Bukhari, Band 5, Buch 59, Hadith 713:

Aisha berichtet: „Der Prophet sprach in der Unterkunft, in der er starb, immerzu nur: 'O Aisha! Ich spüre noch immer den Schmerz, den das Essen, welches ich in Chaibar gegessen habe, ausgelöst hat. Und nun fühle ich mich so, als würde meine Aorta von diesem Gift durchschnitten werden.'"

Beachte, dass Aisha sagte, was sich genau zugetragen hatte: „Der Prophet sprach in der Unterkunft, in der er starb, immerzu nur..." Aisha zufolge hat sich Mohammed also, während er starb, nie über etwas anderes beschwert als das vergiftete Essen, dass er in Chaibar gegessen hatte.Das bedeutet, dass hinter Mohammeds Tod einzig und allein das vergiftete Essen steckt. Erinnere dich, dass in Koran Sure 69:44-47 genauestens steht, dass Allah demjenigen, der über Gott lügt, seine Lebensader (Aorta) durchschneiden wird. Koran Sure 69:46: „Und wir hätten ihm dann gewisslich seine Lebensader (Aorta) durchschnitten."

Durch das Gift ist Mohammed GENAU DAS widerfahren! Solange das die Todesart ist, die Mohammeds Gott für denjenigen festgelegt hat, der über hn

(Allah) lügt, wie wollen die Muslime dann erklären, weshalb Allah Mohammed dabei zusah, wie er auf GENAU DIESE Art und Weise starb? Dem Vers zufolge tut Allah das nur denjenigen an, die Gott Unrecht taten.
Falls du wissen solltest: Die Muslime glauben an etwas, dass sie „Al Qadar, القدر " nennen, was Schicksal oder göttliche Vorherbestimmung bedeutet. Demnach bestimmt einzig und allein Allah, auf welche Art und Weise jeder einzelne Mensch – ohne Ausnahme – genau sterben wird.

Gewiss würde das bedeuten, dass es Allah war, der Mohammed auf genau diese Weise sterben lassen wollte. Es muss eine Strafe für Mohammeds Lügen gewesen sein! Ich sage, dass der wahre Gott ihm das antat, und nicht Mohammeds Gott. Gott wollte uns zeigen, dass er das wahr werden ließe, was Mohammed demjenigen wünschte, der über den wahren Gott lügt und gleichzeitig Mohammed – mit all seinen Lügen – bloßstellen.

Eine letzte Sache noch. Wenn die Muslime behaupten, dass Allah Jesus Christus vor dem Tod bewahrte, sodass er nicht durch die Hände der Juden sterben würde, warum hat er dann zugelassen, dass Mohammed durch die Hand einer jüdischen Frau getötet wurde? Heißt das etwa, dass Allah Jesus mehr liebt als Mohammed? Sagt der Koran nicht, dass Mohammed Allahs allerbeste Schöpfung ist?

MOHAMMED: GOTT ODER MENSCH?

Wir lesen in Koran Sure 33:45-46:

, وَدَاعِيًا إِلَى اللَّهِ بِإِذْنِهِ وَسِرَاجًا مُّنِيرًا (سورة الأحزاب 46, Al-Ahzab, Verse سورة الأحزاب
(Al-Ahzab, Verse 45)

45 Du, der Prophet! Wir haben dich als einen Zeugen berufen, als Gesandten, als Botschafter froher Kunde und als Warner,

46 Überbringer von Allahs Kunde, mit seiner Erlaubnis, und als Lampe mit hell leuchtendem Licht.

Al-Tabari (in Band 4, auf Seite 501) sagte in seinem Kommentar:
قال الإمام الطبري رحمه الله : [{ من الله نور } يعني بالنور محمدا صلى الله عليه وسلم الذي أنار الله

به الحق وأظهر به الإسلام ومحق به الشرك فهو نور لمن استنار به...] تفسير الطبري ج4صـ501

Das „Licht" bezieht sich auf Mohammed selbst, da die Leute von ihm geführt werden wie von einem Licht.

In einem anderen Vers, Koran Sure 5:15, stoßen wir hierauf:

يَا أَهْلَ الْكِتَابِ قَدْ جَاءَكُمْ رَسُولُنَا يُبَيِّنُ لَكُمْ كَثِيرًا مِمَّا كُنتُمْ تُخْفُونَ مِنَ الْكِتَابِ وَيَعْفُو عَن كَثِيرٍ قَدْ جَاءَكُم مِّنَ اللهِ نُورٌ وَكِتَابٌ مُّبِينٌ

O ihr, die ihr an das Buch glaubt (Christen und Juden)! Gewiss ist unser Gesandter zu euch gekommen, um euch vieles von dem zu erklären, was ihr im Buch (der Bibel) verborgen hält, und vieles mehr zu vergeben. Wahrlich, von Allah wurden euch ein Licht und ein klares Buch (der Koran) geschickt.

Wie wir in diesem Vers sehen, hat Allah zwei Dinge zu den Menschen geschickt: Licht und ein Buch. Mit dem Licht kann das Buch nicht gemeint sein, da hier eindeutig von einem Licht UND einem Buch die Rede ist, und nicht von einem Licht, welches vom Buch ausgeht. Beachte auch, dass in diesem Vers von Mohammed die Rede ist, der zu den Christen und Juden kommt.Sowohl die schiitischen als auch die sunnitischen Muslime glauben, dass Mohammed aus Licht besteht – dass er Licht IST –, obwohl er zugleich ein Mensch war. Da die Muslime glauben, dass Mohammed Licht ist, bedeutet das, dass er MENSCH UND GOTT zugleich ist! Die Muslime werden sagen: „Wir glauben nicht, dass er Gott ist." Wie kann es dann sein, dass er „Licht" ist, und der Koran dazu noch deutlich sagt, dass Allah ebenfalls Licht ist?

MOHAMMED WURDE VOR ADAM ERSCHAFFEN!

Im Buch von Tafsir Ibn Kathir, Band 3, auf Seite 470, lesen wir, dass Mohammed sagte:

عن أبي هريرة -رضي الله عنه- عن النبي -صلى الله عليه وسلم- في قوله تعالى: قال النبي -صلى الله عليه وسلم-: كنت أول النبيين في الخلق وآخرهم في البعث فبدأ بي قبلهم وَكِتَابٌ مُّبِينٌ

„Ich war der erste Prophet, der erschaffen wurde, und der letzte von ihnen, der gesandt wurde."

Sieh dir Mohammed an! Er klingt so, als würde er versuchen, die Worte Jesu zu imitieren.Wie's aussieht ist Mohammed das Alpha und das Omega! Johannes 9:5: *Solange ich in der Welt bin, bin ich das Licht der Welt.*

Der Koran sagt, dass Mohammed das Licht der Welt ist, doch wie kann er das Licht der Welt sein, wenn er Fehler macht? Der Koran sagt in mehreren Kapiteln, dass er gesündigt hat. Der Koran sagt sogar, dass Allah Mohammed sagte, dass er um Vergebung bitten sollte. So steht in Koran Sure 47:19:

Du sollst wissen, dass es keinen Gott gibt außer Allah, und so bitte um die Vergebung deiner Sünden (Mohammed) und der Sünden der Männer und Frauen, die glauben.

Hättest du jemals gedacht, dass das Licht der Welt geführt werden muss?

Der nächste Vers zeigt, wie Mohammeds Erinnerungsvermögen funktioniert. Und es ist genauso wie sein Anstand. Wie das Wetter: Das Wetter kann von jetzt auf gleich umspringen, sich ändern. Seine Erinnerung an Dinge, die er vorher einmal gesagt hatte, konnte derart stark schwanken, dass er mit neuen Versen anderen Versen auf klare und deutlich ersichtliche Weise widersprach. So auch in Koran Sure 9:80: *Ob du um Verzeihung für sie bittest, O Mohammed, oder es nicht tust; oder du gar siebzigmal für sie um Vergebung bittest, Allah wird ihnen nicht vergeben!*

Wenn wir den folgenden Hadith (Sahih Muslim, Buch 4, Hadith 2129) betrachten, lesen wir:

Abu Huraira berichtet, dass Allahs Gesandter gesagt hat: „Ich bat Allah um die Erlaubnis, für die Vergebung meiner Mutter zu flehen, doch er weigerte sich, mir dies zu gestatten. Ich suchte ihn um Erlaubnis auf, ihr Grab zu besuchen, und er gestattete mir dies."

Und im Buch von Tuhafat Al A'hwazi Fe Shareh Al-Turmizi, Tafsir Al Qur'an, 1953er Auflage, steht auf Seite 401:

تحفة الأحوذي شرح سنن الترمذي - كتاب تفسير القرآن - استغفار النبي صلى الله عليه وسلم لأبي

طالب
ص 401 - قوله : (وهما مشركان) جملة حالية (أوليس استغفر إبراهيم لأبيه) أي أتقول هذا أوليس استغفر
إلخ ماكان للنبي والذين آمنوا أن يستغفروا للمشركين

Mohammed bat Allah um Vergebung für seinen Onkel (Abu Talib). Ali (Mohammeds Cousin) sprach: „Du bittest um Vergebung für die Ungläubigen!" Mohammed sprach: „Bat Abraham denn nicht um die Vergebung seines Vaters?"

Die gleiche Geschichte kann in vielen anderen Büchern gefunden werden, wie zum Beispiel in Asbab Al-Nuzul, 1963er Auflage, Band 1, auf Seite 176.

DER NAME VON ABRAHAMS VATER

- Tja, das ist doch mal lustig. Woher hatte Mohammed seine Informationen über den Namen von Abrahams Vater her? Vergiss nicht, dass sogar der Name von Abrahams Vater im Koran falsch wiedergegeben wird. Der Koran behauptet nämlich (in Sure 6:74), dass er Azar hieß. Und wer war dann Terach?
Josua 24:2: *So spricht der Herr, der Gott Israels: „Eure Väter wohnten vor Zeiten jenseits des [Euphrat-]Stromes, und sie dienten anderen Göttern, [auch] Terach, der Vater Abrahams und Nahors.* Lukas 3:34:(Sohn) des Jakob, (Sohn) des Isaak, (Sohn) des Abraham, (Sohn) des Terach...

Wie du siehst, können wir diesen Fehler der Liste mit den vielen anderen Fehlern im Koran hinzufügen. Die Bibel ist den Muslimen zufolge ja verfälscht und voller Fehlinformationen, der Koran wiederum nicht. Kann man mir dann mal bitte einen guten Grund dafür nennen, weshalb die Juden den Namen von Abrahams Vater abgeändert haben?

Das lustige an Mohammed ist, dass er die Geschichten im Koran so fabrizierte, als wären sie wahr. Wie du sehen kannst, hatte er einen großartigen Drehbuchautor abgegeben. Einmal wollte Mohammed den Stamm von 'Abdulah Ibn Ubayy' austricksen, der ein mächtiger Anführer der Stämme von Al-Aws und Al-Khazraj war. Als Ibn Ubayy' starb, betete Mohammed auf Ibn Ubayy's Grab. Damit war er ein Heuchler seinem Stamm gegenüber. Später bemerkte er, dass ihm das keinerlei Vorteile verschaffte. Tatsächlich hat ihm das bei den Muslimen das genaue Gegenteil verschafft. Sie begannen an ihn zu zweifeln und sich zu fragen, warum Mohammed um die Vergebung von Allahs Feinden bat und für ihre Vergebung betete, obwohl Allah in Koran Sure 4:48 sagt:

Allah vergibt niemandem, der ihm andere Götter zur Seite stellt. Er vergibt jede Sünde, außer die Sünde dessen, der einen anderen (Gott) Allah beigesellt hat. Denn dieser hat in der Tat eine ungeheure, unverzeihliche Sünde verbrochen.

In Koran Sure 9:80 tut Mohammed das, was er nicht tun sollte: Er versucht, die Heiden zufriedenzustellen, weil er zu diesem Zeitpunkt ein Mann ohne eigene Armee war.Deshalb tat er so, als wäre er nett und zuvorkommend, und ging mit dieser Täuschung so weit, dass er auf den Gräbern der Ungläubigen betete.

فتح الباري شرح صحيح البخاريأحمد بن علي بن حجر العسقلاني
1986م / 1407هـ :دار الريان للتراثسنة النشر
باب قوله استغفر لهم أو لا تستغفر لهم إن تستغفر لهم سبعين مرة فلن يغفر الله لهم عدد الأجزاء: ثلاثة عشرجزءا
4393 لما توفي عبد الله بن أبي جاء ابنه عبد الله بن عبد الله إلى رسول الله صلى الله عليه وسلم فسأله أن يعطيه قميصه يكفن فيه أباه فأعطاه ثم سأله أن يصلي عليه فقام رسول الله صلى الله عليه وسلم ليصلي عليه فقام عمر فأخذ بثوب رسول الله صلى الله عليه وسلم فقال يا رسول الله تصلي عليه وقد نهاك ربك أن تصلي عليه فقال رسول الله صلى الله عليه وسلم إنما خيرني الله فقال استغفر لهم أو لا تستغفر لهم إن تستغفر لهم سبعين مرة وسأزيده على السبعين قال إنه منافق قال فصلى عليه رسول الله صلى الله عليه وسلم فأنزل الله ولا تصل على أحد منهم مات أبدا ولا تقم على قبره

Aus Fateh Al-Bari Fe Shareh Sahih Al-Bukhari, Veröffentlicht von Al-Raian, 1896er Auflage, Band 8, Seite 334: Hadith 4393:

Zur selben Zeit, als Abdulah Ibn Ubayy‘ verstarb, kam sein Sohn Abdualah Ibn Abdulah zum Propheten und bat ihn um sein Gewand, damit es ein Leichentuch für seinen toten Vater sein konnte. Daraufhin gab ihm der Prophet sein Gewand, und Abdualah bat ihn darum, für ihn zu beten. Und so stand der Gesandte Allahs auf, um für ihn (den toten Mann) zu beten. Sogleich schritt ‘Umar ein und entriss dem Propheten seine Kleidung und sprach zu Mohammed: „Wie kannst du für ihn beten, wo Allah dir doch verboten hat, für ihn zu beten?“ Der Prophet antwortete und sprach „Allah sagte mir, ob man nun für sie betet oder nicht, und ob man nun siebzigmal oder gar mehr für sie betet, Allah wird ihnen trotzdem nicht vergeben.“ Der Prophet fuhr fort, sagte, dass er ein Heuchler sei, und doch – so sagt er (der Erzähler dieser Geschichte) – betete der Prophet für ihn! Darauf sandte Allah einen Vers herab, in dem er sagte, dass man weder für irgendwen von ihnen beten sollte, noch auf ihren Gräbern stehen darf.

In Koran Sure 9:113 hat Mohammed erneut das Gesetz seines Gottes gebrochen, da der tote Mann hier – so entnehmen wir es der Interpretation aus Sahih Al-Bukhari, Tafsir Al-Qur‘an, 1993er Auflage, auf Seite 1718 in Hadith 4398 – sein

Ungläubiger Onkel Abu Talib war:

Als Abu Talib der Tod ereilte, ging der Prophet zu ihm, und Abu-Jahel (Mohammeds Onkel) war bei ihm. Dann sprach der Prophet: „O mein Onkel, warum hast du nicht gesagt, dass es keinen Gott gibt außer Allah? So hätte ich dies als Fürsprache gegenüber Allah verwenden können." Abu-Jahel sprach: „Abu Talib, willst du den Glauben deines Vaters verlassen?" Mohammed sprach: „Ich werde Fürsprache für dich bei Allah einlegen, ihn um seine Vergebung bitten." Dafür wurde der Vers herabgesandt, in dem gesagt wird: „Es ist dem Propheten und denen, die glauben, nicht gestattet, für die Vergebung der Ungläubigen zu beten."

Wie du siehst, wusste Mohammed, dass er für Abu Talib, einen Feind Allahs, nicht beten darf. Er wusste, dass Abu Talib ein Heuchler war, und alle Muslime wussten, wie schlecht dieser Mann für den Islam war. 'Umar wusste, dass für ihn zu beten gegen die Lehre und den Befehl Allahs ging. Und dennoch entschied sich Mohammed – wie so oft – dafür, selbst ein Heuchler zu sein für einen weiteren Ungläubigen zu beten, für den Allah keinerlei Fürsprache annimmt. Mohammed betete trotzdem, so oder so. Aber warum legt Mohammed Fürsprache für ihn ein?

Es ist so: Allahs Gesetz konnte je nach Mohammeds trügerischen Plänen und Bedürfnissen verändert und angepasst werden. Wenn er wollte, dass Allah den Ungläubigen vergibt, spielte er die entsprechende Rolle und tat so, als würde Allah ihnen auf einmal doch vergeben. Wenn es ihm nichts brachte, er es nicht länger tun musste oder es ihm dann doch nicht weiterhalf, fabrizierte er einen Vers, wodurch es dann so aussah, als wäre Allah mit ihm unzufrieden, weil Mohammed zuvor (wohl aufgrund mangelhafter Führung – sprich: Allahs Schuld) falsch handelte. So konnte Mohammed sich viel gegenüber den Muslimen erlauben, als wollte er sagen: „Ja, es ist Allah, der mich führt und wie ihr seht, wacht Allah über uns und greift ein, wenn ich gelegentlich mal etwas Falsches machen sollte!" Das bringt uns zu...

MOHAMMED DER SÜNDER (UND: MOHAMMEDS VON ALLAH VERLIEHENE LIZENZ ZUM SÜNDIGEN!)

Koran Sure 47:19: *Du sollst wissen, dass es keinen Gott gibt außer Allah, und so bitte um die Vergebung deiner Sünden (Mohammed) und der Sünden der Männer und Frauen, die glauben.Allah weiß, was du tun wirst und wohin du gehst.*

Koran Sure 48:2: *Auf dass Allah dich (Mohammed) bezüglich deinervorangegangenen Sünden und der,die diesen später noch folgen werden, begnadige, sodass Allah sein Wohlwollen an dir vollende und dich auf den rechten Weg weist.*

Wie du hier siehst, gestattet Allah Mohammed, soviel (und auf jede Art) zu sündigen, wie er Mohammed) will. Er sichert ihm die Vergebung all seiner Sünden zu. Sogar derer, die er noch nicht begangen hat! Mohammed braucht ihn nicht einmal um Vergebung bitten!

Gleichzeitig sagt der Vers „und dich auf den rechten Weg weist." Allah vergibt Mohammed seine zukünftigen Sünden schon mal im Voraus und vollendet sein Wohlgefallen an Mohammed, den er gegenüber allen anderen Menschen bevorzugt, indem er in führt! Was für eine Führung muss das gewesen sein, wenn sie Mohammed nicht vom Sündigen abhielt? Er blieb auch mit Allahs Führung ein Sünder. Obendrein ist er (Mohammed) das Licht der Welt.

Mohammed sagt in den Hadithen von Sahih Al-Bukhari, Band 9, auf Seite 403; und Sahih Al-Bukhari, Buch 93, in Hadith 534: *So vergib mir bitte meine vorherigen Sünden und die Sünden, die ich in Zukunft noch begehe, Allah, und ebenso die Sünden, die ich im Geheimen und in der Öffentlichkeit verbrochen habe, sowie die Sünden, von denen du eher weißt, als ich es tue. Niemand außer du hat das Recht, gelobt zu werden.*

Und da haben wir es wieder! Warum bittet Mohammed um die Vergebung seiner Sünden, obwohl ihm bereits für jede Sünde, die er begehen wird, Allahs Vergebung zugesichert ist?

Und hier hört es nicht einmal auf. Mohammed führte dazu auch noch Regeln und Gesetze ein, die nicht von Allah kamen, wie uns Koran Sure 66:1 verrät:

O Prophet, warum untersagst du dir selbst, was Allah für dich gewollt hat? Strebst du es an, deinen Frauen zu gefallen? Allah ist vergebend, und gnädig.

In dieser Sure wurde Mohammed im Haus von Hafsa (einer seiner Ehefrauen) von ihr beim Sex mit einer seiner Sklavinnen ertappt. Hafsa und seine anderen Ehefrauen konnten diese Herabsetzung durch seine Untreue nicht ertragen, und so kam es zum Streit zwischen Mohammed und seinen Ehefrauen. Mohammed steckte in der Klemme. Dann greift Allah höchstselbst ein (kein Scherz, Allah war immer zur Stelle, wenn Mohammed etwas von ihm brauchte, und so war es auch hier, in diesem Haus) und sendet eine Offenbarung herab, in der Mohammeds Ehefrauen entsprechende Konsequenzen angedroht werden, sollten sie nicht aufhören, Mohammeds in seinem Sexleben und seiner Lieblingsbeschäftigung zu stören. Was genau diese Offenbarung ist, lesen wir in Koran Sure 66:5:

Vielleicht soll sein (Mohammeds) Herr, der Herr des Propheten, euch von ihm scheiden lassen und euch mit besseren Ehefrauen austauschen, als ihr es seid. Solche, die unterwürfig sind, gläubig, fromm, reuig, andachtsvoll, die reisen! Und solche, die Fasten; Witwen und Jungfrauen.

Ich frage mich, wie heftig der Streit wohl gewesen sein musste, wenn der Allmächtige Gottim Himmel extra eine ganze Sure darüber kreierte. Und warum steht Allah in diesem Streit ausgerechnet auf Mohammeds Seite und nicht auf der Seite seiner Ehefrauen? Schließlich war alles, was sie von ihm verlangten, dass er keinen Sex mit Frauen haben sollte, mit denen er nicht verheiratet ist. Falls du es bemerkt hast: Mohammed gab ihnen das Versprechen, so etwas nicht nochmal zu machen. Später aber, als er mächtiger wurde, entgingen ihm so die ganzen vergnüglichen Stunden, die er mit vielen anderen Frauen hätte haben können. Daraufhin kam Mohammed auf Koran Sure 66:1, und ließ es so aussehen, als wäre es Allah, der wollte, dass er (Mohammed) Sex mit anderen Frauen hatte. Um seine Frauen endgültig ruhigzustellen und sicherzustellen, dass sie sich niemals wieder über ihn beschweren würden, schuf er Koran Sure 66:5.

Tatsächlich hatte Mohammed diese Verse von 'Umar Ibn al-Chattāb, und packte sie in den Koran, weil sie ihm gefielen, wie wir es diesem Hadith (aus dem Buch von 'Ol-It'qan Fee 'Olum Al-Qur'an, Band 1, auf Seite 137) entnehmen können:

Es ist von Annas überliefert, dass 'Umar Ibn al-Chattāb sprach: „Mein Allmächtiger stimmt mit mir in drei Dingen überein.Erstens sprach ich: 'O Allahs Apostel, ich wünschte mir du würdest als deine Anbetungsstätte den Ort wählen, an dem Abraham stets betete.

So kam die göttliche Eingebung (Koran Sure 2:125):

Und nehmt ihr, die Muslime, die Stätte Abrahams als eure Gebetsstätte ein.Und Zweitens, so sprach ich zum Propheten Allahs: 'Gute und schlechte Menschen sprechen zu deinen Ehefrauen, deshalb ordne ihnen an, sich zu verschleiern!' Daraufhin sendete Allah das Gebot über das Verschleiern der Frauen hinab (Koran Sure 24:31).Drittens, da stellten sich die Ehefrauen des Propheten gegen ihn, und ich sprach zu ihnen: 'Vielleicht soll sein Herr, der Herr des Propheten, euch von ihm scheiden lassen (alle Ehefrauen des Propheten) und euch mit besseren Ehefrauen austauschen, als ihr es seid.' So wurde der Vers (Koran Sure 66:5) genauso offenbart, wie ich ihn formulierte."

Die gleiche Geschichte findet man in Sahih Al-Bukhari (Buch 8, Hadith 395).

Wir werden später etwas näher auf diesen Hadith eingehen, aber beachte für's erste nur, was 'Umar gesagt hat. Einfach ausgedrückt sagte er: „Allah hat genau dieselben Worte wie ich verwendet!" Es ist so etwas von ersichtlich, dass Mohammeds Offenbarungen nicht von seinem Gott, sondern von den Worten und der Einstellung der Leute um ihn herum inspiriert wurde. So wurde die Kaaba auch zur Gebetsstätte der Muslime erklärt. Die Entscheidung fällte nicht Allah, sondern Mohammed.

Mohammed klaute sich einfach Worte, Ideen, Pläne, Gedichte, Namen und sogar ganze Geschichten zusammen. Das bringen unsere Nachforschungen ans Tageslicht. Lesen wir noch einmal Koran Sure 66:5:

Vielleicht soll sein (Mohammeds) Herr, der Herr des Propheten, euch von ihm scheiden lassen und euch mit besseren Ehefrauen austauschen, als ihr es seid. Solche, die unterwürfig sind, gläubig, fromm, reuig, andachtsvoll, die reisen! Und solche, die Fasten; Witwen und Jungfrauen.

Beachte folgendes:

- Dass alle seine Ehefrauen – ausnahmslos jede einzelne von ihnen – auf ihn losgegangen sind, ist ein klares Indiz dafür, dass Mohammed ihnen kein guter Ehemann war. Die Muslime wollen uns natürlich weismachen, dass es anders war.
- Warum mischt sich Allah in derartige „Familienangelegenheiten" ein? Wenn ich einen Streit mit meiner Ehefrau habe, wird Allah dann einen Vers herabsenden, der mir gegen sie hilft?
- Hast du jemals von einem Mann gehört, der sich von 11 Ehefrauen gleichzeitig scheidenlässt? Alle von ihnen liegen im Irrtum, aber Mohammed ist der einzige, der im Recht ist?
- Die Idee, seinen Ehefrauen damit zu drohen, sie mit anderen Frauen auszutauschen, hatte Mohammed von 'Umar. Warum sagt Mohammed, dass er sie austauscht, und nicht, dass er erneut heiratet? Das Wort „Austauschen" wird hier verwendet, weil Frauen im Islam mit Maschinenteilen gleichzusetzen sind. Die Ehefrau hat als Mensch keinen Wert, sie soll lediglich ihrer Pflicht nachgehen oder eine Funktion erfüllen. Das ist ihr einziger Wert. Und sonst nichts.

Genau diese Sichtweise erklärt, wieso Frauen im Islam derart herabgesetzt werden.

FRAUEN IM ISLAM

Ich habe bereits viele von Muslimen geschriebene Artikel gelesen. Sogar Artikel, die von muslimischen Frauen geschrieben worden sind. Sie alle wollen uns zum Narren halten, indem sie uns sagen, dass wir den Islam von der Kultur der Muslime unterscheiden müssen. Wir werden hier nicht über Kultur sprechen, und – um das gleich am Anfang klar zu stellen – den Islam mit der muslimischen Kultur nicht vermischen. Vergesst nicht, Muslime, die ihr meine Worte lest: Die nachfolgenden Referenzen stammen nicht aus irgendeiner Kultur, sondern aus:

1. Koranversen, die sich auf Frauen beziehen.
2. Mohammeds Hadithe – oder genaugenommen Worte – über Frauen.
3. Mohammeds Gesetze und Anordnungen über/für Frauen.
4. Keinerlei Gerede über kulturelle Hintergründe.
5. Islamischen Quellen und dem, was islamische Gelehrte als Tatsachen bestätigen.

FRAUEN SOLLEN SICH NICHT IHRE GESICHTSBEHAARUNG ENTFERNEN (ANDERNFALLS ENDEN SIE IM HÖLLENFEUER)

Aus Sahih Al-Bukhari, Band 6, Buch 60, Hadith 408:

Allah verflucht diese Frauen... die ihre Gesichtsbehaarung entfernen, um dadurch schöner auszusehen und so versuchen, Allahs Schöpfung zu ändern.

Heißt das, dass alle Muslimischen Frauen in die Hölle kommen? Arabische Frauen sind generell recht haarig, so wie die arabischen Männer. Um Allah glücklich zu machen, müssen sich Frauen also einen Bart oder einen Schnurrbart – so lang wie möglich – wachsen lassen?

Lustig ist hierbei, dass Mohammeds Ausrede hierbei war, dass die, Frauen die so etwas tun, das Aussehen verändern, welches Allah ihnen gegeben hat. Haare stutzen wird nicht geduldet. Aber dann hat Mohammed es sich anders überlegt und ihnen befohlen, dass sie sich ihren Vaginalbereich rasieren sollen. Noch dazu färbte Mohammed sich seine Haare mit Henna rot (Na wenn das kein verändern des Aussehens von Allahs Schöpfung ist).

Siehe Sahih Al-Bukhari, Buch 56, Hadith 668; und Sahih Al-Bukhari, Buch 72, 786:

Überliefert von Abu Huraira: „Allahs Gesandter sprach: 'Die Juden und die Christen färben ihr ergrautes Haar nicht, weshalb ihr Muslime das Gegenteil von dem tun sollt,dass sie tun. So färbt euer graues Haar und eure Bärte...'"

Wieso macht Mohammed etwas, weil es das Gegenteil von dem ist, was die Christen und die Juden tun? Er verfluchte Frauen, die ihre Gesichtsbehaarung entfernen, weil sie damit ihr äußeres Erscheinungsbild änderten. Doch er hatte nicht das geringste Problem mit Männern, die ihr Erscheinungsbild änderten, indem sie sich ihre Haare färbten.

Dieser Hadith beweist uns, dass Mohammed diese Regeln nicht aufstellte, um Gerechtigkeit zu bringen, sondern um die Muslime lediglich das Gegenteil von dem tun zu lassen, was die Christen und die Juden tun.

Sahih Muslim, Buch 024, Hadith 5243:

... Sein Kopf und sein Bart waren so weiß wie Ysop. Dann erklärte er, der Gesandte Allahs, den Frauen, dass die Farbe seines Haares geändert werden sollte, und damit war ihnen befohlen, etwas an seinem Bart zu machen und seine Farbe zu ändern.

Warum ist Mohammed die Farbe seines Barts so wichtig? Ist er nicht ein Mann, dessen ganzes Leben sich ausschließlich um den Islam und Allah drehen soll?

FRAUEN ALS ZEUGINNEN

Zuallererst muss ich dich darüber informieren, dass Frauen im Islam als Zeuginnen vor Gericht zugelassen werden können. Allerdings nur, wenn es im Prozess um Geldverträge oder Abkommen geht. Jedoch dürfen sie unter keinen Umständen Zeugenaussagen über Erbansprüche oder verübte Straftaten machen. Das bedeutet, dass Frauen vor Gericht in allen folgenden Fällen NICHT als Zeuginnen anerkannt werden:

- Kriminalität: (Mord, Diebstahl, etc.) Buch von Badae' Al-Sanae', Band 9, Seite 4079: *„Frauen ist es nicht gestattet, Aussagen über jegliche Art von krimineller Straftat zu machen, die mit entsprechendem Strafurteil einhergeht."*

بل وقد ذهب جماعة من الفقهاء الى ان المرأة يجوز لها تولي كل اشكال وكل افرع القضاء بما فيها الحدود والقصاص .. وهذا الرأي نادي به احد فقهاء المذهب الحنفي وهو محمد بن حسن الشيباني (بدائع الصنائع ج9, ص4079), وايده في ذلك عديد من كبار الفقهاء الذين يعدون مرجعا فقهيا معتمدا مثل: الامام الحسن البصري, وابن حزم, وابن جرير الطبري, وابن القاسم. بدائع الصنائع ج9, ص4079

Ehebruch: Koran Sure 24:4, Interpretation von Al-Qur'tubi; Al-Qur'tubi sagte in seiner Interpretation:

„Auf Geheiß des Allmächtigen bringt ihr für sie vier Zeugen (im Falle von Ehebruch). Und er sagt die Zeugen müssen ausschließlich Männer sein, und die gesamte Nation stimmt dem zu."

وقال القرطبي في تفسير قوله تعالى (فَاسْتَشْهِدُواْ عَلَيْهِنَّ أَرْبَعَةً مِّنكُمْ): ولا بد أن يكون الشهود ذكوراً؛
لقوله منكم، ولا خلاف فيه بين الأمة

- Götzendienst, Scheidung oder Eheschließung: Buch von Al-Mugni, Band 7/8, von Ibn 'Quadama: „ *Keine Ehe wird als solche anerkannt, wenn sie von einem männlichen und zwei weiblichen Zeugen bezeugt wird, damit stimmen Nukha'ee, Al-Shafe'e und Al-Oza'e überein."*

قال ابن قدامة في «المغني» (8/7) : « ولا ينعقد النكاح بشهادة رجل وامرأتين . وهذا قول
, والأوزاعي , والشافعي . النخعي

- Erbschaft: Koran Sure 5:106: *„O ihr, die ihr glaubt, eröffnet einander rechtzeitig das Testament. Wenn der Tod zu euch kommt, besteht die Zeugenschaft beim hinterlassen des Vermächtnisses aus zwei männlichen Zeugen, die zu euch gehören."*

تفسير ابن كثير تفسير القرآن إسماعيل بن عمر بن كثير القرشي الدمشقي
2002مدار طيبة سنة النشر: 1422هـ /
وقال ابن جرير : حدثنا عمرو بن علي ، حدثنا أبو داود ، حدثنا صالح بن أبي الأخضر ، عن الزهري
217قال : مضت السنة أنه لا تجوز شهادة كافر في حضر ولا سفر ، إنما هي في المسلمين . [ص:

Tafsir Ibn Kathir, Veröffentlicht von Tibah, 2002, Band 3, Seite 217:

فروع الفقه الشافعي محمد بن إدريس الشافعي
1410هـ/1990مسنة النشر:
رقم الطبعة: د.ط
والآيتان بينتان أنهما [ص: 17] في المؤمنين وإنما قلت في الأحرار المؤمنين خاصة بتأول ونحن
بالآيتين لا نجيز شهادة أهل الذمة فيما بينهم (قال الشافعي) رحمه الله تعالى : فرجع بعضهم إلى قولنا
. فقال لا تجوز شهادة أهل الذمة

Ibn Jareer sprach: „Es ist weder erlaubt noch gestattet, Nicht-Muslime als Zeugen zu haben, sei es innerhalb der Stadt oder während einer Reise."

Buch von Fro' Al-Fiq Al-Um von Imam Muhammad Ibn Idres Al-Shafi'e, 1990er Auflage von D.T., Seite 17:

„Gemeint sind die freien Gläubigen (keine Sklaven) und die Deutung der beiden Verse sagt uns: Es ist verboten, die Zeugenaussagen von Christen und Juden zu akzeptieren."

Fatwa (Antworten dem islamischem Recht zufolge)

Vom 19. Februar 2001, von www.islamweb.net, Fatwa #591
Die Frage: Kann eine Frau eine Ehe bezeugen? Also beispielsweise bestätigen, ob ein Mann mit zwei Frauen oder mit drei Frauen verheiratet ist?

Die Antwort:

وأنه لا تجوز شهادة النساء في ذلك، لما روى أبو عبيد في الأموال عن الزهري أنه قال:
(مضت السنة) أن لا تجوز شهادة النساء في الحدود ولا في النكاح ولا في الطلاق.

Einer Frau ist es nicht gestattet, eine Ehe zu bezeugen oder eine Zeugin für jegliche Art von Straftat zu sein. Auch eine Eheschließung oder Scheidung kann sie nicht bezeugen.

Du kannst die (arabischsprachige) islamische Antwort sehen, wenn du diesem Link folgst: http://www.islamweb.net/ver2/fatwa/ShowFatwa.php)
Option=FatwaId&lang=A&Id=591
Mohsin Kahns Übersetzung von Koran Sure 5:106 (aus dem Englischen übersetzt von John Doe):

„O ihr, die ihr glaubt! Wenn der Tod einen von euch ereilt, und ihr ein Vermächtnis hinterlasst, so soll eure Zeugenschaft dafür aus zwei Männern eures eigenen Volkes oder zwei anderer von außerhalb bestehen, solltet ihr durch das Land reisen und den Tod vor euch haben. Ergreift und haltet sie nach dem Al-Salat (dem Gebet) fest, solltet ihr an ihrer Ehrlichkeit zweifeln, und lasst sie beide auf Allah schwörend sagen: „Wir wünschen uns keinerlei irdischen Gewinn hierbei, selbst wenn er (der Erbe und Vermächtnisnehmer) unser enger Verwandter ist. Wir sollen kein Zeugnis vor Allah verbergen, da wir dann wahrhaft zu denen gehören sollten, die voller Sünde sind."

Ich kann noch viele andere ähnliche Beispiele nennen, die uns zeigen, wie den Muslimen befohlen wird, eine Frau in welchem Anliegen auch immer als Zeugin abzulehnen, es sei denn es geht um einen geschriebenen Schuldvertrag in einem vorgegebenen Zeitraum oder Dinge, die ein Mann nicht bezeugen kann, weil sie einzig und allein für Frauen wahrnehmbar sind, wie etwa das Eintreffen der Periode der Frau.Das bedeutet, dass im Islam Frauen in 99% aller Fälle nicht als Zeuginnen zugelassen werden. Die Frau wird als Person nur sehr geringfügig geschätzt, ist aber immer noch besser als ein Mann, der Christ ist. Im Islam gelten ausnahmslos alle Nicht-Muslime als unverlässliche Zeugen (sie werden als Zeugen nicht zugelassen), als nicht vertrauenswürdig und dürfen von den Muslimen nicht zu Freunden genommen werden, wie wir in Koran Sure 3:28 und 3:118, Koran Sure 5:51; und Koran Sure 60:1 sehen können.

An die Muslime, die meine Worte hier lesen: Vergesst nicht, dass die folgende Referenz nicht aus einem kulturellen Umfeld stammt, sondern aus Koran Sure 2:282:

„Wann immer ihr Muslime voneinander Verträge verfasst, wenn es um Geschäfte mit Geld geht... Ernennt zwei unter euren eigenen Männern zu Zeugen. Wenn euch aber keine zwei Männer zur Verfügung stehen, so sollen ein Mann und zwei Frauen eure Zeugen sein, die ihr als Zeugen wählt, sodass, wenn eine der beiden Frauen sich irrt, die andere sie entsprechend erinnern kann...“

Von diesem Vers lernen wir, dass im Islam zwei Männer als Zeugen die Norm sind. Für den Fall, dass einem nur ein einzelner Mann und mehrere Frauen als Zeugen bzw. Zeuginnen zur Verfügung stehen, lautet die Regel wie folgt:

A: 10.000.000 Frauen werden nicht als Zeuginnen anerkannt oder zugelassen, da ihnen zumindest ein Mann zur Seite stehen muss. Allein das zeigt uns, wie Frauen im Islam betrachtet werden: Ihnen wird nicht einmal zugetraut, etwas richtig bezeugen zu können! Es spielt keine Rolle, wie viele Frauen es sind: Solange man keinen Mann als Zeugen hat, sind die Zeugenaussagen von gar 10 Millionen Frauen überhaupt nichts wert!

B: Beachte übrigens, dass es keinerlei Bedingungen für den Mann oder die Männer gibt, die als Zeugen zugelassen werden. Das bedeutet, dass zwei Männer, egal wer sie sind, sich immer als Zeugen eignen. Frauen hingegen nicht. Sie müssen – wenn man sie mal braucht – zugelassen werden. Und im Islam werden nur die wenigsten Frauen zugelassen. In anderen Worten: „Wir Muslime müssen uns die dummen Frauen aussuchen, von denen wir meinen, dass sie besser sind als die ganzen anderen dummen Frauen!“

Werfen wir mal einen Blick auf einen Hadith und sehen, wie Mohammed über

Frauen richtete, indem er ihnen „mangelnde Intelligenz“ vorwarf. Sieh dir an, was er in Sahih Al-Bukhari, Buch 6, Hadith 301 sagte:

Überliefert von Abu Sa'id al-Khudri: „Einst zuvor ging der Prophet hin zur Moschee, um an dem heiligen Tag zu beten, welcher am Ende des Fastenmonats ist, des Ramadan. Dann lief er an zwei Frauen vorbei uns sprach zu ihnen: „Ihr Frauen. Gebt Spenden, denn ich habe gesehen, dass der Großteil der Bewohner des Höllenfeuers Frauen sind.“ Eine der Frauen sprach: „Wieso das, Allahs Prophet?“ Er antwortete: „Ihr flucht ständig und seid euren Ehemännern undankbar, und was das Gehirn und die Religion angeht, habe ich nirgendwo sonst als bei euch derartige mangelnde Intelligenz gesehen. Ihr bringt die gläubigen Männer von rechten Weg ab.“ Danach fragte die Frau: „O Allahs Prophet, was meinst du mit diesem Mangel bezüglich unserer Intelligenz und unserer Religion?“ Er sprach antwortend: „Es ist nicht rechtens, dass der Beweis, den zwei Frauen vorbringen, mit der Zeugenaussage eines einzelnen Mannes gleichgesetzt wird.“ (Koran Sure 2:282) Sie antworteten ihm mit Bestätigung und Zustimmung. Er sprach: „Dies ist der Mangel in ihrer Intelligenz. Ist es nicht wahr, dass es einer Frau während ihrer Periode nicht gestattet ist, zu beten und auch nicht zu fasten?“ Die Frauen antworteten mit Bestätigung. Er sprach: „Dies ist der Mangel in ihrer Religion.“

Die Dinge werden in diesem Hadith immer hässlicher, und wir lernen daraus folgendes:
A: Alle Frauen – ohne Ausnahme – leiden an mangelnder Intelligenz.
B: Der Großteil der Frauen, die im Höllenfeuer sind, sind dort, weil sie schlecht sind. Sie fluchen ständig – und viel – und sie zeigen ihren Ehemännern keine Dankbarkeit. Den Frauen können immerzu Vorwürfe gemacht werden, weil sie schlechtes tun, und die Männer sind immerzu gut. Das geht so weit, dass nicht Männer, sondern Frauen die Mehrheit der Höllenbewohner ausmachen!
C: Frauen sollen nicht beten oder fasten, wenn sie ihre Periode haben (Menstruation, Monatsblutung). Stellt ihre Menstruation die Frauen also unter die Männer, weil sie dadurch ihrer Pflicht, Allah zu verehren, nicht immer nachgehen können?
D: Nachdem er erwähnt hat, dass Frauen aufgrund ihrer Menstruation weder beten noch fasten dürfen, sagt Mohammed: „Dies ist der Mangel in ihrer Religion.“

Es wird Zeit, den Muslimen einige Fragen zu stellen.
Wenn Allah derjenige ist, der die Frauen so erschaffen hat, wie sie sind, warum sollte er sie dann dafür mit dem Höllenfeuer bestrafen? Ist das denn gerecht? Im-

merhin wurden die Frauen – dem oran zufolge – von Allah mit weniger Gehirn bestückt als Männer. Oder handelt es sich hierbei bloß um eine leere Behauptung, die den Männern einen Vorteil geben sollte? **Der Islam wurde von einem Mann für den Mann gemacht!** Doch wenn die Unvollkommenheit Allahs Schuldist, warum müssen dann die Frauen dafür bezahlen?

- Ist es die Schuld der Frauen, so zu sein, wie sie sind, oder ist diese Unvollkommenheit lediglich ein Teil ihres natürlichen, von Gott geschaffenen Ichs? Was genau ist ihre Schuld?
- War sich Allah über diese Mängel bei den Frauen bewusst, als er sie erschaffen hat? Oder bemerkte er sie später erst? Hier gilt das gleiche wie für einen Automobilhersteller: Wenn er der allmächtige Gott ist, warum ruft er sie nicht einfach zurück und behebt die Mängel (durch Auswechseln des Gehirns vielleicht)?
- Obendrein ist alles, was ich hierbei zu Mohammed und seinen Gefolgsleuten sagen muss: Wenn der Islam dich lehrt, deine Mutter zu respektieren, wie kannst du es dann wagen, so etwas über deine Mutter zu sagen, die dich auf die Welt gebracht hat und bei deiner Geburt hätte sterben können?
- Wenn wir einen verheirateten Mann und seine Ehefrau, nachdem sie gerade von einer Party am letzten Abend heimgekommen sind, darum bitten, uns Einzelheiten über das Essen, die getragenen Kleidung, oder was auch immer mit der Party zu tun hatte, zu nennen, würden wir feststellen, dass der Mann nicht einmal mehr weiß, was er überhaupt alles gegessen hat. Die Frau hingegen könnte uns dafür jede Menge Einzelheiten nennen, die der Mann während dieser Party nicht einmal wahrgenommen hat!
- Ohne ein Sachbuch lesen zu müssen haben wir so einen Beweis dafür, dass der Koran ein von einem sterblichen Mann gemachtes Buch ist. Er ist von einem Mann, für den Mann.
- Die Wissenschaft zeigt uns natürlich Unterschiede bei Mann und Frau auf. Beispielsweise sind Männer etwa in einigen Dingen gut, während Frauen wiederum etwas anderes weitaus besser können. Ich beziehe mich hierbei auf etwas von sciencedaily.com: http://www.sciencedaily.com/releases/2008/02/080220104144.htm

„Die Psychologinnen Agneta Herlitz und Jenny Rehnman aus Stockholm, Schweden, stellten eine wesentlich kompliziertere Frage über die menschliche Prädisposition: Wirkt sich das eigene Geschlecht auf seine oder ihre Merkfähigkeit in Bezug auf alltägliche Dinge aus? Ihre verblüffenden Entdeckungen zeigen tatsächlich erhebliche Unterschiede bei beiden Geschlechtern, die in Bezug auf das episodische Gedächtnis,einer Subkomponente des Langzeitgedächtnisses, einen Vorteil bei Frauen zeigen."

Demzufolge wird Allah sogar von der Wissenschaft widerlegt. Erinnerst du dich noch, wie Allah meinte, dass Frauen als Zeugen vor Gericht nichts taugen? Um ein verlässliche Zeugenaussage machen zu können, braucht man schließlich ein gutes Langzeitgedächtnis. Nun, dieser wissenschaftlichen Studie nach sind Frauen, was das angeht, besser als Männer!

FRAUEN STELLEN DIE MEHRHEIT IN DER HÖLLE DAR

Sahih Muslim, Buch 036, Hadith 6596:

قال رسول الله صلى الله عليه وسلم «قمت على باب الجنة. فإذا عامة من دخلها المساكين. وإذا أصحاب الجد محبوسون. إلا أصحاب النار. فقد أمر بهم إلى النار. وقمت على باب النار. فإذا عامة من دخلها النساء».

Allahs Gesandter sprach: „Ich hielt am Eingangstor des Paradieses an, und ich sah, dass die allergrößte Mehrheit, die da durchgelassen wurden, die Armen waren, und dass die Reichen davon abgehalten worden, es zu betreten. Den Einwohnern der Hölle wurde befohlen, die Hölle zu betreten, und ich hielt vor dem Tor zum Höllenfeuer an und sah, dass die Mehrheit derer, die es durchschreiten, Frauen sind.

Muwatta Malik, Buch 48, Hadith 48.4.7:

موطأ مالك » كتاب الجامع

ص426 427 وحدثني عن مالك عن مسلم بن أبي مريم عن أبي صالح عن أبي هريرة أنه قال نساء كاسيات عاريات مائلات مميلات لا يدخلن الجنة ولا يجدن ريحها وريحها يوجد من مسيرة خمس مائة عام

Ya'hyia sprach zu mir und berichtete, was Malik von Muslim Ibn Aby Marriam hörte, der von Abu Salih hörte, dass Abu Huraira sprach: „Frauen sind immer nackt, selbst wenn sie Kleidung tragen. Sie verhalten sich schlecht und lassen andere sich schlecht verhalten, und sie werden den Himmel nicht betreten, und das Parfüm des Himmels nicht riechen, dessen Duft ebenso lange wahrgenommen wird wie das verstreichen einer Zeitspanne von fünfhundert Jahren."

HÄTTE ES EVA NICHT GEGEBEN, WÜRDEN EHEFRAUEN IHRE GATTEN NICHT BETRÜGEN

Sahih Al-Bukhari, Band 4, Buch 55, Hadith 547:

Überliefert von Abu Huraira: „Der Gesandte sprach: 'Wenn es keine Juden gäbe, würde Fleisch nie verderben. Und hätte es Eva nicht gegeben, würden Ehefrauen ihre Gatten nicht betrügen.“

Was wir diesem Hadith – oder vielmehr Mohammeds Worten – entnehmen, ist, dass Mohammed den Juden die Schuld dafür gab, das Fleisch mit der Zeit verdirbt. Dies ist eine andere Art zu sagen, dass sie Juden die Wurzel allen Übels in dieser Welt sind, und dass ihretwegen selbst das Fleisch, dass wir essen, mit der Zeit vergammelt. Das zeigt uns, wie sehr Mohammed die Juden hasste und wie die Saat des Hasses gesät wurde. Die Araber haben die Juden vor Mohammed nicht gehasst. Niemals! Sie lebten mit ihnen in Frieden.

Hätte es Eva nicht gegeben, würden verheiratete Frauen ihre Ehemänner niemals betrügen! Mir kamen viele von Muslimen geschriebene Artikel vor die Augen, in denen gesagt wird, dass die Bibel Eva für die Sünde Adams beschuldigt. Fakt ist aber, dass die Bibel sie beide der Sünde beschuldigt – Adam UND Eva! Sie beide wurden bestraft. Unser Herr hat niemals Eva oder Adam allein für schuldig gesprochen, denn sie beide haben sich gemeinsam und wissentlich Gott widersetzt. Eva traf nicht die alleinige Schuld, und Adam traf nicht die alleinige Schuld. Im oben genannten Hadith sehen wir, wie Mohammed klarstellt, dass wenn es Eva niemals gegeben hätte, die Frauen in unserer Welt immerzu gut zu ihren Ehemännern wären. Er erwähnt den Namen Adam nicht ein einziges Mal, und beschuldigt Adam auch für nichts.

Wie konnte Mohammed Eva vorwerfen, ihren Ehemann betrogen zu haben, obwohl der Koran nichts derartiges erwähnt? Nirgends wird im Koran gesagt, dass Eva das getan hat. Damit versuchen die Muslime auch oft genug, Christinnen zu täuschen. Sie sagen: „Seht ihr? Unser Buch redet niemals von Eva, aber eure Bibel schon!“ Es ist aber nun mal Tatsache, dass der Koran ohne die Hadithe (Mohammeds Worte und Werke) ein gehaltloses Buch ist, und wie so oft findet man auch hier die Geschichte, wenn man sie kennen will, in den Hadithen. Und nicht im Koran.

Was genau war Evas Vergehen? Hat sie im Himmel mit einem anderen Mann geschlafen? Tat sie das, obwohl es da keine anderen Männer außer Adam gab? Warum beschuldigt Mohammed sie ausgerechnet mit dem Wort „Betrügen“?

DAS BÖSE DER EVA

Tafsir Al-Qur'an Al-Ba'ghawi, 1993, Beirut, Band 1, Seite 84:

تفسير القرآن تفسير البغوي الجزء الأول تفسير البغوي » سورة البقرة » تفسير قوله تعالى « وإذ قلنا للملائكة اسجدوا لآدم فسجدوا إلا إبليس أبى واستكبر وكان من الكافرين
وكان سعيد بن المسيب يحلف بالله ما أكل آدم من الشجرة وهو يعقل ولكن حواء سقته الخمر حتى إذا سكر قادته إليها فأكل . [ص: 84]

Mosebs Sohn sprach, dass Eva Adam betrübte und ihn so seinen Verstand verlieren ließ (was ihn dazu brachte, vom Baum zu essen).

الجامع لأحكام القرآن، الإصدار 2.02 - للإمام القرطبي الجزء 1 من الطبعة >> سورة البقرة >> الآية: 35 {وقلنا يا آدم اسكن أنت وزوجك الجنة وكلا منها رغدا حيث شئتما ولا تقربا هذه الشجرة فتكونا من الظالمين } إن أول من أكل من الشجرة حواء بإغواء إبليس إياها - على ما يأتي بيانه - وإن أول كلامه كان معها لأنها وسواس المخدة، وهي أول فتنة دخلت على الرجال من النساء، فقال: ما منعتما هذه الشجرة إلا أنها شجرة الخلد، لأنه علم منهما أنهما كانا يحبان الخلد، فأتاهما من حيث أحبا - «حبك الشيء يعمي ويصم» - فلما قالت حواء لآدم أنكر عليها وذكر العهد، فألح على حواء وألحت حواء على آدم، إلى أن قالت: أنا آكل قبلك حتى إن أصابني شيء سلمت أنت، فأكلت فلم يضرها، فأتت آدم فقالت: كل فإني قد أكلت فلم يضرني، فأكل فبدت لهما سوآتهما وحصلا في حكم الذنب

In der Erklärung im Buch von Jame' von Ahkam Al.Qur'an von Imam Al-Qur'tubi, Band 1, Kapitel 2:35, finden wir diese Worte:

Und wir sprachen zu Adam und seiner Ehefrau: „Geht und lebt im Himmel, und esst dort und genießt es..."

Der erste Mensch, der vom Baum aß, war Eva, und Satan flüsterte ihr in ihrem Schlaf zu, und dies war die erste Irreführung eines Mannes durch eine Frau. Und dann sprach Satan: „Er (Allah) verbot euch zu essen von dem Baum, denn dieser Baum ist der Baum des ewigen Lebens." Denn er, Satan, wusste, dass sie (Adam und Eva) das ewige Leben liebten. So kam Satan zu ihnen, da wo sie liebten, und wo man liebt, da ist man taub und blind. Als Eva Adam dann bat, von dem Baum zu essen, wies Adam ihre Bitte ab und sprach zu ihr: „Hast du das Versprechen, dass wir (Allah) gaben, vergessen?" Eva bestand darauf, ihn essen zu lassen, und dann sprach sie: „Was ist, wenn ich zuerst vom Baum esse? Wenn mir nichts geschieht, dann geschieht dir auch nichts." So aß sie und nichts geschah mit ihr, und dann sprach sie: „Siehst du? Es schadet mir nicht." So aß auch er und beide standen dann unter der Sünde!

Nun haben wir ein besseres Verständnis dafür, wieso Mohammed Eva für all das Übel, was sich früher für Adam zutrug und später für alle anderen Männer zutragen würde, die Schuld gab. Das Übel muss von den Frauen kommen, denn sie sind in Mohammeds Augen böse und voller Täuschung!

Buch von Jame' von Ahkam Al.Qur'an von Imam Al-Qur'tubi, Band 1, Seite 352:

فدخل آدم في جوف الشجرة فناداه ربه : أين أنت ؟ فقال : أنا هذا يا رب قال : ألا تخرج ؟ قال استحي منك يا رب قال : اهبط إلى الأرض التي خلقت منها ولعنت الحية وردت قوائمها في جوفها وجعلت العدواة بينها وبين بني آدم ولذلك أمرنا بقتلها على ما يأتي بيانه وقيل لحواء : كما أدميت الشجرة فكذلك يصيبك الدم كل شهر وتحملين وتضعين كرها تشرفين به على الموت

Dann betrat Adam das hohle Innere eines Baumes, und dann rief ihn sein Herr, der sprach: „Adam, wo bist du?" Adam antwortete: „Ich bin vor dir beschämt, Herr." Dann sprach Allah: „Steige hinab vom Himmel, zur Erde, von der du erschaffen wurdest! Und ich verfluche die Schlange und lasse ihre Beine in ihrem Leib verschwinden, und ich werde Feindschaft sähen zwischen dir und der gesamten Saat Adams. Dafür ordnen wir an, sie (die Schlange) zu töten." Und zu Eva sprach Allah: „Da du den Baum bluten ließest, wirst auch du bluten, einmal in jedem Monat, und du wirst schwanger sein und gebären, immer wenn du es hasst, und dabei den Tod sehen!"

Wir finden hierin einige Elemente aus der Geschichte, die in der Bibel steht. Allerdings sagt die Bibel nie, dass Eva die „Urheberin" der Sünde ist. Vieles von dem, was Mohammed lehrte, entnahm er aus den Büchern und Schriften anderer, denn er war ein korrupter Mann, der immerzu versuchte, Geschichten zu korrumpieren und sie so verfälschte.

Vielmehr sagt uns die Bibel, dass Eva von der Schlange getäuscht wurde. 1. Mose 3:1-6:

Aber die Schlange war listiger als alle Tiere des Feldes, die Gott der Herr gemacht hatte; und sie sprach zu der Frau: Sollte Gott wirklich gesagt haben, dass ihr von keinem Baum im Garten essen dürft?

Da sprach die Frau zur Schlange: Von der Frucht der Bäume im Garten dürfen wir essen; aber von der Frucht des Baumes, der in der Mitte des Gartens ist, hat Gott gesagt: Esst nicht davon und rührt sie auch nicht an, damit ihr nicht sterbt! Da sprach die Schlange zu der Frau: Keineswegs werdet ihr sterben! Sondern Gott weiß: An dem Tag, da ihr davon esst, werden euch die Augen geöffnet, und ihr werdet sein wie Gott und werdet erkennen, was gut und böse ist!Und die Frau sah, dass von dem Baum gut zu essen wäre, und dass er eine Lust für die Augen und ein begehrenswerter Baum wäre, weil er weise macht; und sie nahm von seiner Frucht und aß, und sie gab davon auch ihrem Mann, der bei ihr war, und er aß.

Wie wir sehen, hat Eva in der biblischen Geschichte das Böse abgelehnt, doch am Ende wurde sie getäuscht, wie wir alle, die heute sündigen. Adam hingegen hat nichts abgelehnt. Er hat alles sehr schnell angenommen! Tatsache ist, dass Eva mehr dagegen ankämpfte, als Adam. Vergleiche das mal mit dem Koran und der Hadith-Geschichte, wo es Adam war, der die Versuchung ablehnte. Er wollte nicht essen. In der Bibel ist es Eva, die versuchte, sich Gottes Befehl nicht zu widersetzen. Wie auch immer. Der Punkt ist: Die Muslime versuchen, Eva als einen bösen Menschen darzustellen, und projizieren diese Vorstellung von ihr dann auf jede einzelne Frau auf diesem Planeten.

BÖSE OMEN

1996م / 1416هـ :شرح النووي على مسلميحيي بن شرف أبو زكريا النووي دار الخيرسنة النشر
وحدثنا عبد الله بن مسلمة بن قعنب حدثنا مالك بن أنس ح وحدثنا يحيى بن يحيى قال قرأت على 2225
مالك عن ابن شهاب عن حمزة وسالم ابني عبد الله بن عمر عن عبد الله بن عمر أن رسول الله صلى
الله عليه وسلم قال الشؤم في الدار والمرأة والفرس

Sahih Al-Bukhari, Band 4, Buch 52, Hadith 110:

Überliefert von 'Abdullah Bin 'Umar: „Ich hörte, wie der Prophet sprach: 'Böse Omen kommen von drei Dingen: Dem weiblichen Pferd, der Frau und aus dem Haus.“

Das ist ein sehr deutlicher und trauriger Blick auf Mohammeds verwerfliche Meinung über Frauen. Was seltsam ist: Frauen stellen ein BÖSES OMEN dar, und gleichzeitig hat er dreizehn Ehefrauen und hunderte von Sexsklavinnen! Er war gewiss ein Mann, der das Böse so sehr geliebt haben muss, dass er sein Haus voll davon haben wollte!

Sahih Al-Bukhari, Hadith 4/336:

Überliefert von 'Abdullah: „Der Prophet stand auf und hielt seine Rede, und zeigte mit seinem Finger auf das Haus von 'Aisha und drückte aus:'Genau hier ist das

Böse!' Dies wiederholte er dreimal.“

Sahih Muslim, Arabisches Buch, Kapitel der Verhetzung, Band 14, Seite 2229:

الباري شرح صحيح البخارىأحمد بن علي بن حجر العسقلاني
دار الريان للتراثسنة النشر: 7041هـ / 6891م عدد الأجزاء: ثلاثة عشرجزءا الكتب » صحيح البخاري
» كتاب النكاح » باب الوصاة بالنساء
ص160 4890 حدثنا إسحاق بن نصر حدثنا حسين الجعفي عن زائدة عن ميسرة عن أبي حازم
عن أبي هريرة عن النبي صلى الله عليه وسلم قال من كان يؤمن بالله واليوم الآخر فلا يؤذي جاره
واستوصوا بالنساء خيرا فإنهن خلقن من ضلع وإن أعوج شيء في الضلع أعلاه فإن ذهبت تقيمه
كسرته وإن تركته لم يزل أعوج فاستوصوا بالنساء خيرا

Mohammed sprach in Bezug auf seine Ehefrau Hafsa ('Umars Tochter): „Meisterin der Blasphemie!“

Die Geschichte lässt sich in vielen Büchern finden, darunter Fateh Al-Bari Fe Sharih Sahih Al-Bukhari, 1986er Auflage, im Buch über Nikkah, im Kapitel „Das Nehmen von Frauen“, auf Seite 160, in Hadith 4890.

Sahih Muslim, Buch 008, Hadith 4367:

Abu Huraira sprach: „Die Frau entstammte ursprünglich von einem Rippenknochen, und es ist unmöglich, sie zu auf welche Weise auch immer zurechtzubiegen. Wenn du dich also danach sehnst, einen Nutzen von ihr zu haben, dann nutze sie aus, solange sie die Verderbtheit innehat. Und solltest du versuchen, sie zurechtzubiegen, wirst du sie zerbrechen, und du zerbrichst sie, indem du dich von ihr scheiden lässt.“

FRAUEN SIND MIT TIEREN GLEICHZUSETZEN

Zum Buch, auf das ich mich in diesem Abschnitt nun beziehe, werde ich nur das übersetzen, was sich auf unser Thema bezieht. Ich werde allerdings den gesamten Text beibehalten, damit die Muslime, die dem Arabischen mächtig sind, nicht sagen können, dass ich hier irgendetwas aus dem Kontext gerissen habe. Übrigens: Ich weise die Muslime auf die Website der islamischen Regierung Jordaniens hin. Besucht sie, Muslime, und seht selbst, was da steht.

0Im Buch von Tafsir Al Kaber, Mafateeh Al Gaeeb, von Iamam Al Razi, steht über Koran Sure 30:21:

تفسير مفاتيح الغيب ، التفسير الكبير/ الرازي (ت 606 هـ) المسألة الأولى: قوله: { خَلَقَ لَكُمْ } دليل

على أن النساء خلقن كخلق الدواب والنبات وغير ذلك من المنافع، كما قال تعالى: { خَلَقَ لَكُم مَّا فِى ٱلأَرْضِ }

Beachtet dazu, was Allah in Koran Sure 30:21 sagt: *„Wir erschufen sie als das eurige." Dies beweist, dass Allah die Frauen den Tieren gleich erschaffen hat (um dem Mannund seinen Bedürfnissen zu dienen).*

[البقرة: 29]
وهذا يقتضي أن لا تكون مخلوقة للعبادة والتكليف فنقول خلق النساء من النعم علينا وخلقهن لنا
وتكليفهن لإتمام النعمة علينا لا لتوجيه التكليف نحوهن مثل توجيهه إلينا وذلك من حيث النقل والحكم
والمعنى، أما النقل فهذا وغيره، وأما الحكم فلأن المرأة لم تكلف بتكاليف كثيرة كما كلف الرجل بها،
وأما المعنى فلأن المرأة ضعيفة الخلق سخيفة فشابهت الصبي لكن الصبي، لم يكلف فكان يناسب
أن لا تؤهل المرأة للتكليف، لكن النعمة علينا ما كانت تتم إلا بتكليفهن لتخاف كل واحدة منهن العذاب
فتنقاد للزوج وتمتنع عن المحرم، ولولا ذلك لظهر الفساد.

Dass er (Allah) im Koran in Sure 30:21 „erschufen sie als das eurige" sagt, beweist, dass Frauen für denselben Zweck erschaffen worden sind wie Tier, Pflanzen und alle anderen Dinge, die einen Nutzen haben. Auch sagte Allah im Koran in Sure 2:29: „Er erschuf für dich, was sich auf der Erde befindet." Und er sagte auch, dass der Nutzen der Frau nicht mit Verehrung und göttlichen Befehlen einhergeht. Wir sagen, dass die Erschaffung der Frau ein Gefallen für uns (Männer) ist, und dass das Auferlegen göttlicher Gebote auf sie diese Gefallen für uns vervollständigt, auch wenn sie vor Allah nicht so sind wie wir (Männer). Denn den Frauen werden nicht so viele Gebote auferlegt wie uns (Männern), da die Frau als solche schwach und absurd (dumm) ist. In anderen Worten: Eine Frau ist wie ein Kind, und einem Kind werden keine Gebote zuteil. Doch für den Gefallen, den Allah uns getan hat, und um diesen zu vervollständigen, muss die Frau gehorsam sein. Ihr wird dies geboten, auf dass jede von ihnen (den Frauen) Angst vor der Strafe haben soll, wodurch sie ihrem Ehemann gehorcht und sich von Verbotenem fernhält, anderenfalls würde Unmoral einkehren.

FRAUEN SIND SEXSPIELZEUG

Aus Sahih Al-Bukhari, Buch 54, Hadith 460:

Überliefert von Abu Huraira: „Allahs Prophet sprach: 'Wenn der Ehemann seine Ehefrau für Sex zu sich ins Bett ruft, und sie sich weigert und ihn in Wut schlafen ließ, werden die Engel Allahs sie bis zum Anbruch des Morgens verfluchen.'"

Du kannst dieses Verständnis von der Pflicht der Frauen über viele islamische Bücher verteilt finden. Darunter im Buch von Al-Qur'tubi/Jame' Ahkam, Beirut, 1993, Al Qur'an 30:21, Band 13, auf Seite 17:

تفسير الجامع لاحكام القرآن/ القرطبي (ت 671 هـ) والذي نفسي بيده ما من رجل يدعو امرأته إلى فراشها فتأبى عليه إلا كان الذي في السماء ساخطاً عليها حتى يرضى عنها « وفي لفظ آخر: » إذا باتت المرأة هاجرة فِراش زوجِها لعنتها الملائكة حتى تُصبح

Der Prophet sprach: „Bei dem, in dessen Hand meine Seele liegt: Wenn ein Mann seine Ehefrau um Sex bittet und sie sich weigert, mit ihm Sex zu haben, wird der, der im Himmel ist (hiermit ist Allah gemeint) ihr gegenüber solange verbittert sein, bis ihr Ehemann mit ihr zufrieden ist." (Al-Qur'tubi fügt dem hinzu:) Mit anderen Worten: Wenn die Ehefrau sich nicht auf den Wunsch des Mannes hin zu ihm ins Bett gesellt hat, werden Allahs Engel sie bis zum nächsten Morgen verfluchen.

Ich werde alle bekannten, anerkannten Bücher durchgehen, die von muslimischen Gerichten und ihren Richtern verwendet werden, um über muslimische Argumente und Fälle zu urteilen.

Aus dem Buch „Die Wertschätzung von Arbeitern in Gesetzgebung, Worten und Werken" von Imam Al Mutaqi Al Hindi, Abschnitt 5 in „Die Rechte der Ehefrau und des Ehemanns", Kapitel 1 („Die Rechte des Mannes über der Frau"):

44801- من حق الزوج على الزوجة أن لو سال منخراه دما وقيحا وصديدا فلحسته بلسانها ما أدت حقه، ولو كان ينبغي لبشر أن يسجد لبشر لأمرت الزوجة أن تسجد لزوجها إذا دخل عليها لما فضله الله عليها.

Der Prophet Mohammed sprach: 44801 – *„Der Ehemann hat das Recht über seine Ehefrau. Wenn Schleim, Blut, Eiter und Schmutz aus seiner Nase kommen und die Frau dies mit ihrer Zunge ableckt, reicht es nicht nicht aus, dem Mann hier sein bloßes Recht über sie zu geben! Solange es mir nicht gestattet ist, einem Menschen zu befehlen vor einen anderem Menschen zu knien, will ich der Ehefrau befehlen, bei den Tugenden Gottes, vor ihrem Ehemann zu knien, wann immer er in ihrem Zuhause auf sie zugeht."*

44821- إذا تزوج البكر على الثيب أقام عندها سبعا، وإذا تزوج الثيب على البكر أقام عندها ثلاثا.

44821 – „Wenn ein Mann eine Jungfrau anstelle von Nicht-Jungfrauen heiratet, so soll er sieben Tage am Stück mit ihr verbringen, und wenn er eine Nicht-Jungfrau heiratet, so soll er drei Tage am Stück mit ihr verbringen!"

للحرة يومان، وللأمة يوم. **44824-**

44824 – „Für die freie Frau zwei Tage (die der Mann mit ihr verbringen soll), und für die Sklavin einen Tag."

إذا رأى أحدكم امرأة حسناء فأعجبته فليأت أهله، فإن البضع واحد، ومعها مثل الذي معها. **44842-**

44842 – „Wenn eine Frau einem Mann gefällt (er sexuell erregt ist), dann soll er gehen und es mit seiner Ehefrau machen, denn beide Frauen haben die gleiche Ausstattung!"

Kommentar von Imam Al-Nawawi in Bezug auf den Hadith Nummer 0684 aus Sahih Muslim, Buch 003:

Unsere Gefährten sagten, dass wenn die Eichelspitze des Penisses den Anus einer Frau oder den Anus eines Mannes penetriert hat, oder die Vagina oder den Anus eines Tieres, es dann von Nöten ist, den Penis zu waschen, ganz gleich ob das, was penetriert wurde, lebendig oder tot, jung oder alt war.

Koran Sure 2:223: *Eure Frauen sind euer Eigentum. Also tut mit eurem Eigentum, was euch beliebt und wann es euch beliebt...*

تفسير مفاتيح الغيب ، التفسير الكبير/ الرازي
(ت 606 هـ) ابن عمر أنه كان يقول: المراد من الآية تجويز إتيان النساء في أدبارهن، { أَنَّىٰ شِئْتُمْ
} والمشهور ما ذكرناه أنه يجوز للزوج أن يأتيها من قبلها في قبلها، ومن دبرها في قبلها والثاني: أن
المعنى: أي وقت شئتم من أوقات الحل: يعنى إذا لم تكن أجنبية، أو محرمة، أو صائمة، أو حائضاً
،والثالث: أنه يجوز للرجل أن ينكحها قائمة أو باركة، أو مضطجعة

Aus dem Buch Tafsir Al Kaber, Mafateeh Al Gaeeb, 2004er Auflage, Beirut, von Iamam Al Razi, über Koran Sure 2:223 auf Seite 61:

Ibn 'Umar sagte, dass dieser Vers von Analverkehr mit der Frau handelt, und dass Analverkehr mit Frauen eine für sich genommen gute Sache ist.

*Ana sh'tom, es ist einem Mann erlaubt und ihm überlassen, seine Frau von Vorne oder von Hinten zu nehmen, ob er dabei nun in ihre Vagina eindringt oder in einer nach Vorne oder Hinten gerichteten Stellung ihren Anus penetriert. Des Weiteren ist es dem Mann gestattet, es mit ihr zu tun, wann immer er es will oder möchte. Wann immer es ihm beliebt, darf er mit ihr Nikkah machen (Auf Deutsch: Darf er sie f**ken), ob sie nun steht oder sitzt oder auf ihrem Rücken liegt.*

Beachte das arabische F-Wort Nikkah. Die Muslime wollen uns weiszumachen, dass es für die islamische Hochzeit oder die Ehe steht. Dabei geht es hier um das beschreiben von Sexstellungen. Als F-Wort drückt es natürlich genau das aus: Sex.

Ich glaube, dass mein Kommentar hierzu nicht mehr gebraucht wird. Die Worte der Muslime zeigen deutlich genug, wie der Islam Frauen betrachtet, wie wichtig die sexuelle Befriedigung des Mannes ist und was für eine große Rolle sie in diesem Kult einnimmt. Vergiss nicht, dass Muslime Allah nicht wirklich lieben. Sie lieben den Sex, mit dem Allah sie im Himmel versorgen wird. Darum sind sie auch so bereitwillig, zu sterben. Im Himmel erwartet sie keine Arbeit mehr, das anstrengende Leben ist Geschichte und eine neue Ära von ewigem, sorglosem Sex bricht für sie an.

Mohammed tat alles was in seiner Macht stand um sicherzustellen, dass Frauen unter den Regeln einer Sklaverei unter den Männern zu leben haben. Er gab den Männern jedes gesetzliche Recht dazu, die Frauen entsprechend schäbig zu behandeln.

Die Muslime werden jetzt vielleicht sagen, dass der Prophet sagte: „Der Beste unter euch Männern ist derjenige, der seine Ehefrauen am besten behandelt!“ Doch damit bezieht sich Mohammed nur auf die Pflicht des Mannes, der Frau Obdach und Nahrung zu bieten. Und wenn die Frau vollkommen gehorsam dem Mann gegenüber ist, hat er keinerlei Grund, sie schlechter zu behandeln. Das sehen wir im nachfolgenden Vers.
Koran Sure 4:34:

Männer haben die volle Kontrolle über Frauen. Allah hat es so gemacht, weil das eine Geschlecht dem anderen überlegen ist, und weil die Männer ihr Geld für die Frauen ausgeben. Eine gute Frau ist also immerzu gehorsam, hält ein, was Allah befielt und eingehalten werden soll. Für diejenigen von euch, die um ihre Unterwürfigkeit womöglich fürchten, gilt, die Frauen zu mahnen und sie an ihren Betten zu fesseln, und sie zu geißeln. Wenn sie euch dann gehorchen, straft sie nicht weiter. Allah ist erhaben, groß.

Man hört Muslime – in Bezug auf diesen Vers – sagen, dass gemeint wird, die Frauen, wenn sie Ungehorsam zeigen, leicht zu schlagen. Tatsächlich verrät uns der Vers folgendes:

Das Wort leicht kommt im Vers nicht einmal vor. Und auch in keiner Interpretation des Koran. Es taucht ausschließlich in anderssprachigen Übersetzungen auf, die die Muslime hauptsächlich den Leuten im Westen unterjubeln. Das ist nichts anderes als bei Obama und den vielen anderen, die versuchen uns weiszumachen, dass der Islam für Frieden steht.

Selbst wenn das Wort „Geißeln“ hier nicht für härte Schläge stehen soll, so heißt „Geißeln“ immer noch „Geißeln“. Und Schläge bleiben Schläge, ob nun sanfter oder härter.

Wie leicht kann eine Geißelung sein? Ist sie leichter hinzunehmen, als beispielsweise bespuckt zu werden? Bei solcher Züchtigung geht es nicht bloß um den physischen Schmerz, sondern auch um die Demütigung, die der geschlagenen Person zuteil wird.Frauen sind Menschen. Kein Mensch hat das Recht, einem anderen Menschen etwas derartiges anzutun.

Hunde im Westen haben mehr Rechte als muslimische Frauen im Islam. Schlägt man z.B. in den USA einen Hund, kommt man in Haft. Doch schlägt man eine Frau in einem islamischem Land, ist man ein Held, der seiner Ehefrau gutes Benehmen beibringt!

Wie steht es damit, die Frauen in ihren Zimmern einzusperren, indem man sie an ihre Betten fesselt? Der Mann darf sie sogar – um sie noch mehr zu bestrafen – vergewaltigen. Es gab da einen Fall, von dem du (so nehme ich es zumindest an) vermutlich noch nicht gehört hast. Zu diesem Fall: Ein US-amerikanischer Richter aus New Jersey, der eindeutig nicht bei klarem Verstand war, hat einen verheirateten marokkanischen Mann, der seine Ehefrau brutal vergewaltigt hat, nicht für schuldig erklärt. Warum? Weil der Richter der Meinung war, dass die Religion des Marokkaners, der Islam, die Vergewaltigung der eigenen Ehefrau erlaubt, und dass der muslimische Mann sich somit auch keinerlei Schuld oder Straftat bewusst sein konnte. Mohammed sagte:

تحفة الأحوذي سنن الترمذي كتاب الرضاع باب ما جاء في حق الزوج على المرأة ص: 272] فإني لو كنت آمرا أحدا أن يسجد لغير الله لأمرت المرأة أن تسجد لزوجها ، والذي نفس محمد بيده لا تؤدي المرأة حق ربها حتى تؤدي حق زوجها ، ولو سألها نفسها ، وهي على قتب لم تمنعه أخرجه أحمد

Buchtitel: *Th'fet Al-A'hawazi Suana Al-Turmzi, Buch Al-Rida*, Seite 272:

Der Prophet Mohammed sprach: „Wenn ihr jemandem befehlen möchtet, sich vor jemand anderem zu verbeugen als Allah, dann ist es die Frau, der ihr befehlen sollt, sich vor ihrem Ehemann zu verbeugen. Bei dem, in dessen Hand meine Seele liegt: Eine Frau kann ihrem Herrn nicht rechtens dienen, solange sie ihrem Ehemann nicht rechtens dient. Und bittet er sie, sich hinzugeben (dem Mann, für Geschlechtsverkehr), so soll sie sich ihm nicht verweigern, selbst wenn sie gerade ganz hoch oben auf einem Kamelhöcker sitzt.“

،الجزء الثاني ص7 فيض القدير ، شرح الجامع الصغير
أعظم الناس حقا على المرأة زوجها) حتى لو كان به قرحة فلحستها ما قامت بحقه ، ولو أمر أحد أن)
يسجد لأحد لأمرت بالسجود له فيجب أن لا تخونه في نفسها ومالها ، وأن لا تمنعه نفسها وإن كانت
.على ظهر قتب ، وأن لا تخرج إلا بإذنه ولو لجنازة أبويها

Aus dem Buch *Faed Al-Qadeer Fe Sharih Al-Jame' Al-Sa'ger,* gedruckt in Kairo, 1974, in Band 2, auf Seite 7:

Der Prophet sprach: „Derjenige, der das meiste Recht über eine Frau hat, ist ihr Ehemann. So auch, wenn ihr Ehemann ein eitriges Geschwür hat und sie es ableckt. Hat sie ihm ihr Recht über sich noch nicht zugesprochen und der Befehl wird erteilt, sich vor jemand anderem zu verbeugen als Allah, dann würde der Frau befohlen werden, sich vor ihrem Ehemann zu verbeugen. Ebenso soll sie ihn nicht betrügen oder ihm ihr Geld oder dem Sex mit ihr verwehren, selbst wenn sie gerade ganz hoch oben auf einem Kamelhöcker sitzt. Und auch soll sie sein Haus nicht ohne seine Erlaubnis verlassen, selbst wenn sie es nur verlassen will, um bei der Beerdigung ihrer Eltern anwesend sein zu können."

Aus den BBC NEWS vom 14. Januar 2004, 14:57 GMT, http://news.bbc.co.uk/2/hi/europe/3396597.stm:

Imam wird für Frauen-Schlagen-Buch kritisiert.Ein muslimischer Gelehrter (namens Mohamed Kamal Mustafa), der ein Buch schrieb, in dem Männern dazu geraten wird, ihre Ehefrauen so zu schlagen, dass keine belastenden Spuren an ihren Körpern hinterlassen werden, wurde von einem spanischen Gericht verurteilt. Zu seiner Verteidigung sagte der Imam, dass er lediglich Passagen aus dem Koran deutete. Berichten zufolge äußert sich Mohamed Kamal Mustafa gegen die Gewaltausübung an Frauen.

Wie du siehst hat all das nichts mit meiner Übersetzung zu tun, oder dass ich etwa versuche, den Islam schlecht aussehen zu lassen. Der Islam ist wirklich so hässlich, das ist alles! Im nachfolgenden Hadith werden wir sehen, was richtige Schläge im Islam sind.

IHRE HAUT IST GRÜNER ALS IHRE KLEIDUNG

Sahih Al-Bukhari, Buch 72, Hadith 715 im arabischen Buch der Al-Libas (Buch der Kleidung/grünen Kleidung), Hadith 5487:

Überliefert von Ekrema: „Rifa'a hat sich von seiner Frau scheiden lassen, und 'Abd Al-Rahman Bin Al Zobair heiratete sie. Aisha sprach, dass sie grüne Kleidung trug und ihre Haut zeigte, und dass durch Schläge ihre Haut grüner war als ihre Kleidung. Und es ist völlig normal, dass Frauen einander helfen. Als also Allahs Gesandter kam, sprach Aisha zu ihm: 'Ich habe noch keine Frau getroffen, die mehr gefoltert wurde, als eine muslimische Frau. Sieh dir ihre Haut an! Ihre Haut ist grüner als ihre Kleidung!' Als aber 'AbdAl-Rahman hörte, dass seine Frau den Propheten aufsuchte, um sich zu beschweren, kam er mit seinen beiden Söhnen, die er von einer anderen Ehefrau hatte. Sie (seine Ehefrau) sprach: 'Ich schwöre bei Allah! Ich habe ihm nichts Böses getan, doch er ist sexuell unfähig (impotent) und demnach für mich ohne nutzen.' Dabei hielt sie ihre Kleidung fest und zeigte ein Seitenstück ihrer Kleidung. 'AbdAl-Rahman sprach: 'Prophet, ich schwöre bei Allah, was sie da behauptet ist eine Lüge!' Ich bringe sie zum beben, so wie meine Schritte den Boden zum beben bringe (damit will er sagen: er kann Sex mit ihr haben). Doch sie will zurück zu Rifa'a (ihrem Exmann).' Allahs Gesandter sprach zu ihr: 'Wenn es dein Ziel ist, zu deinem Exmann zurückzukehren, dann solltest du wissen, dass es dir gesetzlich nicht erlaubt ist, mit Rifa'a erneut die Ehe zu schließen, solange Abdur-Rahman keinen Geschlechtsverkehr mit dir hatte und er deinen Saft noch nicht gekostet hat.' Als der Prophet zwei Männer an 'AbdAl-Rahmans Seite sah, fragte er diesen: 'Sind das deine Söhne?' 'AbdAl-Rahman antwortete: 'Ja.' Der Prophet sprach (zur Ehefrau des Mannes): 'Du hast eine Behauptung aufgestellt und bestehst darauf, dass er keinen Sex haben kann? Jedoch sehen seine männlichen Kinder – so schwöre ich bei Allah – ihm so ähnlich wie einer Krähe, die einer anderen Krähe ähnelt.'"

بَاب ثِيَابِ الْخُضْرِ صحيح البخاري - كِتَاب اللِّبَاسِ - بَاب ثِيَابِ الْخُضْرِ 5487 حَدَّثَنَا مُحَمَّدُ بْنُ بَشَّارٍ حَدَّثَنَا عَبْدُ الْوَهَّابِ أَخْبَرَنَا أَيُّوبُ عَنْ عِكْرِمَةَ أَنَّ رِفَاعَةَ طَلَّقَ امْرَأَتَهُ فَتَزَوَّجَهَا عَبْدُ الرَّحْمَنِ بْنُ الزَّبِيرِ الْقُرَظِيُّ قَالَتْ عَائِشَةُ وَعَلَيْهَا خِمَارٌ أَخْضَرُ فَشَكَتْ إِلَيْهَا وَأَرَتْهَا خُضْرَةً بِجِلْدِهَا فَلَمَّا جَاءَ رَسُولُ اللَّهِ صَلَّى اللَّهُ عَلَيْهِ وَسَلَّمَ وَالنِّسَاءُ يَنْصُرُ بَعْضُهُنَّ بَعْضًا قَالَتْ عَائِشَةُ مَا رَأَيْتُ مِثْلَ مَا يَلْقَى الْمُؤْمِنَاتُ لَجِلْدُهَا أَشَدُّ خُضْرَةً مِنْ ثَوْبِهَا قَالَ وَسَمِعَ أَنَّهَا قَدْ أَتَتْ رَسُولَ اللَّهِ صَلَّى اللَّهُ عَلَيْهِ وَسَلَّمَ فَجَاءَ وَمَعَهُ ابْنَانِ لَهُ مِنْ غَيْرِهَا قَالَتْ وَاللَّهِ مَا لِي إِلَيْهِ مِنْ ذَنْبٍ إِلَّا أَنَّ مَا مَعَهُ لَيْسَ بِأَغْنَى عَنِّي مِنْ هَذِهِ وَأَخَذَتْ هُدْبَةً مِنْ ثَوْبِهَا فَقَالَ كَذَبَتْ وَاللَّهِ يَا رَسُولَ اللَّهِ إِنِّي لَأَنْفُضُهَا نَفْضَ الْأَدِيمِ وَلَكِنَّهَا نَاشِزٌ تُرِيدُ رِفَاعَةَ فَقَالَ رَسُولُ اللَّهِ صَلَّى اللَّهُ عَلَيْهِ وَسَلَّمَ فَإِنْ كَانَ ذَلِكِ لَمْ تَحِلِّي لَهُ أَوْ لَمْ تَصْلُحِي لَهُ حَتَّى يَذُوقَ مِنْ عُسَيْلَتِكِ قَالَ وَأَبْصَرَ مَعَهُ ابْنَيْنِ لَهُ فَقَالَ بَنُوكَ هَؤُلَاءِ قَالَ نَعَمْ قَالَ هَذَا الَّذِي تَزْعُمِينَ مَا تَزْعُمِينَ فَوَاللَّهِ لَهُمْ أَشْبَهُ بِهِ مِنْ الْغُرَابِ بِالْغُرَابِ

Vielleicht wissen du und einige andere Leser noch nicht, was diese Frau zu tun versuchte.Mohammed legte eine irrsinnige Regel fest, und diese Regel verordnet der Frau folgendes: Wenn ein muslimischer Mann sich von seiner Ehefrau dreimal hat scheiden lassen, darf er sie kein viertes Mal heiraten, es sei denn, sie hat zuvor einen anderen Mann geheiratet, und auch der hat sich von ihr scheiden lassen. Wenn sie dann von ihrem aktuellen Ehemann geschieden ist, dann darf sie ihren vorherigen Ehemann wieder heiraten! So steht es in Koran Sure 2:230:

Und wenn er sich ein drittes Mal von ihr scheiden lässt, dann steht sie ihm nicht mehr rechtmäßig zu, solange sie nicht mit einen anderen, neuen Ehemann Nikkah (Sex) hatte. Dann, wenn er (der neue Ehemann) sich von ihr scheiden lässt, stellt es für die beiden (die geschiedene Ehefrau und ihren Exmann) kein Problem dar, wieder zusammen zu sein, wenn ihnen dies beliebt.

Die Frau versuchte, zu ihrer Familie zurückzukehren. Ihr Ehemann hatte sich bereits dreimal von ihr scheiden lassen, und sie musste einen anderen Mann heiraten. Andernfalls gab es für sie keine Chance, zu ihrem Exmann zurückzukehren. Wie wir sehen nahm sie an, dass sie ihren neuen Gatten – den sie für altersschwach hielt – dazu bringen könnte, sie zu hassen und sich von ihr scheiden zu lassen, indem sie sich beispielsweise weigerte, mit ihm zu schlafen. Sie hoffte so wieder bei ihren Kindern, die bei ihrem Exmann waren, sein zu können. Doch ihr neuer Ehemann nutzte sein Recht als muslimischer Mann aus und verprügelte sie dafür, dass sie ihm nicht gehorchte und sich weigerte, das Bett mit ihm zu teilen. Das alles war der Auslöser dieser Geschichte.

Das sind die wichtigsten Schwerpunkte, die in dieser Geschichte zu beachten sind:

- Mohammed sagte nicht ein Wort gegen den gewalttätigen Ehemann, der seine Ehefrau im wahrsten Sinne des Wortes grün und blau schlug. Er verprügelte sie so lang und hart, bis ihre Haut eine grünere Farbe annahm als ihre Kleidung!
- Mohammed schlug sich auf die Seite des Mannes. Dadurch war die Frau gedemütigt.
- Wir sehen glasklar, dass diese Frau gar nichts mehr mit diesem Mann zu tun haben wollte, weder im Bett noch sonst wie. Sie sucht nach einem Weg, aus dieser Ehe herauszukommen. Doch Mohammed sagte ihr, dass wenn sie zu ihrem Exmann zurückkehren will, sie erst einmal Sex mit ihrem aktuellen Ehemann haben muss.
- Mohammed wollte ihr zeigen, dass ihre Behauptung, ihr jetziger Ehemann wäre mpotent, gelogen sein musste. Und wieso war ihre Behauptung gelogen? Weil er zwei erwachsene Söhne mit einer anderen Ehefrau hatte! Ich frage mich, was das mit der Potenz eines Mannes zu tun haben soll. Impotenz kann

einen Mann jederzeit ereilen, etwa durch Krankheit, selbst wenn der Mann bereits zehn oder mehr Kinder gezeugt hat. Und viele Männer – auch jüngere Männer, die noch lange nicht so alt sind wie der Mann in der Geschichte – sind aufgrund ihrer Impotenz nicht in der Lage, ein sexuelles Verhältnis zu haben.

- Obendrein gab Mohammed diesem und jedem anderen Mann im Islam mit Koran Sure 4:34 für alle Zeit das Recht und Sagen über die Frauen.

EINE FRAU, EIN ESEL UND EIN HUND BESCHMUTZEN DAS GEBET

Sahih Muslim, Buch 4 Hadith 1034:

Überliefert von Abu Huraira: „Der Gesandte Allahs sprach: 'Eine Frau, ein Esel und ein Hund beschmutzen das Gebet. Doch ein Saumsattel schützt dagegen!'"

In diesem Hadith sehen wir, dass Frauen, Esel und Hunde gleichwertig sind, und einzig Männer als Menschen betrachtet werden!

Der Hadith beweist, dass Mohammed Frauen als Tiere betrachtete.

Es kann vorkommen, dass Muslime – um diesen Hadith zu beschönigen – sagen: „Oh, hier geht es um Sex. Wenn man Sex hat und sich schmutzig macht, braucht man eine Waschung." Die Antwort auf diese Lüge befindet sich im Hadith selbst:

Es ist von einer Frau die Rede, und nicht von einer Ehefrau. Das Wort Frau bezieht sich hierbei auf jede Frau. Und sei es die eigene Mutter oder Tochter. Haben Muslime etwa Sex mit ihren Müttern und Töchtern?

Mohammed hat die Frau in einem Satz mit zwei Tierarten erwähnt. Bedeutet das, dass Muslime Sex mit Eseln und Hunden haben? Traurigerweise haben tatsächlich viele von hnen erwiesenermaßen Sex mit Eseln und Hunden.Wie konnte Mohammed hierbei nur das Schwein vergessen?

Was ist mit all den anderen Tierarten? Beschmutzen und entweihen sie somit dasmuslimische Gebet nicht? Wie sieht es denn zum Beispiel mit Pferden der Maultieren aus? Dürfen Ratten beim Gebet anwesend sein?

Der offensichtlichste Beweis dafür, dass es hierbei nicht um Sex mit Frauen, Eseln und Hunden dreht, ist Mohammeds Erwähnung des Saumsattels, der vor der Beschmutzung des Gebets schützt. Das bedeutet, dass der muslimische Mann für das Gebet rein bleibt, wenn er einen Saumsattel zwischen sich und der Frau, dem Esel oder dem Hund hat. Sitzt er auf dem Sattel, wird das Gebet nicht beschmutzt! Frag mich jetzt bitte nicht, warum Mohammed einen Saumsattel zum

Schutz gewählt hat und nicht etwa ein – sagen wir – Antivirus. Wie die Muslime sagen, wenn man sie in die Enge drängt: Das weiß nur Allah!

BRINGT FRAUEN NICHT DAS LESEN UND SCHREIBEN BEI

Tafsir Al-Qur'tobi, Al-Jame' Le Ahkam, Al Qur'an, Kapitel Al-Noor, Seite 146:

سورة النور ص 146 تفسير القرطبي عائشة - رضي الله عنها - : لا تنزلوا النساء الغرف ولا
« تعلموهن الكتابة وعلموهن سورة النور والغزل الجامع لأحكام القرآن

Aisha sprach: „Gebt Frauen keine Zimmer für sie allein und bringt ihnen nicht das Schreiben bei, sondern belehrt sie aus dem Kapitel Al-Noor und bringt ihnen bei, wie man spinnt und näht."

Aisha überbrachte dies von Mohammed. Aufgrund dieser Worte hat die Taliban in Afghanistan den Mädchen im Land verboten, die Schule zu besuchen.

WIE MAN SICH IM ISLAM DIE RICHTIGE FRAU AUSSUCHT

In Majdy Al Said Ibrahims Buch *Der Kult und die Legenden der Frauen* (Kairo, 1922), auf Seite 61, im Kapitel *Die Pflicht der Frau, ihrem Ehemann zu dienen*, steht:

1. Die Pflicht der Frau, ihrem Ehemann zu dienen:
2. Sieh darf nicht am Fenster oder auf dem Balkon stehen.
3. Sie muss sich vor Männern an der Vordertür (des Hauses) verstecken.
4. Sie sollte kein Parfüm auftragen, wenn sie das Haus verlässt.
5. Siesollte keine knappe Kleidung, wie sie auch für die Ungläubigen typisch ist, tragen.
6. Sie sollte nicht inmitten der Straße laufen.
7. Sie sollte nicht mit lauter Stimme sprechen.
8. Sie sollte sich nicht mit Männern abgeben.
9. Sie sollte nicht mit Männern sprechen.

Der Autor des Buchs erläutert ebenso, was Frauen tun/nicht tun sollten:

1. Spricht mit seichter und sehr leiser Stimme.
2. Lauft am Straßenrand.
3. Entblößt euch niemals in eurem Haus, wenn Besuch anwesend ist.
4. Verlasst das Haus nicht, wenn es nicht unbedingt nötig ist.
5. Enthüllt niemals – aus welchem Grund auch immer – euren Schleier.

6. Seit euch darüber im Klaren, welche Kleidung ihr tragt, wenn ihr einem Balkon nahe seid.
7. Schüttelt keinem Mann jemals die Hand (mit dem ihr nicht verheiratet seid).
8. Reist nicht ohne die Begleitung eines männlichen Mitglieds eurer Familie, denn so ist es heutzutage gebräuchlich.
9. Gebt euer Geld nicht für nutzlosen Unrat aus, wenn ihr durch die Straßen zieht, sondern für die Lobpreisung Allahs. Niemand soll dabei eure Stimme hören.
10. Und seht niemals nach links oder rechts, sondern immerzu nach unten.

STEHT DAS WORT NIKKAH FÜR DIE EHE? DIE ANTWORT LAUTET: NEIN!

Beweisen wir das mit Koran Sure 2:230:

فَإِن طَلَّقَهَا فَلَا تَحِلُّ لَهُ مِن بَعْدُ حَتَّىٰ تَنكِحَ زَوْجًا غَيْرَهُۥ ۗ فَإِن طَلَّقَهَا فَلَا جُنَاحَ عَلَيْهِمَا أَن يَتَرَاجَعَا إِن ظَنَّا أَن
يُقِيمَا حُدُودَ اللَّهِ ۗ وَتِلْكَ حُدُودُ اللَّهِ يُبَيِّنُهَا لِقَوْمٍ يَعْلَمُونَ

Und wenn er sich ein drittes Mal von ihr scheiden lässt, dann steht sie ihm nicht mehr rechtmäßig zu, solange sie nicht mit einen anderen, neuen Ehemann Nikkah (Sex) hatte.

Durch diesen Vers haben wir erfahren, dass wenn eine Frau dreimal von ihrem Ehemann geschieden wurde, sie ihn kein viertes Mal heiraten darf, solange sie zwischenzeitlich keinen Sex, also Nikkah, mit einem neuen Ehemann hatte. Es geht also nicht um das schließen einer neuen Ehe, sondern den Nikkah-Akt, den sie mit dem neuen Ehemann vollziehen muss, bevor sie zu ihrem Exmann zurückkehren darf. Und das können wir mühelos mit einer uns bereits bekannten Geschichte aus Sahih Al-Bukhari stützen. Wenden wir uns also erneut an den Hadith, von dem der Abschnitt *Ihre Haut ist grüner als ihre Kleidung* auf Seite 177 handelte. Sahih Al-Bukhari, Buch 72, Hadith 715 im arabischen Buch der Al-Libas (Buch der Kleidung/grünen Kleidung), Hadith 5487:

Überliefert von Ekrema: „Rifa'a hat sich von seiner Frau scheiden lassen, und 'Abd Al-Rahman Bin Al Zobair heiratete sie. Aisha sprach, dass sie grüne Kleidung trug und ihre Haut zeigte, und dass durch Schläge ihre Haut grüner war als ihre Kleidung. Und es ist völlig normal, dass Frauen einander helfen. Als also Allahs Gesandter kam, sprach Aisha zu ihm: 'Ich habe noch keine Frau getroffen, die mehr gefoltert wurde, als eine muslimische Frau. Sieh dir ihre Haut an! Ihre Haut ist grüner als ihre Kleidung!'

Als aber 'AbdAl-Rahman hörte, dass seine Frau den Propheten aufsuchte, um sich zu beschweren, kam er mit seinen beiden Söhnen, die er von einer anderen Ehefrau hatte. Sie (seine Ehefrau) sprach: 'Ich schwöre bei Allah! Ich habe ihm nichts Böses getan, doch er ist sexuell unfähig (impotent) und demnach für mich ohne nutzen.' Dabei hielt sie ihre Kleidung fest und zeigte ein Seitenstück ihrer Kleidung. 'AbdAl-Rahman sprach: 'Prophet, ich schwöre bei Allah, was sie da behauptet ist eine Lüge!' Ich bringe sie zum beben, so wie meine Schritte den Boden zum beben bringe (damit will er sagen: er kann Sex mit ihr haben). Doch sie will zurück zu Rifa'a (ihrem Exmann).' Allahs Gesandter sprach zu ihr: 'Wenn es dein Ziel ist, zu deinem Exmann zurückzukehren, dann solltest du wissen, dass es dir gesetzlich nicht erlaubt ist, mit Rifa'a erneut die Ehe zu schließen, solange Abdur-Rahman keinen Geschlechtsverkehr mit dir hatte und er deinen Saft noch nicht gekostet hat.' Als der Prophet zwei Männer an 'AbdAl-Rahmans Seite sah, fragte er diesen: ' Sind das deine Söhne?' 'AbdAl-Rahman antwortete: 'Ja.'Der Prophet sprach (zur Ehefrau des Mannes): 'Du hast eine Behauptung aufgestellt und bestehst darauf, dass er keinen Sex haben kann? Jedoch sehen seine männlichen Kinder – so schwöre ich bei Allah – ihm so ähnlich wie einer Krähe, die einer anderen Krähe ähnelt.'"

Lies mit mir ganz aufmerksam, was Mohammed gesagt hat: „*Dann solltest du wissen, dass es dir gesetzlich nicht erlaubt ist, mit Rifa'a erneut die Ehe zu schließen, solange Abdur-Rahman keinen Geschlechtsverkehr mit dir hatte und er deinen Saft noch nicht gekostet hat.*"

Das Wort „Nikkah, نكاح" in Koran Sure 2:230 steht also für das, was die Frau tun muss, um zu ihrem Exmann zurückkehren zu dürfen. Die uns vorliegende Geschichte handelt von einer Frau, die bereits mit ihrem neuen Ehemann verheiratet ist, doch es ist ihr immer noch nicht gesetzlich gestattet, diesen zu verlassen und wieder mit ihrem Exmann zusammenzukommen.Dies wird ihr erst erlaubt, wenn sie Nikkah – also Geschlechtsverkehr – mit ihrem neuen Gatten hatte, und dieser „ihren Saft gekostet" hat. Zum kosten ihres Safts möchte ich keinen weiteren Kommentar abgeben. Aber frag dich mal selbst: Welche Art von Prophet redet so mit einer Frau?Ein weiterer Koranvers, diesmal Usama Dakdoks Übersetzung von Koran Sure 33:50 (aus dem Englischen übersetzt von John Doe):

O Prophet, gewiss haben wir sie dir erlaubt, deine Frauen, denen du du ihre Mitgift gabst, und die Frauen, die deine rechte Hand besitzt, welche Allah dir als Kriegsbeute gegeben hat, und auch die Töchter deines Onkels väterlicherseits, und die Töchter deiner Tanten väterlicherseits, und die Töchter deines Onkels mütterlicherseits, und die Töchter deiner Tanten mütterlicherseits, die mit dir umherziehen. Und eine gläubige Frau, die sich dem Propheten für Nikkah (Sex) hingibt.

Koran Sure 33:50: وَامْرَأَةً مُّؤْمِنَةً إِن وَهَبَتْ نَفْسَهَا لِلنَّبِيِّ إِنْ أَرَادَ النَّبِيُّ أَن يَسْتَنكِحَهَا خَالِصَةً لَّكَ مِن دُونِ الْمُؤْمِنِينَ

Yusuf Ali übersetzte den letzten Part in seiner Übersetzung mit „Jede gläubige Frau, die ihre Seele dem Propheten widmet." Ein weiteres, perfektes Beispiel für die trügerischen Täuschungsversuche der Muslime, die uns so verheimlichen wollen, dass ihr Prophet sich selbst Geschenke machte. Geschenke, mit denen er sein krankes, sexuelles Verlangen stillen wollte. Denke mal scharf darüber nach: „Die ihre Seele dem Propheten widmet." Was sollte Mohammed mit ihrer Seele schon großartig anstellen? Und was ist hier mit dem Wort Nikkah passiert? Wenn es Ehe bedeutet, warum versuchen die Muslime, es in diesem Vers zu verstecken?

Ich denke, die Dinge sind nun ein wenig ersichtlicher, zumal nicht eine der Frauen, die sich Mohammed für Nikkah – also Sex – angeboten und hingegeben haben, als eine seiner Ehefrauen galt. Die Namen der Frauen, die sich Mohammed für Sex hingaben, lauteten unter anderem Khawla Bint Hakim, Zaenab Bint 'Khuzima und Um Shariek.

Sahih Muslim, Buch 008, Hadith 3453:

Aisha berichtet: „Für gewöhnlich war ich neidisch auf die Frauen, die sich selbst Allahs Gesandtem hingaben." Und sie sprach: „Dann offenbarte ihm Allah, der Erhabene und Glorreiche, dies: 'Du magst jede von ihnen hinhalten, die du hinhalten willst, und darfst dir jede nehmen, die du dir nehmen willst, und wenn dich nach einer sehnst, so zögere nicht.'" Aisha sprach: „Mir kommt es so vor, als ob dein Herr sich stets bemüht, dein (sexuelles) Verlangen zu befriedigen."

Mohammed darf also jede dieser Frauen solange hinhalten, wie er mag. Klingt so, als hätten viele Frauen in einer ziemlich langen Schlange gestanden, weil sie mit Mohammed wirklich dringend das Bett teilen wollten. Und beachte, wie Aisha Mohammed als falschen Propheten durchschaut und ihn als solchen bloßstellte, als sie sagte: „Mir kommt es so vor, als ob dein Herr sich stets bemüht, dein (sexuelles) Verlangen zu befriedigen." Sie wusste, dass er sich den Koran nur ausdachte, um seine krankhaften sexuellen Bedürfnisse abzudecken. Frage dich mal, wie einem Mann, der bereits mehrere Ehefrauen hat, so etwas erlaubt sein darf. Waren seine Ehefrauen nicht genug? Und warum erhielt nur er die Lizenz zum Dauervögeln?

Stell dir vor: Der Schöpfer und Herr des Universums hat hauptsächlich alle Hände voll zu tun, sich Suren für die Erfüllung Mohammeds spezieller, sexueller Wünsche auszudenken.

POLYGAMIE IM ISLAM

Koran Sure 4:3:

Wenn ihr fürchtet, ihr würdet den Waisen gegenüber nicht gerecht sein, dann habt Nikkah (Sex) mit so vielen Ehefrauen, wie euch beliebt; zwei oder drei oder vier. Und wenn ihr fürchtet, ihr könnt ihnen nicht gerecht werden, dann habt nur Nikkah mit einer Ehefrau, oder mit den Frauen, die eure rechte Hand besitzt (Gefangene und Sklavinnen). So ist es wahrscheinlicher, dass ihr nichts tut, was unbillig ist.

- Es gibt Frauen, mit denen ein Mann im Rahmen der Ehe Sex haben kann (seine Ehefrau/en), und Frauen, mit denen er außerehelichen Geschlechtsverkehr haben kann (Sklavinnen).
- Wenn dem Mann die verwaisten Frauen nicht gut genug sind, da sie kein Geld haben und er aus diesem Grund allein nicht nett zu ihnen sein kann, soll er sich andere Frauen suchen.
- Dem Mann stehen zwei, drei oder gar vier Ehefrauen zu. Wenn er sich aber finanziell nicht so viele Frauen erlauben bzw. sie sich nicht leisten kann, dann soll er sich für's erste lieber mit nur einer einzelnen Ehefrau zufriedengeben.
- Mohammed bevorzugte es zu sehen, wenn die muslimischen Männer mehr als nur eine Ehefrau hatten. Nur wenn es finanziell gesehen nicht anders geht, soll ein Muslim bloß eine Ehefrau haben.
- Der Koran sagt, dass muslimische Männer mit vier Frauen gleichzeitig verheiratet sein können, allerdings nur, wenn sie diesen auch gleichzeitig gerecht werden können. Am Ende des Verses lesen wir dann, dass der Mann nicht unbillig (also ungerecht) zu ihnen sein soll!

– Demzufolge würde es bedeuten, dass Muslime niemals mehr als vier Frauen heiraten oder bei sich in ihrem Bett haben sollten! Denn schon durch den bloßen Umstand allein, so viele Ehefrauen auf einmal zu haben, kann ein muslimischer Mann unmöglich dazu imstande sein, jeder einzelnen von ihnen die gleiche Zeit und Hingabe zu widmen. Das wird auch in einem anderen Vers in der selben Sure gesagt, nämlich Koran Sure 4:129:

Ihr werdet kein Gleichgewicht in der Gerechtigkeit zu und zwischen euren Ehefrauen halten können, ganz gleich wie sehr ihr es auch versuchen mögt!

Mohammeds Gesetz widerspricht sich eindeutig selbst. Wenn ich vier Frauen heiraten will, dann muss ich jeder von ihnen gleichzeitig und gleichmäßig gerecht werden. Doch das kann ich dem Koran zufolge nicht. Warum sagt man mir also, dass ich vier Frauen heiraten kann?

WAR MOHAMMED DER BESTE MANN IM ISLAM UND GING ER GERECHT MIT SEINEN EHEFRAUEN UM?

Sahih Al-Bukhari, Band 3, Buch 47, Hadith 755:

'Orua überliefert, dass Aisha sprach: „Die Ehefrauen des Propheten waren in zwei Gruppenunterteilt. Zur ersten Gruppe gehörten Aisha, Hafsa, Safiya und Sauda, und die zweite Gruppe beinhaltete Om Salama und die restlichen Ehefrauen des Apostels Allahs. Jeder Muslim wusste, dass Allahs Gesandter Aisha vergötterte und anhimmelte, und so würde ein Muslim, der Allahs Gesandtem ein Geschenk machen wollte, immer solange mit dem Geschenk warten, bis Allahs Prophet sich zu Aishas Haus aufmachte. Erst dann, wenn Allahs Gesandter in Aishas Zuhause war, würde dieser das Geschenk zu ihm (Mohammed) bringen. Die Gruppe, zu der Om Salama gehörte, unterhielt sich darüber. Sie trafen sich und beschlossen, dass Om Salama Allahs Gesandtem darum zu bitten, den Muslimen zu sagen, dass sie ihre Geschenke zu ihm bringen sollten, ganz gleich in welchem Haus von welcher seiner Ehefrauen er sich gerade aufhält. Om Salama teilte Allahs Apostel mit, worum ihn seine Ehefrauen baten und was sie sagten, doch er gab keine Antwort darauf. Dann

befragten sie (Om Salamas Gruppe) Om Salama darüber. Sie sprach: 'Er antwortete mir in keinster Weise und sagte auch nichts zu mir.' Sie baten sie darum, es erneut versuchen, und dass sie erneut mit ihm sprechen sollte. Sie sprach erneut zu ihm, als sie ihm zu ihrem Tage ein weiteres Mal begegnete, doch er ignorierte sie und gab ihr keine Antwort. Als sie (Om Salamas Gruppe) sie dazu befragten, teilte sie ihnen mit, dass er ihr keine Antwort gab. Sie sprachen zu ihr: 'Frag ihn solange, bis er dir eine Antwort gibt.' Und als sie die Gelegenheit dazu hatte, sprach sie erneut zu ihm. Er (Mohammed) sprach zu ihr: 'Verletze mich nicht in Bezug auf Aisha! Denn die göttlichen Offenbarungen werden mir nur in Aishas Kleid zuteil, und in keinem anderen Kleid sonst!' Auf diese Antwort hin sprach Om Salama: 'Ich bitte Allah um Vergebung dafür, dass ich dich verletzt habe.' Dann rief die Gruppe Om Salamas Fatima, die Tochter des Apostels Allahs, zu sich, und die Frauen baten sie darum, zu ihm zu gehen. So schickten sie sie zu Allahs Apostel, dem sie sagen sollte: 'Deine Ehefrauen bitten dich darum, sie und Abu Bakrs Tochter alle auf die gleiche Weise zu behandeln.' Dann überbrachte Fatima ihm diese Nachricht. Der Prophet sprach: 'Oh meine Tochter! Liebst du nicht die, die ich liebe?'

Fatima antwortete so, wie es ihm gefiel, ging zurück und klärte die Gruppe über die Umstände auf. Allerdings bat Om Salamas Gruppe sie darum, erneut zu ihm zu gehen, und sie lehnte ab. Sie entsandten später Zainab Bint Jahsh, die zu ihm ging und harsche Worte zu ihm (Mohammed) sprach, die lauteten: 'Deine Ehefrauen verlangen von dir, dass du sie alle auf die gleiche Weise behandelst, wie Ibn Abu Qu'hafas Tochter (Aisha), in gerechter Gleichheit.' Daraufhin erhob sie ihre Stimme und schrie Aisha ins Gesicht. So laut, dass Allahs Apostel zu Aisha blickte und ihr zu wissen gab, dass sie dafür auf sie zurückschreien soll. Anschließend schrie Aisha solange auf Zainab, bis sie Zainab somit zum Schweigen brachte. Der Prophet sah dann Aisha an und sprach: 'Fürwahr ist sie die Tochter von Abu Bakr!'"

Gewiss hat Mohammed nicht das Gesetz seines Gottes befolgt. Aber wie heißt es ja auch in Koran Sure 4:129: „Ihr werdet kein Gleichgewicht in der Gerechtigkeit zu und zwischen euren Ehefrauen halten können, ganz gleich wie sehr ihr es auch versuchen mögt!

Dies ist das perfekte Beispiel dafür, wie hässlich es ist, mehr als eine Ehefrau zu haben.

Die Geschichte verrät uns, dass seine Ehefrauen in Gruppen aufgegliedert waren und wie zwei verfeindete Parteien gegeneinander agierten!

Wie ist mit den Kindern? Sind die Kinder auch in Gruppen aufgegliedert, und hassen sie sich auch gegenseitig?

Mohammeds Ehefrauen verlangten nicht allzu viel von ihm. Ich bin mir sicher: Wenn eine verheiratete Frau zu Mohammed gekommen wäre, um sich über ihren unflätigen Ehemann zu beschweren, weil er sich ihr gegenüber wie Mohammed verhält, dann hätte Mohammed ihrem Ehemann gesagt, sich seiner Ehefrau gegenüber fair und gerecht zu verhalten. Was Mohammed natürlich nicht tun würde und nicht tat!

Beachte auch, wie sich Mohammeds Ehefrauen in seiner Gegenwart verhalten. Sie sind wie Katzen. Als dann eine von ihnen, Om Salama, sich ihm gegenüber äußerte, antworte er mit: „Verletze mich nicht in Bezug auf Aisha!" Damit jagte er ihr eine Heidenangst ein, denn er sagte ihr klar und deutlich, dass sie ihn damit verletzt. Wie eine verängstigte Katze knickte sie ein und sagte: „Ich bitte Allah um Vergebung dafür, dass ich dich verletzt habe."

Seine Frauen versuchen stetig ihn dazu zu bringen, sein Verhalten umzukrempeln. Dies zeigt uns, wie unfassbar unzufrieden sie mit ihm sind. Immerhin landen all das Geld und all die Geschenke einzig und allein in Aishas Haus. Und das ist unfair.

Auch die Muslime spielten eine böse Rolle in alldem. Sie warteten immer solange, bisMohammed in Aishas Haus war, und brachten ihm nur dann und nur dort ihre Geschenke. Sie wussten, dass Aisha ihnen die Hölle heißmachen würde, wenn sie ihre ihre Geschenke zum Haus einer anderen von seinen Ehefrauen brächten. Ihnen war vollkommen bewusst, dass sie das Sagen hatte. Um Aishas Zorn zu entgehen und gleichzeitig die vollen Vorzüge der Geschenkübergabe auskosten zu können, brachten sie ihre Geschenke an Mohammed also ausschließlich zu ihr.

Mohammed bevorzugte Aisha und schätzte sie mehr als alle seine anderen Ehefrauen, weil sie die jüngste von ihnen war (immerhin war sie seine Kinderbraut)! Das wussten auch all die Muslime in der Gegend. Das waren keine Informationen, die nie Mohammeds eigenen vier Wände verließen, sondern weit verbreitetes Allgemeinwissen!

Nun fragen wir uns, wie unfassbar ungerecht Mohammed mit seinen anderen Ehefrauen umsprang. Ich meine: Es ging ja schon soweit, dass die Muslime keine Geschenke zu ihnen zukommen ließen. Ohne Ausnahme landeten ihre Geschenke immer in Aishas Haus.

Warum brauchte Mohammed derart lange, um On Salama zu antworten, als sie ihn stellvertretend für die anderen Ehefrauen um fairen, gerechten Umgang mit ihnen bat? Gewährt er ihnen nicht einmal eine einzige schnelle Antwort?

Mohammed sah Aisha und Zainab bei ihrem Gezanke zu. Während er ihnen zusah, gab er Aisha mit einem Blick grünes Licht für einen Gegenangriff. Ganz klar war Aisha eine großmäulige Frau, und so schaffte sie es auch, Zainab zum Stillschweigen zu bringen.

Danach beleidigte Mohammed Zainab, indem er zu ihr sagte: „Fürwahr ist sie die Tochtervon Abu Bakr!" Damit drückte er aus, dass sie es wirklich drauf hatte. Abu Bakr war sein bester Freund und engster Geschäftspartner innerhalb der Islam-GmbH.

Selbst Fatima, die laut den Schiiten die einzige leibliche Tochter Mohammeds war, konnte hier nicht weiterhelfen. Obendrein sagte Mohammed auch noch: *„Verletze mich nicht im Bezug auf Aisha! Denn die göttlichen Offenbarungen (der Koran) werden mir nur in Aishas Kleid zuteil, und in keinem anderen Kleid sonst!" Mohammed trug Aishas Kleid!*

Die Muslime wollen uns weismachen, dass mit Aishas Kleid Aishas Haus gemeint ist.Doch wenn sie das sagen, behaupten sie somit, dass Mohammed niemals Koranverse in Khadijas Haus empfing. Und damit würden sie sagen: Er hat gelogen!

Die Muslime möchten sich nicht vorstellen, dass ihr Prophet Frauenkleider trug. Und dabeigibt es so viele Hadithe, die genau darüber berichten. Nehmen wir mal ihre Behauptung, dass das Wort „Kleid" sich auf Aishas Haus bezieht. Doch würde diese Behauptung stimmen, dann wären sämtliche Offenbarungen, die Mohammed während seiner Ehe mit Khadija zuteil wurden, erstunken und erlogen. Zumal er zu jener Zeit einzig und allein mit Khadija verheiratet war. Von Aishas Kleid war weit und breit keine Spur!

SAUDA UND MOHAMMED

Als Sauda alt, übergewichtig und schwerfällig wurde, hörte Mohammed auf, in den Nächten, in denen sie ihn für sich allein haben konnte, Sex mit ihr zu haben! Sauda kam zu Ohren, dass Mohammed sich möglicherweise von ihr scheiden lassen würde, da sie ihm für Sex nicht mehr gut genug war. Und sie konnte nichts dagegen machen. Sie wusste, da sie so alt war und auch keine Kinder hatte, dass kein Mann sie zur Frau nehmen würde. Sie unterhielt sich mit Aisha und bat sie um Hilfe, da Sauda wusste, wie viel Einfluss Aisha hatte. Dann kam Aisha auf eine Idee. Referenzen bezüglich dem, was Aisha sagte, finden wir an vielen Stellen. Hier ist eine davon. Sunan Abu Dawud, Buch über Nikkah (Mit dem Wort Nikkah ist F**ken bzw. Sex gemeint –Muslime übersetzen Nikkah oft als Ehe), Seite 243, Hadith 2135:

Überliefert von Aisha: „Der Prophet war es gewohnt, jede von uns einzeln an den uns zugeteilten Tagen zu besuchen, und hatte Sex mit jeder Frau einzeln an dem einzig ihr zugeteilten Tag.“ (Sieh nur, wie fair er war. Vergiss nicht, dass Aisha hier spricht. Sie ist die Letzte, die sich beschweren würde.)

سنن أبي داود - كِتَاب النِّكَاحِ 2135 حَدَّثَنَا أَحْمَدُ بْنُ يُونُسَ حَدَّثَنَا عَبْدُ الرَّحْمَنِ يَعْنِي ابْنَ أَبِي الزِّنَادِ «- ص 243 - »عَنْ هِشَامِ بْنِ عُرْوَةَ عَنْ أَبِيهِ قَالَ قَالَتْ عَائِشَةُ يَا ابْنَ أُخْتِي كَانَ رَسُولُ اللَّهِ صَلَّى اللَّهُ عَلَيْهِ وَسَلَّمَ لَا يُفَضِّلُ بَعْضَنَا عَلَى بَعْضٍ فِي الْقَسْمِ مِنْ مُكْثِهِ عِنْدَنَا وَكَانَ قَلَّ يَوْمٌ إِلَّا وَهُوَ يَطُوفُ عَلَيْنَا جَمِيعًا فَيَدْنُو مِنْ كُلِّ امْرَأَةٍ مِنْ غَيْرِ مَسِيسٍ حَتَّى يَبْلُغَ إِلَى الَّتِي هُوَ يَوْمُهَا فَيَبِيتَ عِنْدَهَا وَلَقَدْ قَالَتْ سَوْدَةُ بِنْتُ زَمْعَةَ حِينَ أَسَنَّتْ وَفَرِقَتْ أَنْ يُفَارِقَهَا رَسُولُ اللَّهِ صَلَّى اللَّهُ عَلَيْهِ وَسَلَّمَ يَا رَسُولَ اللَّهِ يَوْمِي لِعَائِشَةَ فَقَبِلَ ذَلِكَ رَسُولُ اللَّهِ صَلَّى اللَّهُ عَلَيْهِ وَسَلَّمَ مِنْهَا قَالَتْ نَقُولُ فِي ذَلِكَ أَنْزَلَ اللَّهُ تَعَالَى وَفِي أَشْبَاهِهَا أُرَاهُ قَالَ وَإِنْ امْرَأَةٌ خَافَتْ مِنْ بَعْلِهَا نُشُوزًا

Mit zunehmendem Alter ahnte (oder fürchtete) Sauda, dass der Prophet sich möglicherweise von ihr scheiden lässt. Sie sagte: „Oh Apostel Allahs, ich schenke den mir zugeteilten Tag Aisha.“ Mohammed nahm an, was Sauda gesagt hatte, und dabei offenbarte ihm Allah Koran Sure 4:128:

Und wenn eine Frau sich wegen der Noshoze und der fehlenden sexuellen Anziehung oder Zuneigung ihres Gatten sorgt, so soll es kein Rügen und keinen Vorwurf für beide von ihnen geben, wenn sie ein Abkommen der Versöhnung miteinander vereinbaren, denn Versöhnung ist das Beste. So ist die Seele des Menschen der Gier zugänglich. Doch tut ihr Gutes und sucht Schutz indem ihr Allah gehorcht, dann ist Allah kundig all eures Tuns.

Das lustige, arabische Wort *Noshoze* wird auch in Koran Sure 4:34 verwendet. Darin wird auch die Prügel, die ein Mann seiner Ehefrau antut, gerechtfertigt. Und wenn der Mann mit der Prügel fertig ist, soll es die Frau einfach gut sein lassen und ihm jeden Wunsch erfüllen!

Fateh Al-Bari Fe Shareh Sahih Al-Bukhari, 1986er Auflage, Veröffentlicht von Al-Rainan, Seite 223:

دار الريان للتراث سنة النشر: 1407هـ / 1986م أحمد بن علي بن حجر العسقلاني سنة النشر: 1407هـ / 1986م فتح الباري ص: 223 شرح صحيح البخاري
ولقد قالت سودة بنت زمعة حين أسنت وخافت أن يفارقها رسول الله صلى الله عليه وسلم : يا رسول الله يومي لعائشة ، فقبل ذلك منها ، ففيها وأشباهها نزلت وإن امرأة خافت من بعلها نشوزا الآية وله نحوه من رواية جرير عن هشام ، وأخرج أبو داود هذا الحديث وزاد فيه بيان سببه أوضح من رواية مسلم ،

Sauda sprach: „Ich hatte Angst, dass der Prophet sich womöglich von mir scheiden

lässt, denn ich bin alt geworden." Und so sprach sie zu ihm: „Lasse dich nicht von mir scheiden und behalte mich als eine deiner Ehefrauen, und im Austausch dafür gebe ich Aisha den mir zugeteilten Tag." Und so wurde der Vers, Koran Sure 4:128, offenbart. Der Hadith wurde von Hisham an Jarer weitergereicht, und von Abu Dawud erzählt, und erklärt wird dies in Sahih Muslim.

ع[ص: 428] سودة كانت امرأة قد أسنت ، ففزعت أن يفارقها رسول الله صلى الله عليه وسلم ،
وضنت بمكانها منه ، وعرفت من حب رسول الله صلى الله عليه وسلم عائشة ومنزلتها منه ، فوهبت
يومها من رسول الله صلى الله عليه وسلم لعائشة ، فقبل ذلك النبي صلى الله عليه وسلم .

Tafsir Ibn Kathir, Beirut, Veröffentlicht im Jahr 2002, Band 2, Seite 428:

Überliefert von Ibn 'Abbas: „Sauda war gealtert und befürchtete, dass der Prophet sich von ihr scheiden lassen würde und sie so ihren Status als Ehefrau verlieren würde. Und sie wusste, wie sehr der Prophet Aisha liebte und sie bevorzugte. Sie bedeutet ihm viel, und darum übertrug sie (Sauda) ihr (Aisha) ihren Tag, und der Prophet nahm dies an."

Fakhr Ad-Din Al Razi, Al Tafsir Al Kaber (die große Deutung) von Koran Sure 4:128:

Der Prophet wollte sich von Sauda Bint Zam'a scheiden lassen, doch sie bot ihm an, ihren Tag an Aisha abzugeben, wenn er sie als Ehefrau behalten würde. Der Prophet stimmte zu und ließ sich von ihr (Sauda) nicht scheiden.

Dieselbe Geschichte steht im Buch von Mishkat Al Masabih, Band 2/966, Nr. 3237:

Sauda Bint Zam'a trat ihren Tag und ihre Nacht, also ihre sexuellen Rechte als Ehefrau, an Aisha – der Lieblingsehefrau des Propheten – ab, und versuchte so, Allahs Apostel zufriedenzustellen.

Die arabische Version von diesem Hadith ist anders nummeriert, nämlich mit der Zahl 2454:

البخاري - كِتَاب الْهِبَةِ وَفَضْلِهَا وَالتَّحْرِيضِ عَلَيْهَا - أما إنك لو أعطيتها أخوالك كان أعظم لأجرك
2454 حَدَّثَنَا حِبَّانُ بْنُ مُوسَى أَخْبَرَنَا عَبْدُ اللَّهِ أَخْبَرَنَا يُونُسُ عَنْ الزُّهْرِيِّ عَنْ عُرْوَةَ عَنْ عَائِشَةَ رَضِيَ
اللَّهُ عَنْهَا قَالَتْ كَانَ رَسُولُ اللَّهِ صَلَّى اللَّهُ عَلَيْهِ وَسَلَّمَ إِذَا أَرَادَ سَفَرًا أَقْرَعَ بَيْنَ نِسَائِهِ فَأَيَّتُهُنَّ خَرَجَ سَهْمُهَا
خَرَجَ بِهَا مَعَهُ وَكَانَ يَقْسِمُ لِكُلِّ امْرَأَةٍ مِنْهُنَّ يَوْمَهَا وَلَيْلَتَهَا غَيْرَ أَنَّ سَوْدَةَ بِنْتَ زَمْعَةَ وَهَبَتْ يَوْمَهَا وَلَيْلَتَهَا

لِعَائِشَةَ زَوْجِ النَّبِيِّ صَلَّى اللهُ عَلَيْهِ وَسَلَّمَ تَبْتَغِي بِذَلِكَ رِضَا رَسُولِ اللهِ صَلَّى اللهُ عَلَيْهِ وَسَلَّمَ

Warum wollte sich Mohammed von dieser armen Frau scheiden lassen und hörte auf, das Bett mit ihr zu teilen? Das erfahren wir in Sahih Al-Bukhari, Band 2, Buch 26, Hadith 740:

Überliefert von Aisha: „Sauda bat den Propheten darum, sie in der Jam'-Nacht früher gehen zu lassen, und sie (Sauda) war eine fette und sehr langsame Frau. Der Prophet erlaubte ihr, zu gehen."

Ich könnte an dieser Stelle noch wesentlich mehr Referenzen über diese Geschichte geben. Doch ob alle oder nur wenige: Wir wissen nach alledem mehr als genug, dass Mohammed NIEMALS fair mit seinen Ehefrauen umsprang.

Wenn schon der beste Mann im Islam nicht fair mit seinen Ehefrauen umging, können esdann die anderen muslimischen Männer?

Mohammed, der beste Mann im Islam, war ein selbstsüchtiger Mann. Er nutze diese Frau über Jahre hinweg für seine eigenen Zwecke aus, und als sie dann eines Tages alt und außer Form gekommen war, warf er sie wie Abfall weg!

Allah schneidet seine Offenbarungen immer haargenau Mohammeds sexuellen Gelüsten zu und ist allezeit bereit, einen heiligen Befehl daraus zu machen.

Die Muslime sagen, dass ein Mann immer fair und gerecht zu seinen Ehefrauen sein soll. Gleichzeitig aber sind sie dazu fähig einer Frau, die nichts verbrochen hat, die Scheidung anzudrohen, nur, weil sie ins Alter gekommen und nicht mehr so hübsch ist. Ist das gerecht?

Allah hätte Mohammed auch folgendes sagen können: „Schäm dich! Du hast diese alte Frau, als sie noch jung war, ausgenutzt! Und nun setzt du sie so herab?!" Tat er aber nicht.

Würde ein Muslim es gutheißen, wenn jemand genau wie Mohammed mit seiner Mutter, Schwester oder Tochter umspringen würde?

Wie bösartig es noch von Aisha war, diese Chance zu ergreifen, nur um dadurch noch mehr Einfluss über das Haus Mohammeds – und damit noch mehr Autorität über die Muslime – zu haben.

Im Koran heißt es, dass Allah nichts dagegen hat, wenn Frauen untereinander Dinge vereinbaren. Betrifft dies muslimische Frauen im Allgemeinen oder bezieht sich das nur auf Mohammeds Ehefrauen in der Geschichte? Fakt ist: Wie immer ging es hierbei nur um Mohammed und seinen eigenen Vorteil! War dies wirklich mehr eine Abmachung als vielmehr der verzweifelte Versuch einer armen, alten Frau, Obdach und Nahrung zu behalten?

DAS WORT NOSHOZE نوشز

Mit dem Wort Noshoze, welches in diesen Versen vorkommt, ist die Ablehnung des Mannes durch seine Ehefrau gemeint. Auch geht es um Ungehorsam seitens der Frau, indem sie sich weigert,mit ihrem Ehemann ins Bett zu steigen, wenn dieser es von ihr verlangt.

Komischerweise taucht das gleiche Wort auch in Koran Sure 4:34 auf. Wenn eine Frau Noshoze macht, darf der Mann seine Ehefrau schlagen. Entweder zur Strafe dafür, dass sie mit ihrem Mann im Bett nicht zufrieden ist, oder dafür, dass sie nicht das Bett mit ihm teilen (Sex haben) möchte, aus welchem Grund auch immer. Doch wenn sich der Mann Noshoze macht und sich weigert, auf unbestimmte Zeit nicht mit seiner Ehefrau zu schlafen, dann gibt Allah der Frau nicht das gleiche Recht. Sie darf den Mann nicht bestrafen. Obwohl es in beiden Fällen um Noshoze geht, kommt es immer darauf an, wer Noshoze macht.

- Noshoze durch den Mann an der Frau: Der Mann handelt rechtens und Allah hat kein Problem damit. Es geht sogar so weit, dass Allah dieses Verhalten absegnet und solches Handeln mit einer Sure unterstützt.
- Noshoze durch die Frau am Mann: Die Frau wird geschlagen, eingesperrt und erniedrigt.

Wir sehen, dass Allah dasselbe Verhalten auf zwei unterschiedliche Weisen beurteilt. Sein Urteil hängt vom Geschlecht der jeweiligen Person ab. Alles ist schön und gut und bekommt Allahs Segen, solange ein Mann sich so gegenüber seiner Ehefrau verhält. Doch wenn eine Frau sich ihrem Ehemann gegenüber so verhält, wird dieses Verhalten verurteilt, abgelehnt und die Frau kann (im harmlosesten Fall) mit einer Tracht Prügel bestraft werden.

WICHTIGER PUNKT BEZÜGLICH KORAN SURE 4:34

Die Muslime übersetzen das Wort 'Ohjroin, هجروهن in diesem Vers oft mit „Lasset sie zur Strafe allein im Bett". Das Wort Noshoze hingegen beschreibt eine Person, die sich weigert, mit dem Gemahlen bzw. mit der Gemahlin ins Bett zu steigen. Die Muslime verschweigen hierbei die Wahrheit. Denn wenn die Frau das Bett ihres Ehemannes verlässt, warum soll er sie dann bestrafen, indem er sie allein darin lässt? Das ergibt keinen Sinn.

Tatsächlich ist mit dem Wort 'Ohjroin gemeint, die Frau einzusperren, zu fesseln und zu vergewaltigen, als Strafe dafür, dass sie ihrem Mann den Beischlaf verweigert hat. Wie immer liefere ich hierbei den Beweis aus einem ihrer islamischen Bücher.

Mohammed gab dem Mann unter anderem das Recht, frei zu entscheiden, wann er seine Ehefrau mit Prügel bestraft. Und das Verhalten des Mannes der Frau gegenüber soll laut Hadith von niemandem hinterfragt werden.

Sunan Abu Dawud, Buch 11, Hadith 2142:

Überliefert von Ibn al-Chattāb: Der Prophet sprach: „Kein Mann soll darüber befragt und auch nicht hinterfragt werden, wenn, wie und warum er seine Ehefrau schlägt.“

Sunan Abu Dawud, Buch 12, Nummer 2220:

سنن أبي داود - كِتَاب الطَّلَاقِ - خذ بعض مالها وفارقها
2228 حَدَّثَنَا مُحَمَّدُ بْنُ مَعْمَرٍ حَدَّثَنَا أَبُو عَامِرٍ عَبْدُ الْمَلِكِ بْنُ عَمْرٍو حَدَّثَنَا أَبُو عَمْرٍو السَّدُوسِيُّ الْمَدِينِيُّ عَنْ عَبْدِ اللَّهِ بْنِ أَبِي بَكْرِ بْنِ مُحَمَّدِ بْنِ عَمْرِو بْنِ حَزْمٍ عَنْ عَمْرَةَ عَنْ عَائِشَةَ أَنَّ حَبِيبَةَ بِنْتَ سَهْلٍ كَانَتْ عِنْدَ ثَابِتِ بْنِ قَيْسِ بْنِ شَمَّاسٍ فَضَرَبَهَا فَكَسَرَ بَعْضَهَا فَأَتَتْ رَسُولَ اللَّهِ صَلَّى اللَّهُ عَلَيْهِ وَسَلَّمَ بَعْدَ الصُّبْحِ فَاشْتَكَتْهُ إِلَيْهِ فَدَعَا النَّبِيُّ صَلَّى اللَّهُ عَلَيْهِ وَسَلَّمَ ثَابِتًا فَقَالَ خُذْ بَعْضَ مَالِهَا وَفَارِقْهَا فَقَالَ وَيَصْلُحُ ذَلِكَ يَا رَسُولَ اللَّهِ قَالَ نَعَمْ قَالَ فَإِنِّي أَصْدَقْتُهَا حَدِيقَتَيْنِ وَهُمَا بِيَدِهَا فَقَالَ النَّبِيُّ صَلَّى اللَّهُ عَلَيْهِ وَسَلَّمَ خُذْهُمَا وَفَارِقْهَا فَفَعَلَ

'Habibah, die Tochter von Sahel, war die Ehefrau Thabets, und Thabet schlug sie solang, bis er ***einige ihrer Knochen brach****. So kam sie zum Propheten. Sie bat den Propheten um Gerechtigkeit, und so rief er Thabet zu sich. Als er zu ihm kam, sprach der Prophet zu ihm: „Nimm etwas von ihrem Geld an dich und verlasse sie.“ Thabet sprach: Ist das denn in Ordnung? Ich habe ihr immerhin zwei Gärten als Mitgift geschenkt.“ Der Prophet sprach: „Beanspruche diese wieder für dich und verlasse sie.“*

DAS SCHLAGEN VON FRAUEN: MEIN FAZIT

Mohammed sorgte dafür, dass die Frau, deren Knochen von all der Prügel gebrochen waren, all ihr Geld verlor, dass ihr als Zahlung für ihre Ehe von ihrem Ehemann zuteilwurde.

Will heißen: Er bestraft die Frau dafür, dass sie die Ehe mit diesem Mann eingegangen ist. Sie verlässt die Ehe mit gebrochenen Knochen, ohne Geld und ohne eine Bleibe. Sie hat alles verloren.

Mohammed erwähnte dem Mann gegenüber nicht ein Wort darüber, wie brutal er seine Ehefrau geschlagen hat. Auch fragte er den Mann nicht, was ihn überhaupt dazu brachte, sie zu schlagen.

Dem Islam zufolge verliert eine verheiratete Frau also alles, wenn sie ihren

Ehemann dafür, dass er sie geschlagen hat, zur Rechenschaft ziehen will. Der Mann hingegen verliert rein gar nichts! Er bekommt sein Geld zurück. Davon kann er sich dann eine neue Ehefrau kaufen!

Das zeigt uns deutlich, dass im Islam der Mann als Gott über die Frau herrscht, und dass das, was uns die Muslime über leichte Schläge oder einen sanften Klaps auf den Hintern sagen, eine dicke, fetter Lüge ist!

DIE SEXUALITÄT IM ISLAM

Einen der größten Widersprüche im Islam stellen seine Anordnungen und Lehren in Bezug auf Sex dar. Auf der einen Seite lehrt der Islam, dass wichtige, moralische Werte einzuhalten sind, und dass dies die Pflicht aller Muslime ist. Auf der anderen Seite dreht sich der Islam um Pornographie.

Mohammed verleitete und verführte andere Männer mit Versprechen über Sex, und viele dieser Versprechen waren bloße Fantasie und nichts, was sich in der Realität einfach so umsetzen ließe.

In Fuhfat Al-Habib 'Ala Share'h el Al-Khateb, Buch des Nikkah (Buch des F**kens), sagt Imam Al-Qur'tubi auf Seite 356:

ص 356 - كتاب النكاح تحفة الحبيب على شرح الخطيب - وفائدته   بل صرح القرطبي بأنه يجوز
نكاح سائر المحارم في الجنة إلا الأم والبنت ؛ لأن العلة هنا التباغض وقطيعة الرحم وهي منتفية هناك
، لا ما فيه رذيلة كوطء في دبر ومنه وطء الأبعاض كبنته وأمه ؛ وقد ورد : „ يعطى أحدكم في الجنة
ذكرا مثل النخلة السحوق وفرجا يسع ذلك „ص 356 - كتاب النكاح قدم العبادات

Zusammengefasst sagt der Text, dass es vollkommen in Ordnung und gestattet ist, im Himmel Sex mit den Mitgliedern der eigenen Familie – engen Blutsverwandten – zu haben. Einzig die eigene Mutter und seine Töchter sind dem Muslim tabu. Diese sexuellen Verhältnisse zwischen Familienmitgliedern gelten nicht als Inzest, da hierbei keine Kinder gezeugt werden. Inzest wird im Islam übrigens als nicht so schlimm wie Analsex betrachtet. Außerdem ist es überliefert, dass Mohammed sagte, Allah würde jedem Mann im Himmel einen Penis so breit wie eine Palme geben, und dass das Endstück des Penisses aufgrund der Länge nicht gesehen werden kann.

Während wir fortfahren und den Text lesen, sehen wir, dass es einem Mann im islamischen Himmel erlaubt ist, Sex mit sämtlichen Frauen aus seiner Familie – mit Ausnahme seiner Mutter und seinen Töchtern – zu haben. Demnach dürfen muslimische Männer Sex mit ihren Schwestern, Großmüttern, Tanten, Cousinen und Nichten haben. Mohammed setzte dem Ganzen noch einen drauf, indem er es den Männern erlaubte, Sex mit sonst jeder Person zu erlauben. Mit solchen Versprechungen befriedigte Mohammed die sexuellen Fantasien und Bedürfnisse männlicher Beduinen.

Araber, die in der Wüste lebten, führten ein einfach gestricktes Leben. Alles in ihrem Leben drehte sich um Wohlstand (Tiere, Gold und Frauen). Indem er endlose sexuelle Befriedigung versprach, sprach Mohammed ihre Wünsche an und machte diese Wünsche für sie greifbar. Infolgedessen kontrollierte er sie und schränkte dabei ihren Verstand ein, sodass sie nicht weiter über diese Versprechungen nachdenken konnten. Sie dachten nicht darüber nach, ob diese Versprechungen wahr werden würden oder nicht. Sie klangen einfach zu gut, um ignoriert zu werden.

EIN PENIS, DER EINER ENDLOS LANGEN PALME GLEICHT

Mohammed geht einen Schritt weiter, indem er den Männern sagt, was sie hören wollen.Sie alle wünschen sich einen großen, prächtigen Penis. Also verspricht er ihnen, dass jeder von ihnen einen Penis haben wird, der einer endlos langen Palme gleicht, und dass das Ende des Penisses nicht erblickt werden kann. Mohammed verwendete das Wort سحوق, , was so viel wie „So lang,dass Mann sein Ende nicht sehen kann“ bedeutet. Zusätzlich wird Allah den Männern eine Frau zur Verfügung stellen, deren Vagina groß genug ist, um dem übertrieben großen Penis des Mannes ausreichend Platz für eine komfortable Penetration zu bieten.

SEXUELLE MORAL

Beginnen wir mit einigen Versen, die uns die Moralvorstellungen aus dem Koran zeigen. Koran Sure 23:5-7:

وَالَّذِينَ هُمْ لِفُرُوجِهِمْ حَافِظُونَ 5
إِلَّا عَلَىٰ أَزْوَاجِهِمْ أَوْ مَا مَلَكَتْ أَيْمَانُهُمْ فَإِنَّهُمْ غَيْرُ مَلُومِينَ 6
فَمَنِ ابْتَغَىٰ وَرَاءَ ذَٰلِكَ فَأُولَٰئِكَ هُمُ الْعَادُونَ 7

5 Sie sind diejenigen, die ihre Genitalien (vor anderen) in Zaum halten;
6 Außer bei ihren Gattinnen oder den Sklavinnen, die ihnen gehören.
7 Wer auch immer gegen diese Ausnahmen verstößt, ist gegen Allah.

Wir wissen, dass ein muslimischer Mann sein sexuelles Verlangen auf verschiedene Weisen befriedigen kann:

- Er kann mit vier Ehefrauen auf einmal verheiratet sein und sich jederzeit von allen von ihnen scheiden lassen, um Platz für neue Ehefrauen zu schaffen.
- Er kann eine Frau im Rahmen einer temporären Ehe für Sex anheuern. Man nennt diese temporäre Ehe Mut'a, oder Freudenehe. Die Mut'a ist lediglich eine Vereinbarung zwischen einem Mann und einer Frau, die im Grunde genommen nichts weiter als Prostitution ist. ie teilen für eine vertraglich festgelegte Zeitspanne das Bett miteinander, und auch der Lohn der Frau wird vorher festgelegt.
- Der Mann hat das Recht, Sex mit allen seinen Sklavinnen zu haben, ganz gleich, mit wie vielen von ihnen. Er kann der islamischen Lehre zufolge ruhig eine Millionen Sklavinnen zum Sex zwingen und vergewaltigen, solange diese Sklavinnen ihm gehören. Das steht deutlich im Kontrast zu der Maximalzahl von Ehefrauen, die er gleichzeitig haben darf.

Mit dem Einsatz des Wortes „Ehe" werden im Islam lediglich außereheliche, sexuelle Verhältnisse legalisiert. Mit einer echten Ehe hat so etwas wie die Mut'a nichts zu tun:

- Frauen werden für Sex ausgebeutet.
- Männer sind ihren Ehefrauen gegenüber zu keinerlei Treue verpflichtet.
- Der Mann kann sich jederzeit von seiner Ehefrau bzw. seinen Ehefrauen scheiden lassen.
- Die Ehe ist keine gefestigte Sache zwischen Mann und Frau. Sie wird entsprechend dem Willen des Mannes geschlossen, und nicht von Mann UND Frau. Der Mann bestimmt alles.
- Gesetzmäßig gesehen gibt ein Ehevertrag beiden Eheleuten die gleichen Rechte. Und diese Rechte gelten und bleiben bestehen, vom Anfang bis hin zur möglichen Auflösung der Ehe. Allerdings hängen Rechte - Mohammed und dem Koran zufolge – vom Geschlecht der jeweiligen Person ab. Will heißen: Der Mann hat Sonderrechte. Diese Sonderrechte geben dem Mann die absolute Autorität und damit die volle Kontrolle über den Ehevertrag und die Frau. Somit ist die Frau nicht viel mehr als seine Bedienstete, die dem Mann solange dienstlich bleibt, wie er es für nötig hält und wie es ihm beliebt. Er kann den Ehevertrag jederzeit ungültig machen. So kann er einfach sagen: „Ich brauche dich nicht länger! Verzieh dich!"
- Das zeigt uns, dass die Vorstellung einer Ehe im Islam nur dem Mann zugute kommt. Die Frau ist lediglich ein lebendes Sexspielzeug. Sie hat keinerlei

Rechte, und bis auf die Bezahlung, die im Ehevertrag erwähnt wird, steht ihr nichts zu.Die Muslime behaupten immerzu, dass der Islam den Frauen mehr Rechte gegeben hat als irgendeine Ideologe, eine Kultur oder ein Glaubenssystem vor ihm. Doch die ach so vielen

Rechte, von denen sie sprechen, sind dieselben Rechte, die im Islam einem Tier zuteil werden: Sie müssen mit Nahrung und einem Platz zum Leben versorgt werden. Punkt. Und der Mann, also ihr „Besitzer", muss beides auch den Tieren, die ihm gehören, bieten können.

Übrigens: Der Islam soll den Frauen angeblich das Erbrecht gegeben haben. Das stimmt soweit auch. Was die Muslime uns aber verschweigen, ist, dass die Frau nur die Hälfte von dem Erben kann, was ihrem männlichen Gegenstück zuteil wird. Im Abschnitt, in dem ich die Rechte der Frau im Islam durchleuchte, gehe ich näher hierauf ein.

Die islamische Lehre steht im Gegensatz zu dem, was Christus in Matthäus 19:4-6 sagte:

4 Er aber antwortete und sprach zu ihnen: Habt ihr nicht gelesen, dass der Schöpfer sie am Anfang als Mann und Frau erschuf
5 und sprach: „Darum wird ein Mann Vater und Mutter verlassen und seiner Frau anhängen; und die zwei werden ein Fleisch sein?
6 So sind sie nicht mehr zwei, sondern ein Fleisch. Was nun Gott zusammengefügt hat, das soll der Mensch nicht scheiden!"

Die Ehe im Christentum ist ein gemeinsamer Bund vor Gott, und kein Sexvertrag. Ich gebe dir ein Beispiel dafür, wie dieser Sexvertrag laut Koran Sure 4:24 geschlossen werden sollte. Wir haben hierbei einen Mann und eine Frau, die gerade eine Mut'a vereinbaren. Nennen wir den Mann in diesem Beispiel Achmed und die Frau Fatima.

Achmed: „Friede sei mit dir, Fatima."
Fatima: „Und auch mit dir. Wie kann ich dir behilflich sein?"
Achmed: „Ich verspüre einen starken Drang, das Bett mit dir zu teilen. Für eine halbe Stunde, gemäß Allahs Gebot der Freudenehe (Mut'a)?"
Fatima: „Dazu stünde ich bereit. Doch wie viel würdest du mir dafür zahlen?"
Achmed: „Ich zahle dir drei Mäuse und 50 Cent."
Fatima: „Nun, einem Mann vor dir hab ich es für 'nen Zehner besorgt."
Achmed: „Okay, dann kriegst du von mir 'nen Fünfer. Vielleicht war er reich.

Aber ich bin's nicht.“

Fatima: „Na gut. Wir haben jetzt für eine halbe Stunde Sex, und du bezahlst mich, evor mein Schweiß getrocknet ist. So wie es der Prophet sagt.“

Achmed: „Abgemacht. Jetzt ab ins Bett!“

Wenn die Abmachung nach dreißig Minuten ihren Zweck erfüllt hat, ist die Freudenehe automatisch aufgelöst. Das heißt, dass keine Scheidungsprozedur von Nöten ist (der Mann muss nicht dreimal hintereinander „Ich lasse mich von dir scheiden“ zu der Frau sagen).Falls du es noch nicht weißt: Die Mut'a ist eine Eheform, die nicht bezeugt werden muss. Zeugen werden beim Schließen einer Freudenehe also nicht gebraucht. Wichtig: Unzucht, also außerehelicher Geschlechtsverkehr, wird im Islam für gewöhnlich verurteilt. Wenn ein außereheliche sexueller Akt zwischen einem Mann und einer Frau – die nicht seine Sklavin ist – bekannt wird (laut Koran Sure 24:4 wird für eine gültige Aussage gegen Unzucht und Ehebruch ein Minimum von vier Zeugen benötigt), dann müssen die beiden nur sagen, dass sie eine Freudenehe – die Mut'a – eingegangen sind. Niemand könnte das Gegenteil beweisen, immerhin brauchten die beiden ja keine Zeugen für die Schließung dieser temporären Ehe.Lesen wir darüber im Buch von Sahih Al Kafi von Imam Al-Bahbodi, Band 3, Nummer 46:

Überliefert von Al-Husin, Sohn von Mohammed, von Achmed, Sohn von Ishaq, von Sa'dan, Sohn von Muslim, von Aubid, Sohn von Zarah, von seinem Vater und von Abdullah, Friede sei mit ihm: „Ich erwähnte ihm gegenüber die Mut'a und fragte ob sie eine der Vier (erlaubten Arten von sexuellen Verhältnissen) ist. Er sprach: 'Heirate tausend von ihnen (den Frauen). Es sind Frauen, die gemietet werden.'“

قال البهبودي : صحيح
46/3 ** الْحُسَيْنُ بْنُ مُحَمَّدٍ عَنْ أَحْمَدَ بْنِ إِسْحَاقَ عَنْ سَعْدَانَ بْنِ مُسْلِمٍ عَنْ عُبَيْدِ بْنِ زُرَارَةَ عَنْ أَبِيهِ
عَنْ أَبِي عَبْدِ اللَّهِ (عليه السلام) قَالَ ذَكَرْتُ لَهُ الْمُتْعَةَ أَ هِيَ مِنَ الْأَرْبَعِ فَقَالَ تَزَوَّجْ مِنْهُنَّ أَلْفاً فَإِنَّهُنَّ
مُسْتَأْجَرَاتٌ

Das sagt uns, dass ein Muslim so viele Frauen für Sex „mieten“ kann, wie er will. Mit dem Wort „Tausend“ ist in diesem Vers nämlich gemeint, dass der Mann so viele Frauen für Sex mieten darf (sprich: Prostituierte bezahlen kann), wie er Geld dafür erübrigen kann.Dazu frage ich mich, wie sie einfach so – ohne Weiteres – das Wort „Heiraten“ verwenden können, wo sie die Frauen doch in Wahrheit anheuern! Was die Muslime hier Ehe nennen, das nennen wir Prostitution. Und wenn sie unter Prostitution eine Form der Ehe verstehen, was verstehen die Muslime dann unter Unzucht oder Ehebruch?

Wenn du gründlich mit mir zusammen weiterliest, wirst du feststellen, dass diese „Mietehe" genaugenommen nichts weiter als ein anderes Wort für Mut'a ist. Nochmal im Überblick: Hat der Mann das nötige Geld, kann er sich damit Frauen erwerben und mit ihnen Sex haben. Ist die Frau frei, also keine Sklavin, gilt ein Vertrag unter den beiden, der Frau und ihrem temporären Ehemann. Anderenfalls ist es – wenn die Frau etwa eine Sklavin ist – ein Handel zwischen Käufer und Verkäufer. So oder so dreht sich alles um käuflichen Sex.

Die Bücher der Sunniten klären uns hierbei auf. Im Buch mit dem Titel Al-Muhalla, in Band 6, Teil 9, auf Seite 467, Imam von Ahlu-Sunnah, von Ibn 'Hazm wird gesagt:

Niemandem ist es erlaubt mehr als vier Frauen gleichzeitig für sich allein zu haben. Doch zusätzlich zu diesen darf der Mann so viele Frauen erwerben, wie er möchte.

Das ist nur die oberflächliche Sichtweise des islamischen Gesetztes in Bezug auf Unzucht. Wenn wir uns die Sache näher ansehen würden, dann würden wir feststellen, dass es um einiges komplizierter ist, als es auf den ersten Blick aussieht. Im letzten Vers habe ich dir gezeigt, was die islamische Definition von erlaubten sexuellen Verhältnissen ist. Der Islam erlaubt generell vieles, was wir „unschön" nennen würden.

Koran Sure 4:24: فَمَا اسْتَمْتَعْتُم بِهِ مِنْهُنَّ فَآتُوهُنَّ أُجُورَهُنَّ فَرِيضَةً

Verboten sind euch eure Mütter und eure Töchter und eure Schwestern und eure Tanten väterlicherseits und eurer Tanten mütterlicherseits und die Töchter des Bruders und die Töchter der Schwester und die Mütter, die euch an ihrer Brust mit ihrer Milch genährt haben (jede Frau, die einen Mann zumindest fünfmal mit der Brust gestillt hat, gilt als Mutter dieses Mannes), und eure Brustschwestern (Jedes Mädchen, das mindestens fünfmal von derselben Frau wie der entsprechende Mann gestillt wurde, gilt als die Schwester des entsprechenden Mannes), und die Mütter eurer Frauen (Ehefrauen) und eure Stieftöchter, die in eurem Schutze sind – von euren Frauen, denen ihr beigewohnt habt (sprich: mit denen ihr bereits Sex hattet). Doch wenn ihr ihnen noch nicht beigewohnt habt (sprich: wenn ihr mit ihnen keinen Sex hattet), so habt ihr nichts Verwerfliches getan. Ferner die Frauen eurer Söhne, die von eurem Rückgrat sind (aus dem Rückgrat, so glauben die Muslime, kommt der Samen, als das Sperma, des Mannes) und zwei Schwestern, die ihr gleichzeitig habt, außer es ist bereits geschehen. Gewiss war Allah vergebend, barmherzig.

Koran Sure 4:24:

Und verboten sind euch verheiratete Frauen, ausgenommen solche: Die Gefangenen und Sklavinnen, die Allah euch erlaubt hat. Auch erlaubt sind euch alle anderen, vorausgesetzt ihr kommt ihnen mit einer geldlichen Vereinbarung, bestehend aus Geldern euren eigenen Vermögens, entgegen, auf dass ihr nicht gegen die Gebote Allahs verstößt. Für welchen Zweck ihr sie also auch immer genossen habt, zahlt ihnen das, was ihr mit ihnen vereinbart habt. Allah ist allwissend, allweise.

Das bedeutet, dass der Islam ein sexuelles Verhältnis zwischen einem muslimischen Mann und seiner Sklavin erlaubt, selbst wenn diese bereits mit einem anderen Mann verheiratet ist. Sahih Al-Bukhari, Band 7, Buch 62, Hadith Nummer 137, bringt uns den Vers etwas näher.

Wir hatten weibliche Gefangene, die Teil der Kriegsbeute waren, und für gewöhnlich schliefen wir mit ihnen. Also befragten wir Allahs Gesandten darüber, dass wir Sex mit ihnen hatten, und er sprach: „Macht ihr das wirklich?" Nachdem er die Frage dreimal wiederholte, sprach er dann: „Keine Seele ist (von Allah) geschaffen, immerzu anwesend zu sein, doch ich werde solange da sein, bis der Jüngste Tag angebrochen ist..."

Ein sexuelles Verhältnis mit einer bereits verheirateten Frau ist einem Muslim im Islam verboten. Allerdings nur, wenn diese verheiratete Frau eine muslimische Frau ist. Mit einer verheirateten Frau, die keine Muslimin ist, dürfen muslimische Männer ruhig Sex haben. Ob sie nun gewaltsam ihren Ehemännern entrissen werden oder nicht, spielt keine Rolle. Nicht-Muslimische, verheiratete Frauen darf der muslimische Mann dem Islam zufolge gegen ihren Willen an sich reißen. Eine Entführung ist hierbei völlig optional, da die Entführung die Vergewaltigung der Frau in keinster Weise legalisiert – schließlich ist die Vergewaltigung der nicht-muslimischen Frau durch einen Muslim ohnehin bereits vollkommen legal und zulässig. Noch dazu ist es den Muslimen erlaubt, die von ihnen entführten, nicht-muslimischen Frauen in die Prostitution zu zwingen, um für sie anschaffen zu gehen. Sie gelten als das Eigentum ihrer muslimischen Entführer, und demnach dürfen sie von ihren Eigentümern für deren Zwecke „verwendet" werden.

VERSKLAVUNG VON FRAUEN IM ISLAM

Der Islam lässt die Sklaverei nicht nur zu, sondern erklärt sie gleichzeitig zu einem wichtigen, essenziellen Teil der Wirtschaft, des Militärs und dem Sexleben eines jeden Muslims. Wir lesen in Koran Sure 30:28:

Er (Allah) gab euch ein Gleichnis von eurem eigenen Leben und eurer selbst. Nehmt ihr euch eure Sklaven und Sklavinnen als Partner und Gefährtinnen, und lasst ihr sie teilhaben an dem, was wir euch an Nahrung, Macht, Respekt und Reichtum gegeben haben? Nun, ihr fürchtet euch davor, dass sie euren Reichtum nicht mit euch teilen, so wie ihr einander fürchtet. So ist es. Wir erklären es einem Volk, das versteht.

Mit diesem sogenannten Gleichnis verbietet Allah den Muslimen – denen Reichtum und Macht durch Allah zuteilwurden – ihre Sklaven an ihrem Reichtum teilhaben zu lassen, und ebenso verbietet er es den Muslimen, ihre Sklaven mit Respekt zu behandeln. Allah gibt ihnen deutlich zu hören, dass er der Gott der Muslime ist, und dass ein jeder Muslim der Gott seiner Sklaven und Sklavinnen ist. Diese Macht kommt von Allah, und Allah wünscht keine Partner, die etwas von seiner Macht abbekommen. Also dürfen Muslime

ihren Sklaven nichts von ihrem Reichtum geben und ihnen auch keinen Respekt zeigen.Du kannst dir islamische Interpretationen in englischer Sprache durchlesen, die diese Übersetzung bestätigen. Besuche hierzu http://www.altafsir.com und wähle links auf dem Bildschirm „Tafsir Al-Jalalayn in English“ und rufe den Tafsir auf, indem du auf „Click Here“ im unteren Ende der Website anklickst. Für die richtige Sure wählst du unter „Sura“ dann „30 Ar-Rùm“ aus und für den entsprechenden Vers gehst du auf Vers Nr. „28“. Zu guter Letzt wählst du zum Anzeigen dann „Display“ aus.

DIE SKLAVEREI
DIE SKLAVEREI UND DAS CHRISTENTUM

Viele Leute versuchen die Gesetze, die in der Bibel zu finden sind, zu beurteilen, indem sie diese mit den Gesetzen der heutigen, modernen Zeit vergleichen. Damit habe ich persönlich auch kein Problem, solange diese Leute mir ein Gesetz nennen können, dass wir heute noch befolgen sollen, welches gegen die heutigen Menschenrechte verstößt. Die Gesetze, die vor tausenden von Jahren festgelegt worden, wurden so festgelegt, weil sie in die damalige Zeit passten: Es war eine Zeit, in der man durch das Schwert lebte und durch das Schwert starb. Ganz

Israel (die ganze Nation) war versklavt worden. Das gehörte zur damaligen Zeit einfach dazu. Die Menschen mussten in jener Zeit überleben, ob ihnen die dazu benötigten Methoden nun gefielen oder nicht. Sie konnten sich damals nicht viel aussuchen. Und ob einem der Gedanke, Sklaven zu halten, gefiel oder nicht: Man selbst konnte durchaus als Sklave enden!

Für mich stellt die Lehre Christi nicht nur einen Trost in Anbetracht der schmerzhaften Geschichte dar, die die Menschheit bereits durchleben musste. Die Lehre Christi ist ebenso eine Lösung für die grauenhaften Dinge, unter denen wir Menschen seit Jahrtausenden leiden; wie etwa Hungersnöte, Krieg, Hass, Gewalt, und die Sklaverei.

Dies ist die Lehre Christi, und sie ist der Grund, weshalb ich Christ bin. Matthäus 5:44:

„Ich aber sage euch: Liebt eure Feinde, segnet, die euch fluchen, tut wohl denen, die euch hassen, und bittet für die, welche euch beleidigen und verfolgen, ...“

Die Bibel liefert uns Gesetze, dic uns sagen, wie wir vorgehen sollten, wenn es um das halten von Sklaven geht. Und tatsächlich geben diese Gesetze dem Sklaven Schutz. 2. Mose 21:20:

„Und wer seinen Sklaven oder seine Sklavin mit einem Stock schlägt, so dass sie ihm unter der Hand sterben, der soll unbedingt bestraft werden; ...“

Die Bibel gibt uns jeden Grund den Sklaven oder die Sklavin zu befreien, und befielt dem Sklavenbesitzer, der dem Sklaven oder der Sklavin einen Zahn ausschlägt, ihn oder sie auf der Stelle freizulassen! Will heißen: „Schlag mich, dann bin ich frei!“ 2. Mose 21:26-27:

26 Wenn jemand seinem Knecht oder seiner Magd ein Auge ausschlägt, so soll er sie freilassen für das Auge.
27 Und wenn er dem Knecht oder der Magd einen Zahn ausschlägt, soll er sie auch freilassen für den Zahn.

Die Bibel befiehlt den Menschen der damaligen Zeit sogar, einen Sklaven, der vor seinem Herrn davongelaufen ist, bei sich aufzunehmen und ihn zu beschützen. 5. Mose 23:16-17:

16 Du sollst den Knecht, der sich von seinem Herrn weg zu dir gerettet hat, seinem Herrn nicht ausliefern.
17 Er soll bei dir wohnen, in deiner Mitte, an dem Ort, den er erwählt in einem deiner Tore, wo es ihm gefällt, und du sollst ihn nicht bedrücken.

Schlägt der Sklavenbesitzer seinen Sklaven oder seine Sklavin zu Tode, wird er für sein Verbrechen bestraft. Wir lesen erneut aus 2. Mose 21:20:

„Und wer seinen Sklaven oder seine Sklavin mit einem Stock schlägt, so dass sie ihm unter der Hand sterben, der soll unbedingt bestraft werden; ...“

Wer einen Sklaven ermordet, soll laut Bibel mit dem Tode bestraft werden. 2. Mose 21:12:

„Wer einen Menschen schlägt, dass er stirbt, der soll unbedingt sterben.“

Wenn ein Mann in der damaligen Zeit bettelarm und mittellos wurde, konnte er sich selbst in die Sklaverei verkaufen. Auch so einem Menschen wird von der Bibel Schutz zugesprochen.

3. Mose 25:39-43:

Und wenn dein Bruder neben dir verarmt und dir sich selbst verkauft, sollst du ihn nicht Sklavenarbeit tun lassen; wie ein Tagelöhner und Einwohner ohne Bürgerrecht soll er bei dir gelten und dir bis zum Halljahr dienen. Dann soll er frei von dir ausgehen und seine Kinder mit ihm, und er soll wieder zu seiner Familie zurückkehren und zum Eigentum seiner Väter kommen. Denn sie sind meine Knechte, die ich aus dem Land Ägypten geführt habe. Darum soll man sie nicht wie Sklaven verkaufen! Du sollst nicht mit Härte über ihn herrschen, sondern sollst dich fürchten vor deinem Gott.

Die Bibel warnt uns ebenso vor der Sklavenmisshandlung. Und wer auch immer ein solches Verbrechen begeht und seinen Sklaven misshandelt, wird dafür bestraft werden. Die Bibel ermutigt dem Sklavenbesitzer gar dazu, seinen Sklaven wie seinen eigenen Sohn zu lieben.

Sprüche 29:21:

Wenn einer seinen Knecht von Jugend auf verwöhnt, so will der schließlich Sohn im Haus sein.

Die Sklaverei stellte und stellt noch immer eine Tragödie der Menschheitsgeschichte dar.Das Volk Israel, die gesamte hebräische Nation, wurde sowohl von Kaukasiern (Babyloniern) als auch von Nordafrikanern (Ägyptern) versklavt. Das allein verrät uns, dass die Sklaverei kein Verbrechen gegen andere Hautfarben war, sondern ein Verbrechen gegen andere Nationen. Hellhäutige versklavten Dunkelhäutige, Dunkelhäutige versklavten Hellhäutige, und Hellhäutige und Dunkelhäutige versklavten Hellhäutige und Dunkelhäutige.

In der Bibel, in 2. Mose 21:16, stoßen wir auf etwas, das viele Leute nur ungern erwähnen:

Wer einen Menschen raubt, sei es, dass er ihn verkauft oder dass man ihn noch in seiner Hand findet, der soll unbedingt sterben.

Das bedeutet, dass es ein Verbrechen ist, einen Menschen zu entführen, und ihn dann als sein Eigentum zu beanspruchen oder ihn als einen Sklaven zu verkaufen. Die Todesstrafe für den, der das tut, ist hierbei so klar ersichtlich wie nur möglich. Doch hielt dies die Sklaverei auf, oder setzte es ihr gar ein Ende? Mitnichten, denn die Gier des Menschen ist unersättlich.

Wir können sehen, dass die Bibel immerzu auf dieselbe Sache hinarbeitet: Die Menschen zu vermenschlichen, und sie menschlicher zu machen. So lesen wir in 1. Timotheus 6:1-2:

1 Diejenigen, die als Knechte unter dem Joch sind, sollen ihre eigenen Herren aller Ehre wert halten, damit nicht der Name Gottes und die Lehre verlästert werden. 2 Die aber, welche gläubige Herren haben, sollen diese darum nicht geringschätzen, weil sie Brüder sind, sondern ihnen um so lieber dienen, weil es Gläubige und Geliebte sind, die darauf bedacht sind, Gutes zu tun. Dies sollst du lehren und dazu ermahnen!

Diejenigen, die das Christentum hassen und einen Groll gegen Gott hegen, verwenden gerne diesen Vers, um zu zeigen, dass die Bibel die Christen dazu auffordert, gute, gehorsame Sklaven zu sein! Doch das Gegenteil ist der Fall: Es ist offensichtlich, dass der Vers sich an den Herren und den Knecht als Geschwister richtet – als Gleichberechtigte. Der Vers sagt ihnen, gut zueinander zu sein. Allein darum dreht sich die Mission Christi: Frieden und Liebe. Sie richtet sich vollkommen gegen das Übel.

Einige Leute argumentieren auch gerne mal so: „Wenn der Weiße Mann ein Christ ist, warum versklavt er dann andere (wie z.B. Schwarze)?" Die einfache Antwort hierauf lautet: Gier.

Aus demselben Grund versklavten Afrikaner auch ihre eigenen Leute und die Israeliten.Wir dürfen nicht vergessen, dass sich der Mensch nur langsam ändert. Genau deswegen existiert die Sklaverei auf unterschiedliche Art auch heute noch. Die Bibel hat es immer und immer wieder gesagt: Vor Gott sind wir alle gleich. Wie alle sind seine Kinder. In Galater 3:28 steht:

Da ist weder Jude noch Grieche, da ist weder Knecht noch Freier, da ist weder Mann noch Frau; denn ihr seid alle einer in Christus Jesus.

So auch in Kolosser 3:11:

Wo nicht Grieche noch Jude ist, weder Beschneidung noch Unbeschnittenheit, (noch) Barbar, Skythe, Knecht, Freier – sondern alles und in allen Christus.

Christus sprach auch über die Reichen, die nicht gottesfürchtig sind. Matthäus 19:24:

Und wiederum sage ich euch: Es ist leichter, dass ein Kamel durch ein Nadelöhr geht, als dass ein Reicher in das Reich Gottes hineinkommt!

Wie wir alle wissen, versuchen die Muslime die ganze Zeit, die Schwarzen – hauptsächlich Afroamerikaner – zu täuschen und ihnen glauben zu machen, dass der Islam die einzige Religion weit und breit sei, die frei von jeglichen Vorurteilen ist. Muslime sind genau solche Leute, wie sie in Matthäus 23:24 beschrieben werden:

Ihr blinden Führer, die ihr die Mücke aussiebt, das Kamel aber verschluckt!

Als nächstes sehen wir, was im Islam hinter der Sklaverei steckt und was diese bringt.

DIE SKLAVEREI UND DER ISLAM

Von wo die Sklaverei im Islam herrührt und wozu es sie gibt:

1. Im Krieg gegen Nicht-Muslime werden Nicht-Muslime zu Sklaven gemacht. Das gilt für Christen, Juden und andere Ungläubige. Dieses Schicksal widerfuhr auch Safiya und Juria, deren Stämme von Mohammed restlos ausgerottet wurden.
2. Sklaven können Geschenke sein, so wie es bei Maria der Koptin der Fall war. Sie wurde –zusammen mit einigen Mitgliedern ihrer Familie – Mohammed als Geschenk dargebracht. Und er nahm das Geschenk an.
3. Kauf und Verkauf.Mohammed kaufte und verkaufte Sklaven.
4. Man kann in die Sklaverei hineingeboren werden.Der Sohn eines Sklaven oder einer Sklavin ist ebenfalls ein Sklave.
5. Die Sklaverei kann ein Strafurteil sein. Der Sohn einer freien Frau, welche sich der Unzucht schuldig macht, wird automatisch zum Sklaven. Mohammed befahl, dass die neugeborenen Söhne von Frauen, die im Rahmen einer außerehelichen Beziehung schwanger wurden, zu Sklaven gemacht werden sollen, gleich nachdem sie auf die Welt gekommen sind.
6. Sklaven können vererbt und dementsprechend (logischerweise) geerbt werden. Privatbesitz als solcher kann vererbt werden. Sklaven sind da keine Ausnahme.

Diese wenigen aus tausenden von Beispielen dürften genügen, um die genannten Punkte zu stützen.

SKLAVEREI IM KRIEG

Sahih Al-Bukhari, Band 3, Buch 46, Hadith 717:

... Der Prophet Allahs griff unerwartet und ohne jede Vorwarnung den Stamm von Al-Mus'taliq an, während der Stamm völlig unbesorgt war und seine Angehörigen damit beschäftigt waren, ihre Tiere mit Wasser zu versorgen. Die Kämpfer des Stammes wurden getötet, und ihre Frauen und Kinder wurden zu Sklaven gemacht. Der Prophet nahm an jenem Tag Juria (die Tochter des Stammesführers derMus'taliq) an sich...

Buch von Adau'a Al Bayean, Band 3, Nummer 387:

قال الشيخ الشنقيطي رحمه الله : وسبب الملك بالرق : هو الكفر ، ومحاربة الله ورسوله ، فإذا أقدر

الله المسلمينَ المجاهدين الباذلين مُهَجهم وأموالهم وجميع قواهم وما أعطاهم الله فتكون كلمة الله هي العليا على الكفار : جعلهم ملكاً لهم بالسبي إلا إذا اختار الإمام المنَّ أو الفداء لما في ذلك من المصلحة للمسلمين . أ.هـ „ أضواء البيان „ (3 / 387) .

Aus folgenden Grund dürfen Menschen als Sklaven gehalten werden: Allah verleiht den Sieg denen, die ihr Geld und ihre Kraft für den Kampf gegen Kufr (Ungläubige) geben. Wenn also Allahs Wort den Sieg verleiht, macht Allah sie (den Feind) zu ihren Sklaven. Doch kann der Anführer der Muslime sich auch dafür entscheiden, Lösegeld für die Besiegten anzunehmen.

Immer wenn Mohammed seine Feinde besiegt hatte, versklavte er sie und zwang viele von ihnen dazu, für ihn zu kämpfen. Die stärksten Männer sollten ihm den Sieg im Krieg bringen.

Wenn ein Sklave das nötige Talent als Kämpfer und Kommandant zeigte, ließ Mohammed diesen Sklaven als Befehlshaber über seine (Mohammeds) Truppen in den Krieg gegen das freie Volk ziehen. Doch auch wenn einem solchen Krieger eine hochangesehene Stellung in Mohammeds Armee zuteil wurde, so blieb er auch weiterhin nichts weiter als ein Sklave.

Im Buch von Fateh Al-Bari Fe Shareh Sahih Al-Bukhari finden wir (auf Seite 131) eine Geschichte, die schildert, wie sich einige der hellhäutigen arabischen Männer aufregten, als ihnen zu Ohren kam, dass der Äthiopier Bilal sie anführen würde. Als sie diesbezüglich Mohammed aufsuchten, sagte Abu-Zer (stellvertretend für die ganze Gruppe): „Ich weigere mich, einem schwarzen Sklaven zu gehorchen!" Mohammeds Antwort hierauf befindet sich in Sahih Al-Bukhari, Buch 11, Hadith 662:

قَالَ النَّبِيُّ صَلَّى اللهُ عَلَيْهِ وَسَلَّمَ لِأَبِي ذَرّ اسْمَعْ وَأَطِعْ وَلَوْ لِحَبَشِيٍّ وَقَدْ أَخْرَجَ مُسْلِمٌ مِنْ طَرِيقِ غُنْدَرٍ عَنْ شُعْبَةَ بِإِسْنَادٍ آخَرَ إِلَى أَبِي ذَرٍّ أَنَّهُ انْتَهَى حَدَّثَنَا أَبُو بَكْرِ بْنُ أَبِي شَيْبَةَ حَدَّثَنَا وَكِيعُ بْنُ الْجَرَّاحِ عَنْ شُعْبَةَ عَنْ يَحْيَى بْنِ الْحُصَيْنِ عَنْ جَدَّتِهِ أُمِّ الْحُصَيْنِ قَالَتْ سَمِعْتُ رَسُولَ اللهِ صَلَّى اللهُ عَلَيْهِ وَسَلَّمَ يَقُولُ إِنْ أُمِّرَ عَلَيْكُمْ عَبْدٌ حَبَشِيٌّ مُجَدَّعٌ فَاسْمَعُوا لَهُ وَأَطِيعُوا مَا قَادَكُمْ بِكِتَابِ اللهِ

Der Prophet sprach: „Erwartet und befolgt die Befehle eures Anführers, selbst wenn der euch zugeteilte Anführer ein Äthiopier ist, dessen Kopf wie eine Rosine aussieht."

Aus dem Buch Sahih von Abu Dawud, Hadith 2158, und dem im Buch von Al-Albani anerkannten Hadith Sahih Abu Dawud, Nummer 1890:

رواه أبو داود (2158) ، وحسَّنه الشيخ الألباني في „ صحيح أبي داود „ (1890) . فعن رويفع بن ثابت

الأنصاري قال : سمعت رسول الله صلى الله عليه وسلم يقول لا يحل لامرئ يؤمن بالله واليوم الآخر أن يقع على امرأة من السبي حتى يستبرئها ، ولا يحل لامرئ يؤمن بالله واليوم الآخر أن يبيع مغنما حتى يقسم

„Der Prophet sprach, dass es einem Muslim verboten ist, Sex mit einer Sklavin zu haben, solange er sich nicht sicher ist, ob sie schwanger ist oder nicht."

Wie immer sprach Mohammed hier von etwas, an dass er sich selbst nicht hielt. Noch am selben Tag schlachtete er einen ganzen jüdischen Stamm in Chaibar ab, und vergewaltigte die Frauen des Stammes, darunter Safiya. Safiya war eine junge, verheiratete Frau, deren Ehemann bei dem Gemetzel getötet wurde. Mohammed nahm sich nicht die nötige Zeit um sicherzugehen, dass sie nicht möglicherweise schwanger war, bevor er sie vergewaltigte.

ANGRIFF AUF DEN JÜDISCHEN STAMM IN CHAIBAR

Buch von Al-Magazi von Al-Waqidy, Seite 708:

Abu Ayoub verbrachte die Nacht damit, mit seinem Schwert in der Hand Wache am Zelt des Propheten zu halten. Als der Morgen anbrach, kam der Prophet aus dem Zelt heraus, und so sprach er: „Allah ist Akbar." Mohammed sprach zu ihm: „Was ist los, Abu Ayoub?" Abu Ayoub antwortete: „Oh Apostel Allahs, du hast mit dieser Sklavin (Safiya) geschlafen, wo du doch kurz davor erst ihren Vater, ihre Brüder, ihren Ehemann und ihren ganzen Stamm getötet hast. Also war ich besorgt, dass sie nicht vielleicht versuchen würde, dich zu ermorden." Der Prophet lachte und sprach: „Dafür werde ich dir einen Gefallen tun."

Dieselbe Geschichte steht auch im Buch Zad Ak-M'ad Fe Huda 'Khaer Al-'Ebad, 1198er Auflage, Veröffentlicht von Dar Al-Risalah, im Kapitel „Der Angriff auf den Stamm von Chaibar":

1418/1998هـ :زاد المعاد الإمام شمس الدين أبي عبد الله ابن القيم الجوزية مؤسسة الرسالةسنة النشر
زاد المعاد في هدي خير العباد فصل في ترتيب سياق هديه مع الكفار والمنافقين من حين بعث إلى حين لقي الله عز وجل فصل في سياق مغازيه وبعوثه على وجه الاختصار فصل في غزوة خيبر فصل

في القدوم إلى خيبر   مد النافذة لإظهار كل الأبواب بالجزء المختار | نتائج البحثالتالى ولما بنى بها
بات أبو أيوب ليلته قائما قريبا من قبته ، آخذا بقائم السيف حتى أصبح ، فلما رأى رسول الله صلى الله
عليه وسلم كبر أبو أيوب حين رآه قد خرج ، فسأله رسول الله صلى الله عليه وسلم : ما لك يا أبا أيوب
؟ فقال له : أرقت ليلتي هذه يا رسول الله لما دخلت بهذه المرأة ، ذكرت أنك قتلت أباها وأخاها وزوجها
وعامة عشيرتها ، فخفت أن تغتالك . فضحك رسول الله صلى الله عليه وسلم وقال له معروفا

Muslime im Westen zitieren immerzu gerne einen Hadith, indem 'Umar Ibn al-Chattāb gesagt haben soll: „*Wie kannst du Menschen versklaven, wo ihre Mütter sie doch als freie Menschen geboren haben?*" Dieses Zitat als solches ist – tatsächlich – authentisch. Doch es wird einzig und allein für den Zweck zitiert, den Zuhörer zu täuschen. Wir können ohne jegliche Probleme beweisen, dass die Überlieferung, aus der dieses Zitat stammt, in keinerlei Verbindung zum Standpunkt des Islam bezüglich der Sklaverei steht.

Der Kontext ist folgender: Die Geschichte aus der Überlieferung dreht sich um den Streit zwischen 'Umar Ibn al-Chattāb und 'Amr Ibn Al-'Aas. Als 'Umar die oben zitierte Frage stellte, ermahnte er Al-'Aas nicht für den Besitz von Sklaven. Stattdessen versuchte er, Al-'Aas zu demütigen, und spielte sich Al-'Aas gegenüber als besserer Mensch auf.

Al-'Aas sagte, dass er die Sklaverei verabscheute und hasste, also drängte 'Umar ihn dazu zu erklären, weshalb er dann kein Problem damit hatte, sämtliche Koranverse anzunehmen, die mit Sklaverei und Sklavenbesitz zu tun haben. Al-'Aas selbst besaß tausende von Sklaven. Er vergewaltigte und schlug seine Sklavinnen und schenkte nie auch nur einem Sklaven die Freiheit. 'Umars Frage war nicht als eine Frage, mit der er die Sklaverei verurteilte, gemeint. Die Frage sollte seinen verhassten Feind angreifen und ihn als Heuchler entlarven.

Wenn 'Umars Frage die Sklaverei wirklich hätte hinterfragen sollen, würde das dann nicht heißen, dass er Mohammed für einen schlechten Menschen hielt? Schließlich besaß auch Mohammed viele Sklaven und nahm Männer und Frauen nicht nur als Kriegsbeute an sich, sondern nahm sie auch dankend als Geschenke an. Die Behauptung, die häufig und gerne zitierte Frage von 'Umar Ibn al-Chattāb an 'Amr Ibn Al-'Aas sei ein Beispiel dafür, dass der Islam gegen die Sklaverei ist, ist ein Witz. Im richtigen Kontext gesehen ist diese Frage in Wirklichkeit nichts weiter als ein Ausdruck von Hass und Neid zwischen zwei Männern. Die Geschichte, aus der sie stammt, hat rein gar nichts mit der Befreiung von Sklaven zu tun.

Übrigens: Nie äußerte sich Mohammed darüber und befahl auch nicht, Sklaven die Freiheit zu schenken. Und wenn ich „Nie“ sage, dann meine ich damit NIE! Ich fordere jeden Muslim heraus, mir einen Vers zu nennen, in dem den Muslimen befohlen wird, ihren Sklaven die Freiheit zu schenken. Es stand und steht dem Muslim zu, das selbst zu entscheiden. Einem Sklaven oder einer Sklavin die Freiheit zu schenken ist völlig optional. Es ist kein Muss.

Tatsächlich versklavte Mohammed einmal einen befreiten Sklaven erneut. Sahih Al-Bukhari, Buch 85, Hadith 80 (Siehe auch Sahih Al-Bukhari, Buch 41, Hadith 598):

دَبَّرَ رَجُلٌ مِنَ الأَنْصَارِ غُلاَمًا لَهُ لَمْ يَكُنْ لَهُ مَالٌ غَيْرُهُ فَبَاعَهُ رَسُولُ اللَّهِ - صَلَّى اللَّهُ عَلَيْهِ وَسَلَّمَ - ، فَاشْتَرَاهُ
ابْنُ النَّحَّامِ عَبْدًا قِبْطِيًّا مَاتَ عَامَ أَوَّلٍ فِي إِمَارَةِ ابْنِ الزُّبَيْرِ „

Ein erwachsener Mann der Ansaar schenkte seinem Sklaven, den er von jungen Jahren an hatte, die Freiheit. Er entließ seinen Sklaven in die Freiheit, und da der Sklave sein einziger Besitz war, besaß er nun nichts mehr. Allahs Gesandtem kam dies zu Ohren. Mehr noch sprach der Gesandte: „Wer kauft mir diesen Sklaven ab?“ Und so kaufte Nu'aem Bin Abd-Allah Al-Na'ham ihm den Sklaven für 800 Dirhams ab. Jabir fügt hinzu: Es war ein koptischer Sklave, der noch im selben Jahr verstarb.

Dieser Hadith zeigt uns deutlich, dass Mohammed volle Kontrolle über den Sklavenhandel hatte. Er konnte sogar Dinge tun, die gegen den Willen anderer gingen. Wenn jemand seinem Sklaven die Freiheit schenkte, versklavte Mohammed den befreiten Sklaven erneut und machte so mit ihm Geld. Gleichzeitig zeigte er keinerlei Gnade oder gar Mitgefühl für den armen Sklaven, der sein Leben lang darauf gewartet hatte, befreit zu werden. Beachte auch, dass der Sklave noch in demselben Jahr verstarb, nachdem er verkauft wurde. Es würde mich nicht überraschen, wenn er aufgrund von Depressionen starb. Fiel es dem reichen Mohammed denn so schwer, dem armen Mann seine Freiheit zu lassen? Hätte er damit Verlust gemacht? Der Mann war nicht einmal Mohammeds Sklave, aber Geld war Mohammeds Gott.

Der vorherige Besitzer des Sklaven war arm: Der Sklave sein einziger Besitz. Und doch entschied er sich dafür, seinem Sklaven die Freiheit zu schenken, anstatt ihn zu verkaufen. Warum nahm Mohammed dem Sklaven die Freiheit? Ganz einfach: Er wusste, dass wenn die Leute anfangen würden, ihren Sklaven die Freiheit zu schenken, der Sklavenhandel (und damit Mohammeds Anteil daran) früher oder später aussterben würde.

Sahih Al-Bukhari, Buch 8, Band 82, 822:

Überliefert von Abu Huraira: „Die Meinung von Allahs Propheten war gefragt, als das unverheiratete Sklavenmädchen des unrechtmäßigen Geschlechtsverkehrs für schuldig befunden wurde. Aufgrund dessen antwortete er: 'Wenn sie unrechtmäßigen sexuellen Verkehr hat, dann peitscht sie mit fünfzig Gürtelschlägen aus. Und wenn sie ein anderes Mal unrechtmäßigen sexuellen Verkehr hat, dann peitscht sie hinterher mit fünfzig Gürtelschlägen aus. Und sollte sie ein drittes Mal unrechtmäßigen sexuellen Verkehr haben, dann peitscht sie hinterher mit fünfzig Gürtelschlägen aus und verkauft sie gar für den Preis ihrer Leine.'"

Aufgrund dieses Gesetzes darf die Sklavin keinen außerehelichen Sex haben, während ihr Herr sie dagegen vergewaltigen kann, wann immer er möchte. Er kann sie regelrecht wie Dreck behandeln. Demzufolge ist sie durch dieses Gesetz dazu gezwungen, unzüchtig zu sein und Schande über sich und ihren Körper zu bringen, in der Hoffnung, von ihrem Besitzer verkauft zu werden und im Haus eines neuen, hoffentlich umgänglicheren Herren zu landen.

BILAL DER ÄTHIOPIER

Ständig hören wir die Muslime von Bilal sprechen, dem schwarzen Mann, der einer von Mohammeds Sklaven war. Die Muslime wollen Menschen schwarzafrikanischer Abstammung für dumm verkaufen und versuchen ihnen glauben zu machen, dass es im Islam keinen Rassismus gibt, indem sie ihnen erzählen, dass Bilal der erste Mensch war, der zum Gebet rief. Was die Muslime hierbei verschweigen ist, dass Bilal lediglich Mohammeds Anweisungen befolgte – die Befehle seines Besitzers. Bilal wurde nirgends und niemals ein ehrbarer Platz zuteil, auch wenn die Muslime uns das denken lassen wollen. Bilal war bloß ein Sklave, der einen von vielen Befehlen seines Herren befolgte.

Ich zeige dir als nächstes, dass Bilal kein Leben hatte. Er war ein Sklave, der kein Recht hatte, selbst Entscheidungen zu treffen.

BILAL UND DER RUF ZUM GEBET

Ich kann hunderte von Hadithen zeigen, die von Bilal und den Befehlen handeln. Befehle, die er allesamt befolgen musste. Darunter auch den Befehl, zum Gebet zu rufen.

Allahs Apostel befiehlt Bilal, aufzustehen und den Adhan zum Gebet auszustoßen:

- Sahih Al-Bukhari, Buch 11, Hadith 578- Sahih Al-Bukhari, Buch 11, Hadth 579- Sahih Al-Bukhari, Buch 11, Hadith 580- Sahih Al-Bukhari, Buch 51, Hadith 297- Sahih Al-Bukhari, Buch 56, Hadith 663- Sunan Abu Dawud, Buch 1, Hadith 0193

„Dann befahl er Bilal, zum Gebet zu rufen."

Frage dich mal, warum Mohammed nicht Abu Bakr befahl, zum Gebet zu rufen, oder warum Mohammed nicht einfach selbst zum Gebet rief. Es war immer nur sein armer Sklave, der an jedem Morgen noch vor allen anderen aufstehen musste, um anschießend ganz Mekka mit seinem Geschrei aufzuwecken! Er wurde für diese Aufgabe ausgewählt, weil es niemand sonst tun wollte. Es ist die Aufgabe eines Sklaven. So einfach ist das.

BILAL DER NACHRICHTENSKLAVE

Sahih-Al-Bukhari, Band 4, Buch 52, Hadith 297:

Bilal wurde befohlen, die Nachrichten unter das Volk zu bringen...

Versorgt Allah die islamische Religion mit schlechten Menschen? Sahih Al-Bukhari, Band 8, Buch 77, Hadith 603:

Allahs Gesandter sprach: „Bilal! Steh auf und verkünde der Gemeinde, dass niemand in den Himmel eintreten will, solange er nicht ein Gläubiger ist und Allah es so will. Er (Allah) versorgt diese Religion (den Islam) mit schlechten Menschen."

BILAL DER KELLNER, DRINNEN WIE DRAUSSEN

Sahih Al-Bukhari, Band 5, Buch 59, Hadith 524:

Der Gesandte Allahs befahl Bilal, den Lederteppich auszubreiten, auf den er (Bilal) anschließend Datteln, getrockneten Joghurt und Butter legte...

BILAL DER WANDELNDE GELDBEUTEL

Sahih Al-Bukhari, Band 3, Buch 38, Hadith 504:

Der Prophet Allahs sprach: „Oh Bilal, zahle ihm den Preis des Kamels und gebe ihm dazu noch etwas zusätzliches Geld..."

Auch andere Leute kommandierten Bilal herum. Sunan Abu Dawud, Buch 2, Hadith 498:

Hinterher sprach der Apostel Allahs, möge Allah auf ihn beten, zu ihm: „Oh Bilal, steh auf. Wenn Abdullah Ibn Zayed dir befohlen hat, etwas zu tun, dann tu es."

Mohammed stellte auch unmissverständlich klar, dass ein Sklave – selbst wenn er ein Muslim ist – nicht als Zeuge vor Gericht zugelassen werden kann. Das sehen wir in der Erläuterung zu Koran Sure 5:106 von Tanwir Al-Miqbas Min Tafsir Ibn 'Abbas:

O ihr, die ihr glaubt! Ernennt Zeugen unter und zwischen euch, ob vor einer Einigung oder bevor ihr verreist. Denn wenn einer von euch verstirbt, so sollen zwei Zeugen für den Verstorbenen in dessen Namen Zeugnis ablegen. Die Zeugen dürfen ausschließlich Männer sein (Frauen sind nicht zugelassen); zwei freie Männer (Sklaven sind nicht zugelassen).

BILAL BITTET ABU BAKR UM SEINE FREILASSUNG

Im folgendem Hadith sehen wir, wie Bilal nach Mohammeds Tod um seine Freiheit bettelt und sie ihm von Abu Bakr – trotz Mohammeds Tod – nicht gewährt wird. Sahih Al-Bukhari, Band 3, Buch 57, Hadith 99:

Quais berichtet: „Bilal sprach zu Abu Bakr: 'Wenn du mich für deinen Nutzen gekauft hast, dann behalte mich, damit ich dir dienen kann. Doch wenn du mich um Allahs Willen gekauft hast, dann schenke mir die Freiheit, damit ich Allah dienen kann.'"

Warum musste dieser Mann, nach all den Diensten, die er über die Jahre hin weg geleistet hat, um seine Freiheit betteln? Hätte er sie nicht vom ach so guten Propheten Mohammed oder seinem ach so guten Gefährten Abu Bakr bekommen müssen, bevor er sich gezwungen sah, um sie zu betteln? Dieser Mann ist ihnen immer ein treuer, gehorsamer Sklave gewesen. Er kämpfte und entführte Menschen für sie. Er fütterte ihre Tiere und sammelte als Händler Geld für seine Herren ein. Er tat alles für sie. Warum haben diese guten Männer Allahs sich so viel Zeit gelassen, dass Bilal schließlich um seine Freilassung bettelte?

‘UMAR IBN AL-CHATTAB UND DIE SKLAVEREI

Während wir mit den Hadithen über ‘Umar Ibn al-Chattāb fortfahren, möchte ich dir diesen Mann näherbringen und zeigen, was für einen scheußlichen Charakter er hatte. Diese Hadithe lassen sich teilweise auch im Buch Der Pakt von ‘Umar Ibn al-Chattāb finden. Sehen wir uns mal an, wie dieser Mann mit Sklavinnen umging. Aus den Aufzeichnungen von Imam Al-Beyhaqi in Sunnan Al-Kobra, Band 2, Seite 227:

Ein Hadith vom Großvater des Annas, Sohn von Malik: „Die Sklavinnen von ‘Umar Ibn al-Chattāb bedienten für gewöhnlich mit ihrem freien Haar und ihren Brüsten, welche wackelten und ihr Haar berührten.“

عن جده أنس بن مالك قال كن إماء عمر رضي الله عنه يخدمننا كاشفات عن شعورهن تضطرب „
تديهن“

Du musst wissen, dass ‘Umar Ibn al-Chattāb viele Sklavinnen hatte. Sehr viele. Und nicht nur das. Dem folgenden Hadith entnehmen wir, dass er die Sklavinnen schlug, wenn sie sich verhüllten. Er wollte, dass sie sich so freizügig wie möglich zeigten, damit er und seine Gäste etwas zu sehen hatten, dass ihnen gefiel. Buch von Kanes Al-Umal Fee Suanan Al-A‘qwal, Hadith 41925:

عن أنس قال: رأى عمر أمة لنا متقنعة فضربها وقال: لا تشبهي بالحرائر، ألقي القناع. 41925-

Überliefert von Anass: „‘Umar Ibn al-Chattāb sah eine Sklavin, die ein Kopftuch trug. So schlug er sie und schrie: „Du sollst dich nicht wie eine freie Frau kleiden!“

Die gleiche Erzählung findest du in den folgenden Büchern:
- Tabaqat Ibn Saad, Band 7, auf Seite 127
- Tarikh Damishq, Band 58, auf Seite 191

Buch von Kanes Al-Umal Fee Suanan Al-A‘qwal, Band 15, Seite 486, Hadith 41928:

عن المسيب بن دارم قال: رأيت عمر وفي يده درة فضرب رأس أمة حتى سقط القناع عن - 41928
رأسها، قال: فيم الأمة تشبه بالحرة.

Überliefert von Al-Museeb Ibn Daruam: „Ich sah, wie ‘Umar eine Sklavin mit einem Stock solange auf den Kopf schlug, bis ihr der Schleier vom Kopf fiel. Und er sagte ihr, dass sie sich weder wie eine freie Frau anziehen soll, noch das Verhalten einer freien Frau annehmen darf.“

Ein Link zur arabischsprachigen Version dieses Hadithen: http://al-eman.net/Islamlib/viewchp.asp?BID=137&CID=582

‘UMAR DANKT ALLAH DAFÜR, DASS DER SCHWARZE JUNGE NICHT SEIN SOHN IST

Buch von Al-Mu‘gny von Ibn ‘Qudamah, Band 10, Seite 412:

روى سعيد حدثنا سفيان عن ابن أبي نجيح عن فتى من أهل المدينة أن عمر بن الخطاب رضي الله عنه كان يعزل عن جارية له فجاءت بحمل فشق عليه وقال اللهم لا تلحق بآل عمر من ليس منهم فإن آل عمر ليس بهم خفاء فولدت ولداً أسود فقال ممن هو فقالت من راعي الإبل فحمد الله وأثنى عليه..
المصدر: كتاب «المغني» لابن قدامه 10 / 412.

Sa‘id berichtet von Sufyian, der wiederum von Abu Naje‘h berichtet, der sich auf den Bericht eines Mannes aus der Stadt Medina stützt: ‘Umar zog beim Sex mit einem bestimmten Sklavenmädchen sein männliches Fortpflanzungsorgan (aus ihrer Vagina) heraus, immer wenn er in ihr zum Orgasmus kam. Eines Tages sagte sie ihm, dass sie schwanger war. Dann sprach ‘Umar, der zu Allah betete: „Allah, lass nicht zu, dass ich jemanden in meiner Familie habe, der nicht von mir ist. Denn niemand in meiner Familie ist von schändlicher Abstammung.“Und so gebar das Sklavenmädchen einen schwarzen Jungen. ‘Umar fragte sie, wer der Vater des Kindes war. Sie sagte: „Der Kamelhirte.“ Daraufhin dankte ‘Umar Allah dafür, dass er nicht der Vater war.“

Der Hadith verrät uns, dass das Sklavenmädchen nichts weiter als ein Sexspielzeug war. Ihr Herr und seine Freunde teilten sie sich. Die Erzählung zeigt glasklar auf, dass ‘Umar Sklavinnen für die Befriedigung seiner Sexualtriebe und nicht zur Fortpflanzung nutze. Denk dran: Die Muslime behaupten, dass der Islam Unzucht verurteilt. Und doch sehen wir hier, dass es okay ist, wenn sich mehrere Männer ein Sklavenmädchen für Sex teilen. Eine Sklavin ist im Islam nicht Mensch genug, als dass ein sexuelles Verhältnis mit ihr als Unzucht oder Ehebruch gelten könnte.

Sahih Al-Bukhari, Buch 58, Hadith 197:

Ich sah den Gesandten Allahs, und begleitet wurde er von den einzigen, die den

Islam angenommen haben: Fünf Sklaven, zwei Frauen, und Abu Bakr.

Wie immer sehen wir, dass Mohammed Sklaven hatte. Und in seinem Haus wimmelte es nur so von Sklaven. Beachte in der folgenden Überlieferung auch, dass niemand Mohammeds Haus betreten durfte, bevor er ihn nicht über einen seiner Sklaven um Erlaubnis gebeten hatte.

Sahih Al-Bukhari, Buch 72, Hadith 734:

...An der Türschwelle zum Raum stand ein schwarzer Sklave, auf den ich zulief und dem ich sagte, dass ich eine Eintrittserlaubnis vom Propheten ersuchte. Er genehmigte meinen Eintritt und ich sah den Propheten, wie er auf einem Teppich lag, dessen Stickereien auf seine linken Seite Druckspuren hinterlassen haben...

Buch von Kenz El-'Umal Fe Sunan Al-Aqual, Hadith 44824
(http://www.al-eman.com/Islamlib/viehchp.asp?BID=137&CID=629):

44824- للحرة يومان، وللأمة يوم.

Du gibst der freien Frau zwei Nächte und der Sklavin eine Nacht (für Sex).

Buch von 'Awen Al-Ma'bud Fe Shareh Abu Dawud, Seite 190:

عون المعبود شرح سنن أبي داود - كِتَاب الطَّهَارَةِ قَالَ السُّيُوطِيُّ : تَصْغِيرُ الْأَمَةِ ضِدُّ الْحُرَّةِ ، أَيْ
جُوَيْرِيَّتُكَ ، وَالْمَعْنَى : لَا تَضْرِبِ الْمَرْأَةَ مِثْلَ ضَرْبِكَ الْأَمَةَ

Imam Al-Sui'ty sprach: „Schlage deine Frau nicht auf die gleiche Weise, wie du die Sklavin schlägst."

Das bedeutet, dass ein Muslim beide Frauen schlagen kann. Bei der Sklavin darf er allerdings härter zuschlagen.

Wird ein Mensch getötet, dann wird der Mörder dafür nicht immer mit dem Tode bestraft. Mohammed zufolge kann der Mörder den Hinterbliebenen des Opfers ein sogenanntes Vergeltungslösegeld zahlen. Das verlorene Leben des Opfers wird hierbei mit einer Sklavin oder einem neugeborenen Baby entschädigt. Sahih Al-Bukhari, Buch 82, Hadith 41:

Überliefert von Abu Huraira: „Zwei erwachsene Frauen vom Stamm der Hazeail kämpften miteinander, und eine von ihnen warf einen Stein auf die andere Frau.

Diese erlitt dadurch eine Fehlgeburt. Allahs Apostel sprach ihr gegenüber das Urteil aus, dass die Mörderin des Fötus das neugeborene Kind einer Sklavin – sei es ein Junge oder ein Mädchen – als Vergeltungslösegeld an die Frau zahlen soll, die durch sie die Fehlgeburt erlitten hatte.“

Diese Geschichte kann auch in den arabischen Versionen von Sahih Al-Bukhari (in Hadith 1681) und in Sahih Muslim (in Hadith 6910) gefunden werden:

البخاري (6910) ومسلم (1681) عن أَبي هُرَيْرَةَ رَضِيَ اللَّهُ عَنْهُ قَالَ : (اقْتَتَلَتْ امْرَأَتَانِ مِنْ هُذَيْلٍ ، فَرَمَتْ إِحْدَاهُمَا الْأُخْرَى بِحَجَرٍ ، فَقَتَلَتْهَا وَمَا فِي بَطْنِهَا ، فَاخْتَصَمُوا إِلَى النَّبِيِّ صَلَّى اللَّهُ عَلَيْهِ وَسَلَّمَ ، فَقَضَى أَنَّ دِيَةَ جَنِينِهَا غُرَّةٌ : عَبْدٌ أَوْ وَلِيدَةٌ).

Lassen wir uns diese Geschichte einmal durch den Kopf gehen. Stell dir eine Sklavin vor, deren Besitzerin dafür gesorgt, dass eine andere Frau eine Fehlgeburt erlitten hat. Stelle dir diesbezüglich diese Fragen:Ist es gnädig oder gerecht von Allah und seinem Propheten, dass die Sklavin, die kein Verbrechen begangen hat, ihr Kind einfach so einer fremden Frau geben soll, als wäre das Kind ein Hundewelpe, der jederzeit seinen Besitzer wechseln kann?

Ist es gnädig oder gerecht von Allah und seinem Propheten, dass das Kind ohne seine leibliche Mutter aufwächst, obwohl es kein Verbrechen begangen hat? Wenn Mohammed ein Sklave gewesen wäre, wie hätte es ihm gefallen, wenn ihm jemand seinen neugeborenen Sohn oder seine Tochter als Entschädigung (Vergeltungslösegeld) für ein Verbrechen wegnehmen würde, dass er nicht begangen hat? Mohammed fällte sein Urteil in Bezug auf den getöteten Fötus anhand des Koran (Koran Sure 2:178):

O ihr, die ihr glaubt! Euch ist im Falle eines Mordes als Strafe befohlen: Der Freie für den Freien, der Sklave für den Sklaven, und die Frau für die Frau.

Jedoch befolgte Mohammed nicht wirklich, was in diesem Vers befohlen wird. Der Koran behandelte an keiner Stelle was getan werden soll, wenn ein erwachsener Mensch ein ungeborenes Kind tötet, also stellte er eine neue Regel auf. Dem Koran fügte er das Gesetz hinzu, dass das Vergeltungslösegeld in solchen Fällen das neugeborene Baby einer Sklavin ist.

Dazu ist es erwiesene Tatsache, dass Mohammed keinerlei Strafen für das Töten von Sklaven und Sklavinnen festgelegt hat.

DER FREIE MANN WIRD NICHT FÜR DEN MORD AN EINEM SKLAVEN GETÖTET

Mutta' Malik, Buch 43, Hadith 21.15:

Im Koran Allahs – dem Erhabenen, dem Verherrlichten – steht für euch folgendes über die Art der Vergeltung im Falle eines Mordes geschrieben: Der freie Mann für den freien Mann und der Sklave für den Sklaven. Malik sprach: „Dem Ermordeten steht es zu, dass demjenigen, der ihn ermordet hat, Gerechtigkeit widerfährt. Wird der Mörder des Ermordeten getötet, muss niemand mehr sonst für den Ermordeten getötet werden, und kein Blutgeld wird dann gezahlt." Und Malik sprach: „Einem freien Mann wird keineStrafe wegen seinem Sklaven zuteil, egal um welche Verletzungen es geht. Der Sklavewird getötet, wenn er ihn (den freien Mann) mit Absicht ermordet hat. Der freie Mannwird für den Tod des Sklaven nicht getötet, selbst wenn er diesen ermordet hat, und dasmit Absicht. Das ist, was ich so genauestens gelernt habe."

Beachte auch, das Koran Sure 2:179 die menschliche Rasse in drei Klassen unterteilt und wie jeder dieser Klassen ihre eigene Form von Gerechtigkeit zuteilwird. Tötet ein freier Mann einen anderen freien Mann, wird der Mörder zum Tode verurteilt. Tötet ein freier Mann einen Sklaven, wird der Mörder nicht zum Tode verurteilt. Stattdessen wird zur Strafe einer seiner Sklaven getötet oder er muss dem Herren des ermordeten Sklaven seinen getöteten Sklaven mit einem neuen Sklaven ersetzen. Und wird eine Frau getötet, wird für ihren Tod einfach eine andere Frau getötet. Was ist das bloß für ein Gesetz?

يَا أَيُّهَا الَّذِينَ آمَنُوا كُتِبَ عَلَيْكُمُ الْقِصَاصُ فِي الْقَتْلَى ۖ الْحُرُّ بِالْحُرِّ وَالْعَبْدُ بِالْعَبْدِ وَالْأُنْثَىٰ بِالْأُنْثَىٰ

Die Muslime halten uns Reden über den gnädigen Allah und den gnädigen Mohammed. Aber Überlieferungen wie diese zeigen uns, auf welche beispiellos grausame Weise Sklaven und Sklavinnen behandelt werden: Sie sind nicht mehr als materieller Besitz und Sexspielzeug.

Wie wir im folgenden Hadith sehen können, ist es Sklaven nicht einmal erlaubt, zu singen. Wenn ein Sklavenbesitzer stirbt und seine Sklavin ein Lied für ihn singt, dürfen Muslime nicht für den Verstorbenen beten. So ist es ihnen befohlen! Der Islam verbietet das singen, und so wird der Verstorbene zu Hölle und Verdammnis verurteilt.

Buch von Ahkam Al-Qur'an von Ibn Al-'Arabi, Band 3, Nummer 525:

ص: 525 سورة لقمان أحكام القرآن الجزء الثالث عن عائشة قالت قال رسول الله صلى الله عليه وسلم: (من مات وعنده جارية مغنية فلا تصلوا عليه).

Überliefert von Aisha. Sie sprach: „Der Prophet, möge Allah auf ihn beten, sprach: 'Wenn ein Mann stirbt, und er hat ein Sklavenmädchen, welches für ihn singt, so betet nicht für ihn.'"

Doch wie wir bereits wissen, kennt Mohammeds Heuchelei keine Grenzen. Ungeachtet des Gesangsverbots befahl Mohammed seinen Sklavinnen, auf Musikinstrumenten zu spielen und ihm dabei Lieder vorzusingen. Sahih Al-Bukhari, Buch 15, Hadith 70:

Allahs Gesandter erreichte meine Bleibe, in der Begleitung zweier Sklavenmädchen, die in meiner Gegenwart das Bu'ath-Lied sangen (ein vorislamisches Lied über den Krieg zwischen zwei Stämmen, dem Stamm der Khazraj und dem Stamm der Aos). Der Gesandte legte sich in ein Bett und drehte sein Gesicht auf die andere Seite. Dann kam Abu Bakr dazu, und sprach mit rauem Ton: „Musikinstrumente samt der Flöte Satans in der Gegenwart des Gesandten Allahs?" Daraufhin drehte der Gesandte sein Gesicht zu ihm und sprach: „Lass sie." Und später winkte ich den Mädchen zu, dass sie den Raum verlassen sollten, und sie gingen fort. Dies geschah am Heiligen Tag...

Wie du siehst, sangen die Sklavenmädchen Mohammed zur Unterhaltung Lieder vor, die nichts mit Allah oder dem Islam zu tun hatten. Und trotzdem gefiel ihm das? Dass Mohammeds Verhalten und seine Heuchelei Abu Bakr aufgebracht haben, ist auch nicht weiter verwunderlich. Schließlich kommt ein Muslim, der sich an Liedern und Gesang erfreut, Mohammed zufolge in die Hölle. Darauf deutet auch der Hadith aus dem Buch von Ahkam Al-Qur'an hin, den ich dir vor dem hier gezeigten Bukhari-Hadith gezeigt habe.
Buch von Al-Bidayia und Al-Nihayia, Band 4, Seite 224:

وقال أبو داود: حدثنا مسدد، حدثنا حماد بن زيد، عن عبد العزيز بن صهيب، عن أنس بن مالك قال: صارت صفية لدحية الكلبي، ثم صارت لرسول الله صلى الله عليه وسلم. (ج/ص: 4/224)

Abu Dawud überbrachte von Anas Ibn Malik, was dieser gesprochen hatte: „Safiya wurde dem Anteil von Da'yia L-Kalbi entzogen."

Safiya ist die Jüdin, die von Mohammed zur Frau genommen wurde, nachdem er alle Männer ihres Stammes abschlachten ließ und die Frauen und Kinder des

Stammes versklavt hatte.
Buch von Al-Bidayia und Al-Nihayia, Band 4, Seite 229:

وهذا السياق يقتضي أن خيبر بكمالها قسمت بين الغانمين . وبهذا قال الزهري: خمس رسول الله صلى الله عليه وسلم خيبر، ثم قسَّم سائرها على من شهدها، (ج/ص:4/299)

Dasselbe widerfuhr dem ganzen Stamm in Chaibar. Al-Zuhri sprach, dass der Anteil des Propheten ein Fünftel des Stammes in Chaibar war.

Mohammed nahm ein Fünftel der Beute in Chaibar an sich, während die restlichen vier fünftel der Beute an die Muslime gingen, die sich diese untereinander aufteilen mussten. Wenn zum Stamm 5000 Frauen gehörten, die nun Sklavinnen sind, dann würde Mohammeds Anteil an ihnen aus 1000 Sklavinnen bestehen. Und wenn der Stamm 20.000 Kinder hatte, dann hat allein Mohammed 4000 Kindersklaven für sich gehabt.

OB SUNNITEN ODER SCHIITEN: WENN ES UM DIE SKLAVEREI GEHT, SIND ALLE MUSLIME GLEICH

Buch von Bihar Al-Anwar, Band 101, Nummer 58

اسم الكتاب : بحار الأنوار / 101] - [المؤلف : العلامة المجلسي] page [58] الغالب عن الحسين بن] رباح عن ابن عميرة عن محمد بن مروان عن ابن أبي يعفور عن الصادق (ع) قال ثلاثة لا يقبل الله لهم صلاة عبد أبق من مواليه حتى يرجع إليهم فيضع يده في أيديهم و رجل أم قوما و هم له كارهون و امرأة باتت و زوجها عليها ساخط

Von drei Arten von Leuten nimmt Allah das Gebet nicht an: Einem Sklaven, der seinem Herren nicht gehorcht, es aber tun sollte, einem Imam, der das Gebet für solche anführt, die ihn nicht mögen, und einer Frau, die ihren Gatten wütend schlafen lässt.

Buch von Al-Istb'sar, Band 3, Seite 136:

روى الطوسي عن محمّد عن أبي جعفر عليه السلام قال: قلت: (الرجل يحل لأخيه فرج جاريته؟ قال: نعم لا بأس به له ما أحل له منها) (الاستبصار 3/136).

Al-Tosse berichtet, dass Abu Ja'far sprach: „Kann ein Mann seinem Bruder die Vagina seiner Sklavin überlassen?" Er sprach: „Ja, was er ihr befohlen hat, über sich ergehenzu lassen, ist erlaubt."

Der folgende Hadith beschreibt, unter welchen Bedingungen es einem Mann erlaubt ist, sein Sklavenmädchen für Sex zu verpfänden. Aus dem Buch von Tahdeeb Al-Ahkam, Band 7, Seite 244 und dem Buch von Al-Kafi, Band 5, Kapitel 300, Hadith 16:

Ein Mann kam vorbei und fragte Imam Ja'far Al-Sadiq ob es erlaubt sei, eine Frau (ein Sklavenmädchen) über einen bestimmen Zeitraum an einen anderen Mann zu verpfänden. Der Imam sprach: „Das ist nicht erlaubt." Doch dann hielt er für einen Moment kurz inne, und Imam Ja'far fügte dem hinzu: „Es ist aber erlaubt, wenn man die Frau für halal erklärt und sie einem seiner Brüder erlaubt."

Jetzt könnte jemand zu uns kommen und sagen, dass die Sklaverei in der damaligen Zeit weit verbreitet war und von den Leuten zwangsläufig akzeptiert wurde. Er sagt, dass die Sklaverei nichts Neues auf der Welt war. Er sagt uns, sie hatte nichts mit dem Islam an sich zu tun.

Ich zeige dir eine Fatwa, die zur Schau stellt, wie der Islam bis heute zur Sklaverei steht und immer stehen wird. Die Fatwa ist vom 22. Mai 2005. Für die Leser, die nicht wissen was eine Fatwa ist: Eine Fatwa ist eine Rechtsauskunft - die Antwort, die ein muslimischer Führer auf eine Frage gibt. Diese Antwort basiert stets auf Allahs Gesetz (der Scharia), dem Koran und der Sunna.

Fatwa Nummer 62344:
Ist es einem Muslim, der bereits vier Ehefrauen hat, erlaubt, Sex mit Sklavinnen zu haben? 22. Mai 2005 (äquivalent zum Samstag, dem 13. Tag des ersten Frühlingsmonats im islamischen Jahr 1426).

Die Frage: *Ich bräuchte eine Erläuterung für den Vers „Was immer du mit deiner rechten Hand besitzt, wie etwa Sklavinnen, welche Allah dir gegeben hat" (Koran Sure Al-A'zhab, 33:50). Heißt das, dass es einem Mann erlaubt ist, Sklavinnen zu heiraten, zusätzlich zu den vier Ehefrauen, die er bereits hat?*

Die Fatwa (Die Antwort): *Gelobt sei Allah und Gebete seien auf unserem Propheten und seiner Familie und seinen Freunden. Es ist nicht erlaubt, mehr als vier Ehefrauen gleichzeitig zu haben. Aber es ist erlaubt, weit mehr als vier Sklavinnen zu haben, mit denen man sexuelle Aktivitäten genießen kann. Viele Sklavinnen zu besitzen – ganz gleich wie viele – und Sex mit allen diesen Sklavinnen zu haben ist erlaubt.*

Der Imam Al-Kasa'y sagte in seinem Buch Jawame'a Al-Fwaw'ed, dass man sich ausländische Frauen für zwei Zwecke anschaffen kann: Zum einen, um sie zu heiraten, und zum anderen, um mit ihnen bloß Sex zu haben. Jedoch ist es verboten, sich eine Frau aus dem Ausland zu beschaffen, die man heiraten will, sollte man bereits vier Ehefrauen haben. Dafür ist es aber vollkommen in Ordnung, sich so viele ausländische Frauen wie man nur möchte – weit mehr als vier – als Sexsklavinnen zu nehmen. Das fußt darauf, dass diese Frauen laut Gesetz als Sklavinnen der Besitz des Mannes – sein Eigentum – sind. Er hat das alleinige Recht über sie. Es spielt keine Rolle, wie viele Sexsklavinnen der Mann hat. Hierbei gibt es kein Maximum: Was die Anzahl der Sexsklavinnen angeht, sind dem Mann niemals Grenzen oder irgendwelche Bedingungen gesetzt. Alles ist so, wie Koran Sure 4:3 es wiedergibt.

Die islamische Fatwa Website (in arabischer Sprache) ist hier zu finden: http://fatwa.islamweb.net/fatwa/index.php?page=showfatwa&Id=62344&Option=FatwaId

: قم الفتوى
عنوان الفتوى : يجوز الاستمتاع بالإماء المملوكات لمن كان عنده أربع زوجات **62344**
تاريخ الفتوى : السبت 13 ربيع الآخر
السؤال أريد تفسير الآية الكريمة „ وما ملكت يمينك مما أفاء عليك الله" فهل **1426 / 22-5-2005**
للرجل المتزوج بأربع نساء وعنده ملك يمين، فهل يحل ل أن يتزوجهن مع احتفاظة بزوجاته الأربع
وشكرا الفتوى فلا يجوز أن يجمع الرجل بين أكثر من أربع زوجات، سواء كن حرائر أو إماء، وأما
الجمع في الوطء بين أكثر من أربع إماء دون عقد وإنما بملك اليمين فلا مانع منه إذ لا يتقيد بعدد. قال
الإمام الكاساني الحنفي في بدائع الصنائع: وأما الجمع بين الأجنبيات فنوعان أيضا: جمع في النكاح،
وجمع في الوطء ودواعيه بملك اليمين. أما الجمع في النكاح فنقول: لا يجوز للحر أن يتزوج أكثر من
.أربع زوجات من الحرائر والإماء عند عامة العلماء

Wir entnehmen dieser Fatwa (Fatwa Nummer 62344), dass der Islam, was die Sklaverei angeht, rein gar nichts zum Besseren geändert hat. Vielmehr hieß der Islam die Sklaverei willkommen, anstatt ihr ein Ende zu bereiten. Der schändliche Umgang mit Männern und Frauen – ihre Erniedrigung – ging weiter. Und noch dazu wurde die Sklaverei vom Islam nicht nur gebilligt, sondern auch gefördert und ist jedem Muslim für alle Zeit erlaubt. Der Besitz von Sklaven und ihr Missbrauch halten bis heute an, weil die Muslime es nicht anders kennen. Und wie auch? Sie haben lediglich den Koran, Mohammeds Werke und die Hadithe, und nichts anderes, dem sie folgen können. All das gibt einem Muslim das zugesprochene, unveränderliche Recht dazu, nicht-muslimische Frauen zu entführen und zu vergewaltigen, und diese für den Rest ihres Lebens zu Sklavinnen zu machen.Ich sage dir, dass diese Fatwa allein die Heuchelei der Muslime im Westen großartig zur Schau stellt. Sie überreden Afroamerikaner dazu, den Islam anzunehmen, indem sie auf die Sklaverei der Schwarzen durch den Weißen Mann hinweisen. Die Behauptung der Muslime, der Islam verurteile die Sklaverei aufs schärfste, steht im absoluten Gegensatz zur dem, was der Islam tatsächlich über die Sklaverei lehrt.

SEX MIT DEINER BEDIENSTETEN IST ERLAUBT

Buch von Al-Mu'hala von Ibn Hazem, Band 11, Seite 251, veröffentlicht von Dar Al-Fikr, von Ahmad Shaker:

إن المخدمة سنين كثيرة لا حد على المخدِم - بكسر الدال- إذا وطئها ..) (المحلى لابن حزم / ج11 / ص251/ ط دار الفكر بتحقيق أحمد شاكر)

... Dass ihr Herr mit ihr Geschlechtsverkehr hat, daran ist nichts Verwerfliches.

WENN EINE FRAU SEX MIT EINER FRAU HAT

Das Buch der vier islamischen Sekten von Al-Jazery, Buch Al-'Hudood, Kapitel der Selbstbefriedigung mit der Hand, Seite 1223:

و من نكح يده ، و تلذذ بها ، أو إذا أتت المرأة المرأة ، و هو السحاق ، فلا يقام حد في هذه الصورة) بإجماع العلماء ، لأنها لذة ناقصة ، و إن كانت محرمة ، و الواجب التعزير على الفاعل حسب ما يراه الإمام زاجراً له عن المنكر.) (الفقه على المذاهب الأربعة للجزيري / كتاب الحدود – الاستمناء باليد / ص1223 /

*„Wenn ein Mann Nikkah mit der eigenen Hand hat (er buchstäblich seine Hand f**kt/ masturbiert), oder wenn eine Frau dies tut oder gar Sex mit einer Frau hat, die lesbisch ist, dann stimmen alle Gelehrten zu, dass darauf keine Strafe erfolgt. Schließlich ist das Vergnügen hierbei einseitig, auch wenn es verboten ist. Doch die Frau, die es tut, muss gewarnt werden, und ihr soll gewarnt sein, dass der Islam solche Dinge verabscheut."*

Achte genau auf das, was hier gesagt wird: Es geht komplett an dem vorbei, was der Koran in Sure 4:15 über lesbische Frauen sagt. Der Koran sagt nämlich, dass sie – ohne Hoffnung auf Befreiung – solange eingesperrt werden sollen, bis der Tod sie ereilt. Das zeigt uns mal wieder deutlich, dass Mohammed Regeln aufstellte, die absolut nichts mit den Anweisungen und Befehlen seines Gottes zu tun hatten. Mohammed machte sich bei der Zusammenstellung seines Heiligen Buches nicht einmal die Mühe sich zu merken, was er zuletzt gesagt hat. Und so wurde immer das, was er am vorherigen Tag gesagt oder getan hatte, gleich am nächsten

Tag wieder von ihm vergessen bzw. „abrogiert".

SEX MIT KLEINEN MÄDCHEN IST IM ISLAM ERLAUBT

Das Buch von Al-Mabsu't von Imam Al-Sarkhasi, gedruckt im Jahr 1985, veröffentlicht von Dar Tiba, Band 5 Kapitel 10, Seite 155:

وهذا فيما إذا كانت في حد الشهوة فإن كانت صغيرة لا يشتهى مثلها فلا بأس بالنظر إليها « ومن)
(.مسها » لأنه ليس لبدنها حكم العورة ولا في النظر والمس معنى خوف الفتنة
المبسوط ، للإمام السرخسي / المجلد الخامس / ج10 / ص155 / كتاب الاستحسان ط دار المعرفة)
1406هـ)

Und was die Strafe im Falle der sexuellen Sehnsucht nach einem kleinen Mädchen hin angeht, die aufgrund ihres sehr jungen Alters von niemandem sexuell begehrt wird: Es gibt keine Strafe. Es ist erlaubt. Und es ist auch erlaubt, sie anzufassen, selbst wenn ihr Körper und ihr Intimbereich noch nicht als ausgereift gelten.

Al-Mabsu't Al-Sarkhasi, Band 9, Seite 75:

وإن زنى بصبية لا يجامع مثلها فأفضاها فلا حد عليه، لأن وجوب حد الزنا يعتمد كمال الفعل وكمال
الفعل لا يتحقق بدون كمال المحل فقد تبين أن المحل لم يكن محلاً لهذا الفعل حين أفضاها) (المبسوط
(75 للإمام السرخسي / ج9 / ص

Wenn ein Mann Geschlechtsverkehr mit einem kleinen Mädchen hatte und sie durch ihn seine Unschuld verlor, dann wird hierfür keine Strafe fällig. Das Vergnügen war einseitig, da ein kleines Mädchen (aufgrund ihres jungen Alters) noch kein (sexuelles) Vergnügen empfinden kann, und somit war der Mann mit ihr auch nicht unzüchtig.

EIN MÄDCHEN IM SÄUGLINGSALTER ZU HEIRATEN IST IM ISLAM VOLLKOMMEN IN ORDNUNG

Aus dem Buch Die Sammlung von Al-Mabsu't von Imam Al-Sarkhasi, Band 15, Seite 109:

ولكن عرضية الوجود بكون العين منتفعاً بها تكفي لانعقاد العقد ، كما لو تزوج رضيعة صح النكاح)
(المبسوط ، للإمام السرخسي / المجلد الثامن / ج 15 / ص109 / كتاب الإجارات / ط دار

... Wenn der Mann von einer solchen Ehe profitiert, dann ist das allein Grund genug die Ehe zu schließen. Auch, wenn er einen weiblichen Säugling heiratet.

Buch von Tahrer Al-Waselah von Imam Khomeini, Seite 241, Frage 11/12:

291 من كتاب تحرير الوسيلة جـ2 من صفحة 241 الى

Man kann alle möglichen Arten von sexuellen Verhältnissen mit einem Säugling haben, zum Beispiel durch Umarmungen oder durch Berührungen oder mit Küssen, jedoch ohne vaginale Penetration mit dem Penis. Und wenn ein Muslim sexuellen Verkehr mit einem Mädchen hatte, das unter neun Jahren alt ist, dann wird er dafür nicht bestraft.

ANTWORTEN AN HARUN YAHYA

www.harunyahya.com

Der gute Herr Harun hat jede Menge Behauptung über den Koran aufgestellt und in die Welt hinausposaunt. Ich werde dir zeigen, dass jede einzelne davon falsch und schwachsinnig ist und zeige dir ebenso, dass Herr Harun seine schwachsinnigen Behauptungen mit der Absicht aufstellt, uns zu belügen und uns zu täuschen.

Was du gleich siehst, sind einige seiner Behauptungen, die auf seiner Website zu finden sind. Ich werde die wahre Bedeutung der Koranverse nennen, mit denen Herr Harun Leute für dumm verkaufen will.

Muslime behaupten, ihr Gott wüsste alles. Wenn Allah nicht Gott ist, wie soll er dann über die folgenden Dinge (basierend auf erwiesenen Fakten und bloßen Theorien) Bescheid wissen?

- WIR LEBEN IN EINEM SICH STETS AUSWEITENDEN UNIVERSUM
- WARUM WIR VON UNSEREM WEG ABKOMMEN
- WIR WURDEN AUS DEM NICHTS ERSCHAFFEN

- DAS UNIVERSUM BEFAND SICH URSPRÜNGLICH IN EINEM GASFÖRMIGEN ZUSTAND
- PERFEKTE UMLAUFBAHNEN
- ATOMARE UND SUBATOMARE TEILCHEN
- SCHWARZE LÖCHER: MÄCHTIGER EID
- PULSARE
- ATTRAKTION UND REPULSION
- LEICHMÄSSIGE ROTATION IM ORBIT
- DIE ERSCHAFFUNG ALLER LEBEWESEN PAARWEISE
- DIE RELATIVITÄT DER ZEIT WURDE VOR 1400 JAHREN BEKANNTGEGEBEN
- SONNENROTATION
- DER UNTERSCHIED ZWISCHEN DER SONNE UND DEM MOND
- DIE MONDBAHN
- DIE REISE ZUM MOND
- SCHICHTEN DER HIMMEL, SCHICHTEN DER ERDE
- EIN GUT GESCHÜTZTES DACH
- VOM HIMMEL ZURÜCKGEGEBEN
- DIE HIMMEL WERDEN NICHT VON SÄULEN GESTÜTZT
- DIE GEOIDE FORM DER ERDE
- DIE NACHT WIRD ÜBER DEN TAG GEROLLT
- DIE ERDE DREHT SICH, AUCH WENN WIR ES NICHT WAHRNEHMEN
- DIE BEFRUCHTENDEN WINDE
- WOLKEN UND DIE ENTSTEHUNG VON REGEN
- UNTERIRDISCHE WASSERVORKOMMNISSE UND WASSERKREISLAUF
- TRENNSTELLE ZWISCHEN DER DUNKLEN TIEFSEE UND IHREN WELLEN
- BERGE SIND HALTESTIFTE
- UNEBENHEITEN AUF DER ERDOBERFLÄCHE
- DIE BOTSCHAFT VON ERDBEBEN UND SCHWERE LASTEN
- ENTSTEHUNG VON PETROLEUM
- ATMUNG UND PHOTOSYNTHESE
- DER MENSCH UND DIE UMWELTVERSCHMUTZUNG
- DAS GESCHLECHT VON PFLANZEN
- BODEN DER SCHWINGT UND AUFSCHWILLT WENN ER LEBENDIG WIRD

- DIE WEIBLICHE HONIGBIENE BAUT SICH IHRE EIGENE WABE
- DER UNTERLEIB DER WEIBLICHEN HONIGBIENE UND DIE HEILENDE
- WIRKUNG DES HONIGS
- DIE ENTSTEHUNG DER MILCH
- DIE KOMMUNIKATION UNTER VÖGELN
- DIE WEIBLICHE AMEISE UND DIE KOMMUNIKATION UNTER DEN TIEREN
- DER MENSCH WURDE AUS STAUB UND WASSER ERSCHAFFEN
- DER SAMEN DES MANNES IST EINE CHEMISCHE ZUSAMMENSETZUNG
- ERSCHAFFUNG AUS EINER QUINTESSENZ UND DAS GESCHLECHT DES BABYS
- ANHÄNGSEL AN DER WAND DES UTERUS
- DURCHGEKAUTE FLEISCHKLUMPFEN
- BILDUNG VON KNOCHEN UND DAS VERKLEIDEN DER KNOCHEN MIT FLEISCH
- ERSCHAFFUNG DER DREI DUNKELHEITEN
- EINZIGARTIGE, INDIVIDUELLE FINGERABDRÜCKE BEI JEDEM MENSCHEN
- ZEICHEN IN UNS SELBST
- TELEOLOGISCHE KAUSUALITÄT
- FEHLER IM KONZEPT DER NONLINEAREN PROGRESSION DER GESCHICHTE
- AUF ARCHÄOLOGIE FUSSENDE WUNDER UND DAS VOLK VON SABA
- DAS VOLK DER AD UND DIE STADT IRAM
- DAS GEHEIMNIS HINTER DEM NAMEN HAAMAAN
- DAS ALTE ÄGYPTEN UND DER LEICHNAM DES PHARAOS
- ZEICHEN IM ALTEN TESTAMENT
- ZEICHEN IM NEUEN TESTAMENT
- DIE SIEGREICHEN RÖMER UND DER TIEFSTE PUNKT AUF ERDEN
- DER TIEFSTE PUNKT DER ERDE
- DIE GLÜHBIRNE, ELEKTRIZITÄT, DIE RAPIDE ÜBERTRAGUNG VON MATERIE
- UND DAS NEUE WESEN DER KOMMUNIKATION
- DIEJENIGEN, DIE NICHT AN DAS ENDE DES UNIVERSUMS GLAUBEN
- DAS STERBEN DER STERNE UND DER SONNE VON URKNALL BIS HIN

- ZUM BIG CRUNCH
- WIE DIE HEUCHSCHRECKEN

Das sind DIE MEISTEN – WENN NICHT SOGAR ALLE BEHAUPTUNGEN – auf die sich die Muslime berufen. Um dir beim Erkennen der Wahrheit behilflich zu sein, kann ich zwei Dinge tun.

1. Auf jede einzelne dieser Behauptungen eingehen und eine Antwort darauf liefern, oder.
2. Die Fehler im Koran aufzeigen.

Ich glaube, die Fehler aufzuzeigen ist hierbei die angebrachteste Methode. Denn wenn der Koranein Buch Gottes wäre, dann dürfte er demnach keine Fehler enthalten. Gleichzeitig entlarvt das aufzeigen der Fehler die Lügen, die sich die Muslime ausgedacht haben. Fangen wir also an und nehmen uns den Koran vor. Von Anfang bis Ende, von Vorn bis Hinten.

FEHLER DES KORAN

A. Wissenschaftliche Fehler im Koran
Über die Erde und den Weltraum

1. Astronomie
2. Astrophysik
3. Geographie
4. Geologie
5. Geophysik
6 Biologie
7. Mathematik
8. Medizin

B. Historische Fehler im Koran
C. Der Koran und Märchen

Ich werde versuchen, die Dinge nicht allzu kompliziert zu machen, was die an dieser Stelle angesprochenen Themen angeht. Ich bin mir darüber im Klaren, dass viele meiner Leser zum ersten mal über diese Themen lesen, und dass sie nicht wirklich viel über den Islam wissen. Deswegen gehe ich langsam und Schrittweise vor.

ASTRONOMIE, ATROPHYSIK, GEOGRAPHIE UND DER KORAN ANTWORTEN AN HARUN YAHYA

Erste muslimische Behauptung:

HIMMEL MIT „GEFLOCHTENEN" UMLAUFBAHNEN (Es folgt das muslimische Argument)

Koran, Sura Al-Dháriyát (51), Vers 7: *„Bei dem Himmel voll von geflochtenen Bahnen."* Das arabische Wort „Alhubuki", welches im 7. Vers in Sura Al-Dháriyát (Kapitel 51) als „von geflochtenen Bahnen" übersetzt wird, kommt ursprünglich vom Verb „hubeke", was soviel bedeutet wie: eng verflechten, stricken, miteinander verbinden. Dass der Vers dieses Wort gebraucht, entpuppt sich als besonders weise, denn es repräsentiert den aktuellen Stand der Wissenschaft in zwei Punkten"

Punkt 1 ist folgender: Die Umlaufbahnen und Kurse der Himmelskörper des Universums liegen sehr dicht zusammen und greifen derart perfekt ineinander, dass sie sich häufig überschneiden, ähnlich wie die Fäden in einem Stück Stoff. Das Sonnensystem, in dem wir leben, besteht aus der Sonne, den Planeten, ihren Satelliten sowie schweren Objekten, wie Meteoriten und Kometen, die immerzu in Bewegung sind. Das Sonnensystem bewegt sich innerhalb einer Galaxie – der Milchstraße – welche 400 Milliarden Sterne beherbergt. Es gibt schätzungsweise Milliarden von Galaxien. Und so gibt es auch entsprechend viele Himmelskörper und Sternsysteme, die sich in Geschwindigkeiten von mehreren tausend Stundenkilometern stetig durchs All fortbewegen, ohne miteinander zu kollidieren.

Die Wissenschaft der Astronomie wurde aus dem Gedanken heraus geboren, die Standorte dieser Kurse ausfindig zu machen, während die Astromechanik zu dem Zweck existiert, die hochkomplexen Bewegungsabläufe genaustens zu ermitteln. Einst nahmen Astronomen an, dass die Umlaufbahnen von Himmelskörpern ausschließlich der Form von perfekten Sphären entsprechen. Tatsache ist aber, dass Himmelskörper sich auf Umlaufbahnen fortbewegen,die vielen mathematischen Formen entsprechen. Diese Umlaufbahnen können also sphärische, elliptische, parabolische oder hyperbolische Umlaufbahnen sein. Dr. Carlo Rovelli von der University of Pittsburgh sagt: „Das All, das wir bewohnen, ist ein einziges, unglaublich komplexes Spin-Netzwerk."

Und Punkt 2 sagt uns: Das Vorkommen und die Verwendung eines Wortes im Koran, das die Bedeutung „geflochten" hat, könnte vielleicht auf die Theorie des Spin-Netzwerks aus dem Bereich der Physik anspielen (Allah kennt die Wahrheit). Laut dieser Theorie sind die Grundelemente, die das Universum ausmachen, keine punktartigen Partikel, sondern Fäden, die den Saiten einer winzig kleinen Violine ähneln. Diese winzigen, sich gleichenden und eindimensionalen, schwingenden Fäden werden aufgrund ihre Erscheinung auch mit Schlaufen verglichen. Es wird angenommen, dass hinter dem Ursprung all der Vielfalt im Universum die Schwingungen dieser Fäden stecken, die aufgrund von unterschiedlichen Vibrationsrhythmen immer anders schwingen. Ähnlich den Saiten einer Violine, die durch unterschiedliche Vibrationsrhythmen andere Töne von sich geben.

Dass Allah das Universum im 7. Vers von Sura Al-Dháriyát ausgerechnet mit geflochtenen Bahnen oder Umlaufbahnen beschreibt, zeigt uns, wie unglaublich Präzise der Koran mit der Wissenschaft übereinstimmt. Und auch an vielen anderen großartigen Stellen im Koran regt uns der enorme Einklang, in dem diese vor 1400 Jahren offenbarten Informationen zum modernen Stand der Wissenschaft stehen, zum denken an. Diese perfekte, vollkommene Harmonie zwischen dem Koran und dem wissenschaftlichen Fortschritt zeigen eindeutig, dass der Koran das Wort unseres Herrn, dem Schöpfer ist. Und er weiß über alle Dinge am besten Bescheid. In einem Vers sagt Allah: „Wollen sie denn nicht über den Koran nachsinnen? Wäre er von einem andern als Allah, sie würden gewiss manchen Widerspruch darin finden." (Koran Sura An-Nisa (4), Vers 82)

MEINE ANTWORT AUF DIE BEHAUPTUNG

Herr Haruns Behauptung fundiert auf „Könnte" und „vielleicht". Und ich zitiere: „Das Vorkommen und die Verwendung eines Wortes im Koran, das die Bedeutung „geflochten" hat, könnte vielleicht auf die Theorie der Spin-Netzwerks aus dem Bereich der Physik anspielen." Seit wann fundieren Fakten auf „Könnte" und „Vielleicht"?

Wie wir sehen, hat Herr Harun mit dem Wort „Bahnen" gleich eine ganze Geschichte aus dem Boden gestemmt. Zuerst kam die Wissenschaft, und mit der Entdeckung von Umlaufbahnen wurde Mohammed zum Astronom! Und all das stützt sich auf dem Wort „Bahnen".

Fakt ist: Mohammed verwendete das Wort „Bahnen", weil er glaubte, dass es im Himmel Straßen aus Sand gibt. Folgendes entnehmen wir dem islamisch-arabischen Wörterbuch:

Buch Lisan Al Arab: Von Abu-Al Fadel, Veröffentlichungsjahr 2003, Seite 19/20

لسان العرب أبو الفضل جمال الدين محمد بن مكرم (ابن منظور) دار صادر سنة النشر: 2003م
وفي التنزيل: والسماء ذات الحُبُك؛ يعني طرائق النجوم، واحدتها حَبِيكة والجمع كالجمع. وقال الفراء
،في قوله: والسماء ذات الحُبُك؛ قال: الحُبُك تكسُّر كل شيء كالرملة إذا مرت عليها الريح الساكنة

Das Wort „Alhubuki" (plural von hubiekah) bedeutet „*Die Wege zu den Sternen*". *(Al Fara') sagte: „Der Himmel der Alhubuki hat ist hubk, genau wie brüchiger Sand (der weich wurde, weil man lange genug auf ihm lief). Und wenn der Wind über ihn hinweg weht, wird der Sand vom Wind fortgetragen."*

Es besteht kein Zweifel daran, dass Mohammed über Straßen aus Sand sprach, die einen zum Himmel Allahs führen.

Aus Sahih Al-Bukhari, Buch 58, Hadith 227, ursprünglich aus dem Buch von Al-Mana'qeb(auf arabisch), Hadith 3467, Seite 1410-1412 (die deutschsprachige Übersetzung folgt im Anschluss):

صحيح البخاري - كِتَاب مَنَاقِبِ الْأَنْصَارِ - بَاب الْمِعْرَاجِ **3674** حَدَّثَنَا هُدْبَةُ بْنُ خَالِدٍ حَدَّثَنَا هَمَّامُ بْنُ يَحْيَى حَدَّثَنَا قَتَادَةُ عَنْ أَنَسِ بْنِ مَالِكٍ عَنْ مَالِكِ بْنِ صَعْصَعَةَ رَضِيَ اللَّهُ عَنْهُمَا أَنَّ نَبِيَّ اللَّهِ صَلَّى اللَّهُ عَلَيْهِ وَسَلَّمَ حَدَّثَهُمْ عَنْ لَيْلَةِ أُسْرِيَ بِهِ بَيْنَمَا أَنَا فِي الْحَطِيمِ وَرُبَّمَا قَالَ فِي الْحِجْرِ مُضْطَجِعًا إِذْ أَتَانِي آتٍ فَقَدَّ قَالَ وَسَمِعْتُهُ يَقُولُ فَشَقَّ مَا بَيْنَ هَذِهِ إِلَى هَذِهِ فَقُلْتُ لِلْجَارُودِ وَهُوَ إِلَى جَنْبِي مَا يَعْنِي بِهِ قَالَ مِنْ ثُغْرَةِ نَحْرِهِ إِلَى شِعْرَتِهِ وَسَمِعْتُهُ يَقُولُ مِنْ قَصِّهِ إِلَى شِعْرَتِهِ فَاسْتَخْرَجَ قَلْبِي ثُمَّ أُتِيتُ بِطَسْتٍ مِنْ ذَهَبٍ مَمْلُوءَةٍ إِيمَانًا فَغُسِلَ قَلْبِي ثُمَّ حُشِيَ ثُمَّ أُعِيدَ ثُمَّ أُتِيتُ بِدَابَّةٍ دُونَ الْبَغْلِ وَفَوْقَ الْحِمَارِ أَبْيَضَ فَقَالَ لَهُ الْجَارُودُ هُوَ الْبُرَاقُ يَا أَبَا حَمْزَةَ قَالَ أَنَسٌ نَعَمْ يَضَعُ خَطْوَهُ عِنْدَ أَقْصَى طَرْفِهِ فَحُمِلْتُ عَلَيْهِ فَانْطَلَقَ بِي جِبْرِيلُ حَتَّى أَتَى السَّمَاءَ الدُّنْيَا فَاسْتَفْتَحَ فَقِيلَ مَنْ هَذَا قَالَ جِبْرِيلُ قِيلَ وَمَنْ مَعَكَ قَالَ مُحَمَّدٌ قِيلَ وَقَدْ أُرْسِلَ إِلَيْهِ قَالَ نَعَمْ قِيلَ مَرْحَبًا بِهِ فَنِعْمَ الْمَجِيءُ جَاءَ فَفَتَحَ فَلَمَّا خَلَصْتُ فَإِذَا فِيهَا آدَمُ فَقَالَ هَذَا أَبُوكَ آدَمُ فَسَلِّمْ عَلَيْهِ فَسَلَّمْتُ عَلَيْهِ فَرَدَّ السَّلَامَ ثُمَّ قَالَ مَرْحَبًا بِالِابْنِ الصَّالِحِ وَالنَّبِيِّ الصَّالِحِ ثُمَّ صَعِدَ بِي حَتَّى أَتَى السَّمَاءَ الثَّانِيَةَ فَاسْتَفْتَحَ قِيلَ مَنْ هَذَا قَالَ جِبْرِيلُ قِيلَ وَمَنْ مَعَكَ قَالَ مُحَمَّدٌ قِيلَ وَقَدْ أُرْسِلَ إِلَيْهِ قَالَ نَعَمْ قِيلَ مَرْحَبًا بِهِ فَنِعْمَ الْمَجِيءُ جَاءَ فَفَتَحَ فَلَمَّا خَلَصْتُ إِذَا يَحْيَى وَعِيسَى وَهُمَا ابْنَا الْخَالَةِ قَالَ هَذَا يَحْيَى وَعِيسَى فَسَلِّمْ عَلَيْهِمَا فَسَلَّمْتُ فَرَدَّا ثُمَّ قَالَا مَرْحَبًا بِالْأَخِ الصَّالِحِ وَالنَّبِيِّ الصَّالِحِ ثُمَّ صَعِدَ بِي إِلَى السَّمَاءِ الثَّالِثَةِ فَاسْتَفْتَحَ قِيلَ مَنْ هَذَا قَالَ جِبْرِيلُ قِيلَ وَمَنْ مَعَكَ قَالَ مُحَمَّدٌ قِيلَ وَقَدْ أُرْسِلَ إِلَيْهِ قَالَ نَعَمْ قِيلَ مَرْحَبًا بِهِ فَنِعْمَ الْمَجِيءُ جَاءَ فَفُتِحَ فَلَمَّا خَلَصْتُ إِذَا «- ص 1411 - »يُوسُفُ قَالَ هَذَا يُوسُفُ فَسَلِّمْ عَلَيْهِ فَسَلَّمْتُ عَلَيْهِ فَرَدَّ ثُمَّ قَالَ مَرْحَبًا بِالْأَخِ الصَّالِحِ وَالنَّبِيِّ الصَّالِحِ ثُمَّ صَعِدَ بِي حَتَّى أَتَى السَّمَاءَ الرَّابِعَةَ فَاسْتَفْتَحَ قِيلَ مَنْ هَذَا قَالَ جِبْرِيلُ قِيلَ وَمَنْ مَعَكَ قَالَ مُحَمَّدٌ قِيلَ أَوَقَدْ أُرْسِلَ إِلَيْهِ قَالَ نَعَمْ قِيلَ مَرْحَبًا بِهِ فَنِعْمَ الْمَجِيءُ جَاءَ فَفُتِحَ فَلَمَّا خَلَصْتُ إِلَى إِدْرِيسَ قَالَ هَذَا إِدْرِيسُ فَسَلِّمْ عَلَيْهِ فَسَلَّمْتُ عَلَيْهِ فَرَدَّ ثُمَّ قَالَ مَرْحَبًا بِالْأَخِ الصَّالِحِ وَالنَّبِيِّ الصَّالِحِ ثُمَّ صَعِدَ بِي حَتَّى أَتَى السَّمَاءَ الْخَامِسَةَ فَاسْتَفْتَحَ قِيلَ مَنْ هَذَا قَالَ جِبْرِيلُ قِيلَ وَمَنْ مَعَكَ قَالَ مُحَمَّدٌ قِيلَ وَقَدْ أُرْسِلَ إِلَيْهِ قَالَ نَعَمْ قِيلَ مَرْحَبًا بِهِ فَنِعْمَ الْمَجِيءُ جَاءَ فَلَمَّا خَلَصْتُ فَإِذَا هَارُونُ قَالَ هَذَا هَارُونُ فَسَلِّمْ عَلَيْهِ فَسَلَّمْتُ عَلَيْهِ فَرَدَّ ثُمَّ قَالَ مَرْحَبًا بِالْأَخِ الصَّالِحِ وَالنَّبِيِّ الصَّالِحِ ثُمَّ صَعِدَ بِي حَتَّى أَتَى السَّمَاءَ السَّادِسَةَ فَاسْتَفْتَحَ قِيلَ مَنْ هَذَا قَالَ جِبْرِيلُ قِيلَ مَنْ مَعَكَ قَالَ مُحَمَّدٌ قِيلَ وَقَدْ أُرْسِلَ إِلَيْهِ قَالَ نَعَمْ قَالَ مَرْحَبًا بِهِ فَنِعْمَ الْمَجِيءُ جَاءَ فَلَمَّا خَلَصْتُ فَإِذَا مُوسَى قَالَ هَذَا مُوسَى فَسَلِّمْ عَلَيْهِ فَسَلَّمْتُ عَلَيْهِ فَرَدَّ ثُمَّ قَالَ مَرْحَبًا بِالْأَخِ الصَّالِحِ وَالنَّبِيِّ الصَّالِحِ فَلَمَّا تَجَاوَزْتُ بَكَى قِيلَ لَهُ مَا يُبْكِيكَ قَالَ أَبْكِي لِأَنَّ غُلَامًا بُعِثَ بَعْدِي يَدْخُلُ الْجَنَّةَ مِنْ أُمَّتِهِ أَكْثَرُ مِمَّنْ يَدْخُلُهَا مِنْ أُمَّتِي ثُمَّ صَعِدَ بِي إِلَى السَّمَاءِ السَّابِعَةِ فَاسْتَفْتَحَ جِبْرِيلُ قِيلَ مَنْ هَذَا قَالَ جِبْرِيلُ قِيلَ وَمَنْ مَعَكَ قَالَ مُحَمَّدٌ قِيلَ وَقَدْ بُعِثَ إِلَيْهِ قَالَ نَعَمْ قَالَ مَرْحَبًا بِهِ فَنِعْمَ الْمَجِيءُ جَاءَ فَلَمَّا خَلَصْتُ فَإِذَا إِبْرَاهِيمُ قَالَ هَذَا أَبُوكَ فَسَلِّمْ عَلَيْهِ قَالَ فَسَلَّمْتُ عَلَيْهِ فَرَدَّ السَّلَامَ قَالَ مَرْحَبًا بِالِابْنِ

الصَّالِحِ وَالنَّبِيِّ الصَّالِحِ ثُمَّ رُفِعَتْ إِلَيَّ سِدْرَةُ الْمُنْتَهَى فَإِذَا نَبْقُهَا مِثْلُ قِلَالِ هَجَرَ وَإِذَا وَرَقُهَا مِثْلُ آذَانِ الْفِيَلَةِ قَالَ هَذِهِ سِدْرَةُ الْمُنْتَهَى وَإِذَا أَرْبَعَةُ أَنْهَارٍ نَهْرَانِ بَاطِنَانِ وَنَهْرَانِ ظَاهِرَانِ فَقُلْتُ مَا هَذَانِ يَا جِبْرِيلُ قَالَ أَمَّا الْبَاطِنَانِ فَنَهْرَانِ فِي الْجَنَّةِ وَأَمَّا الظَّاهِرَانِ فَالنِّيلُ وَالْفُرَاتُ ثُمَّ رُفِعَ لِي الْبَيْتُ الْمَعْمُورُ ثُمَّ أُتِيتُ بِإِنَاءٍ مِنْ خَمْرٍ وَإِنَاءٍ مِنْ لَبَنٍ وَإِنَاءٍ مِنْ عَسَلٍ فَأَخَذْتُ اللَّبَنَ فَقَالَ هِيَ الْفِطْرَةُ الَّتِي أَنْتَ عَلَيْهَا وَأُمَّتُكَ ثُمَّ فُرِضَتْ عَلَيَّ «- ص 1412 - »الصَّلَوَاتُ خَمْسِينَ صَلَاةً كُلَّ يَوْمٍ فَرَجَعْتُ فَمَرَرْتُ عَلَى مُوسَى فَقَالَ بِمَا أُمِرْتَ قَالَ أُمِرْتُ بِخَمْسِينَ صَلَاةً كُلَّ يَوْمٍ قَالَ إِنَّ أُمَّتَكَ لَا تَسْتَطِيعُ خَمْسِينَ صَلَاةً كُلَّ يَوْمٍ وَإِنِّي وَاللَّهِ قَدْ جَرَّبْتُ النَّاسَ قَبْلَكَ وَعَالَجْتُ بَنِي إِسْرَائِيلَ أَشَدَّ الْمُعَالَجَةِ فَارْجِعْ إِلَى رَبِّكَ فَاسْأَلْهُ التَّخْفِيفَ لِأُمَّتِكَ فَرَجَعْتُ فَوَضَعَ عَنِّي عَشْرًا فَرَجَعْتُ إِلَى مُوسَى فَقَالَ مِثْلَهُ فَرَجَعْتُ فَوَضَعَ عَنِّي عَشْرًا فَرَجَعْتُ إِلَى مُوسَى فَقَالَ مِثْلَهُ فَرَجَعْتُ فَوَضَعَ عَنِّي عَشْرًا فَرَجَعْتُ إِلَى مُوسَى فَقَالَ مِثْلَهُ فَرَجَعْتُ فَأُمِرْتُ بِعَشْرِ صَلَوَاتٍ كُلَّ يَوْمٍ فَرَجَعْتُ فَقَالَ مِثْلَهُ فَرَجَعْتُ فَأُمِرْتُ بِخَمْسِ صَلَوَاتٍ كُلَّ يَوْمٍ فَرَجَعْتُ إِلَى مُوسَى فَقَالَ بِمَ أُمِرْتَ قُلْتُ أُمِرْتُ بِخَمْسِ صَلَوَاتٍ كُلَّ يَوْمٍ قَالَ إِنَّ أُمَّتَكَ لَا تَسْتَطِيعُ خَمْسَ صَلَوَاتٍ كُلَّ يَوْمٍ وَإِنِّي قَدْ جَرَّبْتُ النَّاسَ قَبْلَكَ وَعَالَجْتُ بَنِي إِسْرَائِيلَ أَشَدَّ الْمُعَالَجَةِ فَارْجِعْ إِلَى رَبِّكَ فَاسْأَلْهُ التَّخْفِيفَ لِأُمَّتِكَ قَالَ سَأَلْتُ رَبِّي حَتَّى اسْتَحْيَيْتُ وَلَكِنِّي أَرْضَى وَأُسَلِّمُ قَالَ فَلَمَّا جَاوَزْتُ نَادَى مُنَادٍ أَمْضَيْتُ فَرِيضَتِي وَخَفَّفْتُ عَنْ عِبَادِي

MOHAMMED REIST AUF DEM RÜCKEN EINES FLIEGENDEN ESELS ZU ALLAH

(Übersetzung von Sahih Al-Bukhari, Buch 58, Hadith 227)

Allahs Gesandter berichtete ihnen von seiner nächtlichen Expedition und sprach: „Zur gleichen Zeit, zu der ich mich in meinem Haus ausruhte, kam jemand zu mir, schnitt meinen Leib und schlitzte mich von hier bis dorthin auf." Ich fragte Al-Jarod, der sich neben mir befand: „Was meint er (der Prophet) damit?" Er sprach: „Er will damit sagen, dass er von der Kehle entlang bis zum Intimbereich aufgeschnitten wurde." Der Prophet fuhr fort und sprach: „Er nahm mir anschließend das Herz heraus. Dann wurde mir eine Goldschale des Glaubens zuteil, und er wusch darin mein Herz. Mehr noch wurde mein Herz mit einem Gericht aus Glauben und Weisheit gefüllt, woraufhin er es wieder an seiner ursprünglichen Stelle anbrachte. Als nächstes wurde ein weißes Tier zu mir gebracht, welches kleiner als ein Maultier und zugleich größer als ein Esel war, und diesen Tieren ähnelte." Dazu fragte Al-Jarod: „Es war Al Buraq, nicht wahr, Abu Hamza?" Ich antwortete mit einem „Ja". Dann offenbarte uns der Prophet: „Das Tier machte so große Schritte, dass die Vorderläufe des Tieres bei jedem seiner Schritte noch gerade so in dessen Sichtweite für das Tier wahrnehmbar waren. Ich bestieg das Tier und es flog die Straße zum Himmel entlang, und Dschibrīl gesellte sich zu mir auf seinen Rücken, bis wir den untersten der Himmel erreichten. Dort angekommen ordnete er (Dschibrīl) an, dass das Tor zu unserem Einlass geöffnet werde. Eine Stimme fragte: 'Wer ist da?' Dschibrīl antwortete: 'Ich bin es.' Die Stimme fragte ihn wieder: 'Wer begleitet dich da?' Dschibrīl antwortete: 'Es ist Mohammed.' Die Stimme reagierte: 'Mohammed wurde hierher gebeten?' Dschibrīl gab der Stimme eine Antwort: 'In der Tat, ja. Er sollte kommen.' Anschließend erklangen die Worte: 'Er ist willkommen, welch außergewöhnlicher Besuch!' Dann wurde das Tor geöffnet, und ich betrat den ersten Himmel, wo ich Adam sah. Dschibrīl sprach zu mir: 'Das ist dein Vater, Adam. Grüße ihn.' So grüßte ich Adam, und er gab mir seinen Gruß zurück und sprach: 'Sei willkommen, O aufrichtiger Sohn und aufrichtiger Prophet.' Danach stieg Dschibrīl mit mir in den zweiten Himmel auf und er (Dschibrīl) bat am Tor des zweiten Himmels um unseren Einlass. Eine Stimme fragte: 'Wer treibt sich da rum?' Dschibrīl antwortete: 'Ich bin Dschibrīl.' Die Stimme fragte ihn wieder: 'Wer ist deine Begleitung?' Dschibrīl antwortete: 'Das ist Mohammed.' Die Stimme reagierte mit den Worten: 'Er wurde hierher gebeten?' Dschibrīl gab eine Antwort: 'In der Tat, ja. Er soll uns besuchen.' Anschließend sprach die Stimme: 'Er ist willkommen. Welch fabelhafter Besuch sein Besuch doch ist!' Das Tor wurde geöffnet. Als ich den zweiten Himmel betrat, sah ich dort Yahyia (Johannes den Täufer) und seinen Cousin Isa (Jesus). Dschibrīl sprach zu mir: 'Das sind Johannes und Jesus. Grüße sie.' So grüßte ich sie und beide gaben mir ihren Gruß zurück und sprachen: 'Sei willkommen, O aufrichtiger Bruder und aufrichtiger Prophet.' Danach stieg Dschibrīl mit mir in den dritten Himmel auf und er (Dschibrīl) bat am Tor des dritten Himmels um unseren Einlass. Eine Stimme fragte: 'Wer treibt sich da rum?' Dschibrīl antwortete: 'Ich bin es, Dschibrīl.' Die Stimme fragte ihn wieder: 'Wer begleitet dich da?' Dschibrīl antwortete: 'Mohammed.' Die Stimme reagierte mit den Worten: 'Er wurde hierher gebeten?' Dschibrīl antworte mit: 'In der Tat, ja. Er wurde hierher gebeten.' Anschließend sprach die Stimme: 'Er ist willkommen. Was für ein außergewöhnlicher Besucher er doch ist!' Das Tor wurde geöffnet. Als ich den dritten Himmel betrat, sah ich dort Josef. Dschibrīl

sprach zu mir: 'Das ist Josef. Grüße ihn.' So grüßte ich ihn und er gab mir seinen Gruß zurück und sprach: 'Sei willkommen, O aufrichtiger Bruder und aufrichtiger Prophet.' Danach stieg Dschibrīl mit mir in den vierten Himmel auf und er (Dschibrīl) bat am Tor desvierten Himmels um unseren Einlass. Eine Stimme fragte: 'Wer ist denn da?' Dschibrīl antwortete: 'Ich bin es, Dschibrīl.' Die Stimme fragte ihn wieder: 'Wer begleitet dich da?' Dschibrīl antwortete: 'Es ist Mohammed.' Die Stimme reagierte mit den Worten: 'Mohammed wurde hierher gerufen?' Dschibrīl antworte mit: 'Ja, in der Tat. Er wurde hierher gerufen.' Dann sprachen die Engel: 'Willkommen sei er. Was für ein unglaublicher Besucher er ist!' Das Tor wurde geöffnet. Als ich den vierten Himmel betrat, sah ich dort Idris. Dschibrīl sprach zu mir: 'Das ist Idris. Grüße ihn.' So grüßte ich ihn und er gab mir seinen Gruß zurück und sprach: 'Sei willkommen, O aufrichtiger Bruder und aufrichtiger Prophet.' Danach stieg Dschibrīl mit mir in den fünften Himmel auf und er (Dschibrīl) bat am Tor des fünften Himmels um unseren Einlass. Eine Stimme fragte: 'Wer ist denn da?' Dschibrīl antwortete: 'Ich bin es, Dschibrīl.' Die Stimme fragte ihn wie-

der: 'Wer begleitet dich da?'Dschibrīl antwortete: 'Es ist Mohammed.' Die Stimme reagierte mit den Worten: 'Mohammed wurde hierher gerufen?' Dschibrīl antworte mit: 'Ja, in der Tat. Er wurde hierher gerufen.' Dann sprachen sie: 'Willkommen sei er. Welch außergewöhnlicher Besucher er doch ist!' Das Tor wurde geöffnet. Als ich den fünften Himmel betrat, sah ich dort Harun (Aaron). Dschibrīl sprach zu mir: 'Das ist Aaron. Grüße ihn.' So grüßte ich ihn und er gab mir seinen Gruß zurück und sprach: 'Sei willkommen, O aufrichtiger Bruder und aufrichtiger Prophet.' Danach stieg Dschibrīl mit mir in den sechsten Himmel auf und er (Dschibrīl) bat am Tor des sechsten Himmels um unseren Einlass. Eine Stimme fragte: 'Wer ist denn da?' Dschibrīl antwortete: 'Ich bin es, Dschibrīl.' Die Stimme fragte ihn wieder: 'Wer begleitet dich da?' Dschibrīl antwortete: 'Es ist Mohammed.' Die Stimme reagierte mit den Worten: 'Mohammed wurde gerufen?' Dschibrīl antworte mit: 'Ja, in der Tat. Er wurde gerufen, hierher zukommen.' Dann sprachen sie: 'Willkommen sei er. Was für ein außergewöhnlicher Besucher er doch ist!' Das Tor wurde geöffnet. Als ich den sechsten Himmel betrat, sah ich dort Moses. Dschibrīl sprach zu mir: 'Das ist Moses. Grüße ihn.' So grüßte ich ihn und er gab mir seinen Gruß zurück und sprach: 'Sei willkommen, O aufrichtiger Bruder und aufrichtiger Prophet.' Als ich ihn verließ, fing Moses bitterlich an zu weinen. Jemand fragte ihn: 'Was bereitet dir Kummer?' Moses antwortete mit: 'Ich weine weil ich sehe, dass nach mir ein junger Mann (er meint damit Mohammed) als Prophet gesandt wurde, dessen Anhänger in größerer Zahl den Himmel betreten werden als meine Anhänger.' Danach stieg Dschibrīl mit mir in den siebten Himmel auf und er (Dschibrīl) bat am Tor des siebten Himmels um unseren Einlass. Eine Stimme fragte: 'Wer ist da?' Dschibrīl antwortete: 'Ich bin es, Dschibrīl.' Die Stimme fragte ihn wieder: 'Wer ist deine Begleitung?' Dschibrīl antwortete: 'Mohammed.' Die Stimme reagierte mit den Worten: 'Mohammed wurde gerufen?' Dschibrīl antworte mit: 'Ja, in der Tat.

Er wurde gerufen, hierher zukommen.' Dann wurde gesagt: 'Willkommen sei er. Er ist ein wirklich außergewöhnlicher Besucher.' Das Tor wurde geöffnet. Als ich den siebten Himmel betrat, sah ich dort Ibrahim (Abraham). Dschibrīl sprach zu mir: 'Das ist dein Vater. Grüße ihn.' So grüßte ich ihn und er gab mir seinen Gruß zurück und sprach: 'Sei willkommen, O aufrichtiger Sohn und aufrichtiger Prophet.'Dann brachte mich Dschibrīl zum Sudrat Al-Muntaha (dem großen Baum des Himmels, er ist der Baum Allahs). Dort sah ich seine Früchte, die so groß waren wie die Tonkrüge aus Hajar (einem Ort in Saudi-Arabien, der nicht weit von Mekka entfernt ist) und Blätter, die so groß waren wie Elefantenohren. Dschibrīl sprach: 'Das ist der Sudrat Al-Muntaha (Allahs Baum).' Und da flossen vier Flüsse. Zwei von ihnen verliefen unterirdisch und waren nicht sichtbar, und zwei Flüsse waren sichtbar. Ich fragte Dschibrīl: 'Was hat es mit den beiden Flüssen auf sich?' Er antwortete: 'Was die versteckten Flüsse angeht, sie sind zwei Flüsse des Paradieses. Und die sichtbaren Flüsse sind der Nil und der Euphrat.' Danach wurde Al-Bait Al-Ma'mor (das Haus Allahs) vor meinen Augen erhoben, und dazu eine große Ladung Wein, und dazu eine Ladung Milch und eine dritte Ladung, bestehend aus Honig, die man mir zu trinken darbrachte. Ich trank die Milch. Dschibrīl sprach: 'Das ist die islamische Religion, der du und diejenigen, die dir folgen, folgen.' Dann wurde mir der Befehl zum Gebet erteilt. 'Es soll täglich gebetet werden – fünfzig Gebete pro Tag.' Als ich den Rückweg antrat, kam ich Moses entgegen, und er fragte mich: 'Was hatte Allah dir als Befehl erteilt?' Ich antwortete: 'Mir wurde befohlen, fünfzig Gebete pro Tag zu sprechen.'Moses Antwortete mir zurück: 'Deine Anhänger werden mit fünfzig Gebeten pro Tag nicht zurechtkommen. Und ich schwöre bei Allah, ich habe bereits vor dir Allahs Befehle meinen Leuten überbracht, und immerzu mein Bestes für die Kinder Israels gegeben, so gut ich konnte. Gehe zu deinem Herrn zurück und verlange von ihm eine Senkung der Mindestzahl der täglichen Gebete, um es deinen Anhängern leichter zu machen und so ihre Gehorsamkeit zu garantieren.' Infolgedessen machte ich mich zurück zu Allah auf, und Allah brachte sich mir zuliebe dazu, die Zahl der täglichen Gebete um zehn zu verringern und somit auf vierzig Gebete pro Tag zu senken. Ich ging wieder zu Moses, doch er wiederholte seine Worte und bat mich darum, dasselbe zu tun, worum er mich zuvor schon gebeten hatte. So begab ich mich erneut zu Allah, und er verringerte die Zahl der Gebete um weitere zehn Gebete. Dann ging ich wieder zu Moses, doch er fing von vorne an bat mich darum, wieder zu tun, was er mir zuvor bereits sagte. Ich ging zu Allah, und er befahl mir zehn Gebete pro Tag zu beten. Wieder ging ich zu Moses, und er bat mich einmal mehr um dasselbe, woraufhin ich ein weiteres Mal zu Allah ging, der mir dann fünf festgelegte Gebete pro Tag befahl. Als ich dann wieder bei Moses war, sprach dieser: 'Worauf hat sich Allah mit dir zusammen festgelegt?' Ich antwortete:'Mir wurde befohlen, das Gebet fünfmal täglich zu sprechen.' Er sprach: 'Ich versichere dir, deine Anhänger werden mit fünf Gebeten pro Tag niemals zurechtkommen, und daran habe ich keinen Zweifel. Dieselbe Erfahrung habe ich vor dir mit meinem Volk gemacht, und ich tat mein Bestes an den Kindern Israels. Also, gehe zurück zu deinem Herrn und bitte ihn um eine weitere Verringerung der Gebete, als Erleichterung der Last deiner Anhänger.' Ich sprach: 'Ich habe so viel in Folge von meinem Herrn verlangt, dass es mich beschämt. Aber nun bin ich zufrieden und ergebe mich Allahs Wunsch.' Anschließend, als ich den Ort verließ, hörte ich eine Stimme, die sprach: 'Ich bestätige meinen Befehl und habe die Hingabe derer, die mich anbeten, minimiert.'"

Wie wir diesem Märchen entnehmen können, ritt Mohammed die Straße zum Himmel auf dem Rücken eines Esels hoch. „Das Tier machte so große Schritte, dass die Vorderläufe des Tieres bei jedem seiner Schritte noch gerade so in dessen Sichtweite für das Tier wahrnehmbar waren." Das Tier erreicht den Himmel deswegen so schnell, weil es sehr große Schritte macht!

Sogar der Engel nutzt den Esel, um zu Allah zu gelangen. *„Ich bestieg das Tier und es flog die Straße zum Himmel entlang, und Dschibrīl gesellte sich zu mir auf seinen Rücken, bis wir den untersten der Himmel erreichten."*

Wenn die Muslime schon von Wissenschaft sprechen: Steckt ein wissenschaftlicher Aspekt hinter der Behauptung, dass wir auf dem Rücken eines Esels hoch in den Himmel gelangen können, oder handelt es sich hierbei um eine Entdeckung, die von der nicht-islamischen Wissenschaft noch gemacht werden muss? Und bedenke, dass jedes Wort dieser Geschichte nicht metaphorisch, sondern wortwörtlich – so wie geschrieben – gemeint ist!

Der Himmel, von dem Mohammed spricht, ist kein eigener, von unserer Welt unabhängiger Raum, sondern ein physischer Himmel aus Sand und Stein, der gar physisch mit der Erde Erde verbunden ist! Denn wie wir sehen nennt er zwei irdische Flüsse, die es dort gibt:

- Den Nil und den Euphrat. „Und da flossen vier Flüsse. Zwei von ihnen verliefen unterirdisch und waren nicht sichtbar, und zwei Flüsse waren sichtbar. Ich fragte Dschibrīl: 'Was hat es mit den beiden Flüssen auf sich?' Er antwortete: 'Was die versteckten Flüsse angeht, sie sind zwei Flüsse des Paradieses. Und die sichtbaren Flüsse sind der Nil und der Euphrat.'" Kann mir irgendein Muslim sagen, was der Nil und der Euphrat in Allahs Himmel zu suchen haben, während beide Flüsse gleichzeitig auf der Erde sind? Die Antwort: Himmel und Erde sind miteinander verbunden, und zwar durch Straßen.
- Das bedeutet, dass der Himmel über gewöhnliche, begehbare Straßen erreicht wird.
- Solange wir schon bei dieser Geschichte sind, möchte ich, dass du der Stelle mit den fünfzig Gebeten pro Tag deine Aufmerksamkeit schenkst und wie Mohammed sie, dank dem Zureden von Moses, von fünfzig auf fünf Gebete pro Tag heruntergehandelt hat.Das seltsamste hierbei ist doch: Warum hat Allah Mohammed nicht gleich am Anfang fünf Gebete pro Tag befohlen? Warum befahl er ihm zuerst fünfzig, dann vierzig, dann zehn und schlussendlich fünf tägliche Gebete? Wusste Allah nicht, dass Moses stets auf Mohammed wartete und ihn immerzu auf seinem Rückweg abfangen würde?
- Moses wollte, dass Mohammed Allah auf null Gebete pro Tag herunterhandelt!
- Ich möchte dich hier noch einmal an die lustige Stelle erinnern, in der irgendjemand Mohammeds Herz wusch, es mit „einem Gericht aus Glauben und Weisheit" füllte und wieder in seine Brust einsetzte. Wir lesen: „Zur gleichen

Zeit, zu der ich mich in meinem Haus ausruhte, kam jemand zu mir, schnitt meinen Leib und schlitzte mich von hier bis dorthin auf." Ich fragte Al-Jarod, der sich neben mir befand: „Was meint er (der Prophet) damit?" Er sprach: „Er will damit sagen, dass er von der Kehle entlang bis zum Intimbereich aufgeschnitten wurde." Der Prophet fuhr fort und sprach: „Er nahm mir anschließend das Herz heraus. Dann wurde mir eine Goldschale des Glaubens zuteil, und er wusch darin mein Herz. Mehr noch wurde mein Herz mit einem Gericht aus Glauben und Weisheit gefüllt, woraufhin er es wieder an seiner ursprünglichen Stelle anbrachte."

- Wenn dieser jemand Mohammed einzig und allein das Herz herausnehmen wollte, warum schnitt er ihn den ganzen Weg von der Kehle bis hinunter zum Intimbereich entlang auf?

ANMERKUNG: Auf der nächsten Seite folgen vier Behauptungen anstelle von einer.Ich liste diese vier muslimischen Behauptungen bewusst als eine einzelne Behauptung auf, da sie sich alle tatsächlich um ein und dasselbe Thema drehen.

Zweite muslimische Behauptung:

DIE SCHICHTEN DER ATMOSPHÄRE
DAS GUT GESCHÜTZTE DACH
DER HIMMEL IST EINE KUPPEL
VOM HIMMEL ZURÜCKGEGEBEN

DIE SCHICHTEN DER ATMOSPHÄRE (Es folgt das muslimische Argument)

Eine der vielen Tatsachen über das Universum, die uns der folgende Vers aus dem Koran offenbart, ist die, dass unser Himmel aus sieben Schichten besteht.

Er erschuf für dich, was sich auf der Erde befindet, und richtete dann seine Aufmerksamkeit hoch oben zum Himmel, wo er sieben einzelne, gleichmäßige Himmel festlegte. Er hat Wissen über alle Dinge. (Koran Sure 2:29)

Dann wandte er sich zum Himmel, welcher noch Rauch war... An zwei Tagen vollendete er sie als sieben Himmel und offenbarte jedem davon seine eigene Aufgabe. (Zitiert aus Koran Sure 41:11 und Koran Sure 41:12)

Das Wort „Himmel", welches in vielen Versen im Koran vorkommt, wird sowohl für die Benennung des Himmels über der Erde als auch für die Benennung des gesamten Universums verwendet. Wenn es auf die Erde bezogen wird, dann wird der entsprechenden Bedeutung des Wortes nach gesagt, dass die Atmosphäre der Erde aus sieben Schichten besteht.

Heute wissen wir, dass die Erdatmosphäre aus sieben unterschiedlichen Schichten besteht, die aufeinanderliegen. Basierend auf den Kriterien der chemischen Zusammensetzung oder der Lufttemperatur wurde die Erdatmosphäre in diese sieben Schichten unterteilt. Auch dem „Limited Fine-Mesh Modell" zufolge – einem Atmosphärenmodell, mit dem die Wetterverhältnisse für die nächsten 48 Stunden geschätzt werden – besteht die Erdatmosphäre aus sieben Schichten. Und der modernen geologischen Definition zufolge sind die sieben Schichten der Erdatmosphäre die folgenden:

1. Die Troposphäre
2. Die Stratosphäre
3. Die Mesosphäre
4. Die Thermosphäre
5. Die Exosphäre
6. Die Ionosphäre
7. Die Magnetosphäre

Der Koran sagt in Sura Fussilat (Kapitel 41) Vers 12: „*... (Allah) offenbarte jedem davon seine eigene Aufgabe.*" Mit anderen Worten: Allah bestätigt hier, dass er jedem Himmel seinen eigenen Zweck, den er erfüllen soll, zugeteilt hat. Wahrlich erfüllt jede einzelne dieser Schichten – wie auch in den nachfolgenden Kapiteln gesehen werden kann – ihren eigenen vitalen Zweck für das Wohl der Menschheit und allen anderen Lebens auf der Erde. Jede Schicht hat ihre eigene Funktion: Von der Bildung von Regen bis hin zur Abwehr schädlicher Strahlung aus dem All, oder dem Leiten von elektromagnetischen Wellen und dem Abwenden von Folgeschäden, die durch Meteoriten entstehen können.

Die unten aufgeführten Verse informieren uns über die Vorkommnisse der sieben Schichten der Atmosphäre.

Seht ihr denn nicht, wie er sieben Himmel in Schichten erschuf? (Koran Sure 71:15) *Er, der die sieben Himmel in Schichten erschuf...* (Koran Sure 67:3) Die Atmosphäre lässt ausschließlich bestimmte Strahlung, die für das Leben auf der Erde benötigt wird, in bestimmten Mengen durch. Ultraviolette Strahlung etwa gelangt nur in Teilchen auf unseren Planeten. In der exakten Menge, die für die Photosynthese der Pflanzen benötigt wird und gleichzeitig das Überleben aller anderen Lebensformen sichert.

Das arabische Wort „Tbaqan", welches in diesen Versen vorkommt und als „Schicht" in die deutsche Sprache übersetzt wird, bedeutet „Schicht", „angemessen bedeckt" oder „etwas bedecken". Allein das verrät uns, wie die obenliegende

Schicht auf die darunterliegende abgestimmt ist. Auch wird das Wort hierbei als plural verwendet: „Schichten." Der Himmel, der im Vers als „Himmel aus mehreren Schichten" beschrieben wird, stellt ohne Zweifel die denkbar perfekteste Beschreibung der Erdatmosphäre dar. Es ist ein unglaubliches Wunder, dass diese Fakten, die ohne die moderne Technologie des 20. Jahrhunderts unmöglich hätten enthüllt werden können, bereits vor 1400 Jahren vom Koran bestätigt wurden.

DAS GUT GESCHÜTZTE DACH

Im Koran richtet Allah unsere Aufmerksamkeit auf eine sehr wichtige Eigenschaft des Himmels:

Wir machten den Himmel zu einem gut geschützten Dach, und doch wenden sie sich ab von unseren Zeichen. (Koran Sure 21:32)

Diese Eigenschaft des Himmels wurde von den Forschungsergebnissen der Wissenschaft des 20. Jahrhunderts als Tatsache bewiesen: Die Atmosphäre, welche die Erde umgibt, erfüllt einen entscheidenden Zweck für den Erhalt und Fortbestand des Lebens auf unserem Planeten. Sowohl kleinere als auch größere Meteoriten werden beim Eintritt in die Atmosphäre zerstört. Dadurch wird verhindert, dass diese mit voller Härte auf der Erdoberfläche einschlagen und damit dem Leben auf der Erde schaden können.

Zusätzlich filtert die Atmosphäre Strahlung aus dem All, die uns andernfalls Probleme bereiten würde. Die mit Abstand bemerkenswerteste Funktion der Atmosphäre ist die folgende: Sie lässt nur harmlose und nützliche Strahlung – sichtbares Licht, ultraviolettes Licht und Radiowellen – durch. All diese Arten von Strahlung sind notwendig für die Existenz von Leben. UV-Strahlen, die dank der Atmosphäre nur in bestimmten Mengen die Erdoberfläche erreichen, sind sehr wichtig für die Photosynthese der Pflanzen und das Überleben aller Lebewesen. Der Großteil dieser intensiven UV-Strahlen, die von der Sonne ausgehen, wird von der Ozonschicht unserer Atmosphäre gefiltert. Und nur ein kleiner, essenzieller Teil des ultravioletten Spektrums erreicht die Erde selbst.

Die schützende Eigenschaft der Atmosphäre hört hiermit aber noch längst nicht auf. Auch schützt die Atmosphäre die Erde vor der klirrenden Kälte des Alls, die bei schätzungsweise minus 270 Grad Celsius liegt

Und nicht nur die Atmosphäre schützt die Erde vor schädlicher, äußerer Einwirkung. Zusätzlich zur Atmosphäre fungiert der Van-Allen-Strahlungsgürtel

– ein vom Magnetfeld der Erde verursachter, für unser Auge nicht sichtbarer Ring – als weiterer Schutz vor der schädlichen Strahlung, die unseren Planeten bedroht. Diese schädliche Strahlung wird permanent von der Sonne und anderen Sternen ausgestoßen, und erweist sich für jede Lebensform als tödlich. Ohne den Van-Allen-Strahlungsgürtel würden die häufig vorkommenden, massiven Energieausstöße der Sonne – genannt Sonneneruptionen – alles Leben auf der Erde vernichten.

Die Magnetosphäre, die vom Magnetfeld der Erde gebildet wird, ist ein Schutzschild, der die Erde vor auf sie zurasende Himmelskörper, schädlicher kosmischer Strahlung und Teilchen schützt. Auf bildlichen Darstellungen kann man diese magnetosphärische Schicht – auch Van-Allen-Strahlungsgürtel genannt – sehen. Dieser Strahlungsgürtel, der sich tausende von Kilometern über der Erde befindet, schützt alles Leben auf ihr vor den tödlichen Energien des Alls, die uns ohne ihn erreichen würden.All diese wissenschaftlichen Entdeckungen beweisen, dass die Erde auf eine ganz bestimmte Art und Weise geschützt wird. Das wichtigste ist hierbei jedoch, dass die Existenz dieses Schutzes bereits vor vierzehn Jahrhunderten durch den Koran mit dem Vers „Wir machten den Himmel zu einem gut geschützten Dach..." bekanntgegeben worden ist.

Dr. Hugh Ross sagt uns über die Wichtigkeit des Van-Allen-Strahlungsgürtel folgendes: „Tatsächlich hat die Erde die höchste Dichte von allen Planeten in unserem Sonnensystem. Der große Nickeleisenkern der Erde ist der Grund für unser großes Magnetfeld. Dieses Magnetfeld bringt den Van-Allen-Strahlungsgürtel – den Schutzschild – hervor, der die Erde vor einem förmlichen Strahlenbombardement aus dem All schützt. Ohne diesen Schild wäre kein Leben auf der Erde möglich. Der einzige andere uns bekannte Gesteinsplanet, der über irgendeine Form von Magnetfeld verfügt, ist der Merkur. Doch das Magnetfeld des Merkur ist um ganze einhundert Mal schwächer als das der Erde. Selbst die Venus, unser Schwesterplanet, verfügt über kein Magnetfeld. Der Van-Allen-Strahlungsgürtel entspricht einem einzigartigen Design, welches nur für die Erde gilt."

Die ausgestoßene Energie, die während nur einer einzigen dieser Sonneneruptionen in den letzten Jahren gemessen wurde, entsprach in etwa der von 100 Milliarden detonierten Atombomben – Solchen Atombomben wie der, die während des Zweiten Weltkriegs auf Hiroshima abgeworfen wurde. 58 Stunden nach dem Ausstoß konnte beobachtet werden, wie die Magnetnadeln von Kompassen ungewöhnliche Bewegungsabläufe aufwiesen, und dass 250 Kilometer oberhalb der Erdatmosphäre die Temperatur schlagartig auf 2500 Grad Celsius anstieg.

Wir Leute, die zum Himmel hinaufblicken, denken nicht über die schützende

Eigenschaft der Atmosphäre nach. Sie machen sich fast nie Gedanken darüber, wie die Erde wohl aussehen würde, wenn es die Atmosphäre nicht gäbe. Es gibt Fotografien von einem gewaltigen Krater, der im US-Bundesstaat Arizona aufschlug. Gäbe es die Atmosphäre nicht, dann würden Millionen von Meteoriten auf der Erde einschlagen, und unser Planet würde unbewohnbar werden. Doch dank der schützenden Eigenschaft der Atmosphäre kann alles Leben gedeihen und überlebt sämtliche Bedrohungen aus dem All. Gewiss ist dies der uns von Allah gegebene Schutz und zugleich ein Wunder, welches im Koran vorkommt.

Kurz gesagt: Ein perfektes System verrichtet hoch oben am Himmel sein Werk und schützt uns so vor den Gefahren aus dem All. Und bereits vor Jahrhunderten informierte Allah uns über die Funktion der Erdatmosphäre als schützenden Schild.

DER HIMMEL IST EINE KUPPEL

Er ist es, der euch die Erde zu einer Liege gemacht hat, und den Himmel zu einer Kuppel. Er schickt Wasser vom Himmel herab, damit euch Früchte bereitgestellt sind. Stellt Allah daher keine anderen wissentlich gleich. (Koran Sure 2:22)

In der zweiten Dezemberwoche jedes Jahres kann der Geminiden-Meteorsturm in seiner höchsten Intensität beobachtet werden. Die kurzen Linien auf diesem Bild (Das genannte Bild ist auf Harun Yahyas Website zu sehen) sind Spuren, die auf Sterne zurückzuführen sind, während die langen Linien von Meteoren stammen. Die Meteoren aus dem zuvor genannten Geminiden-Meteorsturm fallen in der Stunde in einer Stückzahl von bis zu 58 Himmelskörpern auf einmal vom Himmel.

Das arabische Wort, das hierbei den Himmel beschreibt, lautet „assamaa binaan." Ebenso bedeutet es „Kuppel" oder „Decke", und beschreibt auch die Verkleidung eines bestimmten Zeltes, welches bis heute von den Beduinen verwendet wird. Durch die Erwähnung einer Struktur, die an ein Zelt erinnert, wird hierbei auf einen Schutz vor extraterrestrischen Faktoren eingegangen. Auch wenn wir uns dessen in der Regel nicht bewusst sind: Es schlägt ständig eine Vielzahl von Meteoriten – wie auch auf anderen Planeten – auf der Erde auf.

Der Grund, weshalb diese Meteoriten unserem Planeten nicht schaden und auf der Erde bei weitem nicht so große Krater hinterlassen wie auf anderen Planeten ist die Atmosphäre, die mit enormen Widerstand auf herabfallende Meteore einwirkt. Der Meteor kommt nicht lange gegen diesen Widerstand an, verliert dadurch an Masse und zerbröselt im Grunde genommen. Die Gefahr, die anderenfalls schreckliche Katastrophen mit sich bringen könnte, wird so dank der Atmosphäre gebannt. Wie bereits im oben genannten Vers, der uns auf die dem Menschen dienlichen Funktionen der Atmosphäre hinweist, richtet sich auch im folgenden Vers unser Hauptaugenmerk auf diese besondere Schöpfung Allahs.

Hast du denn nicht gesehen, dass Allah euch auf Erden alles dienlich gemacht hat, und auch den Schiffen, die das Meer bereisen können auf seinen Befehl hin? Er hältden Regen zurück, dass er nicht auf die Erde falle, solange er dies nicht erlaubt. Allah ist allgütig gegenüber der Menschheit, der Gnädigste. (Koran Sure 22:65)

Die schützende Eigenschaft der Atmosphäre, die wir im vorangegangenen Abschnitt behandelt haben, schützt die Erde vor den Gefahren des Alls. Mit anderen Worten: Vor extraterrestrischen Faktoren und Elementen. Mit dem Wort „Kuppel", mit dem im oben genannten Vers der Himmel über uns gemeint ist, wird unsere Aufmerksamkeit auf diese schützende Eigenschaft des Himmels gerichtet. Etwas, dass die Menschen zu Lebzeiten unseres Propheten (Allahs Frieden und Segen seien auf ihm) unmöglich wissen konnten. Allein die bloße Tatsache, dass diese Information bereits vor 1400 im Koran genannt wurde, als es noch keine Raumfahrzeuge oder fortschrittliche Teleskope gab, zeigt uns, dass der Koran die Offenbarung unseres Herrn - dem Allwissenden - ist.

MEINE ANTWORT ZUR ATMOSPHÄRE UND DEM GESCHÜTZTEN DACH

Harun Yayha behauptet, dass Allah schon immer wusste und uns bekanntgab, dass der Himmel über uns ein geschütztes Dach (die Erdatmosphäre) ist. Zuallererst sehen wir uns an, was der Koran darüber sagt. Dann finden wir heraus, ob hier wirklich von einem Wunder, einem Fehler, oder einer Lüge, mit der die Muslime für ihre Religion werben, die Rede ist.

Nun, in Anbetracht der Behauptung zum islamischen Wunder: Welcher ist der unterste Himmel, den Allah erschaffen haben soll? Aus Koran Sure 21:32 (mit korrekter Übersetzung):

Und wir machten dem Himmel ein schützendes Dach. Und dennoch, nach all diesen Zeichen, sind sie undankbar.

Ich werde dir zeigen, dass Allah hierbei davon spricht, den Himmel zu schützen, und nicht die Erde. Neben dem korrekt aus dem Arabischen ins Deutsche übersetzten Koranvers (Sure 21:32) kann ich dir noch anderes, eindeutiges Beweismaterial zeigen. Wir lesen in diesem Auszug aus Sahih Muslim, Buch 4, Hadith

902 (wie auch in Sahih Al-Bukhari, Buch 60, Hadith 443):

Ibn 'Abbas berichtet: Weder zitierte der Gesandte Allahs (Möge Allah auf ihn beten und ihn grüßen) zu irgendeiner Zeit den Koran gegenüber den Dschinn, noch sah er welche von ihnen. Der Gesandte Allahs (Möge Allah auf ihn beten und ihn grüßen) machte sich mit einigen seiner Gefährten auf, mit der Absicht, den Basar von 'Ukaz zu besuchen. Jedoch gab es dort Blockaden aus Satanen, die Informationen aus dem Himmel (die mittels Spionage gewonnen wurden) bei sich hatten. Dann wurden Flammen auf sie geschossen. So kehrten die Teufel zu ihrem eigenen Volk zurück, und sie sprachen: „Was hat unsere Position verraten?" Sie sprachen auch: „Es wurden Hindernisse geschaffen und zwischen uns und der Kunde aus dem Himmel gelegt..."

Auszug in arabischer Sprache aus Sahih Muslim, Buch 004, Hadith 0902:

صحيح البخاري - أَبْوَابُ صِفَةِ الصَّلَاةِ - بَاب الْجَهْرِ بِقِرَاءَةِ صَلَاةِ الْفَجْرِ
بَاب الْجَهْرِ بِقِرَاءَةِ صَلَاةِ الْفَجْرِ وَقَالَتْ أُمُّ سَلَمَةَ طُفْتُ وَرَاءَ النَّاسِ وَالنَّبِيُّ صَلَّى اللَّهُ عَلَيْهِ وَسَلَّمَ يُصَلِّي وَيَقْرَأُ بِالطُّورِ
حَدَّثَنَا مُسَدَّدٌ قَالَ حَدَّثَنَا أَبُو عَوَانَةَ عَنْ أَبِي بِشْرٍ هُوَ جَعْفَرُ بْنُ أَبِي وَحْشِيَّةَ عَنْ سَعِيدِ بْنِ جُبَيْرٍ عَنْ 739 عَبْدِ اللَّهِ بْنِ عَبَّاسٍ رَضِيَ اللَّهُ عَنْهُمَا قَالَ انْطَلَقَ النَّبِيُّ صَلَّى اللَّهُ عَلَيْهِ وَسَلَّمَ فِي طَائِفَةٍ مِنْ أَصْحَابِهِ عَامِدِينَ إِلَى سُوقِ عُكَاظٍ وَقَدْ حِيلَ بَيْنَ الشَّيَاطِينِ وَبَيْنَ خَبَرِ السَّمَاءِ وَأُرْسِلَتْ عَلَيْهِمْ الشُّهُبُ فَرَجَعَتْ الشَّيَاطِينُ إِلَى قَوْمِهِمْ فَقَالُوا مَا لَكُمْ فَقَالُوا حِيلَ بَيْنَنَا وَبَيْنَ خَبَرِ السَّمَاءِ وَأُرْسِلَتْ عَلَيْنَا الشُّهُبُ قَالُوا مَا حَالَ بَيْنَكُمْ وَبَيْنَ خَبَرِ السَّمَاءِ إِلَّا شَيْءٌ حَدَثَ فَاضْرِبُوا مَشَارِقَ الْأَرْضِ وَمَغَارِبَهَا فَانْظُرُوا مَا هَذَا الَّذِي حَالَ بَيْنَكُمْ وَبَيْنَ خَبَرِ السَّمَاءِ فَانْصَرَفَ أُولَئِكَ الَّذِينَ تَوَجَّهُوا نَحْوَ تِهَامَةَ إِلَى النَّبِيِّ صَلَّى اللَّهُ عَلَيْهِ وَسَلَّمَ وَهُوَ بِنَخْلَةَ عَامِدِينَ إِلَى سُوقِ عُكَاظٍ وَهُوَ يُصَلِّي بِأَصْحَابِهِ صَلَاةَ الْفَجْرِ فَلَمَّا سَمِعُوا الْقُرْآنَ اسْتَمَعُوا لَهُ فَقَالُوا هَذَا وَاللَّهِ الَّذِي حَالَ بَيْنَكُمْ وَبَيْنَ خَبَرِ السَّمَاءِ فَهُنَالِكَ «- ص 268 - »حِينَ رَجَعُوا إِلَى قَوْمِهِمْ وَقَالُوا يَا قَوْمَنَا إِنَّا سَمِعْنَا قُرْآنًا عَجَبًا يَهْدِي إِلَى الرُّشْدِ فَآمَنَّا بِهِ وَلَنْ نُشْرِكَ بِرَبِّنَا أَحَدًا فَأَنْزَلَ اللَّهُ عَلَى نَبِيِّهِ صَلَّى اللَّهُ عَلَيْهِ وَسَلَّمَ قُلْ أُوحِيَ إِلَيَّ أَنَّهُ اسْتَمَعَ نَفَرٌ مِنْ الْجِنِّ وَإِنَّمَا أُوحِيَ إِلَيْهِ قَوْلُ الْجِنِّ

Koran Sure 67:5 zufolge befinden sich die Sterne innerhalb des untersten Himmels. Koran Sure 67:5: *Und wir schmückten den untersten Himmel mit Lampen (Sternen) und machten sie (die Sterne) zu Geschossen, die gegen die Teufel eingesetzt werden, auf dass ihnen (den Teufeln) die Strafe der Flamme zuteilwird.*

Ist dir aufgefallen, dass Herr Harun diesen Vers in seiner Behauptung NICHT erwähnt hat? Dafür erwähnte er einen Vers davor: „Er, der die sieben Himmel in Schichten erschuf..." (Koran Sure 67:3*) Und warum erwähnt er ihn nicht? Ganz einfach: Weil es ihm nicht gepasst hätte, dass dieser Vers seine Behauptung zunichte macht.*

Dazu kommt, dass Koran Sure 67:3 in Wahrheit nicht von sieben Schichten, sondern von sieben Himmeln spricht. Du kannst andere, sogar die muslimischen Übersetzungen überprüfen, und wirst Herr Harun Yahyas Täuschung sofort durchschauen. Er hat aus dem Wort Himmel das Wort Schichten gemacht, und ich bin mir sicher du weißt, dass der Unterschied in der Bedeutung beider Wörter enorm ist.

Wenn mit den sieben Himmeln - wie die Muslime behaupten - wirklich die Erdatmosphäre gemeint ist, dann würde das bedeuten, dass sich dem Koran zufolge alle Sterne in unserem Universum innerhalb der Erdatmosphäre befinden! Genauer gesagt im untersten Himmel (der untersten Schicht) der Atmosphäre.

Und was ist mit den sieben Schichten der Erdatmosphäre? Sind es wirklich sieben? Und schon wieder! Sogar diese Behauptung ist gelogen! Die Erdatmosphäre besteht tatsächlich nur aus vier (4) Schichten. Ich werde später noch mit näheren Details hierauf eingehen.

Die folgenden Informationen sind von der NASA: http://www.nasa.gov/audience/forstudents/9-12/features/912_liftoff_atm.html

Die Erde wird von einer gasförmigen Hülle umschlossen, die wir die Erdatmosphäre nennen. Mit all ihren Schichten erstreckt sie sich in cincr Höhe von etwa 500-600 Kilometern über der Erdoberfläche.

Troposphäre:

Die Troposphäre beginnt am Erdboden und ragt in eine Höhe von bis 8 bis 18 Kilometern über dem Erdboden.

Stratosphäre:

Die Stratosphäre beginnt am oberen Ende der Troposphäre und ragt in eine Höhe von etwa 50 Kilometern über dem Erdboden.Mesosphäre:Die Mesosphäre beginnt am oberen Ende der Stratosphäre und ragt in eine Höhe von 80 bis 90 Kilometern über dem Erdboden.

Thermosphäre:

Die Thermosphäre beginnt am oberen Ende der Mesosphäre und ragt in eine Höhe von 500 bis 600 Kilometern über dem Erdboden.

Ganz klar haben sich die Muslime etwas zusammengereimt, um behaupten zu können, die Erdatmosphäre würde aus sieben Schichten bestehen. Koran Sure 67:5 sagt:

Und wir schmückten den untersten Himmel mit Lampen (Sternen) und machten sie (die Sterne) zu Geschossen, die gegen die Teufel eingesetzt werden, auf dass ihnen (den Teufeln) die Strafe der Flamme zuteilwird.

Wir lesen unmissverständlich, dass Allah jeden Satan, der versucht die Erde zu verlassen, mit einem Stern beschießen wird.

Tafsir Al-Jalalayn, Qur'an, Al-Mulk (67) Vers 5:

وَلَقَدْ زَيَّنَّا ٱلسَّمَآءَ ٱلدُّنْيَا بِمَصَٰبِيحَ وَجَعَلْنَٰهَا رُجُوماً لِّلشَّيَٰطِينِ وَأَعْتَدْنَا لَهُمْ عَذَابَ ٱلسَّعِيرِ } 5{ وَلَقَدْ زَيَّنَّا }
السَّمَاءَ الدُّنْيَا بِمَصَابِيحَ وَجَعَلْنَاهَا رُجُومًا لِلشَّيَاطِينِ وَأَعْتَدْنَا لَهُمْ عَذَابَ السَّعِيرِ
وَلَقَدْ زَيَّنَّا السَّمَاءَ الدُّنْيَا" الْقُرْبَى إلَى الْأَرْض "بِمَصَابِيحَ" بِنُجُومٍ "وَجَعَلْنَاهَا رُجُومًا" مَرَاجِم "لِلشَّيَاطِينِ" "
إذَا اسْتَرَقُوا السَّمْع بِأَنْ يَنْفَصِل شِهَاب عَنْ الْكَوْكَب كَالْقَبَسِ يُؤْخَذ مِنْ النَّار فَيَقْتُل الْجِنِّيّ أَوْ يَخْبِلهُ لَا أَنَّ
الْكَوْكَب يَزُول عَنْ مَكَانه "وَأَعْتَدْنَا لَهُمْ عَذَاب السَّعِير" النَّار الْمُوقَدَة

Und wir schmückten den untersten Himmel, welcher der Erde am nächsten ist, mit Lampen – damit sind die Sterne gemeint – und machten sie zu Geschossen, die gegen die Teufel eingesetzt werden, sollten diese versuchen etwas zu belauschen, etwas auszuspionieren. Vom Stern geht ein Meteor aus Feuer aus, da der Stern selbst aus Feuer besteht, und durch seine Berührung wird der von ihm getroffene Dschinn entweder getötet oder wahnsinnig. Es ist nicht der Stern, der sich von seinem Standort wegbewegt. Und wir haben für sie die lodernde Strafe vorbereitet, das entzündete Feuer.

Vereinfacht ausgedrückt: Allah hat sein persönliches Überwachungssystem gegen jeden Satan der versucht, ihn und seine Geheimnisse auszuspionieren. Es ist das schützende Dach.

Vielleicht gibt es noch den ein oder anderen Leser, der nicht von meinem Beweismaterial überzeugt ist. Für solche „Kritiker" halte ich noch die folgenden, zusätzlichen Indizien bereit.

Koran Sure 15:16-18

16 Wir sind es, welche die Tierkreissymbole in den Himmel gesetzt und ihn für alle Beschauer verschönert haben.
17 Und zusätzlich legten wir fest, dass sie (die Sterne) schützen, vor jedem verfluchten Satan.

18 Außer vor jenem (Satan), der sich durch heimliches lauschen Gewinn verspricht, indem er sich (in den Himmel) einschleicht: Er wird verfolgt werden von einer hellen, gut sichtbaren, lodernden Flamme.

Koran Sure 37:6-7 und 10:

6 Wahrlich haben wir den untersten Himmel ausgeschmückt mit Schönheit, den Himmelskörpern.
7 Zusätzlich haben wir den untersten Himmel zum Schutz gemacht vor jedem schweinsköpfigen, ungehorsamen Satan.
10 Mit Ausnahme dessen, der heimlich etwas aufgeschnappt (Allah ausspioniert) hat, doch ihn verfolgt sogleich ein durchbohrender, flammender Pfeil aus Feuer.
Koran Sure 72:8-9:
8 Und wir berührten den Himmel, doch wir fanden ihn schwer bewacht vor, voll von schießenden Sternen.
9 Und wir pflegten auf (hohen) Plätzen zu sitzen, um zu horchen, was im Himmel ist. Wer aber jetzt und später horcht (Allah ausspioniert), auf den wartet eine Flamme.

Koran Sure 55:33:

O Versammlung von Dschinn und Menschen, wenn ihr imstande seid, über die Reichweite der Himmel und der Erde hinauszugehen, dann geht hinaus! Doch ihr werdet nicht hinausgehen können, außer mit Ermächtigung.

Koran Sure 67:5 sagt unmissverständlich, dass Allah auf jeden schießt der versucht, unerlaubt in den Himmel zu gelangen. Hierzu können wir noch einen Blick auf den muslimischen Tafsir zu Koran Sure 55:33 werfen. Al-Jalalayn, Ar-Rahman (55) Vers 33:

{ يٰمَعْشَرَ ٱلْجِنِّ وَٱلإِنسِ إِنِ ٱسْتَطَعْتُمْ أَن تَنفُذُواْ مِنْ أَقْطَارِ ٱلسَّمَٰوٰتِ وَٱلأَرْضِ فَٱنفُذُواْ لاَ تَنفُذُونَ إِلاَّ بِسُلْطَانٍ }

O Rassen der Dschinn und Menschen, wenn ihr imstande seid, über die Reichweite der Himmel und der Erde hinauszugehen, dann geht hinaus! Sie (die Dschinn und die Menschen) werden von Allah vor eine Herausforderung gestellt, die sie nicht meistern können. Ihr werdet nicht hinausgehen können, außer mit Ermächtigung und mit der nötigen Macht. Und ihr habt nicht die nötige Macht, etwas derartiges zu tun.

Beide Kapitel im Koran (55 und 67) verraten uns, dass all das nichts mit der Erdatmosphäre zu tun hat. Vielmehr beweist es die Ignoranz und Unwissenheit des islamischen Gottes Allah.

Der Koran sagt eindeutig, dass der Himmel geschützt wird – Nicht die Erde!

Wir wissen, dass der Mensch bereits den Himmel der Erde und sogar den Himmel über der Erdatmosphäre – den Weltraum – erreicht hat. Wo waren Allahs Abwehrgeschosse? Was das Ganze noch lustiger macht ist die Tatsache, dass die ersten Menschen, die in diese Höhen vorgerückt sind, Ungläubige (Russen und Amerikaner) waren – Und keine Muslime!

Der Koran spricht davon, dass man die Reichweite der Erde nur mit Allahs Erlaubnis verlassen kann. Ohne seine Ermächtigung schafft man das (Allah zufolge) nicht.

Die Ermächtigung, die Reichweite Erde verlassen zu können, gilt Allahs Propheten (wieetwa Isa und Mohammed), aber nicht den Russen und Amerikanern!

Trotz der unumstößlichen, wissenschaftlichen Fakten und aller Tatsachen beharrt Herr Harun darauf, dass mit dem untersten Himmel die Atmosphäre gemeint ist. Die wissenschaftlichen Kenntnisse seines Gottes zeigen uns, dass Allah nicht wusste, wo genau am Himmel sich die Sterne befinden. Er glaubt, dass es Sterne einzig und allein im untersten Himmel – der Erde am nächsten – gibt, obwohl wir wissen, dass es eine Vielzahl von Galaxien gibt, in denen es von Milliarden von Sternen wimmelt. Das Universum ist voll von Sternen. Erinnere dich an das, was Koran Sure 67:5 sagte:

Und wir schmückten den untersten Himmel mit Lampen (Sternen) und machten sie (die Sterne) zu Geschossen, die gegen die Teufel eingesetzt werden, auf dass ihnen (den Teufeln) die Strafe der Flamme zuteilwird.

ERSCHUF ALLAH DIE WELT IN SECHS, IN SIEBEN ODER IN ACHT TAGEN?

Die nachfolgende Erzählung ist ein von allen muslimischen Gelehrten anerkannter Hadith, in dem von der Erschaffung der Welt berichtet wird. Sahih Muslim, Band 4, Seite 2150:

«خَلَقَ اللهُ، (عَزَّ وَجَلَّ)، التُّرْبَةَ يَوْمَ السَّبْتِ، وَخَلَقَ فِيهَا الْجِبَالَ يَوْمَ الأَحَدِ، وَخَلَقَ الشَّجَرَ يَوْمَ الاثْنَيْنِ، وَخَلَقَ الْمَكْرُوهَ يَوْمَ الثُّلَاثَاءِ، وَخَلَقَ النُّورَ يَوْمَ الأَرْبِعَاءِ، وَبَثَّ فِيهَا الدَّوَابَّ يَوْمَ الْخَمِيسِ، وَخَلَقَ آدَمَ، عَلَيْهِ السَّلَامُ، بَعْدَ الْعَصْرِ مِنْ يَوْم الْجُمُعَةِ، فِي آخِرِ الْخَلْقِ، فِي آخِرِ سَاعَةٍ مِنْ سَاعَاتِ الْجُمُعَةِ، فِيمَا بَيْنَ الْعَصْرِ إِلَى اللَّيْل»

Abu Huraira berichtet: Der Gesandte Allahs sprach zu mir: „Allah erschuf den Bo-

den am Samstag, und er erschuf die Berge am Sonntag, und er erschuf die Bäume am Montag, und er erschuf die schlechten Dinge am Dienstag, und er erschuf das Licht am Mittwoch, und er erschuf die laufenden Tiere am Donnerstag, und er erschuf Adam am Freitagnachmittag. Er war die letzte Schöpfung während der letzten Stunde des Freitags, zwischen dem Nachmittag und der Nacht.“

Der korrekte und gültige Hadith, wie er in Al-Albany, Band 4, Hadith 1833 (und auch in den Haditen im Buch von Al-Mishkat, in Hadith 5735, im Buch von Mukhtasat Al-‘Olu Al-Zabbi, in Hadith 73, und im Buch von ‘Qism Al-Mustfrak auf Seite 664) gefunden werden kann:

:رقم: 1833 المجلد
الحديث: خلق الله التربة يوم السبت وخلق فيها الجبال يوم الأحد وخلق الشجر يوم الإثنين وخلق 4
المكروه يوم الثلاثاء وخلق النور يوم الأربعاء وبث فيها الدواب يوم الخميس وخلق آدم بعد العصر من
يوم الجمعة آخر الخلق من آخر ساعة الجمعة فيما بين العصر إلى الليل] . (صحيح) . وليس الحديث
بمخالف للقرآن كما يتوهم البعض راجع المشكاة 5735 ثم مختصر العلو للذهبي رقم الحديث 71 . انظر
التحقيق المطول في الكتاب قسم الاستدراك ص 664 . وخلاصته فالتفصيل الذي في الحديث هو غير
التفصيل الذي في القرآن الكريم وأيامه غير أيامه فالواجب في مثل هذا عند أهل العلم أن يضم أحدهما
. إلى الآخر وليس ضرب أحدهما بالآخر

Für die englischsprachige, muslimische Version, besuche:
https://sunnah.com/riyadussaliheen/19/47
Die gleiche Geschichte kann in Tafsir Ibn Kathir, Band 7, im Vertrieb der ‘Tiba Publishing Company, auf Seite 168 gefunden werden:
http://islamport.com/d/1/tfs/1/27/1244.html
http://islamport.com/w/alb/Web/3111/1833.htm

Diesem Hadith zufolge hat Allah die Erde in sechs Tagen erschaffen. Allerdings haben wir der Quelle aus Sahih Muslim entnommen, dass er mit der Erschaffung der Erde am Samstag anfing und am Freitag damit fertig war – Das macht genau sieben Tage. Dennoch wird die Erschaffung der Erde an vielen Stellen im Koran als sechstägig beschrieben, darunter in Sure 7:54, 10:3, 11:7, 25:59, 32:4, 50:38 und 57:4.

Betrachten wir mal, was in Koran Sure 41:9-12 steht (Übersetzung von Mohammed Pickthall, aus dem Englischen übersetzt von John Doe):

9 Sprich (O Mohammed, zu den Götzendienern): „Leugnet ihr wirklich den, der die Erde in zwei Tagen erschuf, und dichtet ihr ihm Nebenbuhler an?“ Er (und niemand sonst) ist der Herr der Welten.

10 Er setzte in ihr dann feste Hügel ein, die sie überragen, und segnete und reicherte sie mit Nahrung an in vier Tagen – gleichmäßig für all diejenigen, die darum bitten.
11 Dann wandte er sich zum Himmel, welcher noch Rauch war, und sprach zu diesem wie auch zur Erde: „Kommt ihr beide, willig oder widerwillig." Sie sprachen: „Wir kommen, gehorchend."
12 Dann bestimmte er sie als sieben Himmel in zwei Tagen und offenbarte jedem Himmel seine eigene Aufgabe. Und wir verzierten den am niedrigsten gelegenen Himmel mit Lampen, und machten in unverletzlich. Dies ist die Maßnahme des Mächtigen, dem Wissenden.

Diese Verse sagen uns, dass Allah den Boden in zwei Tagen erschuf. Dann erschuf er in vier Tagen, die darauf folgten, die Bäume, das Wasser und die Berge. Und zu guter Letzt erschuf Allah anschließend – in zwei Tagen – die sieben Himmel. Wenn wir jetzt die Zahl der Tage zusammenrechnen, die Allah brauchte, um die Welt zu erschaffen, kommen wir auf eine Zahl von genau Acht Tagen – anstelle von sechs. Was verrät uns das?

Der Schöpfungsbericht, wie er in Sure 41:9-12 steht, steht eindeutig im Widerspruch zu den vielen Versen, die ich oben erwähnt habe. In ihnen heißt es nämlich, dass die Welt in sechs Tagen erschaffen wurde. Ebenso widerspricht er dem vorher von mir gezeigten Hadith, auch wenn Koran Sure 41:9-12 – was die Reihenfolge der Schöpfung angeht – zumindest in einigen Punkten mit dem Hadith übereinstimmt.

Bevor wir dieses Thema beenden: Die Muslime stellen häufiger die unterschiedlichsten Behauptungen über das Alter der Erde auf. Und ich habe viele von ihnen sagen hören, dass der Koran um einiges glaubhafter als die Bibel sei, was die sechs Tage der Schöpfung angeht. Wieso meinen sie das? Weil der Koran, so sagen sie zumindest, nicht sagt, wie lang die einzelnen Tage waren. Wie immer hilft uns aber Mohammed auch bei dieser Behauptung, die falsche Wissenschaft der Muslime bloßzustellen.

In Sahih Al-Bukhari, Buch 59, Hadith 688 steht:

Der Prophet Allahs sprach: „Die Zeit war in ihrer Form von Anfang an so, wie sie heute ist. Sie verstreicht heute in der gleichen Spanne wie damals, als Allah die Himmel und die Erde erschuf..."

Mohammeds unumstößlichen Worten können wir klar und deutlich entnehmen, dass die Tage, an denen die Schöpfung stattfand, genauso lang gewesen waren wie

Tage heute. Ebenso widerlegen seine Worte die Behauptung der Muslime, dass laut dem Islam die Tage der Schöpfung niemals in einer Länge bzw. Dauer angegeben werden, die einem heutigen 24-Stunden-Tag entspricht. Übrigens: Wissenschaftlichen Erkenntnissen zufolge waren die Tage auf der Erde zu Beginn kürzer als die heutigen, und wurden bzw. werden mit jedem Jahrhundert länger. Siehe:http://helios.gsfc.nasa.gov/qa_earth.html#earthslow

Dann aber sagte Mohammed auch, dass ein Tag bei Allah tausend Jahren nach unserer Zeitrechnung entspricht. So lesen wir in Koran Sure 22:47: *„Nichtsdestotrotz bitten sie dich darum, die Strafe zu beschleunigen! Doch wird Allah niemals sein Versprechen brechen. Wahrlich, ein Tag bei deinem Herrn gleicht tausend Jahren nach eurer Zeitrechnung.“*

Da die Zeit, wie es Mohammed im oben genannten Hadith sagt, schon immer genauso verstrich wie heute (*„Die Zeit war in ihrer Form von Anfang an so, wie sie heute ist. Sie verstreicht heute in der gleichen Spanne wie damals, als Allah die Himmel und die Erde erschuf...“*) und Allah diese einzelnen Zeitspannen „Tage“ nennt – die exakt unserer Vorstellung von 24-Stunden-Tagen entsprechen –, entpuppen sich die Worte Mohammeds und seines Gottes nur umso mehr als Widersprüche. Einer von beiden erzählte eine Lüge, was letztendlich bedeutet, dass beide von ihnen gelogen haben: Mohammed log als erster. Und alles, was Allah dann sagte, war ebenfalls gelogen, da es von einem falschen, vertrauensunwürdigen Zeugen (Mohammed) erzählt wurde.

MUSLIMISCHE BEHAUPTUNG DIE ERKUNDUNG DES ALLS

Heute bereist und erkundet die Menschheit mittels Raumfahrttechnik wissbegierig das All. Ihren Anfang nahm die Raumfahrt am 4. Oktober 1957 mit dem sowjetischen Satelliten Sputnik 1, sowie mit der Technologie, die den ersten Menschen, der jemals die Atmosphäre der Erde verlassen sollte, ins All emporhob: Den sowjetischen Kosmonauten Juri Gagarin. Am 20. Juli 1969 wurde der amerikanische Astronaut Neil Armstrong der erste Mensch, der einen Fuß auf den Mond setzte.

Tatsächlich offenbarte der Koran schon seit jeher, dass solche Entwicklungen und Durchbrüche eines Tages einsetzen und wahr gemacht würden. So lenkt Allah unsere Aufmerksamkeit zum folgenden Vers:

O Versammlung von Dschinn und menschlichen Wesen. Wenn ihr dazu imstande seid, die Begrenzung der Himmel und der Erde zu durchdringen, dringt durch sie durch. Ihr werdet sie nicht durchdringen, es sei denn ihr habt eine unmissverständliche Autorität. (Koran Sure 55:33)

Das arabische Wort „Sultan“, welches hier als „eine unmissverständliche Autorität" übersetzt wird, hat mehrere Bedeutungen. Darunter: Kraft, Macht, Souveränität, Herrschaft, Gesetz, Pfad, Erlaubnis, Beurlaubung, Rechtfertigung und Beweis.

Gründliche Untersuchungen enthüllen, dass der obige Vers davon spricht, dass die Menschheit dazu in der Lage sein wird, in die Weiten der Erde und des Himmels vorzudringen, allerdings nur mit einer überlegenen Macht. In aller Wahrscheinlichkeit ist mit dieser überlegenen Macht die überlegene Technologie des 20. Jahrhunderts gemeint. Denn diese Technologie war es, die es der Wissenschaft ermöglichte, solch große Sprünge zu machen.

SPUTNIK BRICHT ZUM HIMMEL AUF

Der allererste Satellit der Geschichte, Sputnik 1, startete im Jahr 1957 seinen Flug ins All. Vers 19:57 (Sura Maryam, Vers 57) im Koran bezieht sich auf erstaunliche Weise auf das erheben und erhoben werden.

Wir erhoben ihn zu einer hohen Stelle. (Sura Maryam, 57)

Der Begriff „refa'nahu", der in diesem Vers vorkommt, leitet sich von dem Verb „refea" ab. „Refea" bedeutet „erheben", „hochheben" oder „anheben". Dazu kommt in diesem Vers das Wort „Aliyyen" vor, welches die Bedeutungen „hoch" und „sehr hoch" sowie „groß" hat. Wenn wir also den Vers an sich betrachten, sagt er uns, dass etwas „in eine sehr große Höhe erhoben" wird. Demnach könnte Vers 19:57 vielleicht eine Andeutung auf den Start des Satelliten Sputnik 1 im Jahr 1957 sein, der als erster Satellit die Atmosphäre der Erde verließ. Allah kennt die Wahrheit.

Vers 19:57 im Koran spricht vom „in eine sehr große Höhe erhoben" werden. Sputnik 1, der erste unbemannte Satellit, hob im Jahr 1957 ab.

MEINE ANTWORT ZU: ALLAH SAGT VORAUS, DASS DER MENSCH DEN WELTRAUM BEREISEN WIRD

Herr Harun sagt diess: „Vers 19:57 im Koran spricht vom „in eine sehr große Höhe erhoben" werden. Sputnik 1, der erste unbemannte Satellit, hob im Jahr 1957 ab." Er bringt Vers 19:57 also mit der Jahreszahl 1957 in Verbindung.

Ich kann nicht glauben, mit welchen an den Haaren herbeigezogenen Argumenten Muslime versuchen, den Islam als die „Wahre Religion" hinzustellen.

Meine Antwort hierauf:

- Der Vers spricht von einem muslimischen Propheten namens Idris. Darin steht: „Wir erhoben ihn zu einer hohen Stelle." Erhoben! Hier ist von der Vergangenheit die Rede – nicht von der Zukunft! Es ist ihm also bereits widerfahren.
- Im Vers geht es um einen Menschen, der erhoben wurde. Sputnik 1 war jedoch ein Satellit.Will Allah etwa sagen, dass Idris ein Satellit ist? Tja, dann frage ich Herr Yahya mal: Glaubt Ihr hochgeschätzter Allah, dass Satelliten Menschen sind?

Koran Sure 19:56-57 (Übersetzung von Yusuf Ali, aus dem Englischen übersetzt von John Doe):

56 Auch wird im Buch über Idris berichtet: Er war ein Mann der Wahrheit (und Ehrlichkeit), (und) war ein Prophet.57 Und wir erhoben ihn an einen hohen Platz.

Tanwir Al-Miqbas Min Tafsir Ibn 'Abbas:

{ وَرَفَعْنَاهُ مَكَاناً عَلِيّاً }

(Und wir erhoben ihn an eine hochgelegene Stelle) im Paradies.

- Die Worte „wir erhoben" kommen in unterschiedlicher Variation, aber immer mit der gleichen mehr als 29 Mal im Koran vor.

Hier ist nur ein Beispiel mit Isa (Jesus), aus Koran Sure 3:55:

Seht! Allah sprach: „Oh Isa! Ich werde mich deiner annehmen und dich zu mir erheben..."

- Wenn wir hierbei Herr Haruns Logik anwenden würden, würde das dann bedeuten, dass ein Satellit im Jahr 355 in den Weltraum vorgerückt ist? Vers 3:55 = Jahr 355? Und bedenke: Es wäre von Herr Harun insoweit sinnvoller gewesen, diesen Vers zu verwenden, da in diesem Vers wenigstens von der Zukunft die Rede ist.
- Wenn Vers 19:57 wirklich davon handelt, dass zum ersten Mal etwas die Reichweite der Erde verlässt, warum kann man dann nicht das gleiche über Koran Sure 3:55 behaupten?Auch hier spricht der Koran von „erheben".
- Noch lustiger ist die Frage: War es überhaupt Allah, der die Verse im Koran in dieser Reihenfolge – mit ihrer entsprechenden Nummerierung – offenbart hat? War es nicht Uthman, Mohammeds Nachfolger, der sie in ihrer jetzigen

Reihenfolge anordnen ließ?

- Uthman hat die Reihenfolge der Verse erheblich verändert. Zum Beispiel: Der erste Vers, der Mohammed offenbart wurde, lautete „Lies!“. Doch dieser Vers kommt im Koran erst in Kapitel/Sure 96 vor! Allah hat die Verse im Koran niemals nummeriert, und Mohammed genauso wenig.
- Ist Uthman somit der allmächtige Gott?
- Obendrein widerspricht der Koran sich selbst. Denn er sagt in Sure 55:33, dass man ohne Allahs persönliche Ermächtigung die Reichweite der Erde nicht verlassen kann.

Solange wir bei Sure 55 sind, möchte ich an dieser Stelle noch eine andere Behauptung von Harun Yahya einschmeißen. Sie handelt vom Mond. Mehr dazu auf der nächsten Seite.
Koran Sure 55:33 und 35, Übersetzung von Mohsin Khan (aus dem Englischen übersetzt von John Doe):

33 O Zusammenkunft von Dschinn und Menschen! Wenn ihr die Macht habt, über die Bereiche der Himmel und der Erde zu schreiten, dann schreitet (über sie) hinaus! Doch ihr werdet niemals in der Lage sein, außer mit Ermächtigung (von Allah)!
35 Entsandt wird gegen euch beide – sowohl Dschinn als auch Menschen – dann ein loderndes Feuer und ein Blitz aus Messing, und ihr werdet dem nicht entkommen.

Im selben Kapitel sagt Allah, dass er sowohl Menschen als auch Dschinn unter Beschuss nimmt, wenn sie versuchen, ohne seine Ermächtigung die Erde zu verlassen. Wie wollen wir dann die Erdatmosphäre verlassen und ins All fliegen, wenn er uns vorher abschießt? Hat Allah nicht mit unmissverständlichen Worten gesagt, dass wir dem nicht entkommen können?

Ich darf nicht vergessen zu erwähnen, dass die ersten Menschen, die ins All flogen, allesamt solche waren, die der Islam als schmutzige Ungläubige bezeichnet (Russen, Amerikaner und Chinesen). Keiner von ihnen hatte Allahs Ermächtigung.

Das ist kein Wunder, auch wenn die Muslime versuchen, uns das glauben zu lassen. Es ist das absolute Gegenteil, und obendrein noch eine riesige Falschaussage. Die Menschheit ist Allahs

Aussagen zu trotz in der Lage, das All zu bereisen. Und jetzt verkomplizieren Mohammeds Anhänger Allahs Falschaussagen, indem sie unsinnige, falsche Behauptungen aufstellen.

HARUNS BEHAUPTUNG: DIE REISE ZUM MOND

Koran Sure 84:18-20:

Und (ich schwöre) auf den Mond, wenn er voll ist: Ihr werdet Stufe für Stufe aufsteigen! Was stimmt mit ihnen nicht, dass sie keinen Glauben haben?

Nachdem der Mond erwähnt wurde, sagt der obige Vers anschließend, dass die Menschen Stufe für Stufe erklimmen werden. Der Begriff „Tarkabunna" kommt vom Verb „rakiba", welches „aufsteigen", „auf einem Pfad beschreiten", „durchlaufen", „verfolgen",„angehen", „teilnehmen" oder „herrschen" bedeuten kann. In Anbetracht all dieser Bedeutungen ist es sehr wahrscheinlich, dass mit dem Ausdruck „Stufe für Stufe aufsteigen" Bezug auf ein bemanntes Transportmittel genommen wird.

Und tatsächlich: Die Raumfahrzeuge der Astronauten steigen auf und durchdringen die Schichten der Atmosphäre eine nach der anderen, bis sie schließlich das Gravitationsfeld des Mondes durchdrungen haben. Demnach erreicht man den Mond, indem man aufsteigt, und zwar eine Schicht der Atmosphäre nach der anderen. Dazu kommt, dass das schwören auf den Mond in Sura Al-Inshiqaq 18 dies umso mehr hervorhebt – was bedeutet: Der Vers ist vielleicht ein Hinweis darauf, dass der Mensch eventuell zum Mond reisen wird. Allah weiß es am besten.

MEINE ANTWORT

Lesen wir uns diese Behauptung von Anfang bis Ende durch. Dann wirst du sehen, wie falsch sie ist. Herr Harun sagt: „Der Vers ist vielleicht ein Hinweis..." Es handelt sich hierbei also um „Vielleicht"-Wissenschaft!

Harun hat ausgerechnet diese Übersetzung der Verse verwendet, um seine Behauptung zu stützten. Dabei sorgt allein schon seine Übersetzung dafür, dass sich diese Behauptung als Schwachsinn herausstellt. Wie das?

In Koran Sure 84:19 steht: *„Ihr werdet Stufe für Stufe aufsteigen!"*

Lesen wir uns mal die Interpretation dieses Verses aus dem Tafsir von Al-Jalalayn durch:

لَتَرْكَبُنَّ طَبَقًا عَنْ طَبَقٍ „ لَتَرْكَبُنَّ „ أَيّهَا النَّاس أَصْله تَرْكَبُونَنَّ حُذِفَتْ نُون الرَّفْع لِتَوَالِي الْأَمْثَال {19} وَالْوَاو لِالْتِقَاءِ السَّاكِنَيْنِ „ طَبَقًا عَنْ طَبَق „ حَالًا بَعْد حَال , وَهُوَ الْمَوْت ثُمَّ الْحَيَاة وَمَا بَعْدهَا مِنْ أَحْوَال الْقِيَامَة

Ihr sollt erneuert werden, indem ihr Stufe für Stufe, Ebene für Ebene, aufsteigt. Namentlich indem ihr den Tod, das Jenseits und dann anschließend die Stufe erreicht habt, die euch nach der Auferstehung erwarten wird.

- Wenn wir jede Interpretation des Koran durchgehen würden, dann würden wir feststellen, dass sie alle mit Al-Jalalayns Interpretation übereinstimmen. Wie kommen die Muslime von heute auf solche Behauptungen wie Haruns? Das ist nicht weiter als ein Täuschungsversuch, mit dem alle, die kein Arabisch sprechen, in die Irre geführt werden sollen!

Zuallererst wird hier gesagt: „*Ihr steigt Stufe für Stufe auf.*“ Hier ist vom Allahs Himmel im Jenseits die Rede. Es ist ein Versprechen, in den Himmel zu kommen. Tatsächlich geht es hier um dasselbe wie in Koran Sure 67:3, wo Mohammed ausdrücklich gesagt hat, dass der Himmel Allahs aus sieben Etagen besteht – Auch die sieben Himmel genannt. Lies das gesamte Kapitel und du wirst feststellen, dass Allah eine Warnung ausspricht: Sei gläubig und du kommst in den Himmel. Wenn nicht, wird Allah dich bestrafen. Es hat rein gar nichts mit irgendwelchen Reisen zum Mond zu tun.

Nun denn: Nehmen wir mal an, wir würden Herr Haruns Übersetzung und Interpretation recht geben. Doch wenn es hier wirklich über Mondreisen ginge, dann hätten wir somit ein großes Problem. Im darauffolgenden Abschnitt des Koran geht es nämlich um Himmel und Hölle, und wie man jeweils dort hinkommt. Wir würden allen Ernstes sehen, wie Allah sich irrt und Herr Harun richtigliegt! Werfen wir nun einen Blick auf Ibn Kathirs Interpretation von Koran Sure 84:1-20:

1. *Wenn der Himmel zerteilt wird (Alle Muslime sind sich einig, dass hiermit der Jüngste Tag gemeint ist),*
2. *Und seinem Herrn horcht und sich ihm unterwirft, ist die Zeit gekommen.*
3. *Und dann wird die Erde ausgedehnt,*
4. *Und alles, was in ihr ist, wird rausgeworfen werden müssen, sodass sie leer wird.*
5. *Und sie (die Erde) macht ihrem Herrn seine Aufwartung, und (die Erde) geht so ihrer Verpflichtung nach.*
6. *O Menschen, wahrlich, erneuert wird was über euch geschrieben ist, und was ihr getan habt, auf dem Weg zu eurem Herrn, mit einer gewissen Rückkehr, und ihr werdet eurem Herrn mit euren Werken begegnen.*
7. *Er, der Rechtschaffene, soll gewiss ein unbedenkliches, sorgenfreies Urteil erhalten.*
8. *Und er wird wieder bei seiner Familie sein, in großer Freude (Er wird im Himmel mit seiner Familie wiedervereint werden und mit ihr dort fortan gemeinsam*

leben).

9. *Der aber, dem was über ihn geschrieben steht hinter seinem Rücken gegeben wird,*
10. *Er wird sich seine Vernichtung herbeiwünschen,*
11. *Und wird in ein verzehrendes Feuer eingehen, und darin brennen.*
12. *Gewiss, er lebte in großer Freude bei seiner Familie.*
13. *Gewiss, er dachte, dass er nie zu Allah zurückkehren würde.*
14. *So schwöre ich auf das Dämmerlicht nach dem Sonnenuntergang;*
15. *Und auf die Nacht und was immer sich in ihrer Dunkelheit befinden mag;*
16. *Und auf den Mond, wenn er voll ist.*
17. *Ihr sollt gewiss reisen von einem Punkt zum anderen.*
18. *Und wann auch immer der Koran ihnen verkündet wird, sie beugen sich nicht.*
19. *So verkünde ihnen ein erbärmliches Leid.*
20. *Behütet diejenigen, die glauben und im Rechtschaffen gute Werke vollbringen. Für sie wird es Lohn geben – Erkenntliche Belohnungen.*

Die Interpretation von Ibn Kathir findest du auch auf dieser muslimischen Website: http://www.qtafsir.com/index.php?option=com_content&task=view&id=1211&Itemid=140

Ich würde sagen, das angebliche Wunder wurde von dem Kapitel, mit dem Harun Yahya es bekräftigen wollte, mehr als genug widerlegt. Das Kapitel handelt von etwas, was am Jüngsten Tag passieren wird. Und Harun Yahya versuchte es so aussehen zu lassen, als würde es von Mondreisen handeln. Du kannst mir glauben: Ich bin mir zu einhundert Prozent sicher, dass er und alle anderen Muslime die wahre Bedeutung dessen kennen, was in diesem Kapitel geschrieben steht. Aber die Muslime glauben nun mal, dass der Krieg mit der Wahrheit gewonnen werden kann, indem man sich die Wissenschaft zu nutzen macht und sie mit einer falschen Repräsentation des Islam vermischt. Aus diesem Grund habe ich mein Buch Allahs Täuschung genannt.

Solange wir uns mit dem Himmel Allahs befassen, möchte ich gerne mehr darüber erklären und zur gleichen Zeit mit weiteren bekräftigenden Belegen Nachweise erbringen, die auf diese Behauptung eingehen.

ALLAH ERSCHUF DEN HIMMEL IN MEHREREN ETAGEN: DIE SIEBEN HIMMEL

Koran Sure 15:44:

لَهَا سَبْعَةُ أَبْوَابٍ لِّكُلِّ بَابٍ مِّنْهُمْ جُزْءٌ مَّقْسُومٌ **44** Al-Hijr, سورة الحجر

Dort (im Himmel) gibt es sieben Tore: Jedes dieser Tore ist jedem (Muslim) gemäß seiner Sünden entsprechend zugeteilt.

Damit ist gemeint, dass die Muslime, die in Allahs Augen besser als andere Muslime sind, in eine höhere Etage und so in einen besseren Himmel kommen. Zum Beispiel: Al-Qaida zieht womöglich in die 6. Etage ein, die Allahs Thron näher ist, als die anderen fünf Etagen, wo die anderen Muslime hinkommen.

Dasselbe finden wir auch in Koran Sure 23:86:

سورة المؤمنون

Er ist der Herr der sieben Himmel.

Der Himmel ist also in sieben Himmel (Etagen) unterteilt, die zusammen einen großen, einzelnen Himmel ergeben. In Koran Sure 67:3 lesen wir das Wort Tbaqan (طباقi Tbaqan):

الَّذِي خَلَقَ سَبْعَ سَمَاوَاتٍ طِبَاقًا **3 Al-Mulk,** سورة الملك

Er ist es, der den Himmel in mehreren Etagen erschuf: Die sieben Himmel, einer über den anderen.

Beachte hierbei das Wort „Etagen“, welches im Arabischen „Tbaqan“ bedeutet.

In dem Vers kann es gar nicht um Mondreisen gehen, da sich der Himmel Allahs nicht auf dem Mond befindet. Lies dir noch einmal die Geschichte (aus Sahih Al-Bukhari, Buch 58, Hadith 227) auf Seite 229 durch, in der Mohammed jeden einzelnen der sieben Himmel besucht. Jeder einzelne dieser Himmel hat ein Tor, und jedes Tor wird von Wachpersonal bewacht.

Es könnte jemand fragen: „Wieso schwört Allah in diesen Versen, die Herr Harun Yahya erwähnt (Koran Sure 84:18-29), auf den Mond?“

Die Antwort: Allah schwört, dass man, sobald der Mond voll ist, nachdem man gestorbenist in den Himmel kommt. Lese es dir ganz gründlich durch. Er hat nicht einfach auf den Mond geschworen, sondern auf den Vollmond. So steht es in Haruns Übersetzung – Nicht in meiner. „*Und (ich schwöre) auf den Mond, wenn er voll ist: Ihr werdet Stufe für Stufe aufsteigen!*“

Man wird aufsteigen, sobald nach dem Dahinscheiden der Vollmond eingetreten ist. Denn solange Allah „Wenn der Mond voll ist“ sagt, meint er damit, dass man nicht in den Himmel kommen wird, bevor der Mond voll geworden ist! Handelt es sich hierbei also um eine einmalige Reise, die für einen Muslim kein zweites Mal stattfinden wird, oder um die Nennung des Moments, in dem die Flüge zum Mond beginnen werden? Ich bin mir sicher, die Muslime werden sagen, dass es hierbei um Zweiteres geht!

Allah sagt, dass sich dieses Ereignis nur an einem Vollmond ereignet. Das macht die Behauptung ungemein komischer.

Wann brach das erste Raumfahrzeug zum Mond auf?

Von der NASA haben wir folgendes: Lunik 1, Start: 2. Januar 1959.Lunik 1 war die erste Raumsonde, der in die Nähe des Mondes kam.

Am 2. Januar 1959, als die Sonde gestartet wurde, gab es keinen Vollmond! Vollmond war im Januar 1959 erst am 24. Januar.

Wie wir sehen, stimmt Allahs (angebliche) Vorhersage über den ersten Flug zum Mond nicht mit dem Vollmonddatum überein!

Die Muslime würden jetzt meinen: „Oh, es geht über einen Menschen, der zum Mond fliegt, und nicht um eine Raumsonde." Na schön. Sehen wir uns mal an, wann genau zum ersten Mal Menschen zum Mond geflogen sind. Hier ist ein Link: http://nssdc.gsfc.nasa.gov/planetary/lunar/apollo11info.html

Apollo 11 Start: 16. Juli 1969, 13:32:00 UTC
Mondlandung: 20. Juli 1969, 20:17: UTC
Landeplatz auf dem Mond: Mare Tranquillitatis (ð "٢٦,٦٩ '٤٠ °0 N, '٢٨ °٢٣
"٢٢,٦٩ O)
Zur Erde zurückgekehrt: Am 24. Juli 1969 16:50 UTC
Besatzung: Neil Alden Armstrong
Michael Collins
Edwin Eugene Aldrin, Jr.

Wie wir sehen, ereignete sich die Mondlandung von Apollo 11 am 20. Juli 1969. Vollmond war im Juli 1969 aber erst am 29. Juli. Du kannst dir diesen Fakt noch einmal zusätzlich von einem Moon Calculator wie diesem hier bestätigen lassen, wenn du möchtest: http://www.webmagician.com/cgi-bin/fullmood_calc.pl

Und wieder einmal hat Allah verloren. Obendrein widerspricht diese muslimische Behauptung dem Koran, wie man anhand von Koran Sure 55:33 sehen kann:

O Versammlung von Dschinn und Menschen, wenn ihr imstande seid, über die Reichweite der Himmel und der Erde hinauszugehen, dann geht hinaus! Doch ihr

werdet nicht hinausgehen können, außer mit Ermächtigung.

Wie wir sehen, wird das hier Geschriebene von islamischen Gelehrten in Tafsir Al-Jalalayns Interpretation von Koran Sure 55:33 bestätigt:

{ يَٰمَعْشَرَ ٱلْجِنِّ وَٱلْإِنسِ إِنِ ٱسْتَطَعْتُمْ أَن تَنفُذُوا۟ مِنْ أَقْطَارِ ٱلسَّمَٰوَٰتِ وَٱلْأَرْضِ فَٱنفُذُوا۟ لَا تَنفُذُونَ إِلَّا بِسُلْطَٰنٍ }

O Rassen der Dschinn und Menschen, wenn ihr imstande seid, über die Reichweite der Himmel und der Erde hinauszugehen, dann geht hinaus! Sie (die Dschinn und die Menschen) werden von Allah vor eine Herausforderung gestellt, die sie nicht meistern können. Ihr werdet nicht hinausgehen können, außer mit Ermächtigung und mit der nötigen Macht. Und ihr habt nicht die nötige Macht, etwas derartiges zu tun.

Wie immer wird Allah von den Ungläubigen geschlagen. Bis heute können die Muslime keine Raumfahrzeuge, geschweige denn Flugzeuge bauen. Alles, was sie haben, ist der fliegende Teppich, der im Koran erwähnt wird.Es ist so offensichtlich, dass Mohammed und sein falscher Gott niemals auch nur daran gedacht haben, dass der Mensch jemals einen Fuß auf dem Mond setzen wird. Wenn wir Mohammed heute darum bitten könnten, den Koran umzuschreiben, dann würde er in seinem aktualisierten Koran Neil Armstrong erwähnen – als einen Propheten Allahs!

MUSLIMISCHE BEHAUPTUNG

Ich zeige hier zwei Behauptungen gleichzeitig auf, da sich beide dieser Behauptungen um das gleiche Thema drehen und dementsprechend zusammenhängen. (Es folgen die Muslimischen Behauptungen)

Behauptung # 1
DIE RUNDE FORM DER ERDE UND DAS HELIOZENTRISCHE SYSTEM

Und er flachte die Erde ab. (Koran Sure 79:30)
(Korrekte Übersetzung: Dann breitete er die Erde, flach wie einen Teppich, aus.)

In der ursprünglichen arabischen Form des obigen Verses kommt das Wort „daha" vor. „Daha", was mit „flachte ab" übersetzt wird, kommt vom Wort „dahv", was „ausbreiten" heißt. Obwohl das Wort „dahv" gleichzeitig auch „verdecken" oder

„darlegen" bedeutet, ist mit „daha" an dieser Stelle spezifisch das Verb „ausbreiten" gemeint. Denn: Hiermit ist das ausbreiten in Form eines Kreises gemeint – Eine runde Form.

Das Konzept des Runden und Dinge, die eine runde Form besitzen, werden ebenso mit einer Vielzahl von anderen Worten in Verbindung gebracht, die sich von „dahv" ableiten lassen. Beispielsweise kann man „dahv" auch auf Kinder beziehen, die einen Ball in ein Loch fallen lassen, oder auf Spiele, bei denen man Steine in Löcher werfen muss. Und genauso auf Spiele, die mit Walnüssen gespielt werden. Worte, die sich ebenfalls davon ableiten lassen, beziehen sich auf einen Vogel Strauß, der ein Nest baut oder auf Steine, die er beseitigt, bevor er sich an einer entsprechenden Stelle niederlässt. Auch beziehen sich diese Worte auf den Nistplatz des Straußes und auf das Straußenei selbst.

Tatsächlich ist die Erde rund. Und ihre runde Form erinnert an die Form eines Straußeneis. Die leicht abgeflachte sphärische Form der Erde wird als „Geoid" bezeichnet. So gesehen offenbart uns Allah durch die bloße Verwendung des Wortes „daha" wichtige Informationen über die Form der Erde. Über Jahrhunderte hinweg stellten sich die Menschen die Erde so flach wie eine Pizza vor und lernten die Wahrheit nur dank dem technologischen Fortschritt kennen. Und dabei wurde diese Tatsache bereits vor 1400 Jahren im Koran offenbart.

Es folgt die zweite Behauptung, die mit der ersten Behauptung zusammenhängt.

Behauptung # 2
DAS HELIOZENTRISCHE SYSTEM

Er ist es, der die Himmel und die Erde erschuf in Weisheit. Er wickelt die Nacht über den Tag, und wickelt den Tag über die Nacht. Und er hat Sonne und Mond dienlich gemacht; sie beide verfolgen jeweils ihr eigenes Ziel. Ist er nicht fürwahr der Allmächtige, der unermesslich Vergebende? (Sura Az-Zumar (39), Vers 5)

Im obigen Vers wird der Bewegungsablauf der Erde mit dem Wort „yukawwiru" beschrieben, das seine Wurzeln im Verb „takwir" hat. „Takwir" hat diese Bedeutung: „Einen sphärischen Körper verdecken." Das bezieht sich auf die Erde, die eine sphärische Form hat und durch ihre Rotation Tag und Nacht aufkommen lässt. Es wirkt so, als würden Tag und Nacht im Rahmen seiner Rotation um die Erde gewickelt, ähnlich einem Turban, der um den Kopf seines Trägers gewickelt wird. Zusätzlich zur sphärischen Form der Erde versinnbildlicht das Wort auch auf die denkbar präziseste Weise, wie sich die Erde um die Sonne dreht. Wegen der sphärischen Form der Erde und der Tatsache, dass sie sich um die Sonne dreht, wird die Erde immerzu auf einer Seite von der Sonne erhellt, während die andere Seite dunkel bleibt. Die überschattete Seite wird von der Dunkelheit der Nacht verdeckt, und wird mit dem Licht des Tages ersetzt, sobald die Sonne aufgeht. Die Positionen von Sonne und Erde werden uns wie folgt in Sura Já-Sín offenbart:

Und die Sonne eilt zu ihrem Ruheort. Das ist die Anordnung des Allmächtigen, des Allwissenden. Und wir haben für den Mond vorgegebene Phasen bestimmt, bis er eines Tages wie ein alter Palmzweig aussieht. Die Sonne darf weder den Mond einholen, noch darf die Nacht dem Tag zuvorkommen. Sie schwimmen alle in einer Umlaufbahn. (Sura Já-Sín (36), Vers 38-40)

Die Bewegung von Sonne und Mond werden in Sura Já-Sín Vers 40 mit dem arabischen Wort „yasbahoona" beschrieben, welches „treiben", „vorbeigehen" oder „schwimmen" bedeutet. Das Wort bezieht sich auf eine Aktion, die von jemandem selbst durchgeführt werden muss.Eine Aktion, die jemanden diesem Verb zufolge ohne fremde Hilfe oder Einfluss vollzieht. Demnach könnte der obige Vers vielleicht die eigenständige Bewegung der Sonne meinen, die von keinem anderen Himmelskörper im Universum abhängig ist oder beeinträchtigt wird (Allah kennt die Wahrheit). Wir können die Bewegung der Sonne mit unseren eigenen Augen beobachten und verfolgen. Doch ermöglicht wird uns dies erstdurch den Einsatz spezieller, technologischer Ausrüstung. Wie in Sura Já-Sín Vers 39 bestätigt wird, dreht sich die Sonne nicht nur alle 26 Tage um die eigene Achse, sondern bewegt sich auch auf ihrem eigenen Kurs fort.

Der Vers berichtet auch davon, dass es der Sonne nicht erlaubt ist, den Mond „einzuholen". Der Koran bestätigt somit, dass sich die Sonne und der Mond nicht um ein und denselben Himmelskörper drehen – So sagen es auch Astronomen. Gleichzeitig sagt uns der Vers unmissverständlich, dass die Bewegungsabläufe, die für Tag und Nacht verantwortlich sind, und die Bewegung von Sonne und Mond, in keinerlei Verbindung zueinanderstehen (Allah kennt die Wahrheit).

Bis ins 16. Jahrhundert nahm man an, dass die Erde das Zentrum des Universums darstellt. Die Anschauung wird als „Geozentrisches Modell" bezeichnet, und leitet sich von den beiden griechischen Worten „Geo" (Erde) und „Centron" (Zentrum) ab. Diese Annahme wurde vom weltberühmten Astronomen Nikolaus Kopernikus in seinem 1543 erstmals veröffentlichtem Buch De Revolutionibus Orbium Coeles-

tium (Über die Umschwünge der himmlischen Kreise) hinterfragt. Darin legte er den Gedanken nahe, dass die Erde sowie die anderen Planeten in unserem Sonnensystem sich um die Sonne drehen. Doch erst durch Galileo Galilei und seiner Observation mithilfe eines Teleskops im Jahr 1610 wurde der Gedanke, dass die Sonne die Erde umkreist, von der Wissenschaft als Tatsache bestätigt. Da man zuvor weitestgehend annahm, dass sich die Sonne um die Erde drehen muss, lehnten die meisten Gelehrten der damaligen Zeit Kopernikus' Theorie ab. Die Ansichten des berühmten Astronomen Johannes Kepler (über die Bewegungsabläufe im 16. und 17. Jahrhundert) bekräftigten das Heliozentrische Modell und bestätigten es somit als wissenschaftliche Tatsache. Laut diesem Modell, dessen Name sich von den beiden Worten „Helios" (Sonne) und „Centron" (Zentrum) ableitet, stellt die Sonne – anstelle der Erde – den Mittelpunkt des Universums – das Zentrum – dar. Auch andere Himmelskörper drehen sich um die Sonne. Und das alles wurde bereits vor 1400 Jahren im Koran offenbart.Indem er sagte, dass sich die Erde im Zentrum des Universums befindet, machte sich der griechische Astronom Claudius Ptolemäus für das Aufkommen der geozentrischen Vorstellung des Universums verantwortlich, die für viele Jahrhunderte anhielt und im Bewusstsein der Menschheit lange Zeit als richtig galt. Und so wusste kein Mensch zu der Zeit, als der Koran offenbart wurde, dass das Geozentrische Modell, welches den Wechsel von Tag und Nacht erklärte – besonders in Bezug auf die Sonne – vollkommen falsch war. Ganz im Gegenteil: Man nahm an, dass sich sämtliche Planeten sowie alle Sterne am Himmel um die Erde drehen. Und trotz der erheblichen Fehler, die in jener Zeit im Umlauf waren, beinhaltet der Koran damals wie heute eine Vielzahl von Informationen, die alle mit den heutigen, korrekten wissenschaftlichen Fakten über Tag und Nacht übereinstimmen: Bei der Sonne und bei ihrem Morgenstrahlen, und beim Mond, wenn er ihr folgt,und bei dem Tag, wenn er sie zur Schau stellt, und bei der Nacht, wenn sie sie bedeckt... (Sura Ash-Schams (91), Vers 1-4)

Wie im obigen Vers dargelegt wird, sind der Tag und das Morgenstrahlen der aufgehenden Sonne das Resultat des Bewegungsablaufs der Erde. Nicht die Bewegung der Sonne ist der Grund für das Aufkommen von Tag und Nacht. Mit anderen Worten: Was den Rhythmus von Tag und Nacht angeht, ist die Sonne starr und bewegungslos. Die Informationen, die im Koran zu finden sind, widerlegen somit die These, dass die Erde starr und bewegungslos sei und von der Sonne umkreist wird. Der Koran stammt zweifellos von unserem Herrn, der frei von Raum und Zeit ist. Mit den Fortschritten in den Bereichen der Wissenschaft und der Technik tauchen immerzu neue Beispiele auf, die die Kompatibilität des Koran mit der Wissenschaft umso mehr aufzeigen. Das wird auch in einem Vers im Koran so gesagt:

In ihren Geschichten ist eine Lehre für Menschen von Verstand. Dies ist keine erdichtete Erzählung, sondern eine Bestätigung von allem, was vorausging, eine deutliche Darlegung aller Dinge, und eine Rechtleitung und gegebene Gnade für ein Volk, das glaubt. (Sura Yusuf (12), Vers 111)

Das obige Manuskript (Das genannte Manuskript ist auf Harun Yahyas Website zu sehen) aus den 1750erjahren zeigt das Geozentrische Modell. Es dauerte viele Jahre, bis es verworfen und durch das Heliozentrische Modell ersetzt wurde.

MEINE ANTWORT AUF: DIE RUNDE FORM DER ERDE

Zuallererst: Ist die Erde dem Koran zufolge rund? Wir werfen mal einen Blick auf einen der Verse, die Herr Harun uns genannt hat. Seine Übersetzung von Koran Sure 36 (Sura Já-Sín), Vers 38-40:

Und die Sonne eilt zu ihrem Ruheort. Das ist die Anordnung des Allmächtigen, des Allwissenden. Und wir haben für den Mond vorgegebene Phasen bestimmt, bis er eines Tages wie ein alter Palmzweig aussieht. Die Sonne darf weder den Mond einholen, noch darf die Nacht dem Tag zuvorkommen. Sie schwimmen alle in einer Umlaufbahn.

Der obige Vers beinhaltet einen unübersehbaren Fehler: Die Sonne begibt sich an einen Ruheort, um dort zu schlafen. Für ein besseres Verständnis dessen, worum es in diesem Vers tatsächlich geht, sollten wir Koran Sure 39:5 lesen:

خَلَقَ السَّمَاوَاتِ وَالْأَرْضَ بِالْحَقِّ ۖ يُكَوِّرُ اللَّيْلَ عَلَى النَّهَارِ وَيُكَوِّرُ النَّهَارَ عَلَى اللَّيْلِ ۖ وَسَخَّرَ الشَّمْسَ وَالْقَمَرَ ۖ كُلٌّ يَجْرِي لِأَجَلٍ مُسَمًّى ۗ أَلَا هُوَ الْعَزِيزُ الْغَفَّارُ

Er ist es, der die Himmel und die Erde erschuf in Weisheit. Er wickelt die Nacht über den Tag, und wickelt den Tag über die Nacht...

Die Muslime behaupten, dass genau hier die runde Form der Erde erwähnt wird. Beachte das Wort „wickelt“, welches die Muslime in den meisten ihrer eigenen Übersetzungen verwenden. Wenn Tag und Nacht keine feste, physische Form haben, wie kann man sie dann um etwas wickeln? Das Verb „wickeln“ kann nur bei Dingen angewendet werden, die eine berührbare, physische Beschaffenheit haben. Dazu muss das eine Etwas über eine größere Fläche verfügen als das andere Etwas, um es vollständig umwickeln zu können. Ich weiß nicht, ob du bereits verstehst, was ich gerade zu sagen versuche. Falls du es noch nicht verstehen solltest, hier ein Beispiel: Wenn du eine Schachtel mit der Größe 7x7cm in Papier wickeln möchtest, dann brauchst du dafür ein Stück Papier mit einer Mindestgröße von 8x8 cm. Das Papier ist keine flüssige Farbe, die mit einem Pinsel aufgetragen wird. Das Papier ist fest!

Und außerdem: Selbst wenn Tag und Nacht feste, physische Objekte wären, dann könnten sie unmöglich gleichgroß sein. Wären sie gleichgroß, könnte die Nacht ebenso wenig über den Tag gewickelt werden wie der Tag über die Nacht! Um endgültig zu beweisen, dass Allah meinte, dass Tag und Nacht, feste physische Objekte sind, lesen wir die folgenden Quellen.

TAG UND NACHT SIND PHYSISCHE SCHÖPFUNGEN

In Sahih Al-Bukhari, Buch 59, Hadith 688, steht:

Der Prophet Allahs sprach: „Die Zeit war in ihrer Form von Anfang an so, wie sie heute ist. Sie verstreicht heute in der gleichen Spanne wie damals, als Allah die Himmel und die Erde erschuf...“

Okay, Mohammeds Worte hier reichen vielleicht nicht ganz aus. Sehen wir uns dann mal an, was der Koran (in Sure 21:33) darüber sagt:

Er ist es, der die Nacht und den Tag erschuf, und die Sonne und den Mond. Sie treiben allesamt auf einer Bahn.

Wenn Muslime über diesen Vers sprechen, ignorieren sie bewusst die folgenden Fakten:

- Muss die Nacht als solche überhaupt erschaffen werden? Wer hat die Nacht erschaffen? Allah begann mit der Erschaffung der Nacht, doch die Nacht ist nichts weiter als Finsternis, und Finsternis ist nichts weiter als die Abwesenheit von Licht. Wenn Allah die Nacht also vor dem Tag erschaffen hat, bedeutet das, dass es Licht bereits vor der Erschaffung des Tages gab? Immerhin musste das Licht, damit es Nacht war, abwesend sein. Und ist die Erschaffung des Tages denn nicht gleichzusetzen mit der Erschaffung von Licht? Der Vers widerspricht sich eindeutig selbst und ist in den Augen der Wissenschaft kompletter Unsinn.

In der Bibel sehen wir dagegen, wie es wirklich war. Gott hat die Finsternis nicht erschaffen, weil er die Finsternis gar nicht erst erschaffen musste. Denn Finsternis ist nichts weiter als die bloße Abwesenheit von Licht, wie wir auch in 1. Mose 1:1-5 lesen können:

1. *Im Anfang schuf Gott die Himmel und die Erde.*
2. *Die Erde aber war wüst und leer, und es lag Finsternis auf der Tiefe; und der Geist Gottes schwebte über den Wassern.*
3. *Und Gott sprach: Es werde Licht! Und es wurde Licht.*
4. *Und Gott sah, dass das Licht gut war; da schied Gott das Licht von der Finsternis.*
5. *Und Gott nannte das Licht Tag, und die Finsternis nannte er Nacht. Und es wurde Abend, und es wurde Morgen: der erste Tag.*

Beachte bitte, dass ich oben in Koran Sure 21:33 diese beiden Worte unterstrichen habe: „Sie treiben." Lies dir den Vers nochmal durch und du wirst feststellen, dass sich das„sie treiben" auf jede dieser vier „Schöpfungen" (Nacht + Tag + Sonne + Mond) bezieht.

Also sagt uns Allah, dass der Tag und die Nacht – genau wie die Sonne und der Mond– auf etwas treiben! Sie treiben auf etwas! Das verrät uns: Allah glaubt tatsächlich, dass der Tag und die Nacht als feste, physische Körper erschaffen worden sind, wie Sonne und Mond auch! Hier herrscht eindeutig ein Irrtum und ein grundlegend falsches Verständnis für die Hintergründe bei der Entstehung von Tag und Nacht.

Mohsin Khans Übersetzung von Koran Sure 16:12 (aus dem Englischen übersetzt von John Doe) liest sich wie folgt:

Und er hat für euch die Nacht und den Tag unterwürfig gemacht, und die Sonne und den Mond; und die Sterne sind unterwürfig auf seinen Befehl hin. Gewiss, darin sind Zeichen für Leute, die es verstehen.

Wenn Tag und Nacht keine festen, physischen Geschöpfe (gar mit ihrem eigenen Willen) sind, wie soll man sie sich dann unterwürfig machen? So leicht lassen sich diese falschen Behauptungen widerlegen.

Die Sonne und der Mond.
Der Tag und die Nacht.
Sie holen sich nicht gegenseitig ein.

Koran Sure 36:40:

Es ist der Sonne nicht erlaubt, den Mond einzuholen, und genauso wenig darf die Nacht dem Tag zuvorkommen, und sie sind alle in einer Umlaufbahn, und schwimmen.

Beachte hierbei, dass die Nacht (Finsternis) nicht vor dem Tag eintreten darf. Und dabei stellt die Nacht den ursprünglichen Zustand am Himmel dar, auf den immerzu der Tag folgt. Auf die Finsternis folgt das Licht.

Wenn das tatsächlich so gemeint ist, wie es dasteht, ist mit „einzuholen" wortwörtlich von „einholen" die Rede? Das können wir auf zweierlei Weisen auffassen.

Die Sonne, der Mond, der Tag und die Nacht können einander im physischen und physikalischen Sinne nicht einholen.Das würde bedeuten, dass der Tag und die Nacht sich physisch und physikalisch gesprochen niemals einholen. Also wird der Vers, mit dem wir uns vor genau diesem hier befasst haben, bestätigt, und somit irrt sich der Koran einmal mehr. Wenn so etwas laut Allah nicht passieren kann, dann muss er bei der Offenbarung dieser Verse vergessen haben, dass es Sonnenfinsternisse gibt! Vielleicht wusste er nicht, dass während einer Sonnenfinsternis Sonne und Mond zur gleichen Zeit am Himmel zu sehen sind. Vergiss nicht, dass bei einer Sonnenfinsternis alle vier der in den Versen genannten (vermeintlichen) Schöpfungen Allahs aufeinandertreffen (Tag + Nacht + Mond + Sonne).

Wenn „sie treiben" nichts mit physikalisch gesprochenem einholen zu tun hat, würde das bedeuten, dass die Sonne und der Mond keine physischen Himmelskörper sind. Und auch das wäre falsch.

So oder so haben wir es hier mit einem großen Fehler zu tun. Wusste Allah über Sonnenfinsternisse Bescheid? Es ist so offensichtlich, was der islamische Gott (Mohammed, der wahre Allah) hier gemacht hat. Er hat sich das alles selbst so ausgedacht. Er meinte, dass Tag und Nacht sich nicht einholen konnten. Doch Sonnenfinsternisse beweisen uns das Gegenteil.

Bedenke, dass bei einer Sonnenfinsternis Tag und Nacht einander einholen.

Genau das ist der Grund, weshalb Mohammed in Koran Sure 54:1 sagte, dass der Jüngste Tag nah war. In Mohammeds Augen war der Mond entzwei gespalten und er war sich nicht bewusst, dass es sich hierbei lediglich um eine Sonnenfinsternis handelte. Mohammed nahm an, dass der Mond entzwei gespaltet wurde, und verkündete infolgedessen eine falsche Prophezeiung über den Jüngsten Tag, weil er dachte, dass dieser angebrochen sei. Er hielt diese Sonnenfinsternis tatsächlich für ein Zeichen dessen.Damit haben wir einige weitere Fehler des

Koran, einschließlich dieses Märchens über die Entzweispaltung des Mondes, als solche entlarvt.
Aus dem Buch von Fateh Al-Bari, Seite 105-106:

„Der Prophet Mohammed erwähnt das Wort „Sonnenfinsternis" ganze 4000 Mal oder mehr."

ابْنِ عَبَّاسٍ قَالَ : خَسَفَتِ الشَّمْسُ عَلَى عَهْدِ رَسُولِ اللَّهِ - صَلَّى اللَّهُ عَلَيْهِ وَسَلَّمَ - فَذَكَرَ قِصَّةَ صَلَاةِ الْخُسُوفِ ثُمَّ خُطْبَةَ النَّبِيِّ - صَلَّى اللَّهُ عَلَيْهِ وَسَلَّمَ - وَفِيهَا الْقَدْرُ الْمَذْكُورُ هُنَا ، فَمَنْ أَرَادَ عَدَّ الْأَحَادِيثِ الَّتِي اشْتَمَلَ عَلَيْهَا الْكِتَابُ يَظُنُّ أَنَّ هَذَا الْحَدِيثَ حَدِيثَانِ أَوْ أَكْثَرُ لِاخْتِلَافِ الِابْتِدَاءِ ، وَقَدْ وَقَعَ فِي ذَلِكَ مَنْ حَكَى أَنَّ عِدَّتَهُ بِغَيْرِ تَكْرَارٍ أَرْبَعَةُ آلَافٍ أَوْ نَحْوُهَا

Dagegen wird Allah im Koran gerade mal 2690 Male erwähnt. Eine Sonnenfinsternis hat Mohammed ohne Zweifel mächtig Angst eingejagt. Eine solche Angst, dass er den Muslimen sogar befahl, Sklaven zu befreien. Sollten diese nämlich zu Allah gelangen, würden sie vielleicht seinen Zorn mindern.

Es ist schriftlich festgehalten, dass der Prophet Allahs den Muslimen in aller Öffentlichkeit befahl, Sklaven während dieser Sonnenfinsternis zu befreien (Sahih Al-Bukhari, Buch 18, Hadith 163).

Dazu betete Mohammed während dieser Sonnenfinsternis ein besonderes Gebet, weil er dachte, dass hinter dieser Sonnenfinsternis eine göttliche Warnung steckte. Das lesen wir so in Sahih Al-Bukhari, Buch 18, Hadith 158:

Allahs Gesandter sprach: „Die Sonne und der Mond sind zwei Wunder unter den Wundern Allahs, und sie verfinstern einander nicht auf die Kunde vom Tode eines Menschen hin. Wohl aber, wenn Allah seinen Gefolgsleuten Furcht einflößt."

Und auch in Sahih Muslim, Buch 4, Hadith 1985, lesen wir:

Ibn 'Abbas berichtet, dass der Gesandte Allahs ein Sonnenfinsternisgebet praktizierte. Er zitierte den Koran und stand auf, und dann kniete er. Dann zitierte er erneut den Koran, und mit einer Hand stütze er sich, als er kniete. Hinterher zitierte der Prophet erneut, und erneut kniete er, und erneut zitierte er, und erneut kniete er. Und dann, danach, war er bereits nach dem zweiten niederknien erschöpft, und man konnte es genauso sehen.

Warum haben Mohammeds wissenschaftlichen Erkenntnisse ihn zum Gebet veranlasst, gleich nachdem er die Sonnenfinsternis erblickte? Offensichtlich wusste Mohammed nicht im Geringsten, was hinter so einer Sonnenfinsternis steckt.

Ich frage mich ernsthaft, wieso die Muslime es Mohammed nicht gleichtun, immer wenn eine Sonnenfinsternis stattfindet. Ich fände es lustig, wenn sie es heute genauso wie er praktizierenwürden. Doch heute wissen sie ganz genau, dass er dieses lächerliche Sonnenfinsternisgebet aus purer Dumm- und Unwissenheit heraus betete. Darum praktizieren sie es nicht selbst.

In dem Muslime wie Harun Yahya immerzu neue, hanebüchene Behauptungen aufstellen, öffnen sie immer mehr und mehr Nicht-Muslimen die Augen bezüglich der Fehler im Koran. Die nächste Behauptung ist ein weiteres Paradebeispiel dafür.

MUSLIMISCHE BEHAUPTUNG. DIE RELATIVITÄT DER ZEIT

Heutzutage ist die Relativität der Zeit erwiesene Tatsache. Enthüllt wurde diese Tatsache durch die Relativitätstheorie, auf die Albert Einstein im frühen 20. Jahrhundert kam. Bis dahin wusste man weder, dass die Zeit relativ war, noch war bekannt, dass sie sich entsprechend der Umstände verändern kann. Nur mithilfe seiner Relativitätstheorie konnte der renommierte Wissenschaftler Albert Einstein diese Tatsache zu einer solchen erklären. Er zeigte uns, dass die Zeit abhängig von Masse und Geschwindigkeit ist.

Jedoch beinhaltete der Koran schon Jahrhunderte zuvor Informationen über die Relativität der Zeit! In Koranversen, die sich mit dem Thema auseinandersetzten, lesen wir:

Er lenkt die gesamte Angelegenheit vom Himmel zur Erde. Dann wird er wieder zu ihm emporsteigen innerhalb eines Tages, dessen Länge tausend Jahren nach eurer Zeitrechnung entspricht. (Koran Sure 32:5):

Die Engel und der Geist steigen empor zu ihm an einem Tag, dessen Maß fünfzigtausend Jahre sind. (Koran Sure 70:4)

Die Tatsache, dass die Relativität der Zeit derart genau im Koran – der wohlgemerkt im Jahr 610 offenbart wurde – erwähnt wird, beweist umso mehr, dass er ein gottgesandtes Buch ist.

MEINE ANTWORT

Wenn der Koran die Relativität der Zeit als erwiesene Tatsache bestätigt, dann bedeutet das, dass die Christen schon lange vor dem Islam davon wussten. Den eigenen Worten dieses Muslims zufolge kann er seinen islamischen Büchern keinerlei Glaubwürdigkeit zusprechen, wenn die darin enthaltenen Informationen bereits in vielen anderen, wesentlich älteren Büchern aus der vorislamischen Zeit vorkommen. Erneut hat Mohammed sich etwas aus der Bibel abgekupfert – ganz offensichtlich. Also nochmal: Die Muslime behaupten, dass der Koran von der Relativität der Zeit spricht. Stimmt das? Hier ist ihr Beweis.Aus Koran Sure 22:47:

وَيَسْتَعْجِلُونَكَ بِالْعَذَابِ وَلَن يُخْلِفَ اللَّهُ وَعْدَهُ ۚ وَإِنَّ يَوْمًا عِندَ رَبِّكَ كَأَلْفِ سَنَةٍ مِّمَّا تَعُدُّونَ

...Ein Tag bei deinem Herrn gleicht tausend Jahren nach eurer Zeitrechnung.

Nach der Nennung dieser Passage werden die Muslime einen für gewöhnlich mit einer Fülle von wissenschaftlichen Quellen, Fakten und Thesen konfrontieren, die von der möglichen Manipulation und dem stetigen Voranschreiten der Zeit bis hin zur Relativitätstheorie reichen. Ich möchte an dieser Stelle keineswegs abstreiten, was der aktuelle Stand der Wissenschaft zu dem Thema sagt. Vielmehr möchte ich darauf hinweisen, dass die Muslime in ihrem Versuch, ihren Versen wissenschaftliche Kredibilität zuzusprechen, sich selbst eine Grube graben, indem sie diesen Koranversen eine nicht-metaphorische Bedeutung verleihen. Und wie genau tun sie das?

- Hier sind erst einmal die Verse, die Mohammed aus der Bibel geklaut hat:
- Petrus 3:8: *Dieses eine aber sollt ihr nicht übersehen, Geliebte, dass ein Tag bei dem Herrn ist wie tausend Jahre, und tausend Jahre wie ein Tag!*

Psalm 90:4: Denn tausend Jahre sind vor dir wie der gestrige Tag, der vergangen ist, und wie eine Nachtwache.

Die Bibel sagt uns lediglich, dass Zeit für Gott selbst keinerlei Bedeutung hat. In den Versen ist nicht die Rede davon, dass Gott im Himmel einen zeitlich begrenzten Tag hat, der mit der verstreichenden Zeit vorübergeht, oder dass ein Tag bei Gott von der Länge her mit einer genauen Zeitspanne verglichen oder angegeben werden kann. Gott ist unser Herr, und als solcher existiert er jenseits der Zeit. So sagt es auch die Bibel in Johannes 1:1-3

1. *Im Anfang war das Wort, und das Wort war bei Gott, und das Wort war Gott.*
2. *Dieses war im Anfang bei Gott.*
3. *Alles ist durch dasselbe entstanden; und ohne dasselbe ist auch nicht eines ent-*

standen, was entstanden ist

Die Worte „Im Anfang" sind die gleichen Worte, mit denen auch 1. Mose 1:1 beginnt:

Im Anfang schuf Gott die Himmel und die Erde.

„Im Anfang" steht hier für den Anfang der Zeit – dann begann Gott mit seiner Schöpfung. Vor dem Anfang gab es keine Zeit. Sogar sekuläre Wissenschaftler sagen, dass es die Zeit nicht immer gab. Lass es mich bitte noch einmal klarstellen: Unser Herr existiert außerhalb und vollkommen unabhängig von der Zeit, die wir wahrnehmen. Die Zeit schränkt ihn nicht im Geringsten ein, und er fügt sich ihr niemals. Die Zeit nahm ihren Anfang mit der Schöpfung: Ihr Rahmen betrifft einzig und allein die Schöpfung, und nicht Gott selbst.

Wenn ein Tag bei Allah tausend (1000) Jahren nach unserer Zeitrechnung gleicht, bedeutet das, dass Allah sich im Rahmen der Zeit befindet. Sprich: Von der Zeit eingeschränkt wird. Solange die Muslime die konstant vergehende Zeit für Allah gültig machen, würde dies ihnen zufolge bedeuten, dass Allah in der Zeit gefangen ist. Sie schränkt ihn ein, und so kann Allah nicht vor Anbeginn der Zeit existiert haben. Nicht vergessen: Nicht ich bin derjenige, der Allahs Offenbarung hier aus dem metaphorischen Kontext reißt, sondern die Muslime. Und ihre Behauptung können sie nicht mehr einfach so zurücknehmen.

Wenn wir nach der Annahme der Muslime vorgehen, haben diese Verse mit der Relativitätstheorie zu tun. Diese fußt auf der Fortbewegung von physikalisch existenten Objekten und ihrem Standort. Dann würden diese Verse glasklar aussagen, dass Allah physikalisch existiert und sich an einem Standort befindet, an dem die Zeit für ihn sehr langsam verstreicht. Das würde heißen, dass Allah den Gesetzen der Physik untersteht. Liefert uns das den Beweis dafür, dass Allah kein Schöpfer, sondern tatsächlich selbst nur ein Geschöpf ist?

Auch würde es heißen, dass wenn Allah auf die Erde kommen würde, er hier wesentlich schneller altern und genau wie wir 24 Stunden langen Tagen ausgesetzt sein würde.Die Zeit ist bekanntlich relativ, und kann somit auch für ihn anders verlaufen. Solange Allah verstreichenden Tagen ausgeliefert ist, die bis auf ihre Vergänglichkeit nichts mit unseren Tagen gemein haben, müssen wir annehmen, dass es bei Allah auch Monate und Jahre (mitsamt ihrer eigenen Dauer) gibt. Allah befindet sich also nicht außerhalb der Eingrenzung der Zeit, die es seit dem Anfang gibt.

Die Bibel sagt in 1. Mose 1:1: *Im Anfang schuf Gott die Himmel und die Erde.*

Dieser Anfang, als Gott die Himmel und die Erde schuf, war wie wir wissen der Anfang der Zeit. Gott existierte bereits vor diesem Anfang, und wird nicht von ihm eingeschränkt. Allah hingegen ist in der Zeit gefangen. Er kann nicht der Schöpfer der Himmel und der Erde sein! Und wenn Allah obendrein Ahnung von Physik haben soll, wieso wollen die Muslime uns dann unbedingt noch weismachen, dass mit den „sieben Himmeln" die sieben Schichten der Erdatmosphäre (die tatsächlich nur aus vier Schichten besteht) gemeint sind?

Wenn die sieben Himmel Allahs die Schichten der Erdatmosphäre sind, dann würde das ja bedeuten, dass die Zeit in diesen Schichten anders verstreicht als auf der Erde! Ist diese Annahme wissenschaftlich korrekt? Natürlich nicht. Also war die Behauptung, dass die sieben Himmel Allahs die Erdatmosphäre ausmachen, eine bewusste Lüge der Muslime!

Nun werde ich diese Lügner noch mehr bloßstellen, indem ich die unveränderten Worte ihres Propheten über Allah und sein Verständnis der Zeit genau hier aufführe.

ERHEBLICHE FEHLER IN MOHAMMEDS LEHRE WIE OFT ENDET DIE NACHT AUF DER ERDE?

Überliefert von Abu Huraira, zu lesen in Sahih Al-Bukhari, Buch des Nachtgebets, Nr. 1081 (Alternativ kannst du auch Sahih Al-Bukhari, Buch 21, Hadith 246 lesen):

عَنْ أَبِي هُرَيْرَةَ رَضِيَ الله عَنْهُ، أَنَّ رَسُولَ اللهِ صَلَّى اللهُ عَلَيْهِ وَسَلَّمَ قَالَ: „يَنْزِلُ رَبُّنَا تَبَارَكَ وَتَعَالَى كُلَّ لَيْلَةٍ إِلَى السَّمَاءِ الدُّنْيَا حِينَ يَبْقَى ثُلُثُ اللَّيْلِ الآخِرُ فَيَقُولُ مَنْ يَدْعُونِي فَأَسْتَجِيبَ لَهُ مَنْ يَسْأَلُنِي فَأُعْطِيَهُ مَنْ يَسْتَغْفِرُنِي فَأَغْفِرَ لَهُ". أخرجه مالك (214/1 ، رقم 498) ، وأحمد (487/2 ، رقم 10318) ، والبخاري (384/1 ، رقم 1094) ، ومسلم (521/1 ، رقم 758) وأبو داود (34/2 ، رقم 1315) ، والترمذي وقال : حسن صحيح . وابن ماجه (435/1 ، رقم (، رقم 3498 5/526) (1366)

Dieser Hadith ist zu 100% authentisch. Die bereits im oben gezeigten, arabischen Text erwähnten Quellen bestätigen dies. Diese Quellen sind:

1. Al-Bukhari 1/3884, Nr. 1094 (Arabisch)
2. Musnad Ahamd 2/487, Nr. 10318 (Arabisch)
3. Sahih Muslim 1/521, Nr. 758 (Arabisch)
4. Abu Dawud 2/34, Nr. 1315 (Arabisch)
5. Al-Tirm'zi 5/526, Nr. 3498 (Arabisch)
6. Ibn Majah 1/435, Nr. 1366 (Arabisch)

Deutschsprachige Übersetzung von Sahih Al-Bukhari, Buch 21, Hadith 246:

Mohammed sprach: „Unser Herr, der Große, steigt jede Nacht zum untersten Himmelhinab, zu einem Zeitpunkt, der für uns immer das letzte Drittel der Nacht ist, und ruft: 'Ist jemand unter euch anwesend, der mich anruft, auf dass ich ihm womöglich auf seine Fürbitte hin antworte? Ist jemand unter euch anwesend, der an mich eine Bitte richtet, auf dass ich ihm womöglich gebe, worum er mich bittet? Ist da jemand, der um meine Vergebung ringt, auf dass ich ihm womöglich vergebe?'"

Wie oft genau ereignet sich denn „das letzte Drittel der Nacht" denn auf unserer Erde? Jeder Muslim wird dir sagen, dass alle Städte auf der Erde ihre eigenen fünf Gebetszeiten pro Tag haben.

Wann genau steigt Allah hinab? Wann beginnt das letzte Drittel der Nacht?

Um die Sache besser zu versinnbildlichen: Sagen wir, dass das letzte Drittel der Nacht immer um 2:00 Uhr morgens beginnt.Wie oft haben wir denn 2:00 Uhr morgens auf der Welt? Immerhin haben wir auf unserem Planeten genau 24 Zeitzonen.Also steigt Allah 24 mal pro Tag hinab! Wo genau steigt Allah hinab? Zum untersten Himmel.

Wenn das stimmt, würde das bedeuten, dass Allah den untersten Himmel nie verlässt. Er ist immerzu während des letzten Drittels der Nacht im untersten Himmel. Wenn Allah sich nach den 24 Zeitzonen, die alle ihr eigenes letztes Drittel der Nacht haben, richten würde, müsste er logischerweise rund um die Uhr im untersten Himmel sein! Aber wieso steigt er dann „jede Nacht zum untersten Himmel hinab"?

Die einzige Antwort hierauf lautet: Dieser Geschichte zufolge hat die Erde, die dem Islam zufolge flach ist, nur eine einzige festgelegte Zeitzone. Und da Tag und Nacht dem Islam zufolge überall auf der Welt gleichzeitig einsetzen, gibt es somit auch nur ein letztes Dritte der Nacht.

Plötzlich gleicht die Zeit bei Allah unserer Zeit auf der Erde. Aber hey, vergiss nicht: Die Muslime glauben ja auch, dass die Zeit „relativ" ist, und dass Allah, der er in der Zeit gefangen ist, in physischer Form zum untersten Himmel hinabsteigt.

Nachdem das gesagt wurde: Kann der leibhaftige Allah in seiner Schöpfung sein? Wie wir wissen behaupten die Muslime, dass der allmächtige Gott nicht in seiner Schöpfung sein bzw. nicht in sie hineinkommen kann. Diese Behauptung stellen die Muslime in der Regel für einen bestimmten Zweck auf: Um uns einen „Beweis" zu liefern, dass Jesus Christus nicht Gott der Allmächtige ist.

Wenn Allah nicht in seiner Schöpfung sein kann, wie ist es dann möglich, dass er, wie wir im letzten Hadith gesehen haben, in seiner Schöpfung ist? Nicht nur ist er in seiner Schöpfung, sondern wechselt zwischen seiner Schöpfung – den sieben Himmeln – hin und her.

Lesen wir uns Sahih Al-Bukhari, Buch des Nachtgebets, Hadith 1081 noch einmal durch:

Mohammed sprach: „Unser Herr, der Große, steigt jede Nacht zum untersten Himmelhinab, zu einem Zeitpunkt, der für uns immer das letzte Drittel der Nacht ist, und ruft: 'Ist jemand unter euch anwesend, der mich anruft, auf dass ich ihm womöglich auf seine Fürbitte hin antworte? Ist jemand unter euch anwesend, der an mich eine Bitte richtet, auf dass ich ihm womöglich gebe, worum er mich bittet? Ist da jemand, der um meine Vergebung ringt, auf dass ich ihm womöglich vergebe?'"

Allah wechselt zwischen zwei Standorten hin und her: A und B.
A ist der siebte (höchste) Himmel.
B ist der unterste Himmel.

Er bewegt sich durch die sieben Himmel und hält dann im untersten Himmel an. Das sagt uns, dass die Behauptung der Muslime, laut der Allah nicht in seiner Schöpfung sein kann, absolut falsch ist. Wie kann er sich durch die sieben Himmel bewegen, wenn er sich nicht in ihnen aufhält bzw. nicht in den sieben Himmeln ist?

IST ALLAH IN SEINEM BEIN ODER BEFINDET ER SICH AUSSERHALB SEINES BEINS

Koran Sure 68:42: *An dem Tag, an dem Allah sein Schienbein enthüllt...*
Ich habe schon öfters Muslime gefragt, ob Allah ein Bein oder Schienbein hat. Ihre Antwort: „Ja, das hat er. Doch sein Bein ist anders als unsere Beine."
Solange Allah ein Bein, ein Gesicht und Finger hat, sind und bleiben diese äußeren Merkmale physische Attribute. **Sie stellen keine Metapher dar**. Ich frage: „Ist

Allah in seinem Körper?“ Wenn die Antwort „Ja“ lautet, bedeutet das, dass Allah in seiner Schöpfung sein kann. Lautet die Antwort „Nein, Allah ist nicht in seinem Körper“, wie können wir seinen Körper dann noch seinen Körper nennen, wenn Allah sich doch außerhalb dieses Körpers befindet? Soll das heißen, dass Allah und sein Körper voneinander getrennt sind? Dann ist Allah nicht einer, sondern zwei. Allah der Geist und Allah der Körper. Beide von ihnen sind Allah!

Wenn Allah Eins ist, und die Zwei (der Körper und der Geist) Eins sind, wieso können die Muslime dann nicht die Drei (den Vater, den Sohn und den Heiligen Geist) als Eins akzeptieren? Den Muslimen macht es nichts aus zu akzeptieren, dass Allah einen festen, physischen Körper hat, aber dass Gott in Jesus Christus Mensch ist, lehnen sie strikt ab.

DER KÖRPER ALLAHS UND SEIN EINMALIGES ERSCHEINUNGSBILD

Allah kann also nicht in seiner Schöpfung sein, obwohl ich bereits den Beweis gebracht habe, dass das so nicht stimmt. Und ich habe mit der islamischen Lehre selbst bewiesen, dass Allah in seinem Bein, seinen Händen, seinen Fingern und in seinem Gesicht ist, was zur Folge hat, dass in jedem von Allahs Körperteilen ein anderer Allah ist. Allah ist also nicht Eins. Doch ich stimme an dieser Stelle mal der muslimischen Argumentation zu – der Klarheit halber. Also:

- Kann Allahs Körper nicht von Allah selbst erschaffen worden sein, da Allah nicht in seiner Schöpfung sein kann.
- Muss es einen Schöpfer geben, der Allahs Körper erschaffen hat!
- Ist Allah vielleicht, weil sein Körper von niemandem erschaffen wurde, der Urknall selbst!
- Wie auch immer: Wozu braucht Allah überhaupt einen Körper?
- Wenn Allah sagt „Ich habe ein Bein“, dann ist es ein Bein – ganz gleich wie es auch aussieht oder woraus es besteht. Das Bein ist immer noch ein Bein! Und da er dieses eine von seinen Körperteilen mit dem Wort „Bein“ beschrieben hat, ist und bleibt es ein Bein. Denk dran: Allah ist derjenige, der laut Koran Sure 2:31 alle Dinge, die es gibt, sinngemäß benannt hat:

وَعَلَّمَ آدَمَ الْأَسْمَاءَ كُلَّهَا ثُمَّ عَرَضَهُمْ عَلَى الْمَلَائِكَةِ فَقَالَ أَنْبِئُونِي بِأَسْمَاءِ هَؤُلَاءِ إِنْ كُنْتُمْ صَادِقِينَ

Und er, Allah, lehrte Adam die Namen aller Dinge... Solange diese Namen von Allah kommen und er sie den Dingen entsprechend dem, was sie sind oder welche Funktion sie haben, gegeben hat, bedeutet das, dass Allah dieses eine seiner

Körperteile als sein Bein bezeichnet, weil es eben genau diese Funktion erfüllt. Es spielt keine Rolle, ob es aussieht wie ein menschliches Bein oder nicht. Zum Beispiel: Das Bein eines Esels sieht nicht wie das Bein einer Ameise aus. Doch trotzdem sind es bei beiden Tieren immer noch Beine. Man nennt das Bein aufgrund seiner Funktion und nicht aufgrund seines Aussehens so. Bein ist Bein.

Also bezeichnet Allah sein Bein als Bein, weil er es (sinngemäß) als Bein verwendet! Dann muss ich folgende Frage stellen: Wenn Jesus Christus aufgrund seiner Beine, mit denen er läuft, nicht Gott sein kann, warum soll Allah dann Gott sein? Immerhin hat auch er ein Bein, mit dem er läuft. Müsste das die Muslime denn nicht stutzig machen?

Wenn Allah durch die sieben Himmel schreitet, tut er das mit seinem Bein oder lässt er es vorher einfach irgendwo liegen? Bein, Gesicht und Finger haben eine Funktion. Sie erfüllen einen Zweck. Darum gibt es sie. Sie sind Teile eines festen, physischen Körpers. Und ein solcher Körper füllt immer einen Teil des Raums aus, indem er sich befindet. Das bedeutet:

- Allah hat eine feste Form und seine Größe kann ermessen werden!
- Wenn er eine feste Form und messbare Größe hat, bedeutet das, dass er kleiner sein muss als der Raum, indem er sich befindet. Eine feste, physische Form setzt so etwas voraus!
- Solange Allahs Körper und Geist nicht zwei, sondern Eins sind: Wie kann er mit seinem Körper überall gleichzeitig sein? Das kann nicht sein. Denn: Wenn Allah über eine feste Form und somit über eine messbarer Größe verfügt, dann müssten wir ihn sehen, berühren und fühlen können.
- Wenn Allah überall ist und zugleich nicht in seiner Schöpfung sein kann, bedeutet das gleichzeitig, dass sich der Koran bezüglich der Natur Allahs irrt. So oder so liegt jeder, der behauptet, Allah sei der allmächtige Gott, mit dieser Behauptung im Irrtum.

DER STUHL ALLAHS IST SO GROSS WIE HIMMEL UND ERDE

Buch von Fateh Al-Bari Fe Shareh, Sahih Al-Bukhari, Buch des Tauhīd (Kapitel 112), Seite 425:

فتح الباري شرح صحيح البخاري - كِتَاب التَّوْحِيدِ - إنجاز ما وعد به من الثواب وهو لا يخلف الميعاد
عَنِ ابْنِ مَسْعُودٍ قَالَ : بَيْنَ السَّمَاءِ الدُّنْيَا وَالَّتِي تَلِيهَا خَمْسُمِائَةِ عَامٍ ، وَبَيْنَ كُلِّ سَمَاءٍ خَمْسُمِائَةِ عَامٍ ،
وَفِي رِوَايَةٍ وَغِلَظُ كُلِّ سَمَاءٍ مَسِيرَةُ خَمْسِمِائَةِ عَامٍ ، وَبَيْنَ السَّابِعَةِ وَبَيْنَ الْكُرْسِيِّ خَمْسُمِائَةِ عَامٍ ، وَبَيْنَ
الْكُرْسِيِّ وَبَيْنَ الْمَاءِ خَمْسُمِائَةِ عَامٍ ، وَالْعَرْشُ فَوْقَ الْمَاءِ وَاللَّهُ فَوْقَ الْعَرْشِ وَلَا يَخْفَى عَلَيْهِ شَيْءٌ مِنْ
أَعْمَالِكُمْ

Ibn Mas'ud (einer der wichtigsten Überlieferer des Korantexts) sprach: Der Abstand zwischen dem untersten Himmel und dem über ihm gelegenen Himmel beträgt 500 Jahre. So groß sind auch alle anderen Abstände zwischen den sieben Himmeln. Alle diese Abstände entsprechen einer Distanz von 500 Jahren, und auch der Abstand zwischen dem siebten Himmel und Allahs Stuhl beträgt 500 Jahre. Mehr noch liegen zwischen Allahs Stuhl und dem Wasser 500 Jahre, und nichts von dem was ihr tut ist vor Allah verborgen.

Dem obigen Hadith nach müssen wir uns das Ganze so vorstellen:

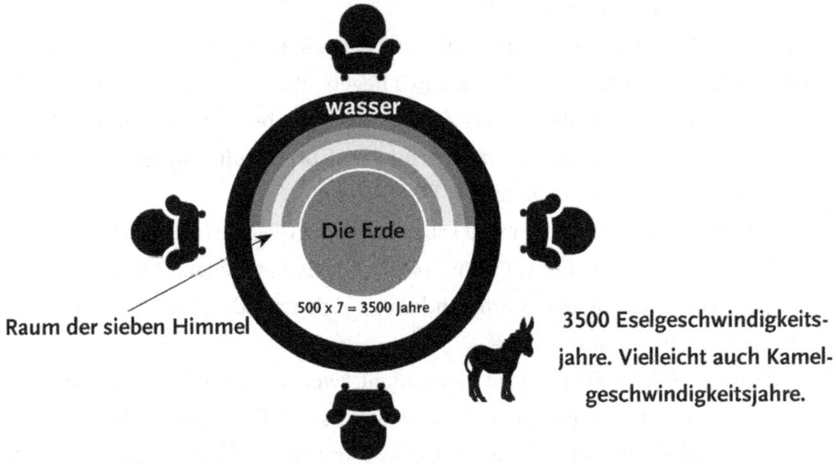

Allahs Stuhl ist Rund und umfasst uns Solange Allahs Stuhl uns umfasst, befinden wir uns innerhalb von Allahs Stuhl. Wenn der Stuhl eine runde Form hat, dann muss auch Allah eine runde Form haben. Allah füllt ihn schließlich komplett aus. Und solange dieser Stuhl uns umfasst, teilen wir diesen Stuhl mit Allah! Die Sache wird in der Tat immer schräger.

Wir wissen aber, dass Mohammed von einer flachen Erde sprach. Und wir haben im Koran viele Kapitel, die das mit unmissverständlichen Worten bestätigen. So auch Sure 79:30, wo wir lesen: *Dann breitete er die Erde, flach wie einen Teppich, aus.* Wenn wir diesen Schwachsinn dem Islam gemäß bildlich darstellen wollen, erhalten wir das folgende Bild:

Allahs Stuhl befindet sich über der flachen Erde

7 x 500 Jahre Distanz = Nach 3500 Jahren befinden wir uns außerhalb des Raums der sieben Himmel und landen im Wasser!

Bleib nun weiter an mir dran. Wir stellen ein paar Rechnungen auf und finden heraus, was genau das alles zu bedeuten hat.

Zu Mohammeds Zeiten wurden in Arabien Tagesabstände anhand der Geschwindigkeit von Kamelen bemessen. Ein Kamel erreicht in der Regel eine Maximalgeschwindigkeit von 40 Meilen pro Stunde.

Der Abstand zwischen Allahs Thron (oder Stuhl) und dem Wasser beträgt 500 Jahre. Demnach gilt:

$$\text{Zeit} = \frac{\text{Distanz}}{\text{Geschwindigkeit}} \qquad \text{Zeit x Geschwindigkeit = Distanz}$$

3500 Jahre Distanz + 500 Jahre um an der obersten Stelle des Wassers zu sein = 4000 Jahre. Nach 4000 Jahre langer Reise landest du bei Allah. 40 Meilen pro Stunde (Maximalgeschwindigkeit eines Kamels) x 24 Stunden = 960 Meilen pro Tag. Du legst täglich 960 Meilen zurück. Der islamische Mondkalender beinhaltet 354 Tage. 354 x 960 Meilen pro Tag = 339.840 Meilen, die wir pro Jahr zurücklegen. 339.840 Meilen x 4000 Jahre = 1.359.360.000 Meilen, die zwischen uns und Allah liegen. Die Distanz zwischen der Sonne und der Erde entspricht etwa 92.935.710 Meilen. 1.359.360.000 Meilen bis zu Allah : 92.935.710 Meilen bis zur Sonne = ungefähr 15. Die Distanz von Allah und uns entspricht ungefähr 15 mal dem Abstand zwischen der Sonne und der Erde.

Ziehen wir nun die Distanz von unserer Milchstraße bis zur nächstgelegenen Nachbargalaxis hinzu. In seinem Buch *The Physical Universe: An Introduction to Astronomy* (veröffentlicht im Jahr 1982, erschienen bei University Science Books) sagt der Astrophysiker Frank H. Shu: „Der moderne Wert dieser Distanz entspricht einer Zahl von 2 Millionen Lichtjahren. Somit ragt sie weit außerhalb der Grenzen der Milchstraße heraus."Diese 2 Millionen Lichtjahre führen geradewegs in Richtung Andromedagalaxie.

- Ein Lichtjahr entspricht einer Distanz von 5.865.696.000.000 Meilen.
- Somit entspricht die Distanz von der Erde bis zur Andromedagalaxie 2 Lichtjahre x 5.865.696.000.000 Meilen.
- Einmal mehr beweist die Wissenschaft, dass der Islam von vorn bis hinten falsch ist.

Entspricht die Distanz zwischen den Himmeln – wie wir gerade gelesen haben – wirklich jeweils 500 Jahren, oder entspricht sie tatsächlich 71, 72, oder 73 Jahren? Sunan Abu Dawud, Buch 40, Hadith 4705:

Allahs Gesandter sprach: „... Wisst ihr die Distanz zwischen den Himmeln und der Erde?" Sie antworteten: „Nein. Wir wissen sie nicht." Daraufhin sprach er: „Die Distanz zwischen ihnen und der Erde entspricht 71, 72, oder 73 Jahren. Der Himmel, der über alldem ist, liegt in einer ähnlich weit entfernten Distanz, die der Zeitrechnung der sieben Himmel entspricht. Über dem siebten Himmel, da ist ein Meer, dessen Größe, von unten nach oben, dem Durchmesser der Distanz zwischen zwei aufeinanderliegen Himmeln gleicht. Stellt euch acht aufeinander stehende Bergziegen vor. Die Abstände zwischen ihren Hufen und Hinterteilen würden an die Distanz von einem Himmel zum nächsten erinnern, und ganz oben, über all dem, befindet sich Allah, der Große."

Beachte, wie Mohammed hier nach Belieben die Zahlen ändert und das Wort „ODER" verwendet!Hat der dieses „Oder" von Allah? Also weiß es selbst Allah nicht genau!
„Über dem siebten Himmel, da ist ein Meer..."

Sahih Al-Bukhari, Buch 60, Hadith 236:

Mehr noch sprach der Prophet: Bei dem, in dessen Hand meine Seele liegt, der Länge des Weges von einem Eingangstor im Paradies zum nächsten entspricht der Distanz von Mekka nach Bosra (Bosra ist eine Stadt im Südwesten von Syrien).

Beachte, dass es sich hierbei um eine eindeutige Falschaussage handelt. Die Distanz zwischen Mekka und der syrischen Stadt Bosra beträgt nämlich gerade mal 821 Meilen (1321 km).Demnach steht uns hierbei eine von zwei Optionen zur Auswahl:

Die Himmelstore befinden sich alle auf demselben, flachen Boden.Oder die Straße zu jedem der Himmelstore führt immer nach oben, da die Himmel Allahs bekanntlich allesamt aufeinanderliegen. So hat es Mohammed auch gesagt. Er drückte es oft mit den folgenden Worten aus: „Dort im Himmel führt der Weg immer nach oben."Also wie jetzt? Bräuchte man 500 Jahre, um von einem Himmelstor zum nächsten zu kommen, so wie Mohammed es in Al-Tirmidhi, Hadith 5735 sagte, oder 73 Jahre, wie er es in Sunan Abu Dawud, Buch 40, Hadith 4705 gesagt hat?

Abstand

$$\text{Zeit} = \frac{\text{Abstand}}{\text{Geschwindigkeit}} \qquad \text{Zeit x Geschwindigkeit = abstand}$$

Die Distanz zwischen den Himmelstoren entspricht 821 Meilen. Das sagt uns:

- 821 Meilen x 7 Himmelstore = Eine Höhe von 5747 Meilen.
- Die Distanz zwischen der Erde und dem Mond entspricht 238.854 Meilen (384.399 km) 238.854 Meilen : 5747 Meilen = 41.
- Der Mond liegt also weiter von der Erde weg als Allah!
- Der Mond liegt ein sehr weites Stück hinter Allah.
- Also gelangen wir zu Allah, wenn wir diese relativ kurze Strecke zurücklegen?
- 821 Meilen : 500 Jahre = 1,642 Meilen. Bei einer Reisegeschwindigkeit von 1,642 Meilen pro Jahr legt man diese Strecke in 500 Jahren zurück.
- Bei dieser Geschwindigkeit legen die Muslime gerade mal 136 Meter pro Tag zurück
- Da kommt ja ein Dreifinger-Faultier schneller voran als die Muslime!

Wir wissen, wie groß die Distanz ist. Und als wir das wussten, konnten wir den Zielort berechnen. Und dieser Zielort ist ein fester, physischer Ort. Und an diesem physischen Ort befindet sich Allah, der auf seinem Stuhl sitzt. Und dieser Stuhl ist ein fester, physischer Gegenstand.

Koran Sure 2:255:

... Der Stuhl Allahs umfasst die Breite und Höhe der Himmel und der Erde...

Besitzt Allah einen festen, physischen Stuhl? Fragen wir Mohammed!

Sahih Al-Bukhari, Buch 58, Hadith 227:

„Dort sah ich seine Früchte, die so groß waren wie die Tonkrüge aus Hajar (einem Ort in Saudi-Arabien, der nicht weit von Mekka entfernt ist) und Blätter, die so groß waren wie Elefantenohren. Dschibrīl sprach: 'Das ist der Sudrat Al-Muntaha (Allahs Baum).' Und da flossen vier Flüsse. Zwei von ihnen verliefen unterirdisch und waren nicht sichtbar, und zwei Flüsse waren sichtbar. Ich fragte Dschibrīl: 'Was hat es mit den beiden Flüssen auf sich?' Er antwortete: 'Was die versteckten Flüsse angeht, sie sind zwei Flüsse des Paradieses. Und die sichtbaren Flüsse sind der Nil und der Euphrat.' Danach wurde Al-Bait Al-Ma'mor (das Haus Allahs) vor meinen Augen erhoben."

Sahih Al-Bukhari, Buch 52, Hadith 48:

Der Prophet offenbarte ebenfalls: „Oben darüber (über dem Paradies), dort befindet sich der Thron Allahs, und von diesem entspringen die Flüsse des Paradieses."

Das „Oben darüber" bezieht sich auf einen Ort, der wortwörtlich über allem liegt, was unter ihm liegt. Dieser Hadith verrät uns den genauen Standort Allahs und seines Stuhls, dem Thron. Hier wird von etwas Physischem, und nicht von etwas Metaphorischem gesprochen, denn der Koran sagt uns in einem Vers, dass der Thron Allahs von acht Engeln getragen wird, die wie Rentiere aussehen.

Koran Sure 69:17:

وَالْمَلَكُ عَلَى أَرْجَائِهَا وَيَحْمِلُ عَرْشَ رَبِّكَ فَوْقَهُمْ يَوْمَئِذٍ ثَمَانِيَةٌ

Und die Engel Allahs werden um die Seiten des Thrones herum sein, und acht Rentiere werden an diesem Tag den Thron deines Herren über sich tragen.

ص: 583 الجزء الثالث والعشرون تفسير الطبري » تفسير سورة الحاقة » القول في تأويل قوله
تعالى „وانشقت السماء فهي يومئذ واهية 26970 - حُدِّثْت عَنِ الْحُسَيْن , قَالَ : سَمِعْت أَبَا مُعَاذ يَقُول
: ثنا عُبَيْد , قَالَ : سَمِعْت الضَّحَّاك يَقُول فِي قَوْله : { وَيَحْمِل عَرْش رَبّك فَوْقهمْ يَوْمئِذٍ ثَمَانِيَة } قَالَ
بَعْضهمْ : ثَمَانِيَة صُفُوف لَا يَعْلَم عِدَّتهنَّ إِلَّا اللَّه . وَقَالَ بَعْضهمْ : ثَمَانِيَة أَمْلَاك عَلَى خَلْق الْوَعْلَة

Tafsir Al-Tabari Interpretation, Band 23, Seite 583, Hadith 26970:

Berichtet von Al-Husain, der sprach: „Ich wurde von Abu-Ma'az in Kenntnis gesetzt, der von 'Aubid in Kenntnis gesetzt wurde, den Al-'Dahak in Kenntnis gesetzt hatte. Er sprach: 'Seine Erhabenheit hat gesprochen, an diesem Tag wird der Thron deines Herren und Allah auf diesem Thron von acht Engeln getragen werden. Einige meinen auch, dass es acht Reihen von Engeln sind, und dass die Engel wie Rentiere aussehen.'"

Die Interpretation von Koran Sure 69:17 aus Tafsir Al-Jalalayn:

Zusätzlich zu den Engeln, die an den Seiten – den Rändern der Himmel – sein werden, und den darüber befindlichen Engeln, welche erwähnt wurden, werden an jenem Tag acht der besten Engel Allahs den Thron deines Herrn Allah tragen, und er (Allah) wird auf diesem sitzen.

Um den Muslimen zu beweisen, dass Allahs Thron ein festes, physisches Objekt sein soll, können wir ihnen auch das hier vorlesen:

تفسير جامع البيان في تفسير القرآن/ الطبري حدثنا عباد بن يعقوب الأسدي، قال: ثنا ابن فضيل، عن ليث، عن مجاهد، في قوله: { عَسَى أنْ يَبْعَثَكَ رَبُّكَ مَقاما مَحْمُودا } قال: يُجْلسه معه على عرشه.

Tafesser Jami' Al-Bayian von Al-Tabari, Band 2, Seite 24:

Überliefert von Mujahed, von den Worten des Herrn: „Möge der Herr ihm den Rang gemäß seinem Standort verleihen." Er sprach: „Allah wird den Propheten oben auf seinem Thron neben sich sitzen lassen."

Sahih Al-Bukhari, Buch 54, Hadith 414:

... Zur gleichen Zeit, als ich an der Seite des Propheten war, kamen uns einige Leute vom Stamme Bani Tamim entgegen. So sprachen sie: „Wir fragen dich, wie dieses Universum seinen Anfang nahm." Der Prophet sprach: „Es gab Allah und vor ihm gab es sonst nichts, und sein Thron ragte über dem Wasser, und anschließend erschuf er die Himmel und die Erde und schrieb alles in dem Buch nieder..."

Buch von Fath Ul-Bari, Erläuterung von Sahih Al-Bukhari, Der Anfang der Schöpfung, Seite 334:

رواية الباب أصرح في العدم ، وفيه دلالة على أنه لم يكن شيء غيره لا الماء ولا العرش ولا غيرهما ، لأن كل ذلك غير الله تعالى „ ويكون قبله „ وكان عرشه على الماء „ معناه أنه خلق الماء سابقا ثم خلق العرش على الماء ، وقد وقع في قصة نافع بن زيد الحميري بلفظ كان عرشه على الماء ثم خلق القلم فقال : اكتب ما هو كائن ، ثم خلق السموات والأرض وما فيهن فصرح بترتيب المخلوقات بعد الماء والعرش

Es gab nichts, nur Allah, und kein Wasser, keinen Thron oder sonst irgendetwas. Und sein Thron befand sich über dem Wasser, und es ist so, dass er zuerst das Wasser und dann den Thron über dem Wasser erschuf. Das bedeutet: Zuerst erschuf er das Wasser, dann erschuf er den Thron, und dann erschuf er den Stift!

Und er sprach zu dem Stift, er solle alles über jenes niederschreiben, was sein und geschehen wird, und dann erschuf er den Himmel und die Erde!

Aus Mohammeds Worten und Sahih Al-Bukhari ziehen wir diese Schlussfolgerung: Der Thron Allahs wurde erschaffen und ist ein fester, physischer Thron. Solange Allah einen festen, physischen Thron hat, muss er eine feste, physische Form haben. Wie ich es aufgezeigt habe: Allah ist auf diesem Thron und hat einen Körper.

Ob Allah nun auf seinem Thron sitzt oder steht, spielt keine Rolle. Doch wir wissen, dass er sich auf diesem Stuhl – seinem Thron – befindet. Und wenn Allah auf ihm Platz nimmt, dann ist er immer noch ein Stuhl mit Form und Größe, ganz gleich wie groß dieser Stuhl ist. Ich habe dir ja bereits gezeigt, dass der Stuhl von acht Engeln getragen wird, und dass Allahs Körper diesen Thron ausfüllt. Dem Islam zufolge ist der Thron des islamischen Gottes also größer als Allah selbst.

Da Allah sich auf und nicht unter dem Thron befindet, kann er nicht überall gleichzeitig sein – auch wenn die Muslime etwas anderes behaupten! Er ist auf dem Thron. Er steht nicht rechts oder links daneben, oder davor oder dahinter, sondern AUF dem Thron.

Dann muss ich die Frage stellen: Wieso braucht Allah einen festen, physischen Thron? Die Antwort lautet: Weil auch er einen festen, physischen Körper hat. Und da Allah ein physischer Gott IST, haben die Muslime keinen handfesten Grund dafür, Jesus Christus als Gott allein wegen seinem menschlichen Körper, mit dem er auf Erden wandelte, abzulehnen.

Der gesamte Islam dreht sich um nichts anderes als falsche Behauptungen, basierend auf einem falschen Gott. Und die falschen Anschuldigungen gegen das Christentum werden allein für den Zweck fabriziert, um aggressiv gegen den einzigen Herrn und seinen Namen Jesus Christus vorzugehen.

Es gibt einige Punkte, basierend auf dem Hadith, den ich soeben dargelegt habe, die nicht ohne weiteres ignoriert werden können. Lies dir den Hadith noch einmal durch, solltest du dich nicht mehr allzu genau an seinen Inhalt erinnern. Ich beziehe mich auf die folgenden, äußerst interessanten Worte, zu finden in der Erläuterung aus dem Buch von Fath Ul-Bari:

Zuerst erschuf er das Wasser, dann erschuf er den Thron, und dann erschuf er den Stift!Und er sprach zu dem Stift, er solle alles über jenes niederschreiben, was sein und geschehen wird, und dann erschuf er den Himmel und die Erde!

Was entnehmen wir dieser Erläuterung? Das Wasser wurde zuerst – vor allem anderem – erschaffen. Hätte Allah nicht erstmal einen Raum erschaffen müssen, an dem sich das Wasser befindet? Wo genau war das Wasser? Solange Allah keinen Raum für das Wasser erschaffen hat, und das Wasser das erste war,was er erschuf, dann muss der Raum bereits von jemand anderem erschaffen worden sein. Von Allah wurde dieser Raum jedenfalls nicht erschaffen. Der Hadith sagt klipp und klar, dass das Wasser Allahs erste Schöpfung war. Doch Allah hätte davor zuallererst einen Ort erschaffen müssen, an dem sich dieses Wasser befinden kann.

Also muss es einen anderen Schöpfer geben, der den Raum erschuf, bevor Allah alles andere erschaffen hat. Da Allah zuerst das Wasser und dann als nächstes seinen Thron bzw. Stuhl erschuf, muss ich fragen: Gibt es einen Grund, weshalb Allah das Wasser zuerst erschaffen hat? Brauchte er das Wasser für irgendwas? Wozu erschuf er den Thron? Ist er ein LARP-Spieler, der gerne den König spielt? Kam er sich einsam vor? War er müde? Wollte er seine Macht zur Schau stellen? Und wenn ja: Vor wem

Wenn Allah das Wasser zuerst erschaffen hat, dann bedeutet das, dass der Koran sich irrt. Denn der Koran sagt in Sure 79:31:Er brachte das Wasser und Gehalt der Erde hervor. Aus dem Koran geht hervor, dass es auf der Erde zu Beginn kein Wasser gab. Dann erschuf Allah hoch oben, über der Erde, das Wasser. All das beweist, dass Mohammed ein lausiger Geschichtenerzähler und kein Prophet ist. Er denkt sich Geschichten aus, die dem widersprechen, was Allah gesagt hat. Sollte Allah jemals gesprochen haben, versteht sich.

UND SO KOMMEN WIR ZUR ERSCHAFFUNG DES STIFTS

Buch von Fath Ul-Bari, Erläuterung von Sahih Al-Bukhari, Seite 334:

Zuerst erschuf er das Wasser, dann erschuf er den Thron, und dann erschuf er den Stift! Und er sprach zu dem Stift, er solle alles über jenes niederschreiben, was sein undgeschehen wird, und dann erschuf er den Himmel und die Erde!

- Wozu musste Allah einen Stift erschaffen?
- Wozu braucht er einen Stift?

- Wieso hat er es nötig, alles niederzuschreiben zu lassen?
- Ist dieser Stift ein Lebewesen mit eigenem Bewusstsein? Wie schreibt der Stift alles von alleine nieder? Wie genau kommuniziert Allah mit dem Stift und was genau hat er dem Stift vermittelt? Hat Allah dem Stift befohlen, alles auf Arabisch niederzuschreiben? Ist der Stift der arabischen Sprache mächtig? Macht dieser Stift Fehler? Übernimmt Allah hinterher das Korrekturlesen? Nein?

Also macht der Stift etwa keine Fehler – niemals –,als wäre er der allmächtige Gott höchstselbst. Mohammed ist, wie wir bereits wissen, Allahs allerbeste Schöpfung. Aus dem Buch Al-'Khasa'es Al-Kubra von Al-Seu'ti, Beirut im Libanon, 1985, Band 1, Seite 66:

Der Prophet sprach: „Allah erschuf seine Schöpfung und wählte aus ihr Söhne Adams, und von den Söhnen Adams wählte er die Araber, und von den Arabern wählte er die Mudar (einen Stamm), und von den Mudar wählte er die Söhne des Hasim-Klans, und vom Hasim-Klan wählte er mich, den Besten der Besten."

Doch Mohammed ist laut Koran Sure 48:2 ein Sünder: *Auf dass Allah dich (Mohammed) bezüglich deiner vorangegangenen Sünden und der, die diesen später noch folgen werden, begnadige, sodass Allah sein Wohlwollen an dir vollende und dich auf den rechten Weg weist.*

Koran Sure 40:55: *„Habe Geduld und sei in ihr standhaft, denn die Verheißung Allahs ist wahr. Und bitte um die Vergebung deiner Sünden und verherrliche die Lobpreisung deines Herrn, bei Anbruch der Nacht und bei Sonnenaufgang."*

Koran Sure 94:1-3 (Übersetzung von Yusuf Ali, aus dem Englischen übersetzt von John Doe):

Haben Wir dir nicht deine Brust erschlossen?
Und dir abgenommen deine Last,
Welche dir den Rücken hinunterlief?

Koran Sure 47:19:
Du sollst wissen, dass es keinen Gott gibt außer Allah, und so bitte um die Vergebung deiner Sünden (Mohammed) und der Sünden der Männer und Frauen, die glauben. Allah weiß, was du tun wirst und wohin du gehst.

Wenn Mohammed Allahs allerbeste Schöpfung ist und er gesündigt hat, was bedeutet, dass er Fehler machte, wie sieht es dann mit dem Stift aus, der nie einen Fehler gemacht hat?Das er nie einen Fehler gemacht hat, macht Allahs Stift zu einer besseren Schöpfung als Mohammed, und genau das steht im Widerspruch zu Mohammeds eigenen Worten über sich selbst. Wenn die Muslime sagen, dass der Stift Allahs keine bessere Schöpfung ist als Mohammed, und dass der Stift Allahs Fehler macht, bedeutet das, dass Allahs Manuskript Fehler enthält. Warum? Weil es von einem Stift verfasst wurde, der Fehler macht.

Hat Mohammed etwa vergessen, dass Allah den Stift erschuf und ihm anschließend befahl, alles niederzuschreiben? Und ich stelle nun die Frage: Wo schrieb der Stift alles nieder? Wenn nichts außer Wasser und ein Stuhl erschaffen worden waren, wo schrieb der Stift dann alles nieder? In einem Buch, dass er scheinbar NICHT erschaffen musste!

Wir, als Menschen, schreiben hauptsächlich aus zwei Gründen:

1. Um Wissen und Ideen an andere Leute und künftige Generationen weiterzugeben.
2. Um Informationen vor dem Vergessen zu bewahren, sollten wir sie tatsächlich einmal vergessen haben (sprich: wir können uns nicht immer an alles erinnern).

Dachte Allah, er müsse irgendwann sterben, und wollte deswegen seine Befehle und seinen Willen durch ein Buch am Leben halten?Doch niemand außer Allah kann einen Blick in und auf sein Buch werfen. Somit ist Allah der einzige, der dieses Buch lesen kann. Jetzt muss ich fragen: Warum muss Allah in seinem Buch lesen, was er befohlen hat? Vermutlich ist er sehr vergesslich, und fürchtet sich vor Demenz und Gedächtnisschwund.

Die Muslime sagen, dass Allah die heiligen Bücher vor der Verfälschung bewahrt hat. Zu diesem Zweck hat er alles, was er gesagt und befohlen hat, zuerst in seinem eigenen Buch verewigt. So hat er immer das Original parat, wenn ein Buch verfälscht wurde. Soll das heißen, dass uns das Buch von Isa (Jesus) in seiner unverfälschten Form erhalten geblieben ist? Wenn es verfälscht wurde, warum hat uns Allah dann kein unverfälschtes Exemplar zukommen lassen?

Das würde heißen, dass das Evangelium niemals verfälscht wurde, und so wie wir es seit jeher kennen bei Allah ist. Demnach hat Mohammed gelogen. Wieso bat Mohammed Allah nicht um ein unverfälschtes Exemplar des Evangeliums?

Ist die Version des Evangeliums, welches Allah kennt, etwa auch verfälscht? Wenn Allah alles, was sein und geschehen wird, vor der Erschaffung des Universums in seinem Buch niederschrieb, bedeutet das, dass er unser Schicksal festgelegt hat?

MUSLIMISCHE BEHAUPTUNG DIE WAHRHEIT HINTER DEM SCHICKSAL

Koran Sure 76:30:

Doch ihr wollt nur, wenn Allah es so will. Allah ist allwissend, allweise.

Professor Benjamin Libet, ein Neurophysiologe an der University of California, stellte im Rahmen diverser Experimente, die er im Jahr 1973 durchführte, fest, dass sämtliche Entscheidungen, die wir Zeit unseres Lebens treffen, bereits im Voraus festgelegt sind, und dass unser Bewusstsein erst eine halbe Sekunde nach dem fällen einer Entscheidung darauf reagiert. Eigentlich trifft es die Entscheidung nicht selbst. Andere Neurophysiologen legen diese Entdeckung folgendermaßen aus: Tatsächlich leben wir in der Vergangenheit, und unser Bewusstsein zeigt uns – wie ein Bildschirm – alles eine halbe Sekunde, nachdem es passiert ist.

Das heißt, dass wir nichts in Echtzeit erleben, und dass wir alles, was wir erleben, eine halbe Sekunde nach dem eigentlichen Stattfinden wahrnehmen. Libet führte seine Forschung durch, indem er von der Tatsache Gebrauch machte, dass operative Eingriffe am Gehirn ohne Narkose durchgeführt werden können. Sprich: Der Patient oder die Testperson kann sich während des Eingriffs bei vollem Bewusstsein befinden. Bei seinen Versuchen stimulierte Libet die Gehirne seiner Testpersonen mit niedrigen, elektrischen Strömen, und wenn die Testperson während eines Experiments ein Gefühl von Berührung in ihrer Hand verspürten, sagten sie, dass es ihnen so vorkam, als hätten sie diese „Berührung" bereits eine halbe Sekunde vor dem tatsächlichen Einsetzen des Gefühls verspürt. In Anbetracht seiner Messergebnisse kam Libet zu folgender Schlussfolgerung: Sämtliche Wahrnehmungen wurden vollkommen normal an das Gehirn weitergeleitet. Während sie im Unterbewusstsein ausgewertet und vom Gehirn interpretiert werden, bekommt das eigentliche Bewusstsein, das Ego, nichts von diesem Prozess mit. Mit anderen Worten; Die Informationen, die unser Bewusstsein wahrnimmt, werden an den Kortex, in dem sich unser Bewusstsein befindet, mit leichter Verzögerung übertragen.

Der Schluss, den wir nach alldem ziehen, kann folgendermaßen zusammengefasst werden: Die Entscheidung, einen Muskel zu bewegen, findet statt, bevor sie das Bewusstsein erreicht hat. Zwischen einem neurologischen Prozess und unserer Wahrnehmung dessen gibt es immer eine Verzögerung, und so dauert es immer eine Weile, bis wir uns eines Gedankens, eines Gefühls, einer Wahrnehmung oder einer Bewegung, die von diesem Prozess ausgeht, bewusst sind. Anders ausgedrückt: Wir sind uns einer Entscheidung erst bewusst, nachdem diese Entscheidung bereits getroffen wurde.

Bei Professor Libets Experimenten variierte diese Verzögerung zwischen 350 und 500 Millisekunden. Allerdings beeinflussen diese Zahlen seine und unsere Schlussfolgerung in keinster Weise. Denn Libet zufolge – ganz gleich, wie lang die Verzögerung auch sein mag – spielt die Dauer der Verzögerung keine Rolle. Ob sie nun lang oder kurz ist, oder eine Stunde oder Mikrosekunde beansprucht: Unser Leben im Hier und Jetzt findet IMMER in der Vergangenheit statt. Das zeigt uns, dass jeder Gedanke, jede Emotion, alles was wir Wahrnehmen und alle unsere Bewegungen stattfinden, bevor unser Bewusstsein davon weiß. Und damit haben wir den Beweis, dass die Zukunft absolut nicht in unseren eigenen Händen liegt. Sie liegt jenseits unserer Kontrolle.

Bei einem anderen Experiment ließ Professor Libet seinen Testpersonen die freie Wahl, wann genau sie ihre Finger bewegen möchten. Er würde ihnen nicht die Anordnung dazu geben. Die Gehirne der Testpersonen standen unter Beobachtung, während sie die Finger bewegten. Und es wurde beobachtet, dass die relevanten Hirnzellen in Aktion traten, bevor die Testpersonen überhaupt die Entscheidung dazu getroffen haben. Anders ausgedrückt: Der Befehl „Tu es!" erreicht das Gehirn, und das Gehirn steht bereit, die dazugehörige Aktion auszuführen. Das menschliche Bewusstsein hingegen bekommt das erst eine halbe Sekunde später mit. Er oder sie trifft nicht die Entscheidung, diese Aktion durchzuführen, Vielmehr ist diese Aktion etwas, was für ihn oder sie festgelegt – vorherbestimmt – ist.

MEINE ANTWORT

Als Christen sollten wir für den Standpunkt einstehen, dass wir nach unserem freien Willen leben und anhand der Entscheidungen, die wir selbst treffen, von Gott gerichtet werden. Und wie alles um uns herum stehen wir unter den Naturgesetzen, die Gott erschaffen hat.

Doch können wir etwa durch unseren freien Willen allein ewiges Leben haben? Die Antwort lautet: Nein, das können wir nur durch Gottes Willen. Hierbei sprechen wir nicht über die Naturgesetze, die den Tod oder das Älterwerden bestimmen, sondern vielmehr über die Werke in unserem Leben, und ob sie gut oder schlecht waren. Es geht darum, dem Gesetz Gottes zu gehorchen oder es zu missachten, und ob wir gut zu anderen sind oder nicht.

Ich bin froh, dass Harun Yahya diese Behauptung aufgestellt hat. Denn ab sofort können die Muslime nicht länger sagen, dass sie keine Sklaven des Schicksals sind. Bevor ich näher auf die islamische Vorstellung von Schicksal und Vorbestimmung eingehe, werfen wir einen Blick auf die Studie, und was wirklich hinter ihr steckt. Davor sollten wir uns aber im Klaren sein, dass unter den Begriff „Determinismus“ unterschiedliche Theorien und Anschauungen und keine wissenschaftlich erwiesenen Tatsachen fallen. So ist Webster's Dictionary zufolge Determinismus „die Konzeption,dass sämtliche Ereignisse – von Menschen getroffene Entscheidungen eingeschlossen – hinreichende Ursachen haben.“ Allein schon das hat nichts mit Haruns Behauptung zu tun.

Wenn wir uns die Studie von Benjamin Libet so ansehen, wie sie ist, stellen wir fest, dass die Muslime sie zitieren, wie es ihnen passt. Die Studie handelt von einer Theorie – keiner Tatsache –, derzufolge der Geist dem Gehirn voraus ist. Man könnte sagen, dass es zwei Systeme gibt, die im Kopf jedes Menschen arbeiten: Den (nichtphysischen) Geist und das Gehirn.

Dazu sei gesagt, dass man während eines Experiments bestimmte Dinge passieren lassen kann,was aber nicht bedeutet, dass diese „bestimmten Dinge“ so auch im Alltag passieren.Ich zitiere Herr Harun: „Bei seinen Versuchen stimulierte Libet die Gehirne seiner Testpersonen mit niedrigen, elektrischen Strömen, und wenn die Testperson während eines Experiments ein Gefühl von Berührung in ihrer Hand verspürten, sagten sie, dass es ihnen so vorkam, als hätten sie diese „Berührung“ bereits eine halbe Sekunde vor dem tatsächlichen einsetzen des Gefühls verspürt.“

Es handelt sich hierbei also um Reaktion anstelle von Aktion. Mit Schicksal hat das nichts zu tun. Die Muslime versuchen uns mit dieser halbsekündigen Verzögerung zu täuschen. Das ist keine Aktion, die ein Mensch tätigt. Und tatsächlich geht es nicht im Geringsten um Bewegung oder zur Tat schreiten, sondern um Dinge, die sich in unseren Systemen abspielen. So kann auch die Haut auf etwas reagieren, bevor sie ein Signal des Gehirns erreicht. Auch die Hand kann ohne ein solches Hirnsignal reagieren. Es gibt viele solcher Beispiele.

Du kannst mehr über Benjamin Libets Studie nachlesen, indem du diesem Link folgst: https://de.wikipedia.org/wiki/Libet-Experiment

Du kannst auch einen englischsprachigen Artikel von Dr. Raymond Tallis lesen, der am 13. September 2007 veröffentlicht wurde. Er trägt den Titel „Free will is not an Illusion“ („Der freie Wille ist keine Illusion“): www.spiked-online.com/index.php?/site/article/3893

Und wenn Philosophen und Philosophie etwas für dich sind, kannst du natürlich auch gerne Nachforschungen auf diesem Gebiet betreiben. Hier habe ich einen Mann, von dessen Arbeit du dir ja mal ein Bild machen kannst: Ted Honderich, geboren am 30. Januar 1933. Er ist ein renommierter kanadisch-britischer

Philosoph, emeritierter Grote Professor of the Philosophy of Mind and Logic am University College London und Gastprofessor an der University of Bath. Ich zitiere an dieser Stelle seine eigenen Worte:

„Das Prinzip des freien Willens beinhaltet religiöse, ethische und wissenschaftliche Implikationen. Im religiösen Spektrum etwa impliziert der freie Wille, dass eine omnipotente Gottheit ihre Macht nicht geltend macht."

Wie dem auch sei... Nehmen wir mal an, der größte Philosoph der Welt sagt, dass du keinen freien Willen hast. Und er stützt diese Behauptung auf die Bewegungen eines Fingers! Ich kann ihn innerhalb eines kurzen Momentes widerlegen. Genau jetzt, in diesem Moment, kommt mir der Einfall, mir ein Flugticket nach London zu kaufen und mir einen Flug für‘s nächste Jahr zu reservieren. Noch habe ich den Flug nicht hinter mich gebracht. Wie wirkt sich die halbe Sekunde aus Benjamin Libets Forschungsergebnissen darauf aus?

Vielleicht bekomme ich einen Anruf. Sagen wir von einem Familienangehörigen. Und dieser Angehörige sagt mir eine Sekunde, bevor ich in das Flugzeug steige, dass er an irgendwas erkrankt ist. Ich würde die Entscheidung treffen, ob ich meinen Flug nehme oder streiche. Ich allein treffe die Entscheidung. Determinismus ist reiner Humbug.

Man wacht nicht einfach am Morgen auf und tut dann das, wozu man bestimmt ist. Die Terroristen von Al-Qaida haben an die sechs Jahre Training gebraucht, um die Anschläge vom 11. September in die Tat umzusetzen. Dahinter steckte keine halbsekündige Entscheidung von jetzt auf gleich. Sie mussten alles genauestens planen, das nötige Visum parat haben, die Flugschule besuchen, an Flugtickets rankommen, in die Flugzeuge steigen und dann in Aktion treten. Durch ein von Allah vorherbestimmtes Schicksal würde es einem jeden Menschen erlaubt sein, seine Werke zu rechtfertigen, indem er sagt, dass Allah es so wollte. Schließlich hat Allah seine Werke bereits im Voraus festgelegt. Worin liegt der Sinn Befehle hinabzusenden, wenn du sie ohnehin nicht befolgen wirst? Wenn die Muslime wirklich an das Schicksal glauben, und das tun sie, warum bestrafen sie dann Menschen, die nicht zu Allah beten oder den Islam verlassen? Immerhin ist das nicht ihr Wille. Die Entscheidung zu solchen Werken liegt jenseits ihrer Kontrolle. Herr Harun sagte – ich zitiere – wie folgt:

„Das zeigt uns, dass jeder Gedanke, jede Emotion, alles was wir Wahrnehmen und alle unsere Bewegungen stattfinden, bevor unser Bewusstsein davon weiß. Und damit haben wir den Beweis, dass die Zukunft absolut nicht in unseren eigenen Händen liegt. Sie liegt jenseits unserer Kontrolle."

Beachte, dass das nicht Benjamin Libets Worte sind, sondern Herr Haruns ganz eigene Schlussfolgerung! Wozu wird ein Muslim dann belohnt, wenn er sich seinen Lohn nicht einmal verdient hat?Die Entscheidungen, die der Muslim fällt, sind immerhin NICHT seine! Wieso sollte ich annehmen, dass ich derjenige bin der entscheidet, ob ich zum Islam konvertiere? Allah trifft die Entscheidung – Nicht ich! Wieso kommen Christen der islamischen Lehre nach in die Hölle? Weil Allah es so will. Er hat dieses Schicksal für alle Christen bereits vor langer Zeit festgelegt. Wenn alles vom Schicksal abhängt, warum sollte ein Muslim dann noch beten? Ob Allah den Muslimen auf ihre Gebete nun antwortet der nicht: Alle Antworten sind bereits vorher getroffene, festgelegte Entscheidungen.

Ich nenne das die Ungerechtigkeit und den Wahnsinn der islamischen Religion. Diesem Glauben an das Schicksal zufolge steckt Allah hinter sämtlichen Verbrechen und Übeln auf der Welt, einschließlich Vergewaltigungen, Diebstahl, Hass, Mord und Kindesmissbrauch. Und dann sagen sie uns, dass Allah Gott ist! Vielmehr macht ihn das zu einem Kontrollfreak.Das sagt uns, dass er ein perverses Spiel spielt, und wir seine Opfer sind. Er benutzt uns für sein eigenes, krankes Vergnügen. Was für ein hässlicher, selbstsüchtiger Gott Allah doch ist!

DANN WERFEN WIR MAL EINEN BLICK AUF DAS SCHICKSAL IM ISLAM: ALLAH ENTSCHEIDET, WER MUSLIM WIRD UND WER NICHT.

Der Koran sagt klipp und klar, dass Allah die Ungläubigen im Unglauben lässt oder gar dafür sorgt, dass die Menschen zu Ungläubigen werden.
Sahih Al-Bukhari, Buch 55, Hadith 549:

صحيح البخاري - كِتَاب بَدْءِ الْخَلْقِ - فأتيت بطست من ذهب ملئ حكمة وإيمانا فشق من النحر إلى مراق البطن ثم غسل البطن بماء زمزم 3036 حَدَّثَنَا الْحَسَنُ بْنُ الرَّبِيعِ حَدَّثَنَا أَبُو الْأَحْوَصِ عَنْ الْأَعْمَشِ عَنْ زَيْدِ بْنِ وَهْبٍ قَالَ عَبْدُ اللَّهِ حَدَّثَنَا رَسُولُ اللَّهِ صَلَّى اللَّهُ عَلَيْهِ وَسَلَّمَ وَهُوَ الصَّادِقُ الْمَصْدُوقُ قَالَ إِنَّ «- ص 1175 - أَحَدَكُمْ يُجْمَعُ خَلْقُهُ فِي بَطْنِ أُمِّهِ أَرْبَعِينَ يَوْمًا ثُمَّ يَكُونُ عَلَقَةً مِثْلَ ذَلِكَ ثُمَّ يَكُونُ مُضْغَةً مِثْلَ ذَلِكَ ثُمَّ يَبْعَثُ اللَّهُ مَلَكًا فَيُؤْمَرُ بِأَرْبَعِ كَلِمَاتٍ وَيُقَالُ لَهُ اكْتُبْ عَمَلَهُ وَرِزْقَهُ وَأَجَلَهُ وَشَقِيٌّ أَوْ سَعِيدٌ ثُمَّ يُنْفَخُ فِيهِ الرُّوحُ فَإِنَّ الرَّجُلَ مِنْكُمْ لَيَعْمَلُ حَتَّى مَا يَكُونُ بَيْنَهُ وَبَيْنَ الْجَنَّةِ إِلَّا ذِرَاعٌ فَيَسْبِقُ عَلَيْهِ كِتَابُهُ فَيَعْمَلُ بِعَمَلِ أَهْلِ النَّارِ وَيَعْمَلُ حَتَّى مَا يَكُونُ بَيْنَهُ وَبَيْنَ النَّارِ إِلَّا ذِرَاعٌ فَيَسْبِقُ عَلَيْهِ الْكِتَابُ فَيَعْمَلُ بِعَمَلِ أَهْلِ الْجَنَّةِ

Allahs Gesandter sprach: „Was die Erschaffung der euren anbelangt, so wird jeder von euch ruhig und regungslos sein, die ersten vierzig Tage, (als Spermium) im Bauch seiner Mutter. Danach werdet ihr die nächsten vierzig Tage ein Blutgerinnsel sein, und danach werdet ihr in ein Stück Fleisch verwandelt, für weitere vierzig Tage. Dann schickt Allah einen Engel, und Allah nennt dem Engel vier Worte, vier Schicksale, die er aufschreiben soll: Er schreibt seine Werke (die Werke des Babys) auf, den Zeitpunkt seines Todes, wie es sein Leben lebt und ob es ein elender Ungläubiger oder gesegnet im Glauben sein wird. Anschließend wird die Seele in den Körper des Babys eingehaucht. So kann es sein, dass ein Mensch die Werke der Leute des Himmels tut, und dass der Himmel nur eine Armlänge weit von ihm entfernt ist. Dann setzt ein, was der Engelfür ihn schrieb, und der Mensch beginnt, die Werke der Leute des Höllenfeuers zu tun,und gelangt ins Höllenfeuer. Auch kann ein Mensch zunächst die Werke der Hölleverrichten, und wenn der Engel es so für ihn aufschreiben musste, wird der Menschsich ab einem bestimmten Punkt ändern und die Werke der Leute des Paradiesesverrichten, und gelangt so ins Paradies.

Ich denke, Mohammed liefert hier die perfekte Antwort. Er sagt unmissverständlich, dass sich alles, was vorher aufgeschrieben wurde, genauso in deinem Leben zutragen wird. Alles, was du tust, entspricht Allahs Willen. Es spielt keine Rolle, ob du dein Leben nun als guter oder als böser Mensch geführt hast. Letzten Endes wird dein Dasein und Stellenwert bei Allah nicht von deinen guten oder schlechten Werken bestimmt, sondern von dem, was für dich als Schicksal im Voraus geplant und aufgeschrieben worden ist. Das ist einer der vielen Aspekte dieses Glaubens, die blankem Wahnsinn entsprechen: Wie bitte kann man Allah noch trauen, nachdem man DAS gelesen hat? Wo liegt hierin die Gerechtigkeit?

Was bringt es zu beten, für wohltätige Zwecke zu spenden oder Gutes zu tun, wenn Allahs Befehl doch lautet, die Christen, Hindus, Buddhisten und Juden zu töten? Am Ende kommt es nicht auf das an, was man tut, sondern auf das, was Allah will.

Koran Sure 6:148 (Übersetzung von Usama Dakdok, aus dem Englischen übersetzt von John Doe):

سَيَقُولُ الَّذِينَ أَشْرَكُوا لَوْ شَاءَ اللَّهُ مَا أَشْرَكْنَا وَلَا آبَاؤُنَا وَلَا حَرَّمْنَا مِن شَيْءٍ ۚ كَذَٰلِكَ كَذَّبَ الَّذِينَ مِن قَبْلِهِمْ
حَتَّىٰ ذَاقُوا بَأْسَنَا ۗ قُلْ هَلْ عِندَكُم مِّنْ عِلْمٍ فَتُخْرِجُوهُ لَنَا ۖ إِن تَتَّبِعُونَ إِلَّا الظَّنَّ وَإِنْ أَنتُمْ إِلَّا تَخْرُصُونَ

Die Polytheisten werden sagen: „Hätte Allah es so gewollt, weder wir noch unsereVäter wären Polytheisten geworden; auch hätten wir nichts Verbotenes getan." Somit leugneten schon jene, die vor ihnen kamen, bis sie unsere Strenge zu kosten bekamen. Sprich: „Habt ihr irgendein Wissen, welches ihr für uns zum Vorschein bringen könnt? Ihr folgt nur einer Mutmaßung, und ihr lügt nur."

Diesem Vers zufolge sagten die Leute, die an viele Götter glaubten – die Polytheisten – also, dass es Allah war, der sie und ihre Väter zu Polytheisten gemacht hat, und dafür wurden sie der Lüge bezichtigt. Dagegen sagt der folgende Koranvers, Sure 6:107 (Übersetzung von Usama Dakdok, aus dem Englischen übersetzt von John Doe) das genaue Gegenteil:

وَلَوْ شَاءَ اللَّهُ مَا أَشْرَكُوا ۗ وَمَا جَعَلْنَاكَ عَلَيْهِمْ حَفِيظًا ۖ وَمَا أَنتَ عَلَيْهِم بِوَكِيلٍ

Und hätte Allah es so gewollt, sie wären keine Polytheisten geworden. Und wir haben dich nicht zu ihrem Hüter gemacht, und du bist kein Wächter über sie.

Schon schockierend, nicht wahr? Wie kann so etwas nur vom allmächtigen Gott kommen? In Koran Sure 4:82 sagt Allah selbst, dass wenn sein Buch nicht von ihm kommt, wir darin gewiss manchen Widerspruch finden sollten. Eben diese Widersprüche setzen sich in Sure 6 noch weiter fort. Koran Sure 6:111 (Übersetzung von Usama Dakdok, aus dem Englischen übersetzt von John Doe):

وَلَوْ أَنَّنَا نَزَّلْنَا إِلَيْهِمُ الْمَلَائِكَةَ وَكَلَّمَهُمُ الْمَوْتَىٰ وَحَشَرْنَا عَلَيْهِمْ كُلَّ شَيْءٍ قُبُلًا مَّا كَانُوا لِيُؤْمِنُوا إِلَّا أَن يَشَاءَ
اللَّهُ وَلَٰكِنَّ أَكْثَرَهُمْ يَجْهَلُونَ

Und sendeten wir auch Engel zu ihnen hinab, und die Toten sprächen zu ihnen, und wir versammelten alle Dinge vor ihnen, sie würden doch nicht glauben, es sei denn, es wäre Allahs Wille. So sind die meisten von ihnen unwissend.

Koran Sure 6:125:

فَمَن يُرِدِ اللَّهُ أَن يَهْدِيَهُ يَشْرَحْ صَدْرَهُ لِلْإِسْلَامِ ۖ وَمَن يُرِدْ أَن يُضِلَّهُ يَجْعَلْ صَدْرَهُ ضَيِّقًا حَرَجًا كَأَنَّمَا يَصَّعَّدُ
فِي السَّمَاءِ ۚ كَذَٰلِكَ يَجْعَلُ اللَّهُ الرِّجْسَ عَلَى الَّذِينَ لَا يُؤْمِنُونَ
(سورة الأنعام, Al-Anaam, 125)

Darum: Wem es Allah zu seinem Schicksal bestimmt, zum Islam zu kommen, dem öffnet er hierzu die Brust; und bei wem es Allah beliebt, ihn in die Irre zu führen, dem macht er die Brust eng vor Schmerz, als würden sie zum Himmel emporklettern. Und so ist es Allah, der jede Unreinheit und weitere Sünde über solche verhängt, die nicht glauben.

Koran Sure 4:88: *dich nicht zu ihrem Hüter gemacht, und du bist kein Wächter über sie.*

Schon schockierend, nicht wahr? Wie kann so etwas nur vom allmächtigen Gott kommen? In Koran Sure 4:82 sagt Allah selbst, dass wenn sein Buch nicht von ihm kommt, wir darin gewiss manchen Widerspruch finden sollten. Eben diese Widersprüche setzen sich in Sure 6 noch weiter fort.

Koran Sure 6:111 (Übersetzung von Usama Dakdok, aus dem Englischen übersetzt von John Doe):

وَلَوْ أَنَّنَا نَزَّلْنَا إِلَيْهِمُ الْمَلَائِكَةَ وَكَلَّمَهُمُ الْمَوْتَىٰ وَحَشَرْنَا عَلَيْهِمْ كُلَّ شَيْءٍ قُبُلًا مَّا كَانُوا لِيُؤْمِنُوا إِلَّا أَن يَشَاءَ
اللَّهُ وَلَٰكِنَّ أَكْثَرَهُمْ يَجْهَلُونَ

Und sendeten wir auch Engel zu ihnen hinab, und die Toten sprächen zu ihnen, und wir versammelten alle Dinge vor ihnen, sie würden doch nicht glauben, es sei denn, es wäre Allahs Wille. So sind die meisten von ihnen unwissend.

Koran Sure 6:125:

فَمَن يُرِدِ اللَّهُ أَن يَهْدِيَهُ يَشْرَحْ صَدْرَهُ لِلْإِسْلَامِ ۖ وَمَن يُرِدْ أَن يُضِلَّهُ يَجْعَلْ صَدْرَهُ ضَيِّقًا حَرَجًا كَأَنَّمَا يَصَّعَّدُ
فِي السَّمَاءِ ۚ كَذَٰلِكَ يَجْعَلُ اللَّهُ الرِّجْسَ عَلَى الَّذِينَ لَا يُؤْمِنُونَ
(سورة الأنعام, Al-Anaam, 125)

Darum: Wem es Allah zu seinem Schicksal bestimmt, zum Islam zu kommen, dem öffnet er hierzu die Brust; und bei wem es Allah beliebt, ihn in die Irre zu führen, dem macht er die Brust eng vor Schmerz, als würden sie zum Himmel emporklettern. Und so ist es Allah, der jede Unreinheit und weitere Sünde über solche verhängt, die nicht glauben.

Koran Sure 4:88:

Warum seid ihr zu zwei Parteien gegenüber den Heuchlern geworden? Allah verdammte sie für das, was ihre Hände taten. Wollt ihr denjenigen den Weg weisen, die von Allah in die Irre geführt werden? Wen Allah täuscht, für den gibt es keine Rechtleitung, und du wirst keinen Weg finden, solche Leute rechtzuleiten!

Sieh dir das an: „Allah verdammte sie für das, was ihre Hände taten. Wollt ihr denjenigen den Weg weisen, die von Allah in die Irre geführt werden?“ Wie kann Allah sagen, dass er die Heuchler für ihre Werke verdammt hat, wenn er doch zugibt, dass er derjenige war, der sie überhaupt erst in die Irre geführt hat? Beachte, wie Allah sich hier in ein und demselben Atemzug selbst widerspricht.

Umso mehr wird Allah wütend auf Mohammed, weil dieser versucht hat, die Heuchler rechtzuleiten. Welchen Job hat Mohammed dann? Allah erlaubt es ihm nicht einmal, die Irregegangenen auf den rechten Weg zu leiten, was bedeutet, dass Mohammed keine Funktion als Prophet und Gesandter des Allmächtigen Gottes erfüllt. Er hat keinerlei Autorität von Allah, die es ihm erlauben würde, die Ungläubigen zum Glauben zu führen.

Und Allah sagte deutlich, dass Mohammed nicht das Geringste tun kann, um sie zu retten, denn es war Allah selbst, der sie verstoßen und auf den falschen Weg geleitet hat.

Eine gar noch wichtigere Frage, die man hierbei stellen sollte, lautet: Wieso weigerte sich Allah, Mohammed die nötige Autorität zu geben, um diese Leute zur Wahrheit zu führen? Weil das gegen Allahs Plan ging. Und das wissen wir, denn es regte Allah auf und machte ihn wütend, als Mohammed versuchte, die von Allah verstoßenen Heuchler rechtzuleiten.

Die Vorstellung, dass der Islam, der Koran und Mohammed gesandt worden seien, um die Menschen zu Heil und Erlösung zu führen, ist falsch und vollkommen haltlos. Sobald Allah erst einmal festgelegt hat, dass du es nicht wert bist, ein Muslim zu sein, sind deine Chancen auf Heil und Erlösung gleich Null.

Mit dem nächsten Vers werde ich dir einmal mehr vor Augen halten, dass der Koran von einem geisteskranken, wahnsinnigen Mann stammt. Er hat nicht einmal auf die Worte geachtet, die er selbst aussprach.

Koran Sure 81:28-29:

28 An diejenigen unter euch, die auf den rechten Weg gehen wollen, damit sie Muslime sein können.
29 Ihr werdet dies nicht tun, solange es nicht das ist, was Allah will, der Herr der zwei Welten (der Menschen und Dschinn).

Der eine Vers sagt also, dass es an dir liegt, ob du ein Muslim sein WILLST oder nicht. Alles schön und gut, aber in dem Vers gleich danach sagt Allah das komplette Gegenteil!

Dieser Gott hat sie nicht mehr alle. Weiß er eigentlich, was er da sagt? Liegt die Entscheidung, ob wir Muslime werden WOLLEN, nun bei jedem von uns selbst, oder einzig und allein bei ihm? Wenn sie bei ihm liegt, warum sagt der Vers davor noch, dass sie bei uns liegt. Ich drücke es mal so aus. Allah sagt dem Leser: „Die Entscheidung liegt bei mir (Allah), du Idiot! Es ist mir egal, was du sein willst oder was du gerne hättest!"

WER MACHTE SATAN ZU EINEM FEIND? DAS WAR ALLAH

Im folgenden Abschnitt, wirst du feststellen, dass sogar Satan selbst ein Opfer des von Allah festgelegten Schicksals ist.

Koran Sure 43:36 (Übersetzung von Mohammed Pickthall, aus dem Englischen übersetzt von John Doe):

Und für denjenigen, dessen Sicht auf das Gedenken des Belohnenden getrübt ist, haben wir einen Teufel bestimmt, der sein Gefährte werden soll.

Allah gibt hier eine deutliche Drohung zum Besten, die lautet: Wenn du nicht zu ihm betest und ihn nicht verehrst, dann wird er Satan auf dich loslassen. Und weißt du, was das heißt? Das heißt, dass bevor Allah das tut (er seinen Satan auf dich loslässt), Satan dein Leben noch nicht beeinflusst! Wenn Satan das nämlich bereits täte, warum sollte Allah ihn dann zu dir schicken? Und wenn du bereits im Irrtum liegst, und nicht zu Allah betest, was könnte Satan dann überhaupt noch bewirken? Auf jeden Fall wird Satan gegen dich vorgehen, was wiederum heißt, dass er dichmanipulieren wird und leiden lässt, damit du dich irgendwann dann doch noch Allah unterwirfst. Er wird dich mehr irregehen und noch mehr Schlechtes tun lassen. Aber zu wessen Wohl? Etwa zum Wohl der Menschheit? Tatsächlich sagt Allah hier: *„Mein Satan ist mein Repräsentant, und mein bestes Werkzeug, dich zu mir zu führen."Würde das nicht Allah zum Satan selbst - zum König aller Teufel - machen?*

Koran Sure 6:112 (Übersetzung von Usama Dakdok, aus dem Englischen übersetzt von John Doe):

وَكَذَٰلِكَ جَعَلْنَا لِكُلِّ نَبِيٍّ عَدُوًّا شَيَاطِينَ الْإِنسِ وَالْجِنِّ يُوحِي بَعْضُهُمْ إِلَىٰ بَعْضٍ زُخْرُفَ الْقَوْلِ غُرُورًا ۚ
وَلَوْ شَاءَ رَبُّكَ مَا فَعَلُوهُ ۖ فَذَرْهُمْ وَمَا يَفْتَرُونَ
(سورة الأنعام , Al-Ana'am, 112)

Und so haben wir jedem Propheten Feinde gemacht, Satane unter den Menschen und Satane und den Dschinn. Sie sprechen ihnen Zukhruf (wohlklingende, prunkvolle Worte) zu, um zu täuschen. Und hätte dein Herr es gewollt, sie hätten es nicht getan. So störe sie nicht in dem, was sie tun.

Wir entnehmen diesem Vers folgendes: Es gibt zwei Arten von Satanen bzw. Teufeln: Solche, die für die Menschen bestimmt sind, und solche, die für die Dschinn bestimmt sind. (Anmerkung: Muslime glauben nicht an nur einen Satan, sondern an mehrere Satane.)

Allah hat sie zu Feinden der Propheten gemacht. Das bedeutet, dass die von Allah erschaffenen Teufel gar nicht die Bösen sind. Allah, der sie erschaffen hat, ist der Böse. Die Teufel tun lediglich das, womit Allah sie beauftragt hat. Sie sind Allah gegenüber gehorsam, und dadurch gute Diener. Wenn die Wahl also bei den Teufeln läge, dann könnten sie sich auch dazu entscheiden, keine Feinde der Propheten zu sein. Diese Teufel haben diesen einen Job: Den Opfern Allahs Zukhruf wohlklingende, prunkvolle Worte – ins Ohr sprechen, um sie mit diesen Worten zu täuschen. Wenn Allah jeden seiner geliebten Propheten mit Sorgfalt wählte und vor allem Bösen beschützen wollte, warum setzte er sie dann absichtlich bösen Einflüssen aus?

ALLAH BESCHÜTZT DIE PROPHETEN

Die folgenden Verse machen Allahs Intentionen bezüglich der Propheten noch undeutlicher:

Koran Sure 15:42 (Übersetzung von Usama Dakdok, aus dem Englischen übersetzt von John Doe):

Wahrlich hast du über meine Sklaven, mit Ausnahme der Verlorengegangenen, die zu den Verführten gehören, die dir folgen, keinerlei Macht.

Koran Sure 16:98-100 (Übersetzung von Usama Dakdok, aus dem Englischen übersetzt von John Doe):

98 Und wenn du den Koran zitierst, so suche Zuflucht bei Allah vor dem verworfenen Satan.
99 Wahrlich, er hat keinerlei Macht über die, die glaubten und auf ihren Herrn vertrauten.
100 Wahrlich reicht seine Macht nur über jene, die mit ihm Freundschaft schließen, also jene, die Allah andere Götter zur Seite stellen.

Wir sehen, wie lustig Allahs Worte und die Worte seines hirnrissigen Propheten Mohammed doch tatsächlich sind. Lesen wir als nächstes die folgenden Hadithe aus Sahih Al-Bukhari.

Sahih Al-Bukhari, Buch 60, Hadith 260
(Siehe auch Sahih Muslim, Buch 033, Hadith 6411):

Überliefert von Abu Huraira: „Allahs Gesandter sprach: 'Adam und Moses trafen sich. Infolgedessen sprach Moses zu Adam: 'Du bist derjenige, wegen dem die Menschen in Leidleben müssen und aus dem Himmel verbannt wurden.' Darauf antwortete Adam Moses mit: 'Du bist der Eine, den Allah für seine Botschaft wählte, und den er von sich aus bevorzugte, und vor allem auch derjenige, dem er die Tora offenbarte.' Moses antwortete: 'Ja, gewiss.' Danach sprach Adam: 'Weißt du somit, dass mein Schicksal bereits vor meiner Erschaffung niedergeschrieben wurde?' Moses sprach: 'Ja.' Und mit diesem Argument schlug Adam Moses.'"

In Sahih Al-Bukhari, Buch 77, Hadith 611, unterhalten sich Adam und Moses erneut:

Überliefert von Abu Huraira: „Allahs Gesandter sprach: 'Adam und Moses debattierten miteinander. Moses sprach zu Adam: 'Deinetwegen, Adam! Du bist unser Vorfahre, der uns verärgerte und wegen dem man uns aus dem Himmel verbannte.' Danach sprach Adam zu Moses: 'Du, Moses! Allah bevorzugte dich, so sprach er zu dir (mit seiner eigenen Stimme, und nicht etwa durch einen Engel) und schrieb dir auf den Tafeln die Tora nieder, für dich, mit seiner eigenen Hand. Wie kannst du mich also für Taten verurteilen, die Allah vierzig Jahre vor dem Zeitpunkt meiner Erschaffung in mein Schicksal geschrieben hat?' So widerlegte Adam Moses. Adam widerlegte Moses, den Propheten. Und Adam widerlegte seinen (Adams) Vorwurf drei weitere Male.'"

Sahih Al-Bukhari, Buch 93, Hadith 606:

Überliefert von Abu Huraira: „Allahs Gesandter sprach, dass Adam und Moses sich stritten. Und Moses sprach: 'Deiner Nachkommen leben nur deinetwegen nicht im Himmel, Adam.' Adam antwortete: 'Du bist Moses, derjenige, der von Allah bevorzugt und für seine Botschaft auserwählt wurde, und er sprach mit dir. Ihr unterhieltet euch, von Angesicht zu Angesicht. Und doch beschuldigst du mich meiner Vergehen, obwohl diese vor meiner Erschaffung von Allah festgelegt worden sind?'

Und so überwältigte Adam Moses mit seiner Argumentation."

Adam hat sich Allah nicht widersetzt. Tatsächlich hat Allah alles, was Adam getan hat, bereits im Voraus exakt so, wie es geschehen ist, geplant. Adam tat, was er tun musste.

Allah plante Adams Schicksal vierzig Jahre vor Adams Erschaffung.

Nachdem wir das nun wissen: Warum sollte jemand von Allah für das bestraft werden, was Allah von ihm will?

Willkommen bei der Idiotie des Islam.

In Koran Sure 15:42 sagt Allah seinen Dienern - den Satanen -, dass sie keinerlei Macht über Allahs treue Diener haben, zu denen auch die Propheten gehören. Und in Koran Sure 16:98-100 wird den Propheten weiterer Schutz vor den Bösen Einflüssen der Satane zugesichert, solange sie Allah gehorchen, ihm vertrauen und sich auf seinen Schutz verlassen.

ALLAH MACHT SICH SEIN EIGENES HANDWERK ZUNICHTE

Allah erschuf jeweils einen Feind (Satan) für jeden Propheten, und Satans Job ist es, den Propheten zu täuschen (siehe Koran Sure 6:112). Jedoch stellt sich Allah zwischen Satan und dem Propheten, und sagt Satan, dass er keinerlei Macht über Allahs Propheten hat (Siehe Koran Sure 15:42). Allah erschafft Feinde mit spezifischen Pflichten - denen diese auch nachzugehen haben -, doch er lässt keinen davon die Propheten auf irgendeine Weise beeinflussen. Sprich: Sie haben keinen Einfluss auf die Propheten. Es hört sich ganz so an, als würde Allah sich selbst Feinde machen, oder, als hätte er Satan einzig für den Zweck erschaffen, um ihn sagen zu können, dass er ein Beschützer ist. Aber wen beschützt Allah, und wovor? Er beschützt seine eigene Schöpfung vor seiner eigenen Schöpfung.

ALLAHS SCHUTZ DIENT NICHT DER PRÄVENTION, SONDERN LEDIGLICH DER SCHADENSBEGRENZUNG

Wenn Allah sichergestellt hat, dass Satan keinerlei Macht über Allahs gehorsame, anständige Diener hat, wie kann es dann sein, dass Satan es vollbrachte, Mohammed unter den Einfluss von schwarzer Magie zu stellen? In Koran Sure 53:19-23 lesen wir, dass Satan Mohammed dazu brachte, satanische Verse zu zitieren, in denen er die drei Töchter Allahs gepriesen hat. Heißt das etwa, dass Mohammed kein anständiger Diener Allahs war? Wenn Mohammed ein guter Diener Allahs ist, warum hat Allahs Schutz ihm dann nichts gebracht? Allah war nicht dazu fähig, Satan davon abzuhalten, Mohammed unter seinen Einfluss zu bringen. Alles, was Allah hinterher noch tun konnte war, die daraus resultierten Fehler zu korrigieren.

Koran Sure 22:52 (Übersetzung von Usama Dakdok, aus dem Englischen übersetzt von John Doe):

Und niemals haben wir einen Gesandten oder Propheten vor dir gesandt, dem Satan, wenn er rezitiert, nicht seine eigenen Worte unterbreitete. Aus genau diesem Grund abgrogiert Allah alles, was Satan unterbreitet. Anschließend korrigiert Allah seine Verse. Und Allah ist wissend, weise.

Entweder hat Allah keine wirkliche Macht über Satan, oder der von ihm versprochene Schutz ist eine Lüge.

ALLAH BESCHÜTZT NIEMANDEN

Mohammed ist nicht der einzige Prophet, den Allah nicht beschützen konnte. Allah konnte genauso wenig Abraham vor dem Irrglauben bewahren, dass die Sterne, der Mond und die Sonne seine „Herren" sind:

- In Koran Sure 6:75 hält Abraham die Sterne am Himmel für seine Herren, weil sie akbar (größer) waren.
- In Koran Sure 6:77 ändert Abraham dann, nachdem er den Mond gesehen hat, seine Meinung. Nun denkt er, dass der Mond sein Herr sein muss, denn er ist akbar (größer) als die Sterne.
- In Koran Sure 6:78 ändert Abraham wieder seine Meinung, sobald er die Sonne aufgehen sieht. Und diesmal war er sich sicher, dass die Sonne sein Herr sein muss, weil sie akbar (größer) ist als der Mond.

Bedenke: Indem Abraham jeweils die Sterne, den Mond und die Sonne „Mein Herr" nannte, stellte er diese Allah als andere Götter zur Seite. Abraham betete die Sterne, den Mond und die Sonne als Götter an, und machte sich so des Götzendienstes schuldig, genau wie Mohammed, der sich des Götzendienstes schuldig machte, als er die drei Töchter Allahs gepriesen hat (zu lesen in Koran Sure 53:19, Ibn Kathir geht näher darauf ein). Und bedenke auch, dass Abraham und Mohammed dem Koran zufolge beide Propheten Allahs sind. Warum wurden diese beiden von Allah geliebten Propheten nicht davon abgehalten, die eine, unverzeihliche Sünde zu begehen, „Allah andere Götter zur Seite zu stellen"?

In Koran Sure 16:100 sagt uns Allah, dass nur diejenigen, die mit Satan befreundet sind, der Macht Satans verfallen können.

Koran Sure 16:100 (Übersetzung von Usama Dakdok, aus dem Englischen übersetzt von John Doe):

Wahrlich reicht seine Macht nur über jene, die mit ihm Freundschaft schließen, also diejenigen, die Allah andere Götter zur Seite stellen.

Da Abraham und Mohammed der Macht Satans verfallen waren, müssen sie demnach mit Satan Freundschaft geschlossen haben, was wiederum bedeutet, dass sie willentlich Allahs Befehl missachtet haben, ihm keine anderen Götter zur Seite zu stellen. Wenn sie Allahs Befehl aber NICHT willentlich missachtet haben, bedeutet das, dass sie der Macht Satans verfielen, weil Allah es nicht schaffte, sie vor Satan zu beschützen. Für welche dieser beiden Erklärung du dich auch entscheidest: Allah verliert gegen Satan. Wie kann Allah, der Satan erschaffen hat, so schwach im Kampf gegen seine eigene Schöpfung sein? Auch das beweist, dass das von Allah gewollte Schicksal – eine wichtige Säule des Islam – eine vollkommen IRRSINNIGE LEHRE ist.

ALLAHS PROPHETEN SIND ZUGLEICH SEINE FEINDE

Wahrlich wird Allah niemandem vergeben, der ihm andere Götter zur Seite stellt. Doch von dieser Sünde mal abgesehen, will er jede andere Sünde vergeben.

Koran Sure 4:48 (Übersetzung von Usama Dakdok, aus dem Englischen übersetzt von John Doe):

Wahrlich wird Allah niemandem vergeben, der ihm andere Götter zur Seite stellt (andere Götter anbetet). Abgesehen davon will Allah jede andere Sünde vergeben. Und wer Allah einen anderen zur Seite stellt, der hat in der Tat eine große Sünde begangen.

Koran Sure 4:116 (Übersetzung von Usama Dakdok, aus dem Englischen übersetzt von John Doe):

Wahrlich wird Allah nicht vergeben, dass man ihm einen anderen beigesellt hat. Und er will alles andere vergeben, nur das nicht. Und wer auch immer Allah andere

Götter beigesellt, dieser ist in der Tat weit vom rechten Weg abgekommen.

Wir können festhalten, dass sich Mohammed und Abraham beide der islamischen Lehre nach der hässlichen Sünde schuldig gemacht haben, „Allah andere Götter zur Seite zu stellen". Diesen beiden Versen zufolge wird Mohammed und Abraham nicht vergeben werden. Sie werden in der Hölle enden, weil sie Allahs Feinde sind.

ALLAH IST EIN FALSCHER GOTT

Allah erschuf böse Wesen, damit sie die Feinde seiner Propheten sein können (Koran Sure 6:112). Dafür verspricht seinen Propheten aber, sie vor diesen Satanen zu beschützen (Koran Sure 15:42 und Sure 16:98-100). Doch seinem Versprechen zu trotz haben wir gesehen, dass Allah nicht dazu fähig ist, den von ihm versprochenen Schutz zu gewährleisten.

Der Koran behauptet, dass Allah allmächtig ist. So lesen wir es auch in dem folgenden Vers. Koran Sure 6:73 (Übersetzung von Usama Dakdok, aus dem Englischen übersetzt von John Doe):

Und er ist es, der die Himmel und die Erde erschuf in der Wahrheit, und an jenem Tag, da er spricht „Es werde", so wird es sein. Sein Wort ist die Wahrheit und ihm ist das Königreich..."

Wenn Allahs Wort so mächtig ist wie der Koran es behauptet, wieso kann er dann seine eigene Schöpfung, die Satane bzw. den Satan, nicht besiegen? Allah müsste doch einfach „Halt" oder irgendeinen anderen Befehl sagen können, um Satan von den Propheten fernzuhalten, und so würde Allah Satan schnurstracks besiegen. Aber so ist es nicht. Entweder will Allah seine Propheten nicht beschützen – was ihn zu einem Lügner macht –, oder Allah ist nicht so mächtig, wie der Koran behauptet. Zweiteres würde bedeuten, dass Allah schwach – gar schwächer als Satan – ist. Für welche Schlussfolgerung du dich auch entscheidest, du wirst sehen: Allah ist ein falscher Gott. Der wahre Gott ist kein Lügner, und anders als Allah ist er wirklich allmächtig.

Wir werden die Lehre des Schicksals – eine der sechs Säulen des islamischen Glaubens –, noch mehr bloßstellen. Der folgende Auszug stammt aus Sahih Muslim, Buch von Eman, Beirut, veröffentlicht im Jahr 1993, Band 1, Seite 37:

Als der Prophet gefragt wurde, was den Glauben wahrlich ausmacht, sprach er: „An Allah und seine Engel, seine Bücher, seine Gesandten und den Jüngsten Tag zu glauben. Und an das eigene Schicksal zu glauben, ob es nun gut oder schlecht ausfällt."

ولما سئل النبي عن معنى الإيمان قال:
{أن تؤمن بالله وملائكته وكتبه ورسله واليوم الآخر, وتؤمن بالقدر خيره وشره}
رواه مسلم والبخاري).

Koran Sure 10:22

Es ist Allah, der deinen Weg und deine Richtung bestimmt, auf dem Land und auf dem Meer.

Koran Sure 57:22

{ مَآ أَصَابَ مِن مُّصِيبَةٍ فِي ٱلْأَرْضِ وَلاَ فِيٓ أَنفُسِكُمْ إِلاَّ فِي كِتَٰبٍ مِّن قَبْلِ أَن نَّبْرَأَهَآ إِنَّ ذَٰلِكَ عَلَى ٱللَّهِ يَسِيرٌ }

Es geschieht kein Unheil auf der Erde oder an euch, welches nicht bereits vor eurer Erschaffung in einem Buch niedergeschrieben wird. Dies zu tun fällt Allah sehr leicht.

Außerdem lesen wir in Koran Sure 18:74 von einem Propheten namens Al-Khader, der einen Jungen tötet, weil dieser zu einem Ungläubigen herangewachsen worden wäre. Es war das Schicksal dieses Jungen, ein Ungläubiger zu sein. So steht es zumindest im folgenden Hadith.

FITRA: JEDES KIND WIRD ALS MUSLIM GEBOREN

Sahih Muslim, Buch 033, Hadith 6434:

Der Prophet Allahs sprach: „Der junge Knabe, den der Prophet Al-Khader getötet hat, war ein Ungläubiger von Geburt an, und wäre er nicht getötet worden, hätte er seine Eltern mit seinem Ungehorsam und seinem Unglauben beschmutzt."

Dies steht jedoch im krassen Widerspruch zu dem, was der Koran in Sure 7:172 sagt:

Erinnert euch daran, als euer Herr ihre Nachkommen hervorbrachte – aus dem

Rückgrat der Kinder Adams – und er sie bezeugen ließ gegen ihren eigenen Willen, indem er sprach: „Bin ich nicht euer Herr?“ Sie antworteten: „Natürlich bist du unser Herr, wir bezeugen es.“ So sagt am Jüngsten Tag nicht: „Wir waren dessen unkundig.“

In diesem Vers behauptet Allah (sprich: Mohammed), dass Allah Kinder, die in unserer Welt geboren werden, schon als Spermium dem Islam angehören. Sie gehören dem Islam bereits vor ihrer Geburt, der Geburt ihrer Väter, und bevor sie überhaupt die Schahada aussprechen (zum Islam konvertieren) an. Und sie gehörten tatsächlich schon ganze fünfzigtausend Jahre vor der Erschaffung Adams dem Islam an. So sehen wir es in dem folgenden Hadith. Sahih Muslim, Buch 033, Hadith 6416:

. قدر الله مقادير الخلائق قبل أن يخلق السماوات والأرض بخمسين ألف سنة ، وعرشه على الماء

Abdullah's Bin 'Amero berichtet: „Ich hörte Allahs Apostel sagen: 'Allah bestimmte den Verlauf des Schicksals seiner Schöpfung fünfzigtausend Jahre bevor er die Himmel und der Erde erschuf, als sein Thron auf dem Wasser war.'“

Darum glauben die Muslime an das Konzept der Fitra: Jeder Mensch wird als Muslim geboren. Doch zitiere ich nun Mohammeds eigene Worte aus Sahih Muslim, Buch 033. Hadith 6434, mit denen er sich auf Koran Sure 18:74 bezog: *„Der junge Knabe, den der Prophet Al-Khader getötet hat, war ein Ungläubiger von Geburt an...“* Der Junge war also ein gebürtiger Ungläubiger. Also ist die Lehre der Fitra, laut der jedes Kind als Muslim geboren wird, Mohammeds eigenen Widersprüchen zufolge falsch.

Sahih Muslim, Buch 033, Hadith 6436:

Aisha, die Mutter der Gläubigen, verkündete, dass Allahs Gesandter dazu berufen wurde, das Bestattungsgebet eines Kindes der Ansar anzuführen. Ich (Aisha) sprach: „O Allahs Gesandter, es herrscht Freude für dieses Kind, welches ein Vogel unter den Vögeln des Paradieses ist, denn es hat weder gesündigt noch das Alter erreicht, indem man der Sünde fähig ist.“ Er sprach: „Aisha, gehe kein Risiko der Falschaussage ein, denn es kann auch anderes sein. Der allmächtige Gott hat das Paradies für diejenigen erschaffen, die dafür bestimmt sind. Er hat das Paradies für sie bestimmt, als sie gerade mal in den Lenden ihrer Väter waren. So hat er auch die Hölle für diejenigen erschaffen, die für die Hölle bestimmt sind, wenn diese gerade mal in den Lenden ihrer Väter sind."

Der arabische Text, dem ich die folgende Passage entnehme, ist in Sahih Muslim, Buch von Al-'Qadar, Band 4, Seite 46, Hadith 2662 zu finden:

2662 حَدَّثَنَا أَبُو بَكْرِ بْنُ أَبِي شَيْبَةَ حَدَّثَنَا وَكِيعٌ عَنْ طَلْحَةَ بْنِ يَحْيَى عَنْ عَمَّتِهِ عَائِشَةَ بِنْتِ طَلْحَةَ عَنْ عَائِشَةَ أُمِّ الْمُؤْمِنِينَ قَالَتْ دُعِيَ رَسُولُ اللَّهِ صَلَّى اللَّهُ عَلَيْهِ وَسَلَّمَ إِلَى جَنَازَةِ صَبِيٍّ مِنْ الْأَنْصَارِ فَقُلْتُ يَا رَسُولَ اللَّهِ طُوبَى لِهَذَا عُصْفُورٌ مِنْ عَصَافِيرِ الْجَنَّةِ لَمْ يَعْمَلْ السُّوءَ وَلَمْ يُدْرِكْهُ قَالَ أَوَ غَيْرَ ذَلِكَ يَا عَائِشَةُ إِنَّ اللَّهَ خَلَقَ لِلْجَنَّةِ أَهْلًا خَلَقَهُمْ لَهَا وَهُمْ فِي أَصْلَابِ آبَائِهِمْ وَخَلَقَ لِلنَّارِ أَهْلًا خَلَقَهُمْ لَهَا وَهُمْ فِي أَصْلَابِ آبَائِهِمْ

Auch das beweist, dass Mohammeds Worte über die Fitra eine Lüge sind. Wenn jeder Mensch – wie es hieraus hervorgeht – als Muslim geboren wird, dann müsste jeder Mensch, der als Kind bzw. als Baby stirbt, automatisch ins Paradies kommen. Aber Mohammed sagte, dass das nicht stimmen muss, denn: *„Der allmächtige Gott hat das Paradies für diejenigen erschaffen, die dafür bestimmt sind. Er hat das Paradies für sie bestimmt, als sie gerade mal in den Lenden ihrer Väter waren. So hat er auch die Hölle für diejenigen erschaffen, die für die Hölle bestimmt sind, wenn diese gerade mal in den Lenden ihrer Väter sind."* Also hängt es mal wieder vom vorbestimmten Schicksal der jeweiligen Person ab, und wir haben einen weiteren Widerspruch in Mohammeds Worten, der in Sahih Muslim, Buch 033, Hadith 6426 sagte, dass jedes Kind als für sich genommen paradiestauglicher Muslim geboren wird:

Der Gesandte Allahs sprach: „Kein neugeborenes Kind wird nicht im Rahmen der Fitra (als Muslim) geboren. Es sind seine Eltern, die es später zu einem Juden oder zu einem Christen oder zu einem Polytheisten machen." Eine Person sprach: „Gesandter Allahs, was ist deiner Meinung nach, wenn jemand stirbt, bevor der das Alter erreicht hat, Recht von Unrecht unterscheiden zu können?" Er (Mohammed) sprach: „So ist Allahs Wille. Wer könnte schön vorausahnen, was sie später getan hätten?"

Aber Moment mal: Die Eltern des Jungen, der in Koran Sure 18:74-80 getötet wurde, waren beidegute, gläubige Muslime!

Koran Sure 18:80:

Der Junge; seine Eltern waren gute Muslime, und wir fürchteten, dass er möglicherweise – vielleicht – ein Ungerechter und Ungläubiger war, der noch heranwächst.

Jetzt kommt es also doch nicht auf die Eltern an, obwohl Mohammed in Sahih Muslim, Buch 033, Hadith 6426, noch das Gegenteil behauptete!

Wir machen mit dem Thema Schicksal weiter und wenden uns an Fateh Al-Bari Fe Sharih, Sahih Al-Bukhari, Buch des Schicksals, Seite 497, und Sahih Muslim, Bishare'h Al-Nawai, Seite 155.

Allah schrieb fünfzigtausend Jahre vor der Erschaffung der Himmel und der Erde das Schicksal seiner Schöpfung nieder, und legte es für uns unveränderbar fest. Dazu sagte Mohammed in Sahih Al-Bukhari:

فقه الدعوة في صحيح الإمام البخاري - القسم الأول الدراسة الدعوية للأحاديث الواردة في موضوع الدراسة - الفصل الثاني كتاب الجهاد والسير - باب لا يقول فلان شهيد - حديث إن الرجل ليعمل عمل أهل الجنة فيما يبدو للناس وهو من أهل النار أولا : من موضوعات الدعوة : الإيمان بالقدر والعمل بأسباب النجاة : ظهر في هذا الحديث أهمية الإيمان بالقدر ؛ لأن النبي صلى الله عليه وسلم قال لرجل ظاهره الصلاح والشجاعة في الجهاد : „ إنه من أهل النار „ وقال : البخاري الجهاد والسير (2742) ، مسلم الإيمان (112) ، أحمد (332/5). إن الرجل ليعمل عمل أهل الجنة فيما يبدو للناس وهو من أهل النار ، وإن الرجل ليعمل عمل أهل النار فيما يبدو للناس وهو من أهل الجنة وهذا يدل على أن الله عز وجل قد قدر المقادير ، فعن علي بن أبي طالب رضي الله عنه عن النبي صلى الله عليه وسلم أنه قال : البخاري تفسير القرآن (4665) ، مسلم القدر (2647) ، الترمذي تفسير القرآن (3344) ، أبو داود السنة (4694) ، ابن ماجه المقدمة (78) ، أحمد (129/1). ما منكم من أحد ، ما من نفس منفوسة إلا كتب مكانها من الجنة والنار ، وإلا قد كتبت شقية أو سعيدة „ فقال رجل ؛ يا رسول الله أفلا نتكل على كتابنا وندع العمل ؟ فمن كان منا من أهل السعادة فسيصير إلى عمل أهل السعادة, وأما من كان منا من أهل الشقاوة فسيصير إلى عمل أهل الشقاوة ؟ قال : „ أما أهل السعادة فييسرون - ص 435 - لعمل السعادة ، وأما أهل الشقاوة فييسرون لعمل الشقاوة . ثم ق

In Musnad Ahmad (5/332), dem Buch von Al Turmzi (Tafsr Al Qur'an 3344), dem Buch von Abu Dawud, Al Sunna 4649, dem Buch von Musnad Ahmad 1/129, und dem Buch von Ibn Maja (Verbot 78) und Sahih Al-Bukhari, Buch des Dschihad und Sair (2742) sowie Sahih Muslim 112 sagte Mohammed:

Der Mann tut die Werke der Leute der Hölle, doch er geht in den Himmel ein! Und der Mann tut die Werke der Leute des Himmels, doch er geht in die Hölle ein!

Kehre zurück zu den Seiten 284 und 285, und lese dir dort Sahih Al-Bukhari. Buch 55, Hadith 549 durch.

Und diejenigen, die die Werke der Glückseligkeit verrichten, wurden (von Allah) kontrolliert und gesteuert, dies zu tun, und diejenigen, die die Werke der Schlechtigkeit verrichten, werden (von Allah) kontrolliert und gesteuert, Schlechtes zu tun.

Hiermit gibt Mohammed offen zu, dass bloße Werke dem Menschen kein Heil bringen. Empfängt man das Heil also durch pures Glück? Wohl eher durch Jesus Christus! Das beweist, dass all die Pflichten, die Mohammed den Muslimen nachzugehen befohlen hat, vollkommen nutzlos waren. Also:

- Fünf fest einzuhaltende Gebete pro Tag.
- Das Fasten im Monat des Ramadan (28-tägiges Fasten von Sonnenaufgang bis Sonnenuntergang).
- Die Haddsch, die Pilgerfahrt nach Mekka.
- Dschihad.
- Beten in der Nacht der Macht, in der ein nächtliches Gebet so viel wert ist wie die täglichen Gebete aus 83 Jahren
- Spenden an Muslime. Gespendet wird das Geld, das die Muslime den Christen und Juden gestohlen haben.
- Die Ungläubigen (Nicht-Muslime) hassen.

Diese falschen, unnützen Pflichten hat Mohammed den Muslimen lediglich aufgetragen, damit sie mit etwas anderem beschäftigt sind als über die Glaubwürdigkeit seiner Lehre nachzudenken. Ich kann dir zeigen, was Mohammed für Pläne ausgefeilt hat, um die armen Muslime in Angst und Schrecken leben zu lassen:

- Es gibt 70 Regeln und Gebete, die sie einhalten müssen, bevor sie das Badezimmer betreten.Anderenfalls werden Satan und seine Gemahlin perverse Sexspielchen mit dem Anus des jeweiligen Muslims praktizieren! Ein Muslim sollte das Badezimmer immer zuerst mit seinem linken Bein betreten und mit seinem rechten Bein wieder verlassen, während er dabei sagt: „O Allah, ich ersuche deine Vergebung.“ Tut er das nicht, stellt Satan einige unanständige Dinge mit seinem Anus an. Außerdem ist es verboten, stehend zu urinieren.
- Mohammed hat es den Muslimen verboten, einfach so in jedes Loch, das sie in der Pampa sehen, unterwegs ihr Geschäft zu verrichten oder Wasser zu lassen. Und das aus einem bestimmten Grund. Er sagte nämlich, dass die Muslime den Dschinn, die in diesen Löchern wohnen, so auf die Köpfe kacken und pissen würden!

Sunan Abu Dawud, Band 1, Seite 29, 1993er Druckauflage, Ägypten:

حدثنا عبيد الله بن عمر بن ميسرة حدثنا معاذ بن هشام حدثنى أبى عن قتادة عن عبد الله بن سرجس أن رسول الله -صلى الله عليه وسلم- نهى أن يبال فى الجحر. قال قالوا لقتادة ما يكره من البول فى الجحر قال كان يقال إنها مساكن لجن.(1/29) سنن أبى داود

'Qatadah sprach: „Der Gesandte Allahs verbot uns, in Löcher zu urinieren.“ Der Prophet wird gefragt: „Was ist so schlimm daran, in ein Loch zu urinieren?“ Der Prophet sprach: „Die Löcher sind die Wohnorte der Dschinn.“

(Die gleiche Geschichte kann in Sarih Al-Siu'ty Le-Sunan Al-Nisa'e, Buch von Al-'Tahara, 1986er Druckauflage, auf Seite 34 gefunden werden.)

- Es gibt Regeln, die festlegen, wie oft man sich den Hintern abwischen muss.
- Es gibt Regeln, die festlegen, wie ein Muslim zu essen oder sein Haus zu betreten hat. Dabei müssen sie den Namen Allahs erwähnen und das entsprechende Gebet sprechen. Tun sie das nicht, sagt Satan zu sich selbst (Sahih Al-Bukhari, Buch 023, Hadith 5006):

„Oh, ich habe eine Unterkunft gefunden, in der ich auch essen kann!"

- Es gibt Regeln, die man einhalten muss, wenn man Sex hat. Muslime müssen ein spezielles Gebet an Allah richten, bevor sie Sex haben, oder es wird dazu kommen, dass Satan sich um den Penis das Mannes wickelt und so mit dem Mann gemeinsam in die Frau eindringt! So kann es passieren, dass die Frau von Satan geschwängert wird und hinterher das Kind Satans gebärt!

Sahih Al-Bukhari, Buch 4, Hadith 143:

Ibn 'Abbas berichtet vom Propheten, der sprach: „Wer von euch Geschlechtsverkehr mit seiner Frau haben will, der soll sagen: 'Bismillah, janibnaa Al-Shaitan wa janib Al-Shaitan ma raza'qtana (Anmerkung: Man muss das Gebet auf Arabisch sprechen, sonst wird es von Allah nicht angenommen und hat es keinerlei Wirkung), im Namen Allahs, zu dem wir beten. Halte den Satan fern von uns und fern von dem, was du uns mit unserem Nachwuchs geben willst, Allah.' Nachdem ihr das getan habt und ihr Geschlechtsverkehr hattet, solltet ihr ein Kind haben, dem der Satan niemals Schaden zufügen kann."

Man muss Regeln einhalten, bevor man die Moschee betritt (Sahih Abu Dawud, #458):

Ich suche Zuflucht im Angesicht Allahs vor Satan...

Um weitere dieser absurden Regeln zu sehen, die den Muslimen das Leben vor lauter Angst und Sorge schwerer machen und letztendlich dafür sorgen, dass ihr Verstand einfriert, besuche diese englischsprachige, muslimische Website. Du wirst sehen, dass der Islam (oder jedenfalls ein großer Teil des Islam) auf Märchen fußt: http://islamicexorcism.wordpress.com/category/demons-possession-and-exorcism/

Ein Muslim kann die Werke der Leute des Himmels tun, aber trotzdem in der Hölle enden! Das bedeutet, dass kein Muslim durch seine guten Werke errettet wird. Es ist Allahs Entscheidung, die über das Schicksal der jeweiligen Person bestimmt, und Allah fiel diese Entscheidung lange bevor die jeweilige Person überhaupt geboren wurde!

Ob ich zum Islam konvertiere oder nicht: Es macht keinen Unterschied! Ob ich nun vergewaltige, morde, stehle, lüge oder welche Sünden auch immer begehe: Sie waren nicht meine eigene Entscheidung. Diese Sünden waren Allahs Entscheidung, und er hat diese Sünden allesamt so, wie ich sie begangen habe, in seinem Buch im Himmel (womöglich schon zum Anbeginn der Zeit) niedergeschrieben!

Das zerstört den Islam von vorn bis hinten. Weder bringt es etwas, den Islam anzunehmen, noch bringt es etwas, gut oder böse zu sein. Allah hat alles unveränderbar festgelegt. Muslime glauben an den Islam, um in den Himmel zu kommen, obwohl es einen nicht in den Himmel bringt, wenn man den Islam praktiziert! Es ist mehr als offensichtlich, dass Mohammed sich am laufenden Band Dinge ausgedacht hat, mit denen er sich selbst und seinem Gott widersprach.

Das erklärt, warum Mohammed (in Sahih Muslim, Band 4, Beschreibungen des Jüngsten Tages und des Himmels und der Hölle, Seite 2170, Hadith 2816, Auszug in arabischer Sprache und Schrift) sagte:

صحيح مسلم » كتاب صفة القيامة والجنة والنار » باب لن يدخل أحد الجنة بعمله بل برحمة الله تعالى
الجزء الرابع 5038 [ص: 2170] 2816 حدثنا محمد بن المثنى حدثنا ابن أبي عدي عن ابن عون
عن محمد عن أبي هريرة قال قال النبي صلى الله عليه وسلم ليس أحد منكم ينجيه عمله قالوا ولا أنت
يا رسول الله قال ولا أنا إلا أن يتغمدني الله منه بمغفرة ورحمة وقال ابن عون بيده هكذا وأشار على
رأسه ولا أنا إلا أن يتغمدني الله منه بمغفرة ورحمة

KEINEM VON EUCH WIRD DAS HEIL DURCH SEINE WERKE GEWÄHRT!

Sahih Muslim, Buch 39, Hadith 6762:

Er (Mohammed) sprach: „Keinem von euch wird das Heil durch seine Werke gewährt!"Die Muslime sprachen zu Mohammed: „Nicht einmal dir, Prophet?" Er sprach: „Nichteinmal mir, es sei denn Allah überhäuft mich mit seiner Gnade."

Das stellt den Islam und den Koran vor neue Widersprüche.

Koran Sure 28:54:

أُولَـٰئِكَ يُؤْتَوْنَ أَجْرَهُم مَّرَّتَيْنِ بِمَا صَبَرُوا وَيَدْرَءُونَ بِالْحَسَنَةِ السَّيِّئَةَ وَمِمَّا رَزَقْنَاهُمْ يُنفِقُونَ
(سورة القصص , Al-Qasas, 54)

Diesen (Muslimen) wird Allah das doppelte ihres Lohnes geben. Dafür, dass sie geduldig waren, und dafür, dass sie schlechte Werke mit guten Werken abwehrten, und weil sie für den Islam von dem Reichtum spendeten, den Allah ihnen gab.

Der Vers spricht davon, dass wenn man ein gutes Werk tut, Allah einem zwei Sünden vom Konto abzieht! Man arbeitet sich also in den Himmel hoch, okay. Und es ist demnach auch immer einfach, das Schlechte mit Gutem auf der Waage unwirksam zu machen. So läuft es also für den Muslim: Ein gutes Werk mehr = Zwei schlechte Werke weniger.

Mohammed sagte im Hadith aber, dass niemandem sein Heil durch seine Werke gewährt wird! Hat er mit diesem Vers also gelogen? Solange seine Werke, ob gut oder schlecht, sich nicht im Geringsten auf seine Zukunft bei Allah auswirken, was bringt einen Muslim bitte dann in den Himmel? Mohammed machte einen weiteren Fehler und zeigte dabei offen seinen Hass auf Christen und Juden, als er in Tafsir Ibn Kathir sagte:

يَجِيءُ يَوْمَ الْقِيَامَةِ نَاسٌ مِنَ الْمُسْلِمِينَ بِذُنُوبٍ أَمْثَالِ الْجِبَالِ،فَيَغْفِرُهَا اللهُ لَهُمْ وَيَضَعُهَا عَلَى الْيَهُودِ وَالنَّصَارَى»

Am Tag der Auferstehung werden Leute von den Muslimen mit Sünden auf die höchsten Höhen der Berge (zu Allah) kommen. Jedoch wird Allah ihnen (den Muslimen) dann vergeben und die Strafen für ihre Sünden stattdessen über die Christen und die Juden kommen lassen.

Auch aus Tafsir Ibn Kathir:

«إِذَا كَانَ يَوْمُ الْقِيَامَةِ دَفَعَ اللهُ لِكُلِّ مُسْلِمٍ يَهُودِيًّا أَوْ نَصْرَانِيًّا، فَيُقَالُ: هَذَا فِكَاكُكَ مِنَ النَّارِ»

Weitere Referenzen hierfür gibt es in Sahih Muslim, Buch von Al-Taubah, in den Hadithen 2767 und 4969:

Am Tag der Auferstehung wird Allah jedem Muslim einen Juden oder einen Christen zuweisen, und den Muslimen wird gesagt werden: „Dieser ist dein Lösegeld, dass dich vor den Feuern der Hölle freikauft." Der Jude oder der Christ zahlt mit seiner Seele für den Muslim (für die Sünden des Muslims) und kommt für alle

Ewigkeit in die Hölle.

Wie du siehst ist es Jacke wie Hose, was die Muslime verbrechen. Allah wird ihre Sünden auf die Juden und Christen übertragen. Wir müssen uns hierbei nicht nur fragen, wie gerecht Allah wirklich ist, sondern uns auch die Frage stellen: Hat das weitere Widersprüche in der islamischen Lehre zufolge?

Werfen wir einen Blick auf Koran Sure 6:164:

قُلْ أَغَيْرَ اللَّهِ أَبْغِي رَبًّا وَهُوَ رَبُّ كُلِّ شَيْءٍ ۚ وَلَا تَكْسِبُ كُلُّ نَفْسٍ إِلَّا عَلَيْهَا ۚ وَلَا تَزِرُ وَازِرَةٌ وِزْرَ أُخْرَىٰ ۚ
ثُمَّ إِلَىٰ رَبِّكُم مَّرْجِعُكُمْ فَيُنَبِّئُكُم بِمَا كُنتُمْ فِيهِ تَخْتَلِفُونَ
(سورة الأنعام Al Anaam, 164)

Sprich (sagt Mohammed): „Was? Soll ich einen Gott suchen, einen anderen Gott als Allah? Den Einen, der er der Herr der Welt ist?“ Und keine Seele verbricht Sünde, es sei denn gegen sich selbst, und niemand wird für die Sünde eines anderen zahlen. Zu eurem Herrn dann ist eure Heimkehr, und er wird euch belehren über das, worüber ihr uneins wart.

Wie kann Mohammed sagen, dass jede Seele für ihre eigenen Sünden zahlen wird, und niemand für die Sünden eines anderen zahlt, wenn es doch heißt, dass die Juden und Christen für die Sünden der Muslime zahlen werden?

Werden unsere Seelen im Islam nicht gezählt? Sind wir etwa keine Menschen? Mohammed spricht hier von JEDER Seele! Er meint die Seelen ALLER Menschen!

Es ist mehr als offensichtlich, dass Mohammed nicht dazu fähig ist, die Konsistenz in seinen eigenen Worten beizubehalten. Da wir nun hier sind, werfen wir doch mal einen Blick auf die gegensätzlichen Sichtweisen von Islam und Christentum auf die Erbsünde. Die Muslime lehnen die Lehre der Erbsünde gänzlich ab. Ich zeige dir jetzt, ob die islamische Sichtweise mit der Ablehnung der Muslime im Einklang steht und Konsistenz beibehalten kann. Zuallererst: Die Lehre der Erbsünde geht auf die Sünde von Adam und Eva zurück. Für ihre Sünde wurde die Menschheit aus dem Paradies (für die Christen der Garten Eden) verbannt, und seitdem sind wir Tod und Schmerz ausgesetzt.

Wie sieht‘s mit dem Islam aus? Ich meine: Aus welchem Grund wurden Adam und Eva der islamischen Lehre zufolge aus dem Paradies verbannt? Wegen ihrer Sünde oder was anderem?

Koran Sure 2:35-36:

وَقُلْنَا يَا آدَمُ اسْكُنْ أَنتَ وَزَوْجُكَ الْجَنَّةَ وَكُلَا مِنْهَا رَغَدًا حَيْثُ شِئْتُمَا وَلَا تَقْرَبَا هَٰذِهِ الشَّجَرَةَ فَتَكُونَا مِنَ
الظَّالِمِينَ 36 فَأَزَلَّهُمَا الشَّيْطَانُ عَنْهَا فَأَخْرَجَهُمَا مِمَّا كَانَا فِيهِ ۖ وَقُلْنَا اهْبِطُوا بَعْضُكُمْ لِبَعْضٍ عَدُوٌّ ۖ وَلَكُمْ فِي
الْأَرْضِ مُسْتَقَرٌّ وَمَتَاعٌ إِلَىٰ حِينٍ
سورة البقرة

Qur'an Al-Baqara, 35, 36

35 Wir sprachen: „O Adam! Du und dein Eheweib, lebt im Paradies, und esst von den genießbaren Sachen, die dort sind, welche immer ihr wollt. Doch kommt diesem Baum nicht zu nah, anderenfalls werdet ihr zu den Ungerechten gehören.“

36 Dann sorgte Satan dafür, dass sie erniedrigt aus dem Paradies ausgingen, beraubt der Freude, die sie hatten. Wir sprachen: „Hinab mit euch, ihr alle, mit Feindschaft zwischen jedem Einzelnen von euch. Auf der Erde wird bis zu einem späteren Zeitpunkt euer Heim sein.“

Das verrät uns, weshalb Adam und Eva aus dem Paradies verbannt worden sind:

- Sie haben gesündigt.
- Die Verbannung aus dem Paradies war eine Strafe.
- Da muss ich fragen: Wenn es nicht an der Erbsünde liegt, warum leben die Muslime und der Rest der Menschheit dann jetzt nicht im Paradies? Warum leben wir alle auf der Erde?
- Die Muslime werden sagen: „Tja, wir wurden jenseits des Paradieses geboren, also wurden wir auch nicht verbannt!“
- Tatsache ist aber (besonders, wenn man wie die Muslime argumentiert): Wir haben es nicht verdient, für die Sünden, die wir nicht begangen haben, jenseits des Paradieses leben zu müssen. Allah hat den Menschen erschaffen, um im Paradies zu leben, und nicht, damit er jenseits des Paradieses lebt. Um meine Worte zu stützen, lesen wir uns den nachfolgenden Vers gemeinsam durch. Koran Sure 20:117:

فَقُلْنَا يَا آدَمُ إِنَّ هَٰذَا عَدُوٌّ لَّكَ وَلِزَوْجِكَ فَلَا يُخْرِجَنَّكُمَا مِنَ الْجَنَّةِ فَتَشْقَىٰ

Dann sprachen wir (hier spricht Allah): „Du, Adam! Eindeutig ist dieser dir und deinem Eheweib ein Feind. So lasse nicht zu, dass er euch beide um das Paradies bringt. Wenn du dies zulässt, wirst du ein Leben in Leid führen.“

Also verdankt Adam sein miserables Leben auf der Erde Satan. Und sind wir auch davon betroffen? Ist Satan einzig der Feind Adams oder der Feind der ganzen Menschheit?

Das hier lesen wir in diesem Vers (Koran Sure 2:36): *Dann sorgte Satan dafür, dass sie erniedrigt aus dem Paradies ausgingen, beraubt der Freude, die sie hatten. Wir sprachen: „Hinab mit euch, ihr alle, mit Feindschaft zwischen jedem Einzelnen von euch. Auf der Erde wird bis zu einem späteren Zeitpunkt euer Heim sein.“*

Dieser Vers spricht davon, dass ALLE zur Erde hinab geschickt werden, mit Feindschaft zwischen jedem Einzelnen, bis Allah seine Rechtleitung sendet und die Menschheit wieder rettet. Hier ist von einem Fluch die Rede, der durch Adam über uns bzw. über die Muslime kam. Der Fluch geht nicht auf einen Fehler der Muslime zurück. Es waren nicht die Muslime, die vom Baum gegessen haben! Der Fehler liegt bei Adam und Eva! Was hier aufgezeigt wird, ist durch und durch die Lehre der Erbsünde.

Am lustigsten ist jedoch: Allah hat Adam vergeben, aber er bestraft Adam trotzdem dafür, dass er das tat, was Satan von ihm wollte. Hier haben wir also einen Fall, bei dem jemand bestraft wird, obwohl und nachdem ihm bereits vergeben wurde! Lies Koran Sure 2:37:

فَتَلَقَّىٰ آدَمُ مِن رَّبِّهِ كَلِمَاتٍ فَتَابَ عَلَيْهِ ۚ إِنَّهُ هُوَ التَّوَّابُ الرَّحِيمُ

Dann empfing Adam die Worte seines Herrn (Allah) und zeigte sich ihm (Allah) reuig; und sein Herr hat ihm vergeben und nahm Adams Reue an. Denn er (Allah) ist der sich vergebend zeigende, der jedem vergibt, der bereut; der Barmherzige.

Damit wird ein weiterer Fehler in der Logik des Koran aufgezeigt. Wenn man jemandem vergibt, dann bestraft man ihn nicht hinterher. Wenn man das doch tut, wozu vergibt man ihm dann erst? Darin liegt doch der Sinn der Vergebung: Jemanden NICHT zu bestrafen!

WER BRACHTE ADAM ZUM SÜNDIGEN? WAR ES SEIN SCHICKSAL ODER WAR ES SATAN?

Koran Sure 2:36:

Dann sorgte Satan dafür, dass sie erniedrigt aus dem Paradies ausgingen, beraubt der Freude, die sie hatten. Wir sprachen: „Hinab mit euch, ihr alle, mit Feindschaft zwischen jedem Einzelnen von euch. Auf der Erde wird bis zu einem späteren Zeitpunkt euer Heim sein."

Koran Sure 2:36 sagt: „Satan sorgte dafür!" Das steht im kompletten Widerspruch zu Sahih Al-Bukhari, Buch 93, Hadith 606:

Überliefert von Abu Huraira: „Allahs Gesandter sprach, dass Adam und Moses sich stritten. Und Moses sprach: 'Deiner Nachkommen leben nur deinetwegen nicht im Himmel, Adam.' Adam antwortete: 'Du bist Moses, derjenige, der von Allah bevorzugt und für seine Botschaft auserwählt wurde, und er sprach mit dir. Ihr unterhieltet euch, von Angesicht zu Angesicht. Und doch beschuldigst du mich meiner Vergehen, obwohldiese vor meiner Erschaffung von Allah festgelegt worden sind?' Und so überwältigte Adam Moses mit seiner Argumentation."

BEFINDET SICH ALLAHS PARADIES IM HIMMEL ODER AUF DER ERDE?

Lies mit mir bitte noch einmal Koran Sure 2:36:

Dann sorgte Satan dafür, dass sie erniedrigt aus dem Paradies ausgingen, beraubt der Freude, die sie hatten. Wir sprachen: „Hinab mit euch, ihr alle, mit Feindschaft zwischen jedem Einzelnen von euch. Auf der Erde wird bis zu einem späteren Zeitpunkt euer Heim sein."

Allah verbannte Adam und Eva aus dem Paradies. Nicht mit den Worten „Raus mit euch", sondern mit den Worten „Hinab mit euch." Das Paradies befindet sich laut Islam im Himmel über uns, und diese Worte bekräftigen diese Lehre.

Offenbar hielt Mohammed den Garten Eden für den Himmel Gottes, der seine Ansicht nach auch der Himmel über unseren Köpfen hier auf der Erde ist, und dachte, dass Adam und Eva eben in diesem Himmel residierten, bevor sie gesündigt haben und verbannt wurden.

Hier sind einige Beispiele, in denen der Koran davon spricht, dass der Garten Eden sich im Himmel befindet.

Koran Sure 16:31, aus der Übersetzung von Mohammed Pickthall (aus dem Englischen übersetzt von John Doe):

„Die Gärten Edens, unter denen Flüsse hindurchfließen, dort werden sie eingehen, wo sie haben werden, was sie wollen. So belohnt Allah all jene, die (das Böse) abwehren."

Koran Sure 13:23, aus der Übersetzung von Mohammed Pickthall (aus dem Englischen übersetzt von John Doe):

„Die Gärten Edens, dort werden sie eingehen, zusammen mit all jenen, die rechtschaffen sind von ihren Vätern und ihren Gemahlinnen und ihrer Saat. Und Die Engel treten vor sie aus jedem Tor."

Diese Verse handeln, so wie du sie siehst, vom Himmel, der die Muslime nach ihrer Zeit auf der Erde erwarten soll. Es ist davon die Rede, dass sie mit ihren Vätern in genau diesen Himmel eingehen werden.Tatsächlich ist das islamische Konzept des Lebens nach dem Tod sehr einfach zu verstehen. Man nennt es „Dschannah". Vereinfacht lässt sich „Dschanna" als „Garten" übersetzen, und ist zurückzuführen auf die hebräische Vorstellung des paradiesischen Gartens Eden und dem christlichen Konzept des Himmels. Der Begriff geht also auf zwei verschiedene Dinge zurück.Jedoch verwechselt Mohammed im Koran den paradiesischen Garten Eden mit dem Himmel, und hält beide tatsächlich für ein und dasselbe. Tatsächlich wäre die wortwörtliche Übersetzung für den Garten Eden im Koran „der Garten Aden". Aden ist eine Hafenstadt im Jemen. Soll das etwa heißen, der Garten Eden befand sich nicht im Himmel, sondern tatsächlich im Jemen?!Allerdings betonen der Koran und Mohammed mehrmals, dass sich das Paradies hoch oben im Himmel befindet. Das wird vom Koran praktisch zementiert.

Um die Sache noch ersichtlicher zu machen, lies Koran Sure 3:55:

Seht! Allah sprach: „Oh Isa! Ich werde mich deiner annehmen und dich zu mir erheben...“

Jetzt ist also Jesus da oben im Himmel, genaugenommen bei Allah: „Ich werde mich deiner annehmen und dich zu mir erheben...“ Und Mohammed bereiste gleich alle sieben Himmel, die auch da oben im Himmel über unseren Köpfen sind. Wenn Jesus zurückkehrt, dann wird er hinabsteigen. Hinab, zur Erde. Wenn Jesus oben ist, und der Himmel ist oben, warum spricht der Koran dann an so vielen Stellen davon, dass die Muslime in den Garten Eden eingehen werden? Wie kommt Mohammed darauf, dass der Garten Eden da oben ist?

In Sahih Al-Bukhari, Buch 34, Hadith 425 lesen wir:

Allahs Gesandter sprach: „Ich schwöre bei dem, in dessen Hand mein Leben liegt. Der Sohn Marias wird bald hinabsteigen und unter euch sein, als ein Gerechter und der Herrscher-Richter der Welt. Er wird Kreuze zerbrechen, das Schwein schlachten und die Jizyah (Die Strafsumme der Schande für das Verweigern des Islam, die die Christen den Muslimen zahlen müssen, um am Leben bleiben zu dürfen) abschaffen. Und der Reichtum wird fortwährend fließen in solcher Menge, dass niemand zögern wird, dies anzunehmen.“

Die Antwort auf Mohammeds Verwirrtheit zum Thema „Paradies und der Garten Eden“ lässt sich in der Bibel finden. So lesen wir in 1. Mose 2:8:

Gott bildet den Menschen und setzt ihn in den Garten Eden
8 Und Gott der Herr pflanzte einen Garten in Eden, im Osten, und setzte den Menschen dorthin, den er gemacht hatte.

Uns Christen lehrt die Bibel, dass Adam und Eva im Paradies lebten. Und dieses Paradies befand sich hier auf der Erde. Mohammed stahl diese Geschichte aus der Bibel, doch er vergaß, dass laut seinem Buch Adam und Eva niemals einen Fuß auf die Erde gesetzt haben, bevor sie von Allah verbannt und zur Erde hinabgeschickt worden sind. In Koran Sure 2:36 steht nicht grundlos: „Hinab mit euch.“ Nur damit du es weißt: Das ist ein großer Fehler des Koran. Ein Gott, der nicht weiß, wo genau sein Paradies sich befindet, ist ein falscher Gott. Bedenke: Wenn Adams Zuhause nicht der irdische Garten Eden war, wo hatte Mohammed dann den Begriff „Garten Eden“ her? Ganz einfach: Aus der Bibel.

Der Garten Eden wird an diesen Stellen im Koran erwähnt:

Koran Sure 9:72	Koran Sure 18:31	Koran Sure 35:33	Koran Sure 61:12
Koran Sure 13:23	Koran Sure 19:61	Koran Sure 38:50	Koran Sure 98:8
Koran Sure 16:31	Koran Sure 20:76	Koran Sure 40:8	

GUT UND BÖSE KOMMEN VON ALLAH

Koran Sure 4:78 (Übersetzung von Usama Dakdok, aus dem Englischen übersetzt von John Doe):

أَيْنَمَا تَكُونُوا يُدْرِككُّمُ الْمَوْتُ وَلَوْ كُنتُمْ فِي بُرُوجٍ مُّشَيَّدَةٍ ۗ وَإِن تُصِبْهُمْ حَسَنَةٌ يَقُولُوا هَٰذِهِ مِنْ عِندِ اللَّهِ ۖ وَإِن تُصِبْهُمْ سَيِّئَةٌ يَقُولُوا هَٰذِهِ مِنْ عِندِكَ ۚ قُلْ كُلٌّ مِّنْ عِندِ اللَّهِ ۖ فَمَالِ هَٰؤُلَاءِ الْقَوْمِ لَا يَكَادُونَ يَفْقَهُونَ حَدِيثًا

(سورة النساء, An-Nis'a, 78)

Wo ihr auch sein mögt, der Tod ereilt euch doch, selbst wenn ihr euch in hohen Buruj (Türmen) vor ihm versteckt. Wenn Gutes über sie kommt, sagen sie: „Das ist von Allah." Und wenn Böses und Schlechtes über sie kommt, sagen sie: „Das ist von dir." Sprich: „Alles ist von Allah." Also was ist diesem Volk widerfahren, dass sie so weit davon entfernt sind, Gesagtes zu verstehen?

NUR GUTES KOMMT VON ALLAH

Koran Sure 4:79 (Übersetzung von Usama Dakdok, aus dem Englischen übersetzt von John Doe):

مَّا أَصَابَكَ مِنْ حَسَنَةٍ فَمِنَ اللَّهِ ۖ وَمَا أَصَابَكَ مِن سَيِّئَةٍ فَمِن نَّفْسِكَ ۚ وَأَرْسَلْنَاكَ لِلنَّاسِ رَسُولًا ۚ وَكَفَىٰ بِاللَّهِ شَهِيدًا

(سورة النساء, Al-Nis'a, 79)

Was auch immer an Gutem über dich kommen mag, es kommt von Allah. Und was auch immer an Bösem und Schlechtem über dich kommen mag, kommt von dir selbst...

Das ist ein eindeutiger Widerspruch. Also ist sich Allah nicht sicher, wo Böses und Schlechtes herkommen!

KANN EIN MUSLIM SEIN SCHICKSAL ÄNDERN?

Koran Sure 3:145:

Keine Seele stirbt einen Tod, den Allah nicht erlaubt hat. Der Tod ist ein vorbestimmter Beschluss, und alles trifft immer zu einem festgelegten Zeitpunkt ein.

Der Vers sagt klipp und klar, dass niemand sein Schicksal ändern kann. Alles wurde von Allah festgelegt, und niemand kann sein Schicksal in irgendeiner Weise beeinflussen.

Obwohl die von Mohammed erdachte Geschichte aus dem folgenden Hadith etwas anderes behauptet als der Koran, so sind sich alle Muslime einig, dass kein Mensch in der Lage ist, sein Schicksal zu ändern. Wir aber werden klarstellen, dass die islamische Vorstellung des Schicksals nichts weiter als Humbug ist, und den Islam somit ein weiteres Mal bloßstellen.

Sahih Muslim,Buch 30, Hadith 585:

صحيح مسلم - كِتَاب الْفَضَائِلِ - فلو كنت ثم لأريتكم قبره إلى جانب الطريق تحت الكثيب الأحمر
4375 2372 حَدَّثَنَا مُحَمَّدُ بْنُ رَافِعٍ حَدَّثَنَا عَبْدُ الرَّزَّاقِ حَدَّثَنَا مَعْمَرٌ عَنْ هَمَّامِ بْنِ مُنَبِّهٍ قَالَ هَذَا مَا حَدَّثَنَا أَبُو هُرَيْرَةَ عَنْ رَسُولِ اللَّهِ صَلَّى اللَّهُ عَلَيْهِ وَسَلَّمَ فَذَكَرَ أَحَادِيثَ مِنْهَا وَقَالَ رَسُولُ اللَّهِ صَلَّى اللَّهُ عَلَيْهِ وَسَلَّمَ جَاءَ مَلَكُ الْمَوْتِ إِلَى مُوسَى عَلَيْهِ السَّلَام فَقَالَ لَهُ أَجِبْ رَبَّكَ قَالَ فَلَطَمَ مُوسَى عَلَيْهِ السَّلَام عَيْنَ مَلَكِ الْمَوْتِ فَفَقَأَهَا قَالَ فَرَجَعَ الْمَلَكُ إِلَى اللَّهِ تَعَالَى فَقَالَ إِنَّكَ أَرْسَلْتَنِي إِلَى عَبْدٍ لَكَ لَا يُرِيدُ الْمَوْتَ وَقَدْ فَقَأَ عَيْنِي قَالَ فَرَدَّ اللَّهُ إِلَيْهِ عَيْنَهُ وَقَالَ ارْجِعْ إِلَى عَبْدِي فَقُلْ الْحَيَاةَ تُرِيدُ فَإِنْ كُنْتَ تُرِيدُ الْحَيَاةَ فَضَعْ يَدَكَ عَلَى مَتْنِ ثَوْرٍ فَمَا تَوَارَتْ يَدُكَ مِنْ شَعْرَةٍ فَإِنَّكَ تَعِيشُ بِهَا سَنَةً قَالَ ثُمَّ مَهْ قَالَ ثُمَّ تَمُوتُ قَالَ فَالْآنَ مِنْ قَرِيبٍ رَبِّ أَمِتْنِي مِنْ الْأَرْضِ الْمُقَدَّسَةِ رَمْيَةً بِحَجَرٍ قَالَ رَسُولُ اللَّهِ صَلَّى اللَّهُ عَلَيْهِ وَسَلَّمَ وَاللَّهِ لَوْ أَنِّي عِنْدَهُ لَأَرَيْتُكُمْ قَبْرَهُ إِلَى جَانِبِ الطَّرِيقِ عِنْدَ الْكَثِيبِ الْأَحْمَرِ قَالَ أَبُو إِسْحَقَ حَدَّثَنَا مُحَمَّدُ بْنُ يَحْيَى حَدَّثَنَا عَبْدُ الرَّزَّاقِ أَخْبَرَنَا مَعْمَرٌ بِمِثْلِ هَذَا الْحَدِيثِ

Abu Huraira sagte, dass der Engel des Todes zu Moses geschickt wurde, um Moses die Nachricht von seinem Herrn zu verkünden, dass der Zeitpunkt seines Todes gekommen war. Als er (der Engel) ihm das Leben nehmen wollte, schlug Moses denEngel des Todes, und dem Engel des Todes fiel sein Auge aus dem Gesicht. Der Engel des Todes kehrte zum Herrn zurück und sprach: „Du hast mich zu einem Diener geschickt, der nicht sterben will." Allah brachte das Auge des Engels wieder an seiner alten Stelle an, wo es hingehörte, und erneuerte seine Fähigkeit, zu sehen. Danach offenbarte Allah ihm: „Kehre zu ihm zurück und sprich zu ihm, dass wenn er sein Leben verlängern will, er seine Hand auf das Hinterteil eines Stiers legen muss, und dass ihm dadurch so viele zusätzliche Lebensjahre gegeben werden, wie er Stierhaare mit seiner Hand bedeckt." Dann äußerte Moses: „Mein Herr. Was würde mich denn danach erwarten?" Er (Allah) antwortete: „Später müsstest du deinen Tod anstreben." Moses antwortete: „Lasse dies jetzt sein." Und er bat Allah darum, ihn nahe zum Heiligen Land (Israel) zu geleiten. Dann sprach Allahs Gesandter (Mohammed): „Wenn ich da gewesen wäre, hätte ich dir sein Grab bei der Straße beim Roten Hügel gezeigt."

Moses hat sein Schicksal geändert, nachdem Allah den Zeitpunkt seines Todes festgelegt hatte. Moses konnte den Engel des Todes mit einem Schlag davon abhalten, seinen Dienst zu verrichten! Ernsthaft! Moses hat dem Engel des Todes einfach eine reingehauen! Allah verhält sich nicht gemäß Koran Sure 2:117. Allah ist der Schöpfer und Herr der Himmel und der Erde. Wenn er etwas will, sagt er „Sei" und es wird sein.

Allah befahl dem Engel, Moses das Leben zu nehmen, doch der Plan schlug fehl. Scheinbar konnte Allah nicht einfach „Sei tot" sagen. Die zusätzlichen Lebensjahre, die Moses kriegt, hängen davon ab, wie viele Stierhaare er mit seiner Hand verdecken wird. Die Entscheidung hängt nicht von Allah ab, sondern vom Zufall. Erinnere dich an den Hadith, in dem es heißt: *„Danach sprach Adam: 'Weißt du somit, dass mein Schicksal bereits vor meiner Erschaffung niedergeschrieben wurde?' Moses sprach: 'Ja.' Und mit diesem Argument schlug Adam Moses."* (Aus Sahih Al-Bukhari, Buch 60, Hadith 260 und Sahih Muslim, Buch 033, Hadith 6411.)

Schickte Allah den Engel des Todes basierend auf dem Schicksal von Moses, welches er lange vor seiner Erschaffung in seinem gut geschützten und unveränderbaren Buch niedergeschrieben hat? Oder hat er es in einem anderen Buch niedergeschrieben, auf dem – vorne auf dem Umschlag und ganz groß – „Änderbare Dinge" steht? Siehe Koran Sure 85:22, wo zu lesen ist: *„Auf einer verwahrten Tafel."*

Das Ganze ist nichts weiter als ein Märchen, durch und durch. Nichts an dieser Geschichte kann der Wahrheit entsprechen. Seit wann schickt Gott einen seiner Engel, um einer Seele das Leben zu nehmen, nur, damit der Engel abgewiesen und Gottes Befehl gar abgelehnt wird?

ALLAH LIESS SIE IHRE EIGENEN KINDER TÖTEN

Koran Sure 6:137 (Übersetzung von Usama Dakdok, aus dem Englischen übersetzt von John Doe):

وَكَذَٰلِكَ زَيَّنَ لِكَثِيرٍ مِّنَ الْمُشْرِكِينَ قَتْلَ أَوْلَادِهِمْ شُرَكَاؤُهُمْ لِيُرْدُوهُمْ وَلِيَلْبِسُوا عَلَيْهِمْ دِينَهُمْ وَلَوْ شَاءَ اللَّهُ مَا فَعَلُوهُ فَذَرْهُمْ وَمَا يَفْتَرُونَ
(سورة الأنعام , Al-Ana'am, Qur'an 6:137)

Und ebenso hat er den vielen Polytheisten das Töten ihrer Kinder, für ihre Götzen, als wohlgefällig erscheinen lassen, damit sie irregehen und in ihrer falschen Religion bleiben. Und hätte Allah es gewollt, sie hätten ihre Kinder nicht getötet. So überlasse sie ihrer selbst und dem, was sie sich erdichten.

Die Muslime erklären diesen Vers meist so: Satan ist derjenige, der die Polytheisten (sprich: Nicht-Muslime) glauben ließ, dass es eine gute, richtige Sache sei, ihre eigenen Kinder zu töten. Auch soll es Satan sein, der dies tut, um sie vom Islam, der richtigen, der wahren Religion (wie die Muslime den Islam nennen) fernzuhalten. Es mag zwar schlüssig sein, Satan die Schuld für eine derart böse Tat wie den Mord an den eigenen Kindern zu geben, doch sehen wir uns mal an, was der Koran über die Werke Satans – und wer oder was wirklich hinter diesen steckt – zu sagen hat.

In Koran Sure 6:112 haben wir gesehen, dass Satan von Allah selbst so erschaffen wurde, wie er ist, und dass Satan auf Allahs Befehl hin die Propheten täuscht. Da Satan bloß Allahs Befehle befolgt, ist Allah hier der eigentliche Täuscher. Und auf Allahs Befehle hin lässt Satan die Leute glauben, dass es gut und richtig sei, ihre eigenen Kinder zu töten. Es ist Allah, der Satan benutzt, um die Leute zu täuschen und sie so von Islam fernzuhalten.Wenn dich das noch nicht davon überzeugt hat, dass Allah ein Täuscher ist, und dass er hinter dem Mord an den Kindern steckt, dann halte dir das hier vor Augen: So wie in Koran Sure 6:112 *„Und hätte dein Herr es gewollt, sie hätten es nicht getan"* steht, so steht in Koran Sure 6:137: *„Und hätte Allah es gewollt, sie hätten ihre Kinder nicht getötet."* Mit anderen Worten: Es ist Allahs Wille, dass die Leute in die Irre gehen, und so ist es Allah, der sie Böses tun lässt. Wenn er die Leute vom Bösen wegführen wollte, könnte er es auch – ohne irgendwelche Mühe. Wir wissen, dass er die Leute irregehen lassen will, weil er Satan für den einen Zweck erschaffen hat, uns zu täuschen. Die Täuschung nimmt ihren Anfang und ihr Ende bei Allah. Warum täuscht Allah uns?

Koran Sure 4:88 (Übersetzung von Usama Dakdok, aus dem Englischen übersetzt von John Doe):

Warum seid ihr zu zwei Parteien gegenüber den Heuchlern geworden? Allah verdammte sie für das, was ihre Hände taten. Wollt ihr denjenigen den Weg weisen, die von Allah in die Irre geführt werden? Wen Allah täuscht, für den gibt es keine Rechtleitung, und du wirst keinen Weg finden, solche Leute rechtzuleiten!

Dieser Vers sagt uns klipp und klar, dass es Allah selbst ist, der die Leute irregehen lässt und will, dass sie irregeleitet bleiben. Er will sie nicht bei sich haben. Er will nicht, dass sie das Heil empfangen. Allah war unzufrieden mit Mohammed und wurde auf ihn wütend, weil er versuchte, die Menschen rechtzuleiten, die von Allah verstoßen wurden und von ihm in die Irre geführt worden waren. Selbst Mohammed, Allahs Prophet, hat nicht die Autorität, irregegangenen Menschen den rechten Weg zu weisen.

Tatsächlich hat sich Mohammed Sure 6:137 auf die Schnelle als Ausrede ausgedacht, um den Mord an den Kindern rechtzufertigen. Er wollte, dass die Kinder sterben. Und er wollte nicht, dass immer mehr und mehr Leute ihn für einen Schwindler hielten.

EIN SCHLECHTES KALIFAT ODER EIN SCHLECHTER KÖNIG SIND SCHICKSAL, ALSO GEHORCHT STETS

Heutzutage sehen wir viele islamische Länder, in denen sich das Volk nach Veränderung sehnt und die Muslime sich gegen ihre Führer auflehnen. Fakt ist aber: Jeder Muslim weiß, dass sie damit gegen islamische Prinzipien und Lehren verstoßen. Der Prophet des Islam machte deutlich, dass Allah es so will. Den Muslimen ist es verboten, gegen Allahs Willen zu handeln. Allah will, dass man seinem Herrscher oder König immerzu unterwürfig bleibt und gehorcht, selbst wenn er ein Dieb ist, er deinen Rücken zum Spaß auspeitscht, oder er gar den Willen des Teufels ausführt.

Koran Sure 17:33 (Übersetzung von Muhammad Shakir, aus dem Arabischen ins Englische übersetzt von Christian Prince, aus dem Englischen ins Deutsche übersetzt von John Doe):

Und tötet niemanden, den Allah euch zu töten verboten hat, es sei denn, ihr habt dazu die nötige Autorität. Und wer auch immer unrechtens getötet wird, dessen Erben haben wir gewiss eine Ermächtigung gegeben. So lasst den, der tötet, die Grenzen des erlaubten Tötens einhalten, denn er wird darin wahrlich unterstützt.

Es heißt ja, dass es Muslimen nicht erlaubt sei, Muslime zu töten, während jeder Ungläubige von ihnen getötet werden darf. Doch dieser Vers sagt unmissverständlich, dass dein muslimischer Herrscher dir als Muslim dein Leben nehmen darf, selbst wenn er im Unrecht ist. Wenn er die nötige Autorität dazu hat, darf er das. Sahih Muslim, Buch 020, Hadith 4554:

Es wird Herrscher geben, die nicht nach meiner Lehre herrschen werden, und die nicht nach meinem Vorbild leben. Es werden unter ihnen Männer sein, die das Herz eines Satans in einem menschlichen Körper tragen. Ich sprach zum Propheten: „Was soll ich tun, O Gesandter Allahs, wenn ich einen solchen Herrscher sehe?" Er (Mohammed) antwortete: „Du wirst dem Amir (dem König) gehorchen und dich seinen Befehlen unterwerfen. Selbst wenn dein Rücken von ihm (dem König) ausgepeitscht wird und er dir dein Hab und Gut raubt, sollst du auf ihn hören und dich ihm unterwerfen."

Und solange alles von Allah kommt, ob Gutes oder Schlechtes, bedeutet das: Wenn dein Herrscher deine Ehefrau vergewaltigt, ist das Allahs Wille. Wenn er dich tötet, ist das Allahs Wille. Und wenn er dir dein Geld raubt, dann ist das: Allahs Wille.

Ist das wirklich die Bosheit eines Königs oder vielmehr die Bosheit Allahs?

ABSCHLIESSENDE WORTE ZU ALLAHS TÄUSCHUNG

Lies auch mein anderes Buch: *Qur'an & Science in Depth*

Da Allahs Täuschung bereits groß genug ist, liefere ich weitere unbezahlbare, wichtige Informationen und Studien in *Qur'an & Science in Depth* (das Buch ist zum Zeitpunkt dieser Veröffentlichung in englischer und schwedische Sprache verfügbar). Darin gehe ich auf die irreführenden Behauptungen der Muslime ein, die sie über die angeblichen Wunder ihres von Fehlern durchzogenen Koran aufstellen. Und dabei zeige ich gleichzeitig, dass diese Behauptungen nicht nur für sich genommen falsch sind, sondern auch wissenschaftlich erwiesenen Tatsachenwidersprechen.

Qur'an & Science in Depth kann hier über Amazon bestellt werden:
https://www.amazon.com/Quran-Science-Depth-investigating-Deception-ebook/dp/B00Y76WZLA

Weitere Informationen über meine Arbeit und mich findest du auf meinen unten aufgeführten Internetpräsenzen.

Folge mir auf Facebook: https://www.facebook.com/TheChristianprince/

Auf Patreon bin ich zu finden unter: https://www.patreon.com/ChristianPrince

In diesem Sinne: Jesus Christus ist der Herr, und der Islam ist falsch. Amen.

Christian Prince

Made in United States
Orlando, FL
04 November 2026

90206779R00184